软件入门与提高丛书

Dreamweaver+Flash+Photoshop
网页设计入门与提高

李敏虹 编著

清华大学出版社
北 京

内 容 简 介

本书从基于网站项目开发的目的出发，首先从网站建设的基本知识讲起，然后分别重点介绍了 Photoshop CS5、Flash CS5 和 Dreamweaver CS5 应用程序的基本与常见应用知识，接着通过汽车资讯网站、数码科技网站、服饰营销网站、房地产网站、餐饮美食网站、社区论坛网站等 6 个不同类型的网站项目设计的综合案例，从网站项目方案分析、页面布局规划、网站配色等内容切入指导，通过实例操作介绍了使用 Photoshop CS5 设计图像素材、使用 Flash CS5 制作页面动画等元素的方法，并完整地讲解了通过 Dreamweaver CS5 编排页面内容，以及开发动态网站功能模块的方法。

本书既可作为大中专院校相关专业师生和网站设计应用培训班的参考用书，也可作为初、中、高级网页设计用户以及网站开发人员的自学指导用书。

图书在版编目(CIP)数据

Dreamweaver+Flash+Photoshop 网页设计入门与提高/李敏虹编著. --北京：清华大学出版社，2012
(软件入门与提高丛书)
ISBN 978-7-302-28303-4

Ⅰ. ①D…　Ⅱ. ①李…　Ⅲ. ①网页制作工具，Dreamweaver CS5、Flash CS5、Photoshop CS5　Ⅳ. ①TP393.092

中国版本图书馆 CIP 数据核字(2012)第 045066 号

责任编辑：汤涌涛
封面设计：刘孝琼
责任校对：周剑云
责任印制：李红英

出版发行：清华大学出版社
　　　网　　　址：http://www.tup.com.cn，http://www.wqbook.com
　　　地　　　址：北京清华大学学研大厦 A 座　　　　邮　　编：100084
　　　社 总 机：010-62770175　　　　　　　　　　邮　　购：010-62786544
　　　投稿与读者服务：010-62776969，c-service@tup.tsinghua.edu.cn
　　　质 量 反 馈：010-62772015，zhiliang@tup.tsinghua.edu.cn
　　　课 件 下 载：http://www.tup.com.cn，010-62791865
印 刷 者：清华大学印刷厂
装 订 者：三河市新茂装订有限公司
经　　销：全国新华书店
开　　本：203mm×260mm　　印　张：29　　　字　　数：736 千字
　　　　　（附 DVD1 张）
版　　次：2012 年 6 月第 1 版　　　　　　　印　　次：2012 年 6 月第 1 次印刷
印　　数：1～4000
定　　价：56.00 元

产品编号：044250-01

Foreword 丛书序

普通用户使用计算机最关键也最头疼的问题恐怕就是学用软件了。软件范围之广，版本更新之快，功能选项之多，体系膨胀之大，往往令人目不暇接，无从下手；而每每看到专业人士在计算机前如鱼得水，把软件玩得活灵活现，您一定又会惊羡不已。

"临渊羡鱼，不如退而结网"。道路只有一条：动手去用！选择您想用的软件和一本配套的好书，然后坐在计算机前面，开机、安装，按照书中的指示去用、去试，很快您就会发现您的计算机也有灵气了，您也能成为一名出色的舵手，自如地在软件海洋中航行。

《软件入门与提高丛书》就是您畅游软件之海的导航器。它是一套包含了现今主要流行软件的使用指导书，能使您快速便捷地掌握软件的操作方法和编程技术，得心应手地解决实际问题。

本丛书主要特点有如下几个方面。

◎　软件领域

本丛书精选的软件皆为国内外著名软件公司的知名产品，也是时下国内应用面最广的软件，同时也是各领域的佼佼者。目前本丛书所涉及的软件领域主要有操作平台、办公软件、计算机辅助设计、网络和 Internet 软件、多媒体和图形图像软件等。

◎　版本选择

本丛书对于软件版本的选择原则是：紧跟软件更新步伐，推出最新版本，充分保证图书的技术先进性；兼顾经典主流软件，给广受青睐、深入人心的传统产品以一席之地；对于兼有中西文版本的软件，采取中文版，以尽力满足中国用户的需要。

◎　读者定位

本丛书明确定位于初、中级用户。不管您以前是否使用过本丛书所述的软件，这套书对您都将非常合适。

本丛书名中的"入门"是指，对于每个软件的讲解都从必备的基础知识和基本操作开始，新用户无须参照其他书即可轻松入门；老用户亦可从中快速了解新版本的新特色和新功能，自如地踏上新的台阶。至于书名中的"提高"，则蕴涵了图书内容的重点所在。当前软件的功能日趋复杂，不学到一定的深度和广度是难以在实际工作中应用自如的。因此，本丛书在帮助读者快速入门之后，就以大量明晰的操作步骤和典型的应用实例，教会读者更丰富全面的软件技术和应用技巧，使读者能真正对所学软件做到融会贯通并熟练掌握。

◎ 内容设计

本丛书的内容是在仔细分析用户使用软件的困惑和目前电脑图书市场现状的基础上确定的。简而言之，就是实用、明确和透彻。它既不是面面俱到的"用户手册"，也并非详解原理的"功能指南"，而是独具实效的操作和编程指导，围绕用户的实际使用需要选择内容，使读者在每个复杂的软件体系面前能"避虚就实"，直达目标。对于每个功能的讲解，则力求以明确的步骤指导和丰富的应用实例准确地指明如何去做。读者只要按书中的指示和方法做成、做会、做熟，再举一反三，就能扎扎实实地轻松入行。

◎ 风格特色

1. 从基础到专业，从入门到入行

本丛书针对想快速上手的读者，从基础知识起步，直到专业设计讲解，从入门到入行，在全面掌握软件使用方法和技巧的同时，掌握专业设计知识与创意手法，从零到专迅速提高，让一个初学者快速入门进而设计作品。

2. 全新写作模式，清新自然

本丛书采用"案例功能讲解+唯美插画图示+专家技术点拨+综合案例教学"写作方式，书的前部分主要以命令讲解为主，先详细讲解软件的使用方法及技巧，在讲解使用方法和技巧的同时穿插大量实例，以实例形式来详解工具或命令的使用，让读者在学习基础知识的同时，掌握软件工具或命令的使用技巧；对于实例来说，本丛书采用分析实例创意与制作手法，然后呈现实例制作流程图，让读者在没有实际操作的情况下了解制作步骤，做到心中有数，然后进入课堂实际操作，跟随步骤完成设计。

3. 全程多媒体跟踪教学，人性化的设计掀起电脑学习新高潮

本丛书有从教多年的专业讲师全程多媒体语音录像跟踪教学，以面对面的形式讲解。以基础与实例相结合，技能特训实例讲解，让读者坐在家中尽享课堂的乐趣。配套光盘除了书中所有基础及案例的全程多媒体语音录像教学外，还提供相应的丰富素材供读者分析、借鉴和参考，服务周到、体贴、人性化，价格合理，学习方便，必将掀起一轮电脑学习与应用的新高潮！

4. 专业设计师与你面对面交流

参与本丛书策划和编写的作者全部来自业内行家里手。他们数年来承接了大量的项

目设计，参与教学和培训工作，积累了丰富的实践经验。每本书就像一位专业设计师，将他们设计项目时的思路、流程、方法和技巧、操作步骤面对面地与读者交流。

5. 技术点拨，汇集专业大量的技巧精华

本丛书以技术点拨形式，在书中安排大量软件操作技巧、图形图像创意和设计理念，以专题形式重点突出。它不同于以前图书的提示与技巧，是以实用性和技巧性为主，以小实例的形式重点讲解，让初学者快速掌握软件技巧及实战技能。

6. 内容丰富，重点突出，图文并茂，步骤详细

本丛书在写作上由浅入深、循序渐进，教学范例丰富、典型、精美，讲解重点突出、图文并茂，操作步骤翔实，可先阅读精美的图书，再与配套光盘中的立体教学互动，使学习事半功倍，立竿见影。

经过紧张的策划、设计和创作，本丛书已陆续面市，市场反应良好。本丛书自面世以来，已累计售近千万册。大量的读者反馈卡和来信给我们提出了很多好的意见和建议，使我们受益匪浅。严谨、求实、高品位、高质量，一直是清华版图书的传统品质，也是我们在策划和创作中孜孜以求的目标。尽管倾心相注，精心而为，但错误和不足在所难免，恳请读者不吝赐教，我们定会全力改进。

编　者

Adobe Creative Suite 5 是一套高度集成、行业领先的设计和开发工具，它将 Adobe 最佳的产品创新结合在一起，特别是在 Web 设计方面，为设计和开发人员的创意规划提供了 Dreamweaver、Photoshop 和 Flash 这个网页制作的最佳组合。

近几年，电脑以前所未有的速度普及，很多应用软件也随着电脑的普及而逐渐受到大众认识。在 Web 设计领域，其特殊的多媒体表现形式，同时涵盖了图像处理、影音动画和本身的网页版面编排三个设计范畴。因此，也就需要综合相应多个软件，而不是只停留在单纯的网页设计层面。

本书采用新颖的教学模式，共分为 3 篇，其中第 1～2 章为网页设计基础篇，介绍了网站开发的入门知识和 Adobe CS5 应用程序的基本操作；第 3～9 章为设计软件学习篇，介绍了 Photoshop CS5、Flash CS5 和 Dreamweaver CS5 应用程序的基本与常见应用知识；第 10～15 章为网站设计案例篇，每章以单独案例为单位，依据"网站项目分析"、"案例实战"、"总结和实训"的结构进行教学。在每个案例开始前，先介绍网站项目方案的设计要点与注意事项等基础知识，接着针对案例作品提供设计理念、操作步骤等内容，在进行详细操作分析后奉上经验总结，以便读者温故知新。

本书各章的具体内容安排如下。

- 第 1 章：介绍了网站项目开发的基础知识，以及配置本地网站环境和网站的推广与发布。

- 第 2 章：主要讲解了 Photoshop CS5、Flash Professional CS5 和 Dreamweaver CS5 三个应用程序的基础知识，包括各个应用程序的功能以及管理、预览与发布文件等操作方法。

- 第 3 章：介绍了图像处理的基本概念，并重点介绍了关于图像的基本编辑、色彩处理和改善图像颜色效果的方法。

- 第 4 章：介绍了图层与【图层】面板的应用，并详细介绍了通道的相关概念及使用【通道】面板的操作方法。

- 第 5 章：主要介绍了在 Photoshop CS5 中通过使用工具创建选区和修改选区的方式获取图像素材，以及使用文本工具输入文本、编排文本段落以及设计文本特效的方法。

- 第 6 章：介绍了 Flash 动画的创作元素和时间轴的基本操作，以及创建元件、编辑对象和应用 TLF 文本与传统文本。

- 第 7 章：主要介绍了使用 Flash CS5 制作各类补间动画的方法和使用引导层与遮罩层制作动画效果的技巧，以及应用与设置声音、利用行为和动作制作动画等高级应用技巧。

- 第 8 章：主要讲解了网页页面设计的各种基本操作方法，例如输入文本并设置文本格式、插入表格并设置表格属性、插入各种网页素材、设置网页超级链接等方法。
- 第 9 章：主要介绍了使用 Dreamweaver CS5 在 Windows 7 系统中制作动态网站的各种必须掌握的入门知识。
- 第 10 章：本章以"雪佛兰景程"汽车网站项目为例，介绍汽车产品展示类型的网站项目的制作。
- 第 11 章：本章以"正午数码"的数码网站项目为例，介绍数码科技类型网站的设计与制作。
- 第 12 章：本章以一个销售韩国服装产品的网上商城"JOJO 服饰网"为例，介绍关于服饰营销网站项目的设计与制作。
- 第 13 章：本章以一个名为"广地天堂城"的房地产项目网站为例，介绍房地产类型网站的设计与制作。
- 第 14 章：本章通过一个主营中餐的"潮之阳"餐饮店网站项目为例，介绍餐饮美食类型网站项目的设计与制作。
- 第 15 章：本章通过一个名为"INZECT 技术社区"的网站为例，介绍社区论坛类型网站的设计与制作。

在随书附送的光盘中提供了本书所有练习文件和素材，以及书中各个例子的操作演示视频。通过跟随演示视频的学习，读者可以有效地解决实际操作中所遇到的问题，减少走弯路的机会。

本书既可作为大中专院校相关专业师生和网站设计应用培训班的参考用书，也可作为初、中、高级网页设计用户以及网站开发人员的自学指导用书。

本书由李敏虹编著，参与本书编写及设计工作的还有吴颂志、黄活瑜、黄俊杰、梁颖思、梁锦明、林业星、黎彩英、刘嘉、黎敏、李剑明、黎文锋等。在本书的编写过程中，我们力求精益求精，但难免存在一些不足之处，敬请广大读者批评指正。

编　者

Contents

目　录

网页设计基础篇

第 1 章　网站项目开发知识 ·················· 3

1.1　网站与网站开发 ······················· 4
1.1.1　什么是网站 ······················· 4
1.1.2　网站的构成 ······················· 4
1.1.3　网站的开发语言 ················· 5
1.1.4　网站开发的要点 ················· 7
1.2　网站项目的策划 ······················· 8
1.2.1　了解客户的需求 ················· 8
1.2.2　制作项目规划文案 ·············· 9
1.3　网站方案的实施 ······················· 9
1.3.1　网站主题及风格规划 ··········· 9
1.3.2　网站栏目及内容规划 ·········· 10
1.3.3　配置本地网站环境 ············· 11
1.3.4　网站页面的制作 ················ 12
1.4　网站的发布与推广 ···················· 12
1.5　网站的媒体设计 ······················ 13
1.5.1　常见的媒体元素 ················ 13
1.5.2　Photoshop 在网站设计中的应用 ···· 15
1.5.3　Flash 在网站设计中的应用 ····· 16
1.6　章后总结 ······························· 16
1.7　章后实训 ······························· 16

第 2 章　Adobe CS5 三剑客应用基础 ······ 17

2.1　Adobe 三剑客软件概述 ··············· 18
2.1.1　Photoshop CS5——图像处理大师 ····· 18

2.1.2　Flash CS5——动画制作大师 ······ 20
2.1.3　Dreamweaver CS5——网站制作大师 ····· 21
2.2　安装 Adobe CS5 套装软件 ············ 23
2.2.1　安装 Adobe CS5 的配置要求 ····· 23
2.2.2　安装 Adobe CS5 套装软件 ······ 23
2.3　Adobe CS5 应用程序通用界面 ······· 25
2.3.1　操作界面概述 ···················· 25
2.3.2　欢迎屏幕 ························· 26
2.3.3　菜单栏 ··························· 27
2.3.4　【工具箱】面板 ·················· 27
2.3.5　【属性】面板 ···················· 27
2.3.6　编辑区 ··························· 28
2.3.7　工作区切换器 ···················· 28
2.4　文档的创建与管理 ···················· 29
2.4.1　新建文档 ························· 29
2.4.2　保存与另存文档 ················· 30
2.4.3　打开文档 ························· 31
2.4.4　另存成模板文档 ················· 32
2.4.5　从模板新建文档 ················· 32
2.5　文档的预览与发布 ···················· 33
2.5.1　预览 Dreamweaver 网页文档 ····· 33
2.5.2　将 Photoshop 图像存储为网页文件 ····· 34
2.5.3　发布 Flash 文档为 swf 动画 ····· 35
2.6　章后总结 ······························· 37
2.7　章后实训 ······························· 37

设计软件学习篇

第 3 章　图像的编辑与修改处理 ············ 41

3.1　了解图像处理的概念 ·················· 42
3.1.1　图像的分类 ······················ 42

3.1.2　图像的格式 ······················ 43
3.1.3　分辨率与尺寸 ···················· 44
3.1.4　认识图像的模式 ················· 45

3.1.5 图像模式的转换 ················ 47

3.2 图像的基础编辑 ···················· 48

    3.2.1 创建图像副本 ·················· 48

    3.2.2 应用图像效果 ·················· 48

    3.2.3 设置图像与画布大小 ·········· 50

    3.2.4 旋转画布与裁剪图像 ·········· 52

3.3 图像的色彩处理 ···················· 53

    3.3.1 调整图像色阶 ·················· 53

    3.3.2 调整色彩平衡 ·················· 56

    3.3.3 调整亮度与对比度 ············ 57

    3.3.4 高反差与色调分离 ············ 58

    3.3.5 图像的黑白转换 ··············· 59

    3.3.6 图像的综合变化处理 ·········· 61

3.4 改善图像颜色效果 ················· 64

    3.4.1 减淡图像颜色 ·················· 64

    3.4.2 加深图像颜色 ·················· 65

    3.4.3 调整图像清晰度 ··············· 66

    3.4.4 调整图像饱和度 ··············· 67

3.5 章后总结 ···························· 67

3.6 章后实训 ···························· 67

第 4 章 图层和通道的应用 ············ 69

4.1 图层和【图层】面板 ·············· 70

    4.1.1 什么是图层 ···················· 70

    4.1.2 认识【图层】面板 ············ 70

4.2 创建图层 ···························· 72

    4.2.1 创建普通图层 ·················· 73

    4.2.2 创建填充图层 ·················· 74

    4.2.3 创建调整图层 ·················· 76

4.3 图层的编辑与管理 ················· 77

    4.3.1 复制与删除图层 ··············· 77

    4.3.2 移动与锁定图层 ··············· 78

    4.3.3 显示与隐藏图层 ··············· 79

    4.3.4 设置图层不透明度 ············ 80

    4.3.5 设置图层混合模式 ············ 80

    4.3.6 链接与取消链接图层 ·········· 81

    4.3.7 排列与对齐图层 ··············· 83

    4.3.8 合并图层与拼合图像 ·········· 85

    4.3.9 使用图层组管理图层 ·········· 86

4.4 应用图层样式设计图像 ··········· 87

    4.4.1 设置混合选项 ·················· 87

    4.4.2 应用投影与内阴影样式 ······ 89

    4.4.3 应用发光样式 ·················· 91

    4.4.4 应用斜面和浮雕样式 ·········· 92

    4.4.5 应用叠加样式 ·················· 93

    4.4.6 应用光泽与描边样式 ·········· 95

4.5 应用智能对象 ······················ 96

    4.5.1 将图层转换为智能对象 ······ 96

    4.5.2 编辑智能对象内容 ············ 96

    4.5.3 导出与替换智能对象 ·········· 98

4.6 认识 Photoshop 通道 ·············· 99

    4.6.1 原色通道 ······················· 99

    4.6.2 专色通道 ······················ 100

    4.6.3 Alpha 通道 ···················· 100

4.7 使用【通道】面板 ··············· 101

    4.7.1 新建通道 ····················· 101

    4.7.2 显示与隐藏通道 ············· 101

    4.7.3 复制与删除通道 ············· 102

    4.7.4 分离与合并原色通道 ········ 103

4.8 通道混和器 ························ 105

    4.8.1 通道混和器应用实例 1 ······ 105

    4.8.2 通道混和器应用实例 2 ······ 106

4.9 章后总结 ·························· 107

4.10 章后实训 ························· 107

第 5 章 图像选取与文字的应用 ····· 109

5.1 使用选框工具选取图像 ········· 110

    5.1.1 矩形选区的图像选取 ········ 110

    5.1.2 椭圆选区的图像选取 ········ 111

    5.1.3 单行/列选区的图像选取 ···· 112

5.2 使用套索工具选取图像 ········· 113

    5.2.1 使用套索工具选取图像 ····· 113

    5.2.2 使用多边形套索工具选取图像 · 114

    5.2.3 使用磁性套索工具选取图像 · 115

5.3 根据色彩选取图像 ··············· 116

    5.3.1 使用魔棒工具选取图像 ····· 116

    5.3.2 使用快速选择工具选取图像 · 117

    5.3.3 根据色彩范围选取图像 ····· 118

5.4 修改与调整选区 119
    5.4.1 修改选区 119
    5.4.2 羽化选区 120
    5.4.3 变换选区 121
5.5 输入各种文本 124
    5.5.1 输入水平文本 124
    5.5.2 输入垂直文本 125
    5.5.3 创建文本选区 126
    5.5.4 输入段落文本 127
5.6 编辑文本和路径 128
    5.6.1 设置字符文本格式 128
    5.6.2 设置段落文本格式 130
    5.6.3 将文本转换为形状图层 131
    5.6.4 将字符转换为段落文本 133
5.7 文本的其他处理技巧 134
    5.7.1 自由变换文本 134
    5.7.2 套用文字变形模式 135
    5.7.3 依路径排列文本 136
5.8 章后总结 137
5.9 章后实训 137

第 6 章 Flash 动画创作基础 139

6.1 Flash 动画创作元素 140
    6.1.1 关于 Flash 动画 140
    6.1.2 场景 141
    6.1.3 时间轴 141
    6.1.4 帧格 141
    6.1.5 图层 142
    6.1.6 动画对象 142
6.2 时间轴的基本操作 143
    6.2.1 插入与删除图层 143
    6.2.2 插入与删除图层文件夹 144
    6.2.3 显示、隐藏或锁定图层 144
    6.2.4 设置图层的属性 145
    6.2.5 插入与删除一般帧 146
    6.2.6 插入与清除关键帧 147
    6.2.7 插入与清除空白关键帧 148
    6.2.8 复制、剪切、粘贴帧 149
6.3 创建与应用元件 149

6.3.1 创建元件 149
6.3.2 将对象转换为元件 150
6.3.3 编辑元件 150
6.3.4 应用按钮元件 152
6.4 动画对象的变形处理 152
    6.4.1 任意变形对象 153
    6.4.2 扭曲变形形状 155
    6.4.3 封套变形形状 155
    6.4.4 缩放对象 156
    6.4.5 9 切片缩放影片剪辑 156
    6.4.6 旋转变形对象 157
    6.4.7 倾斜变形对象 158
    6.4.8 水平与垂直翻转对象 159
6.5 TLF 文本的应用 159
    6.5.1 TLF 文本应用原则 160
    6.5.2 设置行布局行为 161
    6.5.3 设置字符样式 161
    6.5.4 设置段落样式 165
    6.5.5 设置容器和流 167
6.6 传统文本的应用 168
    6.6.1 传统文本的类型 168
    6.6.2 传统文本的字段类型 168
    6.6.3 创建静态类型的文本 170
    6.6.4 创建静态文本超链接 172
6.7 章后总结 174
6.8 章后实训 174

第 7 章 动画制作与高级应用 175

7.1 Flash 动画的基础 176
    7.1.1 动画类型 176
    7.1.2 关于帧频 176
    7.1.3 什么是补间动画 176
    7.1.4 在时间轴标识动画 177
    7.1.5 关于补间的范围 178
    7.1.6 关于属性关键帧 178
7.2 制作补间动画 178
    7.2.1 可补间的对象和属性 178
    7.2.2 制作飞行的补间动画 179
    7.2.3 编辑补间动画的路径 180

7.2.4　制作调整到路径的动画 ·············182
7.2.5　应用浮动属性关键帧 ·············184
7.3　制作传统补间动画 ·····················185
　　7.3.1　传统补间的属性设置 ·············185
　　7.3.2　制作改变位置和大小的动画 ·····186
　　7.3.3　制作改变角度的旋转动画 ·······188
7.4　制作补间形状动画 ·····················189
　　7.4.1　关于补间形状 ·····················189
　　7.4.2　补间形状的属性设置 ·············190
　　7.4.3　制作改变形状的动画 ·············190
　　7.4.4　制作改变大小和颜色的动画 ·····192
7.5　引导层与遮罩层的应用 ···············194
　　7.5.1　关于引导层 ·······················194
　　7.5.2　引导层使用须知 ·················194
　　7.5.3　制作引导动画 ···················195
　　7.5.4　关于遮罩层 ·······················197
　　7.5.5　遮罩层使用须知 ·················197
　　7.5.6　制作遮罩动画 ···················197
7.6　应用与设置声音 ·······················200
　　7.6.1　导入与应用声音 ·················200
　　7.6.2　设置声音的效果 ·················201
7.7　行为和动作的应用 ·····················202
　　7.7.1　关于行为与动作 ·················202
　　7.7.2　关于【行为】面板 ···············203
　　7.7.3　关于【动作】面板 ···············204
　　7.7.4　应用【转到 Web 页】行为 ·····205
7.8　章后总结 ·······························206
7.9　章后实训 ·······························207

第 8 章　静态网页的编辑与布局 ···············209

8.1　文本设置与段落编排 ···················210
　　8.1.1　编辑字体列表 ·····················210
　　8.1.2　设置文本大小和颜色 ·············210
　　8.1.3　设置文本的格式 ·················212
　　8.1.4　文本的换行与断行 ···············212
　　8.1.5　设置段落格式 ···················213
　　8.1.6　设置段落对齐方式 ···············214
　　8.1.7　制作列表文本内容 ···············215
8.2　用表格布局和编排内容 ···············216

8.2.1　插入表格 ·····························216
8.2.2　设置表格属性 ·······················217
8.2.3　设置表格对齐方式 ·················218
8.2.4　手动调整表格大小 ·················219
8.2.5　设置单元格宽和高 ·················219
8.2.6　合并与拆分单元格 ·················220
8.3　美化表格与单元格 ·····················221
　　8.3.1　设置表格边框效果 ···············221
　　8.3.2　设置表格背景效果 ···············222
　　8.3.3　设置单元格边框效果 ·············224
　　8.3.4　设置单元格背景效果 ·············225
8.4　插入各种网页素材 ·····················226
　　8.4.1　插入图像 ·························226
　　8.4.2　设置图像属性 ···················227
　　8.4.3　插入图像占位符 ·················228
　　8.4.4　插入鼠标经过图像 ···············228
　　8.4.5　插入 Flash 动画 ·················229
8.5　设置各式超级链接 ·····················230
　　8.5.1　设置文本超级链接 ···············230
　　8.5.2　设置图像超级链接 ···············232
　　8.5.3　设置电子邮件链接 ···············233
　　8.5.4　设置文件下载链接 ···············233
　　8.5.5　绘制热点链接区域 ···············234
　　8.5.6　建立热区超链接 ·················235
8.6　章后总结 ·······························236
8.7　章后实训 ·······························236

第 9 章　动态网站制作入门课 ···············237

9.1　动态网站制作基础 ·····················238
　　9.1.1　动态网站环境需求 ···············238
　　9.1.2　网站设计前的规划 ···············238
　　9.1.3　安装 IIS 系统组件 ···············238
　　9.1.4　设置 IIS 网站属性 ···············239
　　9.1.5　设置系统用户权限 ···············242
9.2　定义与管理本地网站 ···················244
　　9.2.1　定义本地网站 ···················244
　　9.2.2　创建网站文件 ···················247
　　9.2.3　检查网站超链接 ·················248
　　9.2.4　上传本地的网站 ·················249

9.2.5　同步更新网站文件 ……………… 250

9.3　数据库在网站的应用 …………………… 251

　　9.3.1　创建数据库和数据表 …………… 252

　　9.3.2　设置 ODBC 数据源 ……………… 254

9.3.3　指定数据库源名称 ……………… 256

9.3.4　提交表单记录至数据库 ………… 257

9.4　章后总结 ………………………………… 258

9.5　章后实训 ………………………………… 259

网站设计案例篇

第 10 章　设计汽车资讯类网站 ………… 263

10.1　现代汽车网站项目方案 ……………… 264

　　10.1.1　网站项目规划 …………………… 264

　　10.1.2　页面布局规划 …………………… 264

　　10.1.3　网页配色方案 …………………… 265

10.2　设计网站模板和素材 ………………… 265

　　10.2.1　编修汽车图片素材 ……………… 265

　　10.2.2　设计背景和添加 Logo …………… 268

　　10.2.3　添加模板的其他元素 …………… 272

　　10.2.4　模板的切割和输出 ……………… 276

10.3　制作导航条与广告动画 ……………… 277

　　10.3.1　制作交互导航条 ………………… 277

　　10.3.2　制作广告动画 …………………… 282

10.4　网页的编排与制作 …………………… 286

　　10.4.1　创建本地站点 …………………… 286

　　10.4.2　添加和编排网页内容 …………… 287

　　10.4.3　插入 Flash 动画 ………………… 288

10.5　章后总结 ……………………………… 289

10.6　章后实训 ……………………………… 290

第 11 章　设计数码科技类网站 ………… 291

11.1　数码网站项目方案 …………………… 292

　　11.1.1　网站项目规划 …………………… 292

　　11.1.2　页面布局规划 …………………… 292

　　11.1.3　网页配色方案 …………………… 293

11.2　设计网站模板和素材 ………………… 293

　　11.2.1　提取与美化相机素材 …………… 293

　　11.2.2　设计背景和添加 Logo …………… 296

　　11.2.3　添加模板的其他元素 …………… 302

　　11.2.4　模板的切割和输出 ……………… 305

11.3　制作 Flash 动画素材 ………………… 306

　　11.3.1　制作广告横幅动画 ……………… 306

11.3.2　制作导航条动画 ………………… 309

11.3.3　制作公告板动画 ………………… 312

11.4　页面布局与内容编排 ………………… 315

　　11.4.1　创建网站与插入动画 …………… 315

　　11.4.2　编排内容与布局页面 …………… 317

11.5　章后总结 ……………………………… 319

11.6　章后实训 ……………………………… 320

第 12 章　设计服饰营销类网站 ………… 321

12.1　服饰营销网站项目方案 ……………… 322

　　12.1.1　网站项目规划 …………………… 322

　　12.1.2　网站效果展示 …………………… 323

　　12.1.3　页面布局规划 …………………… 323

　　12.1.4　网页配色方案 …………………… 323

12.2　设计网站素材和模板 ………………… 324

　　12.2.1　设计网站 Logo 与页首 …………… 324

　　12.2.2　设计页面的图片素材 …………… 329

　　12.2.3　设计模板并输出网页 …………… 331

12.3　制作网页的 Flash 动画 ……………… 335

　　12.3.1　制作导航条动画 ………………… 336

　　12.3.2　制作变换式广告动画 …………… 338

12.4　网页的编排与制作 …………………… 342

　　12.4.1　创建站点并编排网页 …………… 342

　　12.4.2　制作用户登录与搜索表单 ……… 348

12.5　章后总结 ……………………………… 351

12.6　章后实训 ……………………………… 352

第 13 章　设计房地产类网站 …………… 353

13.1　房地产网站项目方案 ………………… 354

　　13.1.1　网站项目规划 …………………… 354

　　13.1.2　网站效果展示 …………………… 354

　　13.1.3　页面布局规划 …………………… 355

　　13.1.4　网页配色方案 …………………… 355

13.2 设计网站的图像模板 ………………… 355
　　13.2.1 设计网站背景和Logo …………… 355
　　13.2.2 设计导航条和功能按钮 ………… 359
　　13.2.3 设计首页的楼盘宣传图像 ……… 363
13.3 制作网站首页的动画素材 …………… 366
　　13.3.1 设计网站导航条动画 …………… 366
　　13.3.2 设计楼盘宣传图动画 …………… 372
　　13.3.3 添加功能按钮和文本信息 ……… 377
13.4 制作网站的动画首页 ………………… 379
13.5 章后总结 ……………………………… 381
13.6 章后实训 ……………………………… 382

第14章 设计餐饮美食类网站 ……………… 383

14.1 餐饮集团网站项目方案 ……………… 384
　　14.1.1 页面布局规划 …………………… 384
　　14.1.2 页面配色方案 …………………… 384
　　14.1.3 项目设计流程分析 ……………… 384
14.2 设计网站首页图像模板 ……………… 385
　　14.2.1 制作网站Logo ………………… 385
　　14.2.2 产品展示设计 …………………… 389
　　14.2.3 设计新闻公告区 ………………… 392
　　14.2.4 设计广告宣传区 ………………… 395
14.3 网页的编排与制作 …………………… 397
　　14.3.1 制作网站导航条 ………………… 397
　　14.3.2 制作网站登录区 ………………… 399
14.4 制作新闻公告发布模块 ……………… 401
　　14.4.1 创建餐饮集团网站 ……………… 401
　　14.4.2 配置IIS网站服务器 …………… 402
　　14.4.3 创建数据库 ……………………… 403

14.4.4 动态网站数据源设置 …………… 405
　　14.4.5 在首页显示公告项目 …………… 407
　　14.4.6 制作公告显示和发布页面 ……… 409
14.5 章后总结 ……………………………… 411
14.6 章后实训 ……………………………… 412

第15章 设计社区论坛类网站 ……………… 413

15.1 社区网站项目方案 …………………… 414
　　15.1.1 页面布局规划 …………………… 414
　　15.1.2 页面配色方案 …………………… 414
　　15.1.3 项目设计流程分析 ……………… 414
15.2 设计网站模板和素材 ………………… 416
　　15.2.1 设计网页的版头 ………………… 416
　　15.2.2 设计网页的侧栏 ………………… 418
　　15.2.3 编辑网页Logo与页尾图标 …… 422
15.3 网页的编排与制作 …………………… 426
　　15.3.1 制作网页导航条 ………………… 426
　　15.3.2 制作会员申请表单 ……………… 427
　　15.3.3 设置表单验证并修改警告框信息 … 433
15.4 制作会员系统功能模块 ……………… 435
　　15.4.1 创建网站与设置网页 …………… 435
　　15.4.2 配置IIS网站服务器 …………… 436
　　15.4.3 动态网站数据源设置 …………… 437
　　15.4.4 制作加入会员页面 ……………… 438
　　15.4.5 制作会员登录功能 ……………… 440
　　15.4.6 设计会员资料修改页面 ………… 442
　　15.4.7 设计会员资料删除页面 ………… 445
15.5 章后总结 ……………………………… 446
15.6 章后实训 ……………………………… 447

网页设计基础篇

第1章

网站项目开发知识

　　Adobe Creative Suite 5 是一套高度集成、行业领先的设计和开发工具，它将 Adobe 最佳的产品功能创新结合在一起，特别是在 Web 设计方面，为设计和开发人员的创意规划提供了 Dreamweaver、Photoshop 和 Flash 这个网页制作的最佳组合。这三个软件常用于网站的设计和开发，在学习使用这三个软件之前，首先来学习网站项目开发的基础入门知识。

本章学习要点

➢　网站与网站开发

➢　网站项目的策划

➢　网站方案的实施

➢　网站的发布与推广

➢　网站的媒体设计

1.1 网站与网站开发

在学习使用 Adobe 套装软件设计与开发网站前，首先了解一下网站与网站开发的基础知识。

1.1.1 什么是网站

网站(Web Site)一般也称为站点，简单来说就是互联网中某个固定位置存放的包括文本、图片、多媒体等信息资料的一个空间，该空间同时可由多个浏览者通过浏览器访问，从而获得各种信息内容。从技术层面来讲，网站是由域名(也就是网站地址)和服务器空间所构成，正是通过这两者的结合，才能够让世界不同地区的浏览者快速访问并浏览网站中的内容。而从网站设计的角度来讲，网站是由专业的网页设计软件所产生的以数字的形式存在并呈现特定内容的网页及相关支持文件的集合。

网站的作用是提供信息以及提供与访客互动的相应服务，所提供的多数信息主要由网页呈现，例如超链接、后台数据等。网站中的信息并非全部显示在同一页面，而是以不同分类由多个网页分别显示。由于网站是作为一个信息库而存放于网络空间的，因此能够让任何人访问。

在某个网站众多的网页中，一般都会有一个首页(取名为"index"或"default")，浏览者访问一个网站时将首先进入其首页，网站首页显示网站中最主要的信息，并提供打开其他分类网页的导航内容。如图 1.1 所示为用户登录网站所看到的网站网页的效果形式(以"网易"网站为例)。

图 1.1 访问网易网站浏览到的网页

1.1.2 网站的构成

一般人对网站的初步认识就是它由许多网页所组成。网页在网站中的功能是呈现信息和实现交流互动。除此之外，网站还包含其他与网页相关的不同类型文件，例如图像、Flash 等多媒体素材，布局网页的 CSS 样式表，支持网页动态特效的 Java 文件，以及 ASP 动态网页和支持网站后台运行的数据库文件等。图 1.2 所示为构成一个网站的文件内容。

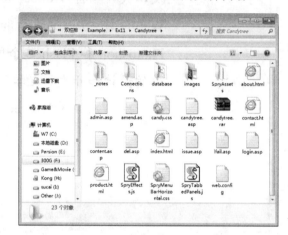

图 1.2 网站一般包含的文件

以下简单介绍构成一个网站的文件资料类型。

1. 图像

这是网站中最基本的内容之一，既包括组成页面外观的装饰图片，也有制作页面功能的图标(例如按钮元素)和呈现信息的专题图片等，这些图片一般放置在名为"images"的文件夹中。

2. 多媒体

该部分主要包括声音、视频影片和 Flash 等文件类型，通过为网页添加多媒体文件可以设计出声色俱全的精彩网页。

3. 语言支持

该部分包括外部 CSS 样式表、Java 特效文档等，它们是支持页面中特效运作的插件。以 JavaApplet 特效设计为例，这种特效就需要由一个格式为.class 的专属文档支持，才可正常显示页面特效。

4. 动态网页

该部分主要包括 ASP、ASP.NET、PHP 等文件类型。这些文件的特点是表面上看是一个网页，但其中包含了各种支持动态交互的语言，例如本书后面所介绍的实例操作就是以 ASP 文件为主。

5. 数据库

该部分主要应用在动态网站设计中，一般放置在名为 "Database" 的文件夹内，其作用是提供浏览者通过网页对数据内容进行添加、修改和删除处理的记录，以实现某种交互式操作，例如通过表单页面申请加入会员后，将在数据库中插入一条新会员记录。

1.1.3　网站的开发语言

网站的开发语言是指在网站设计过程中用于网页的页面规划、特效与动态效果的制作等所使用的编程代码，例如用于网页设计的 HTML 标识语言，控制页面元素外观的 CSS 代码，制作页面特效的 Java 语言，制作动态页面的 ASP 语言等。下面详细介绍网站开发常用的几种语言。

1. HTML

HTML 的全称为 "Hyper Text Markup Language"，意为 "超文本标记语言"，其中的 "超文本" 是指除文本以外的对象、动态特效等内容。HTML 是网页设计中最基本的语言代码，使用这种简单标记式语言可编辑超文本文件，也就是一般所说的网页文件，这类文件的后缀名为 ".html" 或 ".htm"。

HTML 语言其实是一种描述性的文本，它可以说明包括文本、图形、动画、声音、表格、超链接等网页元素，把存放在不同文件夹位置(甚至是不同服务器位置)的文本或图形、多媒体素材等资料集中显示在网页上。网络上大多数网页都是由 HTML 语言编写的，即使在 ASP 格式的文档中，用于呈现内容的大部分代码也是 HTML 语言，在 Dreamweaver CS5 中打开一个网页文档后，进入 "代码" 视图模式，便可看到用于呈现网页效果的 HTML 语言，如图 1.3 所示。

HTML 语言拥有特殊的编写结构，每一份 HTML 文件都是由 "表头" 和 "主体" 两部分组成，如图 1.4 所示，最外层的<html>标记之间的代码为整个 HTML 文件的所有内容；在<head>标记之间则是表头信息，

其中除了<title>标记内的标题资料，还包括用于定义文件应用程序或格式的内容，例如 CSS 样式的定义；而<body>标记内的代码则为网页文件所显示的具体内容，例如文本、图像、表格等。

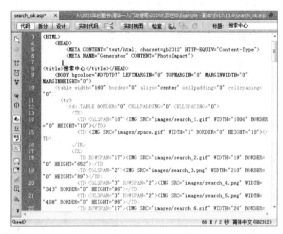

图 1.3　HTML 语言

图 1.4　HTML 语言结构

2. CSS

CSS 全称为 Cascading Style Sheet，意为 "层叠样式表"，CSS 语言其实就是一系列格式规则，主要用于控制网页内容的外观效果。使用 HTML 语言只能编辑网页中基本的文字信息、数据连接以及显示各类图像信息等。随着网页设计对页面美观性和整体布局等的要求越来越高，单纯使用 HTML 标识语言所编写的网页显然无法满足需求，因此才诞生了 CSS 样式规则。

CSS 样式是一种特殊的语言，它规范了 HTML 页面对象的属性，这些属性能代替 HTML 字体标签和其他 "样式" 标记，从而达到控制网页元素的外观的目的，例如可随意修改链接文本的状态色彩并去除其下划线等。图 1.5 所示阴影部分为网页中的 CSS 样式代码。

3. Java

Java 是目前较流行的一种编程语言，可用于制作

页面动态效果，具有面向对象、可分布、可解释、结构化、多线程、动态性等特性，是一种简单而安全的编程语言。

图 1.5　CSS 样式规则

常见的 Java 特效语言主要有 JavaScript 和 JavaApplet 两种。其中，JavaScript 是一种基于对象和事件驱动的 Java 类脚本语言，用户可直接将 JavaScript 代码嵌入网页文档，对接网页中的元素并捕捉浏览者对网页执行的动作，从而产生精美的页面动态效果，如图 1.6 所示。

图 1.6　JavaScript 特效语言

JavaApplet 语言同样可直接嵌入页面并即刻产生动态效果，与 JavaScript 不同的是 JavaApplet 特效应用需要附带一些特殊的支持文档，以使页面中的特效正常运行，对比 JavaScript 所产生的效果，JavaApplet 页面特效更精美眩目。

4. ASP

如今的交互式动态网页一般都使用 ASP、ASP.NET、PHP 等程序语言来制作，其中，ASP 便是最常用的一种动态语言。ASP 全称是 Active Server Page，意思是“活动服务器页”，它是微软公司用于代替 CGI 脚本程序而开发的一种程序语言，可与数据库及其他程序进行交互，轻松实现对页面内容的动态控制，完成例如留言板、公告区、会员注册等动态功能。由于 ASP 是一种服务器端脚本式语言，因此使用该语言并结合 HTML 标记、一般的文本、脚本命令等，可以产生格式为.asp 的动态网页文件。

使用 ASP 语言编程的一个重要特点就是编写简单，开发人员只需要了解 SCRIPT 语言的基本结构，熟悉常用的各组件的用途、属性，就可以编写开发 ASP 动态网页，因此该语言得到广泛的应用。例如使用 ASP 语言中的 File System Object(文件系统对象)便可浏览、复制、移动、删除服务器中的文件等；而在 Active Database Object(动态数据库对象)技术的支持下，可如同使用本地数据库一样管理远程主机中的数据库，对表格数据、记录等信息进行操作。由 ASP 所编写的网页可以包含 HTML 标记、普通文本、脚本命令以及 COM 组件等。图 1.7 所示为 ASP 网页中的 ASP 语言。

图 1.7　ASP 文件中包含的 ASP 语言

下面简单介绍 ASP 的几个特点。

- 应用灵活性：编写 ASP 文件源程序可使用任何文本编辑工具，例如 Windows 系统的记事本程序，待完成编写后另存为“.asp”格式文档即可。所编辑的 ASP 文件无须经过编译便可在服务器端直接执行，并且可执行 HTML 代码的任何浏览器便可浏览 ASP 文件。

- 兼容性：ASP 文件可结合 HTML 标签，同时还可以包含 Java 和 VB 脚本，此外还可以扩展 ActiveX 组件,轻松创建个人的 ActiveX 组件,从而完成内容丰富而强大的动态网页。

- 安全性:ASP 提供的内部对象可使脚本功能更加强大,它允许用户从浏览器中接收和发送信息,并且在 ASP 文件中的 ASP 源程序代码不会被传到客户端,从而极大地提高了程序安全性。
- 数据库连接:ASP 可以连接绝大多数的数据库类型,通过各类数据库的支持实现高级的网站动态更新,并且会随着数据内容的更新而自动更新 ASP 文件数据。

1.1.4　网站开发的要点

网站开发本身是一项系统性的工作,既要顾及网站主题定义,还要详细了解与掌握具体的开发流程,例如环境配置、素材准备、后期维护等,下面归纳网站开发的几个要点。

1. 开发原则

网站的开发原则主要有客户优先、切合对象群、主题与形式统一、体现信息价值四个原则,具体如下。

- 以客户优先:是指要根据客户的具体要求进行网站开发,并且在未得到允许的情况下不得擅自更改客户的标准,一切都要以客户的利益和需求为首位。
- 切合对象群:指网站内容设计要与网页的功能、目标主题相呼应。
- 主题与形式统一:由于网站是为浏览者提供内容的一种服务形式,因此,网站的功能(提供信息、资料下载、注册与登录等)就是主题,整个设计工作都将服务于这个功能,并要以最恰当的表现形式切入主题。
- 体现信息价值:如今互联网是重要的传媒之一,因此不可忽视网站传播信息的力量。网站信息价值的基础是它直接向人们传达某个主题、相关内容和意念,并能够在适当的时间和空间环境里为浏览者所理解和接受,满足人们实时获取最有价值信息的需求。

2. 规划与定义

网站开发的前期准备非常重要,它关系到网站的设计过程是否顺利。网站规划与定义包括主题规划、风格确认、文档布局,以及申请服务器空间和域名,具体如下。

- 定义网站主题是网站的首要任务,例如,是要创建一个公司主页、影音资讯网还是个人博客等,从而分析网站的访问者群体,需要提供哪些服务类型,是否具备动态效果等。
- 确认网站风格主要是指网站的视觉风格,例如公司或企业的主页就需要注重商务气息,需要根据企业文化设计相应的色彩和装饰风格,而若是音乐主题网则可设计一套色彩活泼鲜艳的风格,并提供相关的影音资讯。图 1.8 所示为某在线视听网站的页面设计。

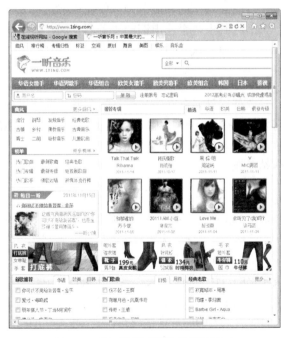

图 1.8　某在线视听网站的页面设计

- 文档布局是指为网站前期创建本地文件夹,以及所属的子文件,而若是动态网站设计则还需要先规划整个网站的动态结构及关系图,如图 1.9 所示,这不但关系到后续整个开发过程中文件的管理,同时也是开发设计的重要指导。

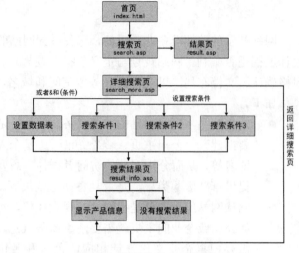

图 1.9　网站的动态结构布局

● 开发网站的最终目的是将网站内容与其他人共享，而共享网站资料就需要为网站申请服务器空间和域名，以便完成网站开发后，将其上传至已申请的服务器空间，并由浏览器通过域名访问。

3.　环境配置

若要使网站具备动态属性，则在整个设计过程中就需要一个合适的环境配置，开发动态网站的环境配置包括安装和配置 IIS 环境，指定 ODBC 数据源、定义网站及服务器等。

4.　素材收集

素材是指网站设计过程中所应用到的文本、图片、声音、视频和动画等。为了避免在后期实际制作过程中出现素材不适用、缺漏等情况，需要在网站开发前尽量搜集完整的设计素材。如果在素材搜集过程中有些原始素材不能完全符合设计需求，可对相关素材进行加工处理。例如对太大的图片进行裁剪、对效果不佳的图片进行美化、对一些声音或视频素材进行优化处理等，从而使所收集的素材能完全适用于实际设计。

5.　后期维护

为了使网站能够被长期正常访问以及更新网站内容，用户完成网站开发并将其上传至所申请的服务器空间后仍需要进行后期维护，包括检查网站的错误链接，补充或更新网站资料等，从而使网站的内容因

不断更新而具有实时信息价值，令网站保持新鲜活力。

1.2　网站项目的策划

策划是开发网站项目的首要工作，先制定开发策略并对整个网站项目制作出详尽的操作规划，后续实际的设计工作才能有效并顺利地完成。

1.2.1　了解客户的需求

网站项目的策划可分为了解客户需求和制作项目规划文案两个部分。当接受一个网站项目的开发任务后，首先需要充分了解客户需求，以准确地把握网站设计目标，从而根据客户的需求规划网站主题和功能。

例如，以提供一个公司网站设计为例，网站包括客户服务、产品介绍、网上展厅、联系我们等栏目，如图 1.10 所示。

图 1.10　根据客户需求设计的网页效果

如果制作的是个人网页，同样需要准确把握网站的设计目的，确定网站的主题和功能，然后围绕这个中心进行后续的网站设计工作。总之，了解客户需求是一项双向工作，即设计者在了解客户设计需求时可与客户相互沟通，在沟通过程中设计者也可根据自身的专业知识为客户提出建议，并在获得认同的情况下

对网站作进一步的改进。

1.2.2　制作项目规划文案

网站项目的规划文案就如同一份执行计划书,当设计者(或团队)与客户沟通并了解网站项目需求后,便可根据其需求制作规划文案,将项目的设计与执行过程规范化。

项目规划文案的内容包括项目的可实施性报告、网站建设定位及目标、网站内容结构、技术解决方案、网站推广以及运营规划等,下面分别详细描述这些内容。

1. 可实施性报告

可实施性报告包括对相关行业的市场分析,对竞争对手的网站和自身条件的分析,这些分析又分为优势和劣势分析。综合这些分析可找到合适的市场切入点;同时借鉴对手的优点并找出对手的劣势,再结合自身条件制定出可行的网站设计方案。

2. 网站建设定位及目标

网站建设定位及目标主要指定位网站的功能和作用,以及其所面向的用户群体的定位。以影音资讯类网站为例,其网站建设定位是:为网友提供免费或收费的在线视听服务及资源下载服务,并根据这些服务推荐或捆绑自身开发的产品,同时也可以为网站争取广告业务。

3. 网站内容结构

网站内容结构包括网站的外观设计、内容和功能(服务),也包括网站名称与域名、网站概述、首页要求、色彩风格效果及后台数据等具体内容。而网站设计与测试规范是指网站设计师、美术编辑以及测试人员的工作规范,包括质量要求以及设计时的注意事项。此外,还可一并提供网站建设的日程表,以便详细地规定网站建设的每一步的耗费时间。

4. 技术解决方案

技术解决方案包括建设和维护网站时的网络要求、硬件要求、软件要求以及网站程序开发的技术支持。其中,网络要求是指连接网站的网络带宽以及网络稳定性;硬件要求是指网站服务器的硬件设备性能,包括数据处理能力、数据容量以及稳定性;软件要求是指服务器使用的操作系统以及服务器软件等;网站程序开发的技术支持是指开发网站时所使用的脚本技术、数据库技术等。

5. 网站推广方案

网站推广方案可包括在搜索引擎注册网站、申请友情链接、到各大论坛发布广告,以及在此基础上制作宣传品,包括名片、文化衫、海报等,此外,还能以网站的名义举办一些竞赛类活动、有奖活动,或与其他网络公司、传统企业合作等。

6. 网站运营规划书

网站运营规划书是网站完成建设并发布后,为网站的运行所提供的一系列策略,同时可规定网站的运行维护团队及团队成员的权力和责任等。

1.3　网站方案的实施

规划好网站项目后,就可以根据确定的方法制作与开发网站。但在制作过程中需要注意对网站各部分内容的规划。

1.3.1　网站主题及风格规划

网站主题就是指根据客户需求而制定的网站内容方向。根据网站主题便可以有针对性地提供资讯内容,同时确定网站的整体设计风格。确定网站主题有以下三个原则。

- 小而精的原则:网站的定位要准确,所提供的内容要精确。一个内容繁复的网站往往给人一种没有主题、没有特色的感觉,而且内容比较粗制滥造、大而不精的网站长期下去将很容易被淘汰。
- 主题集中原则:网站主题越是集中,则针对内容所投入的精力越多,因此,便可极大地提高内容信息的质量，从而吸引更多的浏览者。

- 目标准确原则：网站的目标定位要符合实际，不能盲目。例如，由于某一主题已经出现了非常优秀且知名度很高的网站，而想超越这样的网站并不是一件容易的事，因此需要结合自身情况制定一个合适的目标。

网站风格是指浏览者对一个网站整体外观形象的综合感受，网站的外观形象包括界面风格、版面布局、浏览方式、交互性、文字、内容价值等。有风格的网站能给人更深层的感性认识，其独特的色彩、技术或交互方式能使浏览者产生深刻的印象。图 1.11 所示为上岛咖啡的网站页面设计，其以深褐色为主色调凸显了咖啡的主题，整个风格给人一种精致高雅的格调。

图 1.11　上岛咖啡网站页面

下面列举确定网站风格的三个建议。

(1) 确定风格是建立在有价值内容之上的。一个网站有风格而没有内容是华而不实的，久而久之必将被浏览者所淘汰。

(2) 网站要给人一种清晰印象，既要有冲击力有深度，同时也要让人感觉热情。浏览者对网站的印象主要受页面色调的影响，例如使用红色调代表热情，使用灰黑色让人感觉稳重。

(3) 网站风格要和网站的主题相匹配。例如一般的商务网站就不宜搭配灰暗的灰黑色调或暧昧的紫红色调；而以软件技术为主的公司网站就需要强调专业的风格，不能使用过于卡通的内容，否则会使网站看起来幼稚。图 1.12 所示为 IBM 公司专业而精致的网站首页。

图 1.12　IBM 公司的网站首页

1.3.2　网站栏目及内容规划

网站栏目与内容的规划涉及网站的内容主体，还包括资料素材的提供和美工设计。划分网站栏目有两个原则：第一，网站栏目的分类要合理得当，一般根据网站的主题和功能规划网站栏目，如图 1.13 所示，太平洋电脑网栏目及频道包括资讯、评测、产品报价、产品论坛、下载中心等，而产品资讯又可细分为手机、数码相机、笔记本、台式机等不同分类。

第二，网站的链接层次不要超出三层，这样能使网站结构一目了然，更便于浏览者迅速找到所需内容。如果链接层次不能控制在三层以内，建议用户在页面里显示导航条，这样可以帮助浏览者明确自己所处的位置。

网站内容的规划主要包括两部分，第一部分为网站中的网页文件、图像、多媒体素材等实体内容，第二部分则包括网站的名称、域名、网站概述、首页要求、前台及后台等综合内容。网站可根据实际情况划分多个不同的栏目，某些大栏目又可细分为多个小栏目。栏目划分可将不同主题的信息归类集中，这样不但使网站版面条理清晰，而且可以方便浏览者快速查找所需信息。

图 1.13　太平洋电脑网的栏目及内容规划

网站的实体内容规划除了基本的页面文本资料，还涉及网页外观的图像和多媒体动画。根据实际的网页主题设计，设计者可使用 Photoshop 完成图像的绘制、编修和美化等处理；而多媒体素材可使用一些专业的影音编辑程序进行剪辑，以产生所需的网页音效和视频内容；此外，用户还可以使用 Flash 设计丰富的影音动画效果，这些图像动画等可以用作网页横幅、广告、装饰、按钮等。

网站的综合内容规划可根据实际需要来进行，具体详见下面内容。

- 易记的网站名称与域名：有特色，好听又易记的网站名称既可体现网站的内涵，同时也能突出网站的主题；有意义的网站域名既要与主题呼应，同时也要方便浏览者记忆，可以使用拼音或英文缩写作为网站域名，例如新浪网域名为：sina.com。

- 简洁的网站概述语言：用最少的字数描绘出网站的轮廓和重点。

- 首页要求：首页如同一个网站的门面，既要让浏览者对网站的主题信息一目了然，同时

也需要以精致的布局排版和色调，呈现网站的个性与栏目导航。

- 前台及后台内容规划：一般为简要地划分前台或后台的栏目，标明栏目间的层次结构和撰写栏目简介。

1.3.3　配置本地网站环境

配置本地网站环境的目标是为网站建设及具体的页面设计提供方便的、可行的操作平台，特别是动态网站的制作，其对整个系统环境具有严格要求。对于静态网站而言，其网站的设计环境相对比较宽松，一般只需安装专业的 Web 设计程序，例如 Dreamweaver CS5，同时准备充足的素材资源，进行简单的设置便可进行网站建设。动态网站环境的配置则需要在静态网站环境基础上作进一步的配置，主要有三个重点配置，分别为设置 IIS 服务器、指定数据库源和设置网站定义中的服务器。

配置网站服务器的作用是将一般的电脑系统变成能够运行动态网页的网页服务器，这就需要安装一个简称为 IIS 的系统组件。IIS 组件是 Windows XP 系统自带的非默认安装的组件。通过系统的【添加与删除程序】功能安装 IIS 后，再根据需要设置 IIS 属性，以及共享 IIS 网站和测试 IIS 网站等一系列操作，即可完成网站服务器配置。图 1.14 所示为 IIS 管理器的操作界面。

数据库是动态网站的重要组成部分，缺少数据库将无法使动态网站正常运行，因此，完成 IIS 的安装与配置后，还需要创建数据库资料，并在系统中指定数据源。图 1.15 所示为通过系统安装 ODBC 数据源的界面。

在 Dreamweaver CS5 中定义动态网站时，有一项操作非常重要，那就是"测试服务器"的设置，设计者需要先设置服务器类型、指定测试服务器的文件夹路径以及设置 URL 前缀等，相关详细操作将在本章后面的内容中进行详细介绍。图 1.16 所示为通过 Dreamweaver CS5 连接数据库的效果。

1.3.4　网站页面的制作

　　完成网站栏目及内容规划，准备好所需的设计素材，并且完成网站环境的配置处理之后，便可着手进行网站主体内容的制作，这主要是针对网页文件的设计操作。网页设计工作可使用 Dreamweaver CS5 所见即所得的强大功能来进行，具体设计工作包括页面布局、网页文本和图像编排、建立超链接、添加多媒体影音和动画素材以及添加网页特效等。根据网站项目的规划，逐一完成所需网页制作后，也就大致完成了整个网站项目。

　　图 1.17 所示为使用 Dreamweaver CS5 制作的网页页面。

图 1.14　IIS 管理器的操作界面

图 1.15　安装 ODBC 数据源

图 1.17　制作的网页页面

1.4　网站的发布与推广

　　设计者完成整个网站的制作并申请了网站空间后，便可着手发布网站，即将本地网站资料上传到所申请的远端主机空间。Dreamweaver CS5 提供了后台式传输功能，可实现一边上传文件一边进行网页编辑处理。此外，也可选择 FTP 上传的方式(绝大多数空

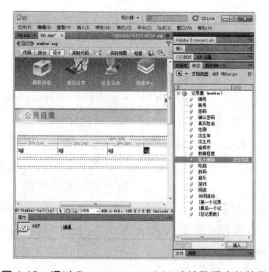

图 1.16　通过 Dreamweaver CS5 连接数据库的效果

间供应商都支持此上传方式),从而无上传中断之忧地将网站资料发布到远端主机空间。

发布网站后,为了吸引浏览者,增加网站的浏览量,用户可以有针对性地对网站进行推广。常见的网站推广方式有以下几种。

1. 搜索引擎推广

搜索引擎推广是指利用搜索引擎进行网站推广,知名的搜索引擎厂商有百度(www.baidu.com)和谷歌(www.google.com)等。搜索引擎推广形式可分为登录分类目录、搜索引擎优化、关键词广告、关键词竞价排名、网页内容定位广告等。

2. 网络广告推广

这是常用的网络推广方式之一,常见形式包括Banner广告、关键词广告、弹出窗口广告、浮动窗口广告等。网络广告具有可选择的网络媒体范围广、形式多样、针对性强、投放及时等优点,特别适合于网站发布初期。

3. 免费资源推广

免费资源推广是指为用户提供免费资源的同时,附加上一定的推广信息,常见的免费资源包括免费电子书、免费软件下载、免费贺卡、免费邮箱、免费即时聊天工具等。

4. 电子邮件推广

电子邮件推广是指利用电子邮件广告进行网站推广,常用的方法包括通过电子刊物、会员通信、专业服务厂商的电子邮件广告等进行推广。

5. 资源合作推广

资源合作推广是指通过与其他网站交换资源,达到相互推广的目的,包括交换链接、交换广告、内容合作、用户资源合作等方式。其中最常用的资源合作方式为交换链接、互登广告等。

6. 信息发布推广

信息发布推广是指将网站推广信息发布在潜在用户可能访问的网站上,利用用户在这些网站获取信息的机会实现网站推广的目的,适用于推广信息发布

的网站,包括在线黄页、分类广告、论坛、博客、供求信息平台、行业网站等。

7. 传统媒体广告推广

在电视、广播、杂志、报纸等传统媒体上做广告,也可以起到比较好的宣传作用。不过由于宣传成本往往比较高,因此这种方法并不是所有用户都适用。

除此之外,用户还可以针对实际情况使用网上问卷调查、网上抽奖活动等临时的推广手段。值得注意的是,无论使用哪种推广手段,真正可以吸引浏览者的还是网站提供的资讯和功能,因此制作一个在内容和风格上都吸引浏览者的网站才是网站设计师的首要任务。

1.5　网站的媒体设计

网站与其他信息媒体的一个重要区别就是能够全方位地提供各种类型的信息内容,这同时也是网络媒体的一大优势。因此,网页中的内容除了一般的文本和图像,还提供了动画、多媒体影音以及可实现互动交流的动态元素,从而让浏览者获取丰富的信息资料,例如以搜索的方式获取相关资讯、通过表单提交留言等。以网页元素的功能和作用进行区分,页面元素可分为网站Logo、按钮、搜索元件、联系信息、版权信息、信息栏横幅、广告等。若是以网页元素的种类进行分类,页面元素可分为文本、图像、表格、图层、音效、动画、影片、特效等。

1.5.1　常见的媒体元素

下面分类介绍常见的图像、动画、音频和视频格式。

1. 图像格式

图像是构成页面最基本的元素之一,它既提供了文本不可替代的信息传播功能,同时也是装饰页面外观所不可缺少的。在网页设计中,一般使用的图像格式主要为JPEG、PNG和GIF,这三种格式的图像具有不同的特性,具体如下。

1) JPEG

JPEG 全称为 Joint Photographic Experts Group，意思是"联合图像专家组"，一般也简称为 JPG，是一种文档交换格式，它采用失真编码技术以数字余弦转换法(DCT)去除图像数据的可忽略部分，仅保留本身重要的图像信息，从而达到高压缩率减少档案大小的目的。JPEG 图像虽然去除了部分图像数据而产生了失真效果，但此失真比例可用参数控制，如图 1.18 所示，当图像压缩率为 5%～25%时依然能保证其显示质量。JPEG 格式的图像适用于一些色彩比较丰富的相片以及色彩量较大的图像储存。

图 1.18　不同压缩率的 JPEG 格式图像品质

2) PNG

PNG 全称为 Portable Network Graphics，兼具高压缩率和透明色彩背景两大优点，不但图像所占空间较小，而且支持 24 位图像色彩，可产生无锯齿边缘的透明背景效果，从而增强了该类图像的用途。由于 PNG 的发展比较晚，最初只有 Macromedia 出品的 Firework 图像编辑软件支持此格式并将其作为默认的文件保存格式，而随着 PNG 图像的普及，越来越多的图像编辑程序支持该格式。

3) GIF

GIF 全称为 Graphics Interchange Format(图形交互格式)，是 CompuServe 公司开发的一种强压缩图像格式，同样具有文件体积小和支持透明背景的优点。由于 GIF 图像数据经过索引值取代，其色彩深度只有 1 位到 8 位，最多只能储存 256 种颜色，因此在显示上不具备优势。

2.　动画格式

在网页设计中只有两种多媒体动画格式，一种是作为图像衍生格式的 GIF 文件，另一种则是具备影音效果的 Flash 动画。下面分别介绍这两种动画元素的特性。

1) GIF 动画

由 GIF 图像衍生的一种名为 GIF89α 的格式类型(文件后缀同样为".gif")，其最大特点是可保存多幅图像，并借由多幅图像逐幅读取而产生动画效果，如图 1.19 所示。

图 1.19　GIF 动画

2) Flash 动画

由网页设计软件 Flash 制作而成的，因此便以该软件的名称作为此动画格式的称谓。Flash 动画具有矢量性、体积小、兼容性强，同时支持互动和影音效果等诸多优点，因此自面世以来就成为一种流行的网络动画格式。图 1.20 所示为网页中常见的 Flash 动画元素。

图 1.20　网页中常见的 Flash 动画元素

3.　音频格式

网页上可以用多种方式添加音乐效果，例如设置背景声音，或是插入可控制播放的歌曲，常用的网页音频格式主要有 WAV、MIDI、MP3、WMA 等。

1) WAV 格式

其文件后缀名为.wav，是微软公司早期开发的数字音频格式，也称为波形音频文件，被 Windows 平台及其他应用程序广泛支持。WAV 格式支持许多压缩算法,支持多种音频位数、采样频率和声道,采用44.1 kHz 的采样频率, 16 位量化位数, 因此 WAV 的音质与 CD 相差无几, 但 WAV 格式对存储空间需求太大, 不便于交流和传播。

2) MIDI 格式

其文件后缀名为.mid, 全称是 Musical Instrument Digital Interface, 意思是"乐器数字接口", 是数字音乐/电子合成乐器的统一国际标准。它定义了计算机音乐程序、数字合成器及其他电子设备交换音乐信号的方式, 规定了不同厂家的电子乐器与计算机连接的电缆和硬件及设备间数据传输的协议, 它还可以模拟多种乐器的声音。

3) MP3 格式

其文件后缀名为.mp3, 全称是 MPEG-1 Audio Layer 3, 是目前最流行的一种数字音乐格式, 其以低采样率对数字音频文件进行压缩, 将人耳根本无法察觉的音质去除, 从而把文件容量压缩到更小, 同时保持较高的音质。

4) WMA 格式

其文件后缀名为.wma, 全称是 Windows Media Audio, 是微软公司开发的另一种互联网传播的音频格式。WMA 格式是以减少数据流量但保持音质的方法来达到更高压缩率的, 其压缩率一般可达到 1∶18。此外, WMA 音频文件可通过 DRM(即 Digital Rights Management)方案的加入来防止复制, 或者加入限制播放时间和播放次数, 甚至是播放机器等方案来有力地防止盗版。

4. 视频格式

由于现今网络带宽的局限性, 应用于网页设计的视频格式必须具备体积小、流媒体等特点, 同时确保较高的画质。网络视频格式包括 ASF、RM、RMVB、MOV 等, 它们常常作为资源下载或传播的格式, 下面分别介绍这些视频格式的特性。

1) ASF 格式

其文件后缀名为.asf, 全称是 Advanced Streaming Format, 是 Microsoft 公司 Windows Media 的核心技术之一, 具有体积小的优点, 同时它也是一种综合了音频、视频、图像以及控制命令脚本等多媒体信息的视频格式, 能以网络数据包的形式传输, 无须等候下载完毕便可即时同步播放影片, 因此非常适合在网络中传输。

2) RM 格式

其文件后缀名为.rm, 全称是 Real Media, 是 RealNetworks 公司开发的一种流媒体视频文件格式, 主要包含 RealAudio、RealVideo 和 RealFlash 三部分。RM 可以根据网络数据传输的不同速率制定不同的压缩比率, 在传输速率为 56 KB/s 的 Modem 拨号上网的条件下依然能够在线实时传送和播放。此外, RM 如同 MPEG4 一样可自行设定编码速率, 并具备动态补偿, 在达到 512 Kbps 以上的编码速率时, RM 的画质高于 MPEG-1, 这使其成为网络中最流行的网络流媒体格式之一。

3) RMVB 格式

其文件后缀后是.rmvb, 这是 RealNetworks 公司为了弥补 RM 不适合高画质视频存储的缺陷而推出的新格式。其中的 VB 全称是 Variable Bit Rate, 意思是"可改变比特率"。RMVB 打破了 RM 格式那种自始至终保持固定压缩率的方式, 引入了动态压缩比率, 可以将较高的比特率用于复杂的动态画面(例如歌舞、飞车、战争等场面), 而在静态画面时则灵活地转为较低的比特率, 从而合理地利用了比特率资源。因此在平均编码率不变的情况下, 也能够极大改善视频画质。

4) MOV 格式

其文件后缀名是.mov, 是 Apple 公司主推的通用于 MAC 系统与 PC 平台的视频格式。MOV 格式的视频文件采用不压缩或压缩的方式, 其压缩算法包括 Cinepak、Intel Indeo Video R3.2 和 Video 编码。早期由 Adobe 公司开发的专业视频处理软件 AfterEffect 和 Premiere 都支持直接用 MOV 格式编辑。到目前为止只有 Apple 公司的 Quick Time 等少量播放器支持该格式视频的播放, 这造成 MOV 视频在网络间不够流行。

1.5.2　Photoshop 在网站设计中的应用

Photoshop 是现今公认的最好的 PC 平面图像处理软件之一, 具有超强的图像处理能力和稳定的操作性能。其强大而完善的图形绘制功能、操作简易的图像合成功能，使其成为用户图像创意设计、广告设计、插图设计、网页版型处理等工作的首选。特别是在网页设计方面，它拥有专业的图像切割和 GIF 动画制作等操作功能。

Dreamweaver 网页设计程序虽然提供了少量的图像编辑功能，但它所针对的也只是网页中的图片素材处理，而为了制作精美的网页版面，大多数设计人员都会使用专业的图像软件规划页面版型、设计页面的图形图像内容以及进行诸多的图像效果设计、页面布局切割以及输出为网页文件等一系列与网页设计有关的作业。图 1.21 所示为使用 Photoshop CS5 设计网页版型。

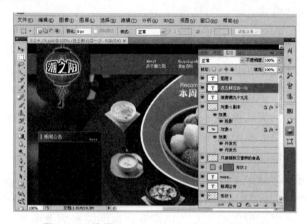

图 1.21　使用 Photoshop CS5 设计网页版型

本书后续章节将通过不同实例详细讲解在网页设计中如何通过 Photoshop CS5 设计网页的背景、网页 Logo、导航条图像以及进行网页切割与输出等操作，从而使读者了解 Photoshop 在网站及网页视觉设计中的强大应用。

1.5.3　Flash 在网站设计中的应用

由 Flash 所完成的动画效果最明显的特点就是画面的矢量性，以及集声音、视频和用户的参与于一体的、极富表现能力的动画效果。Flash 动画制作软件提供了一套强大的矢量绘制工具，它正是通过矢量图形的绘制以及软件所提供的时间轴与补间动画处理来完成一系统动画效果的。图 1.22 所示为使用 Flash CS5 制作的动画效果。

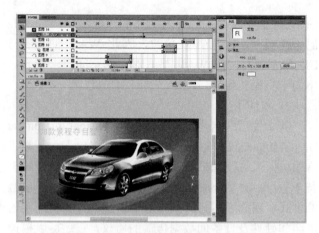

图 1.22　使用 Flash CS5 制作的 Flash 动画

由 Flash 动画制作软件所完成的动画文件原始格式为 ".fla"，用户可将其输出为 swf(shack wave file) 文件，也就是输出为可直接添加到网页设计中的 Flash 动画成品。由于其输出过程已经过大幅度压缩并包装成一个独立的可播放文件，因此在支持该格式文件的网页浏览器中可供用户直接浏览。

本书后续章节将通过不同实例详细介绍网页设计中有关多媒体动画特效的设计手法，帮助读者了解网页动画横幅、动态按钮、广告动画等应用的制作过程。

1.6　章后总结

本章作为本书的开始部分，详细讲解了使用 Adobe 软件制作与开发网站前必须掌握的基础知识，其中包括了解网站、了解网站开发语言、制作项目规划文案、网站方案的实施、发布与推广网站，以及使用 Adobe 软件制作网站元素等基础内容。

1.7　章后实训

以本章图 1.10 所示的网站和客户需求为例，制作一份该公司网站的项目规划方案。要求规划方案能够满足客户使用网站展示公司文化、推广产品、联系业务等方面的需求。

第 2 章

Adobe CS5 三剑客应用基础

Adobe CS5 套装软件包含了 Photoshop CS5、Flash CS5 和 Dreamweaver CS5 三个应用程序，这三个应用程序能用于图像、动画和网页设计，同时也可用于协同设计与开发网站。本章对这三个应用程序的功能和作用，以及安装和基础功能的使用进行了详细的介绍。

本章学习要点

➢ Adobe 三剑客软件概述

➢ 安装 Adobe CS5 套装软件

➢ Adobe CS5 应用程序通用界面

➢ 文档的创建与管理

➢ 文档的预览与发布

2.1　Adobe 三剑客软件概述

Adobe 公司于 2010 年 4 月 12 日正式发布了全新的 Adobe CS5 套装软件。全新的 Adobe CS5 分为四个版本：Adobe Design Premium(设计高级版)；Adobe Web Premium(网页设计高级版)；Adobe Master Collection(大师收藏版)；Adobe Production Premium(视频编辑高级版)。

在前三个版本中，Adobe CS5 套装软件都包含了 Photoshop CS5、Flash CS5 和 Dreamweaver CS5 三个应用程序。这三个应用程序虽然功能各不相同，但很多用户都会使用它们来协同进行工作，最常见的是使用它们来设计与开发网站。因此，这三个软件又常被称为网站设计"三剑客"。图 2.1 所示为 Adobe 在国内的官方网站。

图 2.1　Adobe 在国内的官方网站

2.1.1　Photoshop CS5——图像处理大师

Photoshop CS5 是 Adobe 公司最新推出的一款功能强大的平面图像处理软件。它不仅可应用于图像设计、图形绘制、数码照片编修等方面，还可进行网页图像的制作与 GIF 动画设计。因此，Photoshop CS5 常用于网站设计前的网站模板、页面素材等方面的处理。

1. 图像设计

图像处理是 Photoshop CS5 最为强大的功能，Photoshop CS5 允许用户调整图像的色彩模式以及具有各种与色彩有关的选项，可以对图像执行包括抠图、模糊、锐化、修复、裁剪、切片、仿制、减淡、加深、变形、羽化等在内的各种操作，以及能为图像添加文字或语音注释，通过使用各种滤镜功能，用户还可以快速地对图像进行扭曲、模糊、渲染和各种艺术化、风格化等处理。图 2.2 所示为使用 Photoshop CS5 设计的楼盘广告作品。

图 2.2　楼盘广告作品

2. 图形绘制

绘制图形是图形图像创作的主要方式，Photoshop CS5 中提供了多种绘图工具，用户可以设置这些工具的大小、颜色、形状、样式等选项，从而使用这些工具绘制各种规则或不规则图形，为图形选择包括纯色、渐变、图案在内的填充颜色类型。用户还可以选用 Photoshop CS5 中的自定义形状，从而方便地绘制各种自定义图形，也可以将绘制的图形保存为自定义形状，以便再次使用。图 2.3 所示为使用 Photoshop CS5 绘制的时尚插画作品。

图 2.3　时尚插画作品

3. 数码照片编修

随着数码相机的普及，个人处理数码照片的需求越来越大，而 Photoshop 正是编修数码照片的好帮手。例如，使用红眼工具可快速去除拍照时产生的红眼现象；使用修复画笔工具可消除人物皮肤上的各种瑕疵；而使用曲线命令则可改善照片的光线效果。此外，为数码照片套用滤镜特效，可制作出专业影楼的拍摄效果。

4. 网页图像制作

Photoshop 在网页图像制作方面也有着较为强大的功能，用户可以使用 Photoshop 制作各种网页图像、按钮、网页横幅，也可以将经过 Photoshop 处理的图像储存为 JPEG、GIF、PNG 等网页所用格式。用户还可以使用 Photoshop 的【切片工具】，制作出各种网页图像切片。另外，用户也可以为图像添加映射热区，从而创建各种网页链接。图 2.4 所示为使用 Photoshop CS5 设计的网站页面的效果。

图 2.4　网站页面设计效果

5. GIF 动画设计

使用 Photoshop CS5 的动画制作功能，用户可以方便地制作出各种 GIF 动画、动态网页按钮以及网页动画横幅。

除此之外，用户还可以对网页图像体积进行压缩，以适应网络传输的需要。图 2.5 所示为使用 Photoshop CS5【动画】面板制作的 GIF 动画图片。

图 2.5　使用【动画】面板制作的 GIF 动画图片

2.1.2 Flash CS5——动画制作大师

Adobe Flash CS5 是 Adobe 最新发布的动画创作应用程序，无论是设计动画图形还是创建以交互为基础的应用程序，Flash CS5 都能提供强大的功能，并能制作出绝佳的效果。

1. 矢量图绘制

Flash 虽然不是专业的平面绘图软件，但是它提供的多种图形绘制工具(例如椭圆形工具、矩形工具、多边星形工具、钢笔工具等)为用户绘制各种图形提供了方便。

另外，Flash CS5 更提供了选取工具、部分选取工具、油漆桶工具、渐变变形工具等编修与填充工具，让用户在绘图中有了更大的创作空间。图 2.6 所示为使用 Flash CS5 绘制的图形。

图 2.6　使用 Flash CS5 绘制的图形

2. 动画创作

采用时间轴形式制作动画是 Flash CS5 的一大特点。在以往的动画制作中，通常需要绘制出每一帧的图像，或是通过程序来制作，而 Flash CS5 使用关键帧技术，通过先对时间轴上的关键帧进行制作，然后在两关键帧之间创建补间动画，从而自动生成运动中的动画帧，节省了用户的大部分时间，提高了效率。

同时，Flash CS5 提供影片浏览器来浏览动画影片，也可以使用调试器调试影片，这大大提高了动画设计的可用性和品质。

在动画设计上，Flash CS5 不但可以实现一般的移动，也可以实现物体大小、形状、色彩等的变化。通过增加引导线，用户还可以控制物体的运动轨迹，例如控制飞机图形的飞行方向、小球滚动的路径等。同时，Flash CS5 可以通过增加形状提示点和遮罩层来设计高级补间动画，实现波浪运动、燃放烟火等炫目效果。

由于 Flash CS5 可以设计强大的动画效果，所以 Flash 动画已发展成为一种独特的艺术形式，例如 Flash MTV、Flash 电影、Flash 广告、Flash 电子贺卡等。Flash 动画被广泛应用在 Internet 中，从动态的 Logo 到网页横幅、按钮，甚至整个网页或网站，都可以用 Flash 动画来实现。图 2.7 所示为利用 Flash CS5 制作全动画网站的效果。

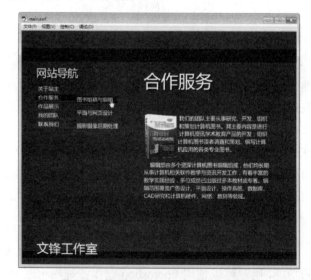

图 2.7　使用 Flash CS5 制作动画网站

3. 游戏开发

作为交互动画开发工具，Flash CS5 提供了易学易用而又功能强大的 ActionScript 脚本语言，以给动画添加交互性。通过对 ActionScript 脚本语言的使用，用户可以设计功能强大的交互动画，并应用在网络应用程序中。

由于 ActionScript 脚本语言可以实现很多交互控

制功能，所以高级用户通常会使用 Flash CS5 开发一些小型的网络游戏，例如趣味性很强的贪吃蛇、接元宝，甚至角色扮演类游戏等。图 2.8 所示为使用 Flash CS5 制作的贪吃蛇游戏。

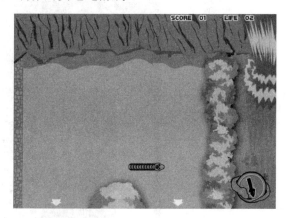

图 2.8　使用 Flash CS5 开发的小游戏

4. 网站媒体设计

互动网页是目前网页制作的一个发展趋势，Flash CS5 除了设计动画以外，还可以用来制作各种互动类型的网页媒体素材。

Flash CS5 除了可以制作静态的网页版面之外，更可以应用各种按钮元件、图像元件、表单组件等制作互动的网页。使用 Flash CS5 所制作的互动网页比起其他类型的互动网页要更活泼，也比较吸引人。例如目前很多网站都会使用 Flash 来制作导航条动画、广告动画等。图 2.9 所示为使用 Flash CS5 制作的广告动画。

图 2.9　使用 Flash CS5 制作的广告动画

2.1.3　Dreamweaver CS5——网站制作大师

Dreamweaver CS5 是一款专业的网站制作软件，主要用于对站点、Web 页和站点应用程序进行制作和开发，其"所见即所得"的工作环境简化了站点架设与网页制作。

1. Web 站点架设

Dreamweaver CS5 提供了专业且完整的 Web 站点定义功能，用户可以利用这个功能定义本机和远程站点的连接关系，并在本地计算机中假设出与远端网站服务器完全一样的虚拟站点，用户在网站服务器的环境下创建与编辑网页，就如同直接在 Web 站点上制作网站一样。图 2.10 所示为通过 Dreamweaver CS5 定义本地站点的操作。

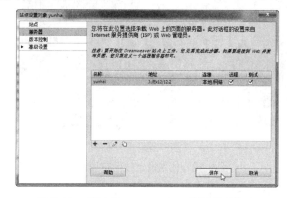

图 2.10　通过 Dreamweaver CS5 定义站点

另外，Dreamweaver CS5 还为用户提供了便利而完整的站点管理功能，用户可以直接通过【文件】面板管理站点文件，如图 2.11 所示。

图 2.11　通过【文件】面板管理站点文件

2. 网站页面布局

Dreamweaver CS5 为初级用户提供"WYSIWYG"（What You See Is What You Get，即"所见即所得"）的编辑界面，使用可视化设计工具即可轻松创建复杂的页面布局。图 2.12 所示为 Dreamweaver CS5 的"设计"视图。

图 2.12　使用设计视图布局页面

对于高级网页编写人员来说，编写代码是必不可少的操作，为此 Dreamweaver CS5 设计了"代码"与"拆分"两种视图方式，用户可以通过这两种方式进行设置编码环境、编写代码、优化和调试代码以及在设计视图中编辑代码等相关操作。图 2.13 所示为"拆分"视图。

3. 开发 Web 应用程序

Web 应用程序可以赋予页面一定的功能，例如让用户通过页面搜索数据库的数据；让用户在页面中插入、更新或删除数据库中的数据；以及限制对某一 Web 站点的访问。具有这些可以让用户与站点进行交互功能的页面通常称为"动态网页"。使用 Dreamweaver CS5 可以迅速创建各种类型的动态网页。图 2.14 所示为使用 Dreamweaver CS5 和数据库开发具有会员注册功能的页面。

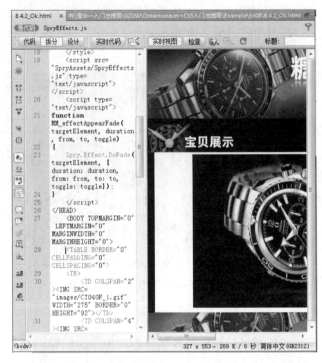

图 2.13　使用"拆分"视图编写网页

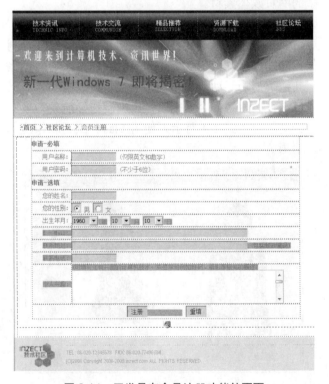

图 2.14　开发具有会员注册功能的页面

2.2　安装 Adobe CS5 套装软件

使用三剑客应用程序前,首先要安装 Adobe CS5 套装软件。在套装软件安装程序中,用户可以选择安装套装软件的任意应用程序。

2.2.1　安装 Adobe CS5 的配置要求

安装 Adobe CS5 不同版本的套装软件,需要计算机满足不同的配置要求。下面以 Adobe Design Premium CS5 为例,介绍安装与使用该软件的最低配置要求。

1) 操作系统

不低于 Microsoft Windows XP Service Pack 3、Microsoft Windows Vista Home Premium、Business、Ultimate 或 Enterprise(带有 Service Pack 1,推荐 Service Pack 2)或者 Windows 7 操作系统。其中,Adobe Premiere Pro CS5 应用程序需要安装支持 64 位的操作系统。

2) CPU

不低于 Intel Pentium 4 或 AMD Athlon 64 处理器(推荐 Intel Core 2 Duo 或 AMD Phenom II 的处理器)。其中,Adobe Premiere Pro CS5 应用程序需要支持 64 位的 Intel Core 2 Duo 或 AMD Phenom II 处理器。

3) 内存

不低于 1 GB 的内存(推荐 4 GB 或更大的内存)。

4) 硬盘

9.3 GB 的可用硬盘空间用于安装,安装过程中需要额外的可用空间(无法安装在基于闪存的可移动存储设备上)。编辑压缩视频格式需要 7200 转硬盘驱动器,未压缩视频格式需要 RAID 0 硬盘支持。

5) 显卡

配备支持 1280×800 的屏幕分辨率(推荐 1280×1024),并配备符合条件的硬件加速 OpenGL 图形卡,支持 16 位颜色和不低于 256 MB 显存容量的显卡。另外,Adobe Photoshop 中的某些 GPU 加速功能需要 Shader Model 3.0 和 OpenGL 2.0 图形支持。

6) 其他

- 捕获 SD/HD 工作流程并导出到磁带需要经 Adobe 认证的卡。
- 需要 OHCI 兼容型 IEEE 1394 端口进行 DV 和 HDV 捕获、导出到磁带并传输到 DV 设备。
- 支持 ASIO 协议或 Microsoft Windows Driver Model 的兼容声卡。
- 支持双层 DVD(DVD±R 刻录机,用于刻录 DVD;Blu-ray 刻录机用于创建 Blu-ray Disc 媒体),兼容 DVD-ROM 驱动器。
- 支持 Java Runtime Environment 1.5(32 位)或 1.6。
- 播放作为 Swf 文件导出的 DVD 项目,需要 Adobe Flash Player 10 软件。
- 在线服务需要宽带 Internet 连接。

> **说明**
>
> Windows Service Pack 是 Windows 系统的修订程序包。自 Windows 发布以来,每隔几个星期甚至几天或几小时,微软公司就会在 Windows 网站上发布相关的修补程序,以解决系统漏洞、安全问题、功能缺陷等,Service Pack(补丁包)就是各种修补程序的集合,每隔一段时间微软就会将已发布的各种补丁程序集合在一起做成一个 Service Pack 发布,因此 Service Pack 是阶段性的大规模的系统更新。

2.2.2　安装 Adobe CS5 套装软件

Adobe CS5 套装包括 Photoshop CS5、Flash CS5 和 Dreamweaver CS5 等多个应用程序和附带程序,因此安装空间要求比较大。建议用户在安装程序的目标磁盘分区中预留不少于 20 GB 的空间。本小节以 Adobe Design Premium CS5 为例,介绍其安装方法。

安装 Adobe CS5 套装软件的操作步骤如下。

 将 Adobe CS5 软件的安装光盘放进光驱,或者将程序复制到磁盘分区上,然后进入程序目录,双击 Set-up.exe 程序,打开安装向导,如图 2.15 所示。

图 2.15　双击 Set-up.exe 程序

 此时安装程序会进行初始化，以检查系统中是否安装了 Adobe CS5 的相关程序，如图 2.16 所示。

图 2.16　安装程序执行初始化处理

 初始化完成后，显示【Adobe 软件许可协议】页面。用户可以查看许可协议并单击【接受】按钮，继续执行安装的过程，如图 2.17 所示。

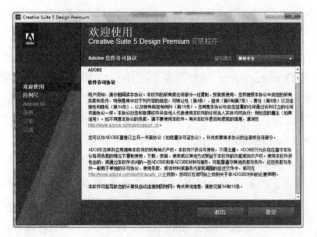

图 2.17　接受许可协议窗口

 接受许可协议后，程序将要求输入安装序列号。用户可以从程序安装光盘的外包装或说明书中找到，或者通过互联网查找。如果没有序列号，则可以选择安装产品的试用版，以试用 30 天，如图 2.18 所示。输入序列号后，单击【下一步】按钮。

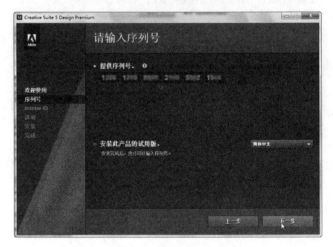

图 2.18　输入安装序列号

 进入下一界面后，用户需要选择安装的程序项目。用户可以全选所有程序项目，以便获得程序最全面的功能服务。如果磁盘空间不多，也可以选择需要的应用程序。选择程序后，还需要指定程序安装的位置，最后单击【安装】按钮，执行安装操作，如图 2.19 所示。

图 2.19　选择安装的程序并执行安装界面

Step 6 此时安装向导将计算安装时间，并自动执行安装的处理，如图 2.20 所示，安装完成后，单击【完成】按钮即可。

注 意

在安装过程中用户应避免运行其他程序，以加快安装的速度。同时，应避免计算机出现待机、断电等情况。

图 2.20　程序正在安装中

Step 7 安装完成后，打开【开始】菜单，然后依次打开【所有程序】｜Adobe Design Premium CS5 列表框，即可找到安装完成的相关 Adobe CS 应用程序，如图 2.21 所示。

图 2.21　查看安装程序的结果

2.3　Adobe CS5 应用程序通用界面

Photoshop CS5、Flash CS5 和 Dreamweaver CS5 同属于 Adobe Design Premium CS5 套装软件的应用程序，它们彼此有很强的整合性，例如在 Photoshop 中设计的图像可以导入到 Flash 动画中；使用 Flash 制作的动画同样可以插入到 Dreamweaver 中进行编辑。

2.3.1　操作界面概述

Adobe CS5 中各程序的界面很相似，用户只要熟悉其中一个程序的操作界面，基本上就可以掌握 Adobe CS5 其他应用程序的界面操作。图 2.22～图 2.24 所示分别为 Photoshop CS5、Flash CS5 和 Dreamweaver CS5 的操作界面。

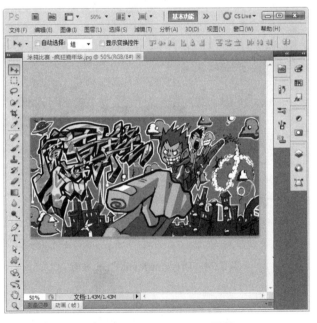

图 2.22　Photoshop CS5 界面

图 2.23　Flash CS5 界面

图 2.24　Dreamweaver CS5 界面

说　明

　　由于 Adobe CS5 的各个应用程序界面有很大的相似性，因此本节以 Flash CS5 为例，介绍 Adobe CS5 应用程序的操作界面。

2.3.2　欢迎屏幕

　　默认情况下，启动 Adobe CS5 应用程序时会打开一个欢迎屏幕(Photoshop CS5 没有欢迎屏幕)，通过它可以快速创建文档或打开各种项目文档。

　　图 2.25 所示为 Flash CS5 的欢迎屏幕，下面介绍屏幕上的选项列表。

- 从模板创建：可以使用 Flash 自带的模板方便地创建特定应用项目。
- 打开最近的项目：可以打开最近曾经打开过的文档。
- 新建：可以创建包括"Flash 项目"、"ActionScript 文件"等各种新文档。
- 扩展：可以使用 Flash 的扩展程序 Exchange。
- 学习：可以打开对应的学习页面。

　　欢迎屏幕的左下方是一个功能区域，它提供了"快速入门"、"新增功能"、"开发人员"、"设计人员"等链接，可以让用户获得相关的帮助信息和资源。

　　欢迎屏幕的右下方提供了一个栏目，可以让用户打开 Adobe Flash 的官方网站，以获得更多的支援信息。

图 2.25　Flash CS5 的欢迎屏幕

2.3.3　菜单栏

　　菜单栏位于应用程序主窗口的正上方，它包括大部分应用程序功能且分类组成的功能菜单。菜单栏以级联的层次结构来组织各个命令，并以下拉菜单的形式逐级显示。各个命令下面分别有子命令，某些子命令还有下级选项。图 2.26 所示为 Flash CS5 的菜单栏。

图 2.26　Flash CS5 的菜单栏

> **提　示**
>
> 　　某些菜单项名称后面也带有快捷键，按下相应快捷键可以执行相应菜单命令，例如按下快捷键 Ctrl+S 即可依次执行【文件】|【保存】命令。

2.3.4　【工具箱】面板

　　【工具箱】面板一般位于应用程序窗口的右侧或左侧，主要包括各种常用编辑工具。图 2.27 所示为 Flash CS5 的工具箱。

　　【工具箱】面板默认将所有功能按钮竖排起来，如果用户觉得这样的排列在使用时不方便，也可以向左拖动工具箱面板的边框，扩大【工具箱】面板，如图 2.28 所示。

图 2.27　工具箱　　　图 2.28　扩大的【工具箱】面板

2.3.5　【属性】面板

　　【属性】面板一般位于应用程序操作界面右侧(Dreamweaver CS5 应用程序的【属性】面板默认位于界面的下方，如图 2.29 所示)，根据所选择的元件或对象显示相应的设置内容。

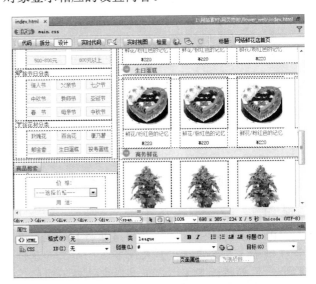

图 2.29　Dreamweaver CS5 的【属性】面板

　　例如在 Flash CS5 中，用户需要设置某个元件的属性时，可以选择该元件，然后在【属性】面板中设置属性即可。图 2.30 所示为 Flash CS5 默认状态下的【属性】面板，图 2.31 所示为 Flash CS5 选择影片剪辑元件后的【属性】面板。

图 2.30　Flash CS5 默认状态的【属性】面板

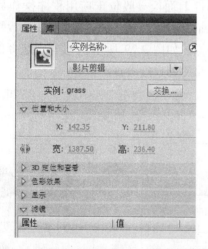

图 2.31　选择影片剪辑元件后的【属性】面板

> **提　示**
>
> Photoshop CS5 程序并没有【属性】面板，而是提供了【工具属性栏】来设置属性。工具属性栏位于菜单栏正下方，在工具箱中选择不同的工具，选项栏会显示不同的选项，以便对当前使用工具进行相关的属性设置，如图 2.32 所示。

图 2.32　Photoshop CS5 的【工具属性栏】

2.3.6　编辑区

编辑区是用户对文件对象进行编辑和修改的地方。

对于 Flash CS5 来说，编辑区包含了用于显示动画的舞台。用户在舞台中可以直接绘图，或者导入外部图形文档进行编辑。当播放最后生成的 Flash 文档(swf)时，播放的内容只限于显示在舞台区域内的对象，其他区域的对象将不会在播放时出现。图 2.33 所示为 Flash CS5 的动画舞台。

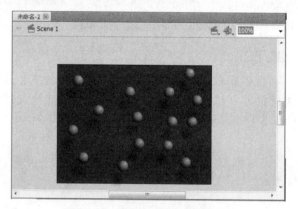

图 2.33　Flash CS5 的动画舞台

2.3.7　工作区切换器

在默认状态下，Adobe CS5 的应用程序以【基本功能】模式显示工作区。在此工作区下，用户可以方便地使用程序的基本功能来创作。

但对于某些高级设计，在此工作区下工作并不能带来最大的效率。因此，不同的用户可以根据自己的操作需要，通过工作区切换器切换不同模式的工作区。图 2.34 所示为 Flash CS5 的工作区切换菜单。

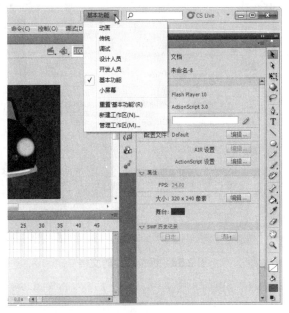

图 2.34　Flash CS5 的工作区切换菜单

2.4　文档的创建与管理

在使用三剑客应用程序进行工作前，必须首先掌握文档的管理方法，其中包括新建文档、打开文档、保存与另存文档、设置文档属性等。

2.4.1　新建文档

在 Adobe CS5 的应用程序中，新建文档有多种方法，例如使用欢迎屏幕新建文档、通过菜单命令新建文档、使用快捷键新建文档等，下面以 Flash CS5 应用程序为例。介绍这三种方法的操作。

1. 使用欢迎屏幕

打开 Flash CS5 应用程序，然后在欢迎屏幕上单击 ActionScript 3.0 按钮，或者单击 ActionScript 2.0 按钮，即可新建支持 ActionScript 3.0 脚本语言或支持 ActionScript 2.0 脚本语言的 Flash 文档。如果单击 Adobe AIR 2 按钮、iPhone OS 按钮或 Flash Lite 4 按钮，即可新建对应用途的 Flash 文档。图 2.35 所示为选择新建支持 ActionScript 3.0 脚本语言的 Flash 文档。

图 2.35　通过欢迎屏幕新建文档

2. 通过菜单命令

在菜单栏中依次选择如图 2.36 所示的【文件】|【新建】命令，打开【新建文档】对话框后，选择 ActionScript 3.0 选项、ActionScript 2.0 选项、Adobe AIR 2 选项、iPhone OS 选项或 Flash Lite 4 选项，然后单击【确定】按钮，即可创建各种类型的 Flash 文档。

图 2.36　通过菜单新建文档

3. 使用快捷键

新建文档，可以按快捷键 Ctrl+N，打开【新建文档】对话框，用户只需按照通过菜单命令方法后面的操作即可新建文档，如图 2.37 所示。

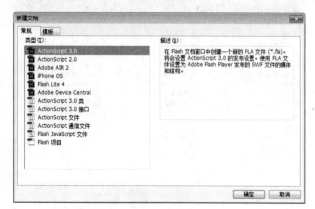

图 2.37 使用快捷键新建文档

图 2.38 保存新建的文档

2.4.2 保存与另存文档

新建并修改文件后，就要将文件保存起来，以免设计过程中出现意外(例如死机、程序出错、系统崩溃、停电等) 造成损失。下面以 Flash CS5 应用程序为例，介绍保存与另存文档的方法。

1. 保存文档

如果是新建的文档，那么当需要保存时可以依次选择【文件】|【保存】命令，或者按快捷键 Ctrl+S，然后在打开的【另存为】对话框中设置保存位置、文档名、保存类型等选项，最后单击【保存】按钮即可，如图 2.38 所示。

如果打开的不是新建的 Flash 文档，编辑后直接保存，则不会打开【另存为】对话框，而是按照原文档的目录和文档名直接覆盖。

> **提 示**
>
> 如果程序中打开了多个文档，那么当需要将这些文档都保存时，可以依次选择【文件】|【全部保存】命令，批量执行保存命令，如图 2.39 所示。

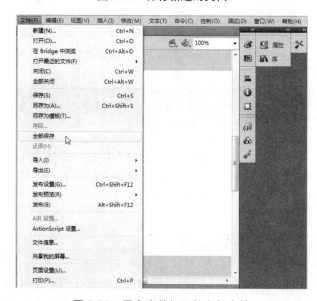

图 2.39 保存当前打开的全部文档

2. 另存新文档

编辑文档后，若不想覆盖原来的文档，可以依次选择【文件】|【另存为】命令(或按快捷键 Ctrl+Shift+S)将文档保存成一个新文档，用户只需在【另存为】对话框中更改文档的保存目录或变换其他名称即可，如图 2.40 所示。

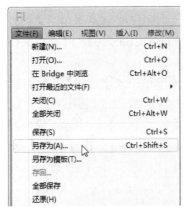

图 2.41　打开文档

图 2.40　另存为新文档

2.4.3　打开文档

如果要编辑未完成的文件，或者需要通过对应的应用程序查看文件的内容，则可以通过程序打开保存于电脑上的文件。

在 Adobe CS5 应用程序中打开文档常用的方法有四种。下面以 Flash CS5 为例，介绍打开文档的方法。

1. 方法 1

依次选择【文件】|【打开】命令，然后通过打开的【打开】对话框选择 Flash 文档，并单击【打开】按钮，如图 2.41 所示。

2. 方法 2

按快捷键 Ctrl+O，然后通过打开的【打开】对话框选择 Flash 文件，并单击【打开】按钮。

3. 方法 3

如果想要打开最近曾编辑过的 Flash 文件，则可以依次选择【文件】|【打开最近的文件】命令，然后在菜单中选择文件即可，如图 2.42 所示。

图 2.42　打开最近使用的文件

4. 方法 4

依次选择【文件】|【在 Bridge 中浏览】命令，或者按快捷键 Ctrl+Alt+O，然后通过打开的 Adobe Bridge CS5 程序的窗口选择需要打开的文档，再双击该文档即可，如图 2.43 所示。

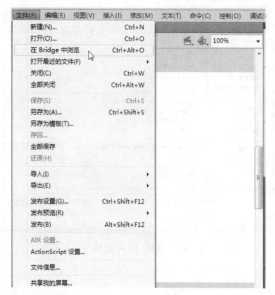

图 2.43 通过 Adobe Bridge CS5 程序打开文档

> **说　明**
>
> Adobe Bridge CS5 是 Adobe CS5 软件套装的控制中心，它提供了对项目文件、应用程序和设置的集中式访问，以及 Adobe XMP(可扩展标记平台)元数据的标记和搜索功能，可用来进行文件管理和共享。

2.4.4　另存成模板文档

使用模板可以快速地创建特定程序应用需要的文档，但程序自带的模板毕竟有限，这些模板有时未必能满足用户的需要。为了解决这一问题，Flash 和

Dreamweaver 均允许用户将创建的文档另存为模板使用。下面以 Flash CS5 为例，介绍将文档另存成模板文档的方法。

首先在菜单栏中依次选择【文件】|【另存为模板】命令，如图 2.44 所示。此时程序将打开【另存为模板】对话框，在【名称】文本框中输入模板名称，然后设置其他模板选项，最后单击【保存】按钮即可，如图 2.45 所示。

图 2.44　另存为模板

图 2.45　设置模板选项并保存

2.4.5　从模板新建文档

将文档另存为模板后，用户即可使用该模板新建文档。下面以 Flash CS5 为例，介绍通过模板新建文档的方法。

从模板新建文档的步骤如下。

Step 1 在 Flash CS5 菜单栏中依次选择【文件】|
【新建】命令，打开【从模板新建】对话框
后，切换到【模板】选项卡。

 Step 2 在【模板】选项卡的【类别】列表框中选择
类别选项，再选择合适的模板，最后单击【确
定】按钮，如图 2.46 所示。新建的文档如
图 2.47 所示。

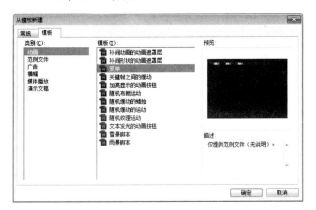

图 2.46　从模板中新建文档

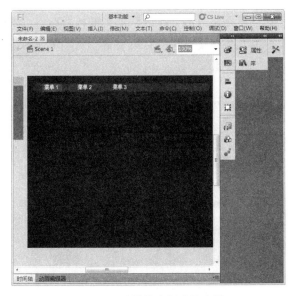

图 2.47　从模板中新建的文档

2.5　文档的预览与发布

使用 Adobe 三剑客应用程序制作好文档后，可以
使用不同的程序对文档进行预览、发布和应用。

2.5.1　预览 Dreamweaver 网页文档

在 Dreamweaver CS5 中，用户可以依次通过文档
工具栏上的【预览】|【预览在 IExplore】命令(或按
F12 功能键)，打开浏览器预览当前网页文件效果，如
图 2.48 所示。

图 2.48　通过文档工具栏命令预览网页

此外，用户还可以打开【文件】菜单，然后依次
选择【在浏览器中预览】| IExplore 命令，预览网页效
果，如图 2.49 所示。

图 2.49　通过菜单命令预览网页

2.5.2 将 Photoshop 图像存储为网页文件

Photoshop CS5 提供了将文件保存成网页或网页图像的功能,以满足网络图像传输速度和保持一定图像质量的要求,为用户制作网页提供了极大的方便。

将 Photoshop 图像存储为网页文件的方法如下。

Step 1 先打开练习文件(光盘: ..\Example\Ch02\index.jpg),然后依次选择【文件】|【存储为 Web 和设备所用格式】命令,如图 2.50 所示。

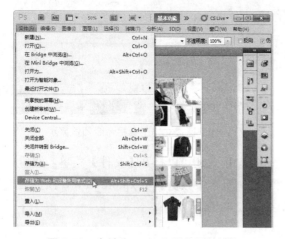

图 2.50 存储为 Web 和设备所用格式

Step 2 在打开的【存储为 Web 和设备所用格式】对话框右侧选择需要保存的网页图像类型,然后设置对应的优化选项,最后单击【存储】按钮,如图 2.51 所示。

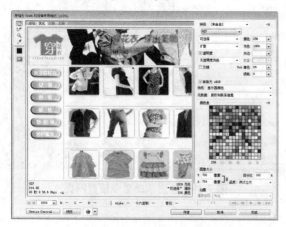

图 2.51 选择文件类型并优化图像

Step 3 在弹出的【将优化结果存储为】对话框中设置文件的保存位置及文件名,接着在【格式】下拉列表框中选择要保存的类型,最后单击【保存】按钮,如图 2.52 所示。

图 2.52 将优化结果存储为网页

Step 4 保存完成后,在保存位置中找到本例,然后双击该文件即可以网页的形式打开文件,如图 2.53 所示。

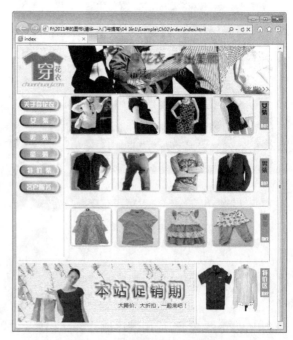

图 2.53 通过浏览器预览图像

2.5.3　发布 Flash 文档为 swf 动画

完成作品的设计后，用户可以将它发布为多种类型的文件，以满足不同应用场合的需要。在发布之前，可以通过【发布设置】对话框中的设置项对发布的动画进行设置。

用户可以在 Flash CS5 菜单栏中依次选择【文件】|【发布设置】命令(或按快捷键 Ctrl+Shift+F12)，打开【发布设置】对话框，然后通过该对话框设置发布选项，如图 2.54 所示。

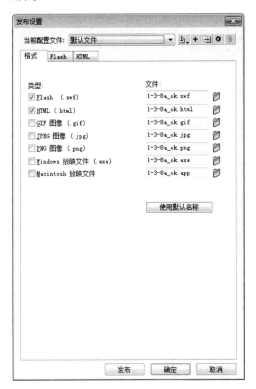

图 2.54　【发布设置】对话框

1. 【格式】选项卡

【格式】选项卡的各设置项介绍如下。

1) 类型

【类型】选项组用于选择要发布的文件格式，默认情况下为 Flash 和 HTML 两种格式。通过选择【类型】选项组中相应格式名称前的复选框，可以选择发布该种格式的文件。取消选择即为不发布。

2) 文件

【文件】选项组用于设置各类型文件发布时的文件名，默认文件名为当前文件名称，要更改某类型文件的文件名，只需在与该类型名称相对应的文本框中输入文件名即可。

3) 【选择发布目标】按钮

【选择发布目标】按钮 用于选择文件发布后的保存位置。

2. Flash 选项卡

Flash 选项卡用于对发布的 swf 动画进行各种参数的设置，如图 2.55 所示。

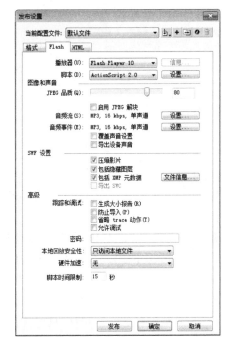

图 2.55　Flash 选项卡

Flash 选项卡的各设置项介绍如下。

1) 播放器

【播放器】选项用于选择要发布的 swf 文件的播放器版本，默认版本是 Flash Player 10，用户可以在其下拉列表中选择其他版本。

2) 脚本

【脚本】设置项用于选择 ActionScript 的版本，有 3 种版本可供选择：ActionScript 1.0、ActionScript 2.0 和 ActionScript 3.0。

3) JPEG 品质

该项用于调整 Flash 动画中的 JPEG 图像品质。要调整图像品质时，只需用鼠标拖动滑块或者在其右侧文本框中输入数值即可。输入数值的范围为 0～100，100 为最高品质，默认值为 80。

4) 音频流

该项用于动画中音频流的压缩设置，单击该选项右侧的【设置】按钮，将弹出【声音设置】对话框，如图 2.56 所示。在【压缩】下拉列表框中选择压缩类型；在【比特率】下拉列表框中可选择压缩比特率。当比特率大于 16 Kbps 时，【预处理】选项变成可用状态，选择其后的复选框可将立体声转换为单声；在【品质】下拉列表框中选择压缩的品质，设置完成后单击【确定】按钮即可。

图 2.56　【声音设置】对话框

5) 音频事件

该项用于动画中事件声音的压缩设置。设置方法和"音频流"设置相同，此处不再赘述。

- 覆盖声音设置：选择该复选框可以将之前在【库】面板中的声音设置统一用上面的设置值替代。
- 导出设备声音：选择该复选框可以导出适合于设备(包括移动设备)的声音而不是原始库声音。

6) swf 设置

【swf 设置】项有若干复选框，可以实现对一些功能的选择。

- 压缩影片：选择该复选框可以压缩影片体积，使影片变得更小一些。播放时 Flash 播放器可以自行解压缩影片。
- 包括隐藏图层：选择该复选框，可以根据播放和导出的设置隐藏图层的内容。
- 包含 XMP 元数据：选择该复选框，可以导出文件所含内容的所有元数据。单击【文件信息】按钮，可打开如图 2.57 所示的对话框查看和设置文件信息。
- 导出 SWC：选择该复选框，可以导出 SWC

文件(SWC 文件包含可重复使用的 Flash 组件，每个 SWC 文件都包含一个已编译的影片剪辑、ActionScript 代码以及组件所要求的任何其他资源)。

图 2.57　查看和设置文件信息

7) 高级

【跟踪和调试】项有若干设置，下面分别进行介绍。

- 生成大小报告：选择该复选框可以产生一个与发布的动画同名的 txt 文本文件。这份文件记录着各个图像和声音数据压缩后的大小、在动画中使用的文字等信息。
- 防止导入：选择该复选框可以防止其他用户将你发布的 swf 文件重新导入 Flash 并进行修改。
- 省略 trace 动作：trace 动作能让程序将某个预设的信息或变量内容显示到【输出】面板，以利于侦测错误。选择【省略 trace 动作】复选框则不显示预设的信息或变量。
- 允许调试：选择该复选框，用户可以调试发布后的 swf 文件，改正文件中的错误和瑕疵。
- 密码：可以在文本框中输入导入或调试时所用的密码。
- 本地回放安全性：该项用于设置 Flash 文件的安全性。
- 硬件加速：该项用来设置播放 Flash 动画时

由硬件运行加速的方式。

- 脚本时间限制：该项可以设置 Flash 对脚本代码运行时间的限制。

2.6　章后总结

本章主要讲解了 Photoshop CS5、Flash CS5 和 Dreamweaver CS5 三个应用程序的基础知识，介绍了各个应用程序的功能和对各个程序的界面进行概述，以及介绍管理、预览与发布文件等的方法。通过本章的学习，用户可以更好地学习后续章节的知识。

2.7　章后实训

本章实训题要求将练习文件(光盘：..\Example\Ch02\mian.jpg)在 Photoshop CS5 中打开，然后将图像

本章实训题操作流程如图 2.59 所示。

存储为网页文件，接着在 Dreamweaver CS5 中打开该网页文件，并通过 Dreamweaver 打开浏览器预览网页，如图 2.58 所示。

图 2.58　预览网页的效果

❶ 将图像打开到 Photoshop 中

❷ 选择【存储为 Web 和设备所用格式】命令

❺ 通过浏览器预览网页效果

❹ 将网页文件打开到 Dreamweaver 中

❸ 将图像保存为【HTML 和图像】格式的网页文件

图 2.59　实训题操作流程

设计软件学习篇

第 3 章

图像的编辑与修改处理

学习提要

在网页设计中通常会用到一些相片或图像素材，但由于客观原因，有些相片及图像素材会出现各种瑕疵。此时，用户可以利用Photoshop CS5 在图像编辑与美化方面所提供的功能来处理图像，例如通过【画布大小】命令缩小图像；使用工具箱中的【减淡工具】改善图像效果；利用菜单栏中的【图像】|【调整】子菜单下的多种命令可调整图像颜色效果等。本章介绍 Photoshop CS5 在图像的编辑与处理方面的一些知识。

本章学习要点

➢　　了解图像处理的概念

➢　　图像的基础编辑

➢　　图像的色彩处理

➢　　改善图像颜色效果

3.1 了解图像处理的概念

本节介绍图像的各个基本概念，包括图像的分类、图像格式、图像分辨率与尺寸等，务求读者在学习图像设计前对图像知识有比较全面的认识。

3.1.1 图像的分类

依照图像的特性来划分，保存在计算机中的图像可以分为位图图像和矢量图像两类。

1. 位图

位图图像使用被称为"像素"的小点来描述图像，每个像素点包含一种颜色，各种颜色的像素点组合起来构成了我们平常所见的位图图像。

保存位图时，每个像素都需要一组单独的数据来表示，因此位图图像的体积较矢量图更大。同时，因为图像的像素是固定到特定尺寸的网格上的，调整位图的形状大小会使网格内的像素重新分布，因此会影响图像的品质。图 3.1 所示为原图，图 3.2 所示为放大位图后出现锯齿，位图品质降低了。

图 3.2　放大位图后出现锯齿

2. 矢量图

矢量图通常也称为面向对象的图像或绘图图像，在数学上定义为一系列由线连接的点。在矢量文件中，图形元素被称为对象，而每个对象都是一个自成一体的实体，它具有颜色、形状、轮廓、大小和屏幕位置等属性。矢量图的最大优点是图像被放大、缩小或旋转等都不会产生失真；而缺点则是难以表现色彩层次丰富的逼真效果。图 3.3 所示为原来的矢量图，图 3.4 所示为放大后的矢量图，可以看出图像品质没有发生变化。

图 3.1　原图的位图

图 3.3　原来的矢量图

图 3.4　放大后的矢量图

3.1.2　图像的格式

图像格式是指图像文件保存在计算机中的方式，包含了图像种类、色彩、压缩程度等信息。Photoshop CS5 支持几十种图像格式，其中比较常用的有 PSD、JPG、GIF、BMP、TIFF 等，下面分别介绍各种常用图像格式。

1. 网页用图像格式

如今网页上使用图像的频率越来越高，为了满足网络图像传输速度和保持一定图像质量的要求，需要对图像进行适当的压缩。比较常见的网页用图像格式有 JPEG、GIF、PNG、BMP、TIFF 等。下面分别对这几种图像格式进行介绍。

1) JPEG

JPEG 是一种广泛应用于 Web 以及设计方面的图像格式。JPEG 格式支持 RGB、CMYK 以及灰度色彩模式，但不支持 Alpha 通道。

JPEG 格式的图像一般都经过了压缩。将其他格式图像保存为 JPEG 格式时，可以指定图像的品质和压缩比例，压缩比例越大，压缩后文件体积越小，图像损失的数据信息也就越多，图像品质也越低。

2) GIF

GIF 格式是一种广泛应用于 Web 图像以及 Web 动画的图像格式。GIF 格式支持位图、灰度以及索引色彩模式，不支持 Alpha 通道。由于最多只能处理 256 种颜色，因此 GIF 不能用于保存色彩数目较多的图像文件。

GIF 图像具有体积小、支持透明背景、支持动画效果等特点，这些特点使得 GIF 格式在网络应用方面占有一席之地。

3) PNG

PNG 图像格式是作为 GIF 的无专利替代品而开发的，主要用于无损压缩图像和在 Web 上显示图像。该格式的文件只占用极小的磁盘空间，读取和传输都很容易。PNG 格式支持无 Alpha 通道的 RGB、索引色、灰度和位图模式的图像。

2. 打印用图像格式

在打印图像时，为了确保打印效果，不但需要有较高分辨率的打印机，而且图像本身质量也不容忽略。适合打印用的图像格式有 BMP、TIFF 等。下面分别对这两种图像格式进行介绍。

1) BMP

BMP 格式是 DOS 和 Windows 都兼容的标准图像格式，所有版本的 Windows 程序都支持 BMP 格式。BMP 格式支持 RGB、索引色、灰度和位图色彩模式，不支持 Alpha 通道。彩色图像存储为 BMP 格式时，每一个像素所占的位数可以是 1 位、4 位、8 位或 32 位，相对应的颜色也从黑白一直到真彩色。

由于使用 RLE 压缩算法的原因，BMP 文件的体积往往比较大，这也限制了 BMP 文件在网络方面的应用。

2) TIFF

TIFF 是一种无损压缩的图片格式，最早是为了保存扫描仪的图像而设计的，其最大特点就是与计算机的结构、操作系统以及图形硬件系统无关。TIFF 格式支持带 Alpha 通道的 CMYK、RGB 和灰度色彩模式，也支持不带 Alpha 通道的 Lab、索引色和位图色彩模式。

TIFF 格式具备良好的兼容性，支持多种软硬件环境，现今广泛应用于绘画、图像编辑和页面排版等方面。

3. Photoshop 源图像格式

PSD 是 Photoshop 的默认图像文件格式，创建新文档时就是使用该种图像格式。PSD 格式可以保留图像文件中的图层和通道信息，也支持 Photoshop 中所有的图像色彩模式。因此，在编辑图像的过程中，通常将文件保存为 PSD 格式，以便重新读取需要的信息，如图 3.5 所示。

图 3.5　PSD 图像在 Photoshop 中打开时的效果

但是，除了 Photoshop 外，很少有其他软件支持 PSD 文件格式。同时由于保存了大量信息，PSD 文件的体积往往比较大，因此在图像设计完成后，通常将 PSD 文件转换成其他格式，以便进行浏览和传输的需要。

3.1.3　分辨率与尺寸

分辨率是和图像相关的一个重要概念，是衡量图像细节表现能力的重要参数。分辨率种类较多，其划分方式与含义也不尽相同。这里主要介绍 4 种与图像设计关系比较密切的分辨率，它们分别是：图像分辨率、网屏分辨率、设备分辨率和位分辨率。

1. 图像分辨率

图像分辨率是指单位尺寸图像中保存的信息量，通常以每英寸图像所含的像素数来表示，单位为 dpi。

例如，图像分辨率为 72 dpi，表示每英寸该图像含有 72 个像素点。图像分辨率越高，其所能表示的图像精度越高，也就越能显现图像的细节。用户在 Photoshop CS5 中新建图像文件时，可以在【新建】对话框中设置图像的分辨率，如图 3.6 所示。

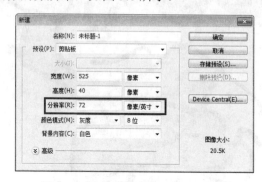

图 3.6　新建图像文件时设置分辨率

2. 网屏分辨率

网屏分辨率是指打印灰度色彩模式图像或分色图像时所用的网屏上每英寸内的点数。这种分辨率通过每英寸的行数(LPI)来表示。

> **说　明**
>
> 分色是印刷术语，是指把 RGB 色彩模式的图像转换成 CMYK 色彩模式，然后将彩色图像保存为青、洋红、黄、黑 4 种颜色的灰度图，保存后的图像称为分色图像。

3. 设备分辨率

设备分辨率又称为输出分辨率，是指各种输出设备每英寸长度上可以产生的点数或像素。例如显示器、打印机、数码相机等设备的分辨率。设备分辨率的单位为 dpi。

4. 位分辨率

位分辨率又称为位深，是指图像中每个像素能够保存信息的位数。位分辨率决定了图像可用的色彩数量，一般常见的有 8 位、16 位、24 位和 32 位色彩。例如一个 24 位分辨率的 RGB 图像，其中每个像素点用 24 位保存 RGB 色彩，即 R、G、B 各用 8 位。

由此可见，图像的分辨率与图像尺寸有着紧密的联系。当尺寸相同时，图像分辨率越高，图像文件也就越大。除了图像分辨率外，位分辨率也会影响文件的大小，一般情况下，当图像尺寸和图像分辨率都相同时，位分辨率越大，文件体积也就越大。

> **提　示**
>
> 值得注意的是，本小节讨论的图像限于位图图像，由于矢量图是用数学方式的描述而建立的图像，因此与图像分辨率无关。

3.1.4　认识图像的模式

我们日常所见的图像都是由色彩构成的，而图像色彩的不同组合方式产生了不同的颜色效果，这在 Photoshop 中称为色彩模式。

色彩模式决定了图像在显示或打印时的色彩处理方式，常见的色彩模式包括 RGB(红、绿、蓝)、CMYK(青、洋红、黄、黑)、Lab、位图(Bitmap)、灰度(Grayscale)、双色调(Duotone)、索引色(Indexed Color)等。

1. RGB 颜色

RGB 颜色又称加色模式，是 Photoshop CS5 创作时最常用的色彩模式，也是显示器、电视机、投影仪等设备所使用的色彩模式。

RGB 中的色彩通道 R 代表红色(Red)，G 代表绿色(Green)，B 代表蓝色(Blue)，也就是常说的"三原色"，这三种颜色通过叠加形成了其他的色彩，如图 3.7 所示。

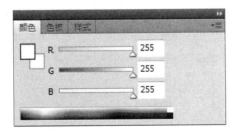

图 3.7　RGB 图像模式

RGB 中每种原色用 8 位数据保存，因此可以表示从 0(黑色)至 255(白色)共 256 个色彩亮度评级，三种原色叠加一共可以产生 1 677 万种色彩(俗称"24 位真彩色")。

> **说　明**
>
> 由于可以产生多种色彩，因此在设计色彩丰富的图像时，RGB 色彩模式是最好的选择。同时由于 RGB 色彩模式通过亮度表示色彩，某些色彩的亮度范围已经超出了印刷色彩的范围，因此直接打印 RGB 模式的图像可能造成颜色的丢失，也就是常说的"失真"。

2. CMYK 颜色

CMYK 颜色又称减色模式，是一种印刷用的色彩模式。其中，C 代表 Cyan(青色)，M 代表 Magenta(洋红)、Y 代表 Yellow(黄色)、K 代表 Black(黑色)。这四种颜色通过叠加形成了其他的色彩，如图 3.8 所示。CMYK 中的每种原色也用 8 位数据保存，可以表示从 0(白色)至 100%(通道颜色)的色彩范围。

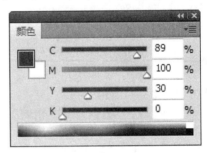

图 3.8　CMYK 图像模式

由于色彩数量比 RGB 少，而且比 RGB 多一个色彩通道，因此 CMYK 的色彩表现能力不及 RGB，并且文件体积比相应的 RGB 文件大，因此 CMYK 较少应用于 Web 图像方面。在编辑用于印刷的图像时，也不提倡直接使用 CMYK 模式，一方面由于 CMYK 有 4 个通道，处理速度慢；另一方面也因为显示器成像时是使用 RGB 模式，即使是在 CMYK 模式下工作，Photoshop CS5 也必须将 CMYK 即时转换为显示器所用的 RGB 模式，这样就减慢了处理速度。

> **说　明**
>
> 由于显示器采用 RGB 模式，因此我们在显示器中看到的 CMYK 图像与打印后看到的图像效果略有不同，打印的图像看起来会暗一点。

3. Lab 颜色

Lab 图像模式以一个亮度通道 L(Lightness)以及 a、b 两个颜色通道来表示颜色，L 通道代表颜色的亮度，其值域不 0～100，当 L=50 时，就相当于 50%的黑。a 通道表示从红色至绿色的范围，b 通道表示从蓝色至黄色的范围，其值域都是-120～+120，如图 3.9 所示。Lab 图像模式是一种与设备无关的图像模式，它色域宽阔，不仅包含了 RGB 以及 CMYK 的所有色域，还能表现它们不能表现的更多色彩。因此，当把其他颜色转换为 Lab 色彩时，颜色并不会产生失真。

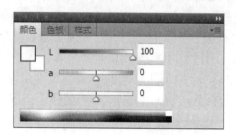

图 3.9　Lab 图像模式

> **说　明**
>
> 在 Photoshop CS5 中进行图像模式转换时都要用到 Lab 颜色模式。例如将 RGB 转换为 CMYK 时，要先将 RGB 转换为 Lab，然后再将 Lab 转换为 CMYK，而这一过程是在 Photoshop CS5 程序内部进行的，无需使用者费心。

4. 位图

位图色彩模式用黑色与白色两种色彩表示图像，图像中每种色彩用 1 位数据保存，色彩数据只有 1 和 0 两种状态，1 代表白色，0 代表黑色。

位图模式主要用于早期的不能识别颜色和灰度的设备。由于只用 1 位来表示颜色数据，因此其图像文件体积较其他色彩模式都小。位图模式也可用于文字识别，如果扫描需要使用光学文字识别技术识别的图像文件，须将图像转化为位图模式。

> **说　明**
>
> 位图不能和彩色模式的图像相互转换，要将彩色模式的图像转换为位图模式，必须先将其转换为灰度模式。

5. 灰度

与位图图像相似，灰度色彩模式也用黑色与白色表示图像，但它在这两种颜色之间引入了过渡色灰色。灰度模式只有一个 8 位的颜色通道，通道取值范围为 0(白色)至 100%(黑色)。可以通过调节通道的颜色数值来产生各个评级的灰度，如图 3.10 所示。

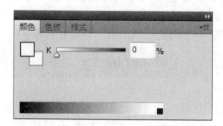

图 3.10　灰度图像模式

与"位图"色彩模式相比，灰度模式能更好地表现图像的颜色，同时由于其只有一个色彩通道，在处理速度和文件体积方面都较彩色的色彩模式占优，因此在制作各种黑白图像时，用户可以选用灰度模式。

6. 双色调

双色调模式通过一至四种用户自定义的颜色来创建灰度图像。用户自定义的颜色只用于定义图像的灰度评级，并不会产生彩色。当选用不同的颜色或颜色数目时，其创建的灰度评级也不同，这样较颜色单一的灰度图像可以表现出更丰富的层次感和质感。

将灰度图像转换为双色调模式时，会出现如图 3.11 所示的【双色调选项】对话框，用户可以在对话框中选择一至四色调类型，然后在对应的油墨框中选择所需的色彩以及为色彩命名。对话框底部将显示所选结果的预览效果。设置完成后的【颜色】调板如图 3.12 所示，用户可在调板中拖动滑块选择所需的灰度评级。

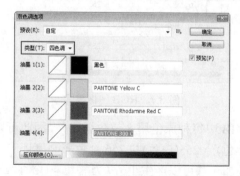

图 3.11　【双色调选项】对话框

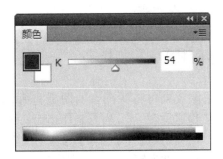

图 3.12　调整灰度评级

注　意

在将其他图像模式转换为双色调模式之前，必须先转换为灰度模式，然后才能转换为双色调模式。

7. 索引色

索引色模式只能存储一个 8 位色彩深度的文件，即最多有 256 种颜色，这些颜色被保存在一个称为颜色表的区域中，如图 3.13 所示，每种颜色对应一个索引号，索引色模式由此得名。

在将其他图像模式转换为索引图像时，如果原图像中的某种颜色没有出现在颜色表中，Photoshop CS5 会选取颜色表中最相近的颜色取代该种颜色，将会造成一定程度的失真。

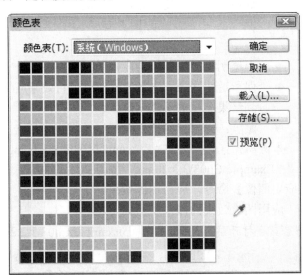

图 3.13　索引颜色表

3.1.5　图像模式的转换

用户可以根据需要转换图像模式，将某种模式的图像转换为其他合适的模式。

值得注意的是，在转换过程中造成的颜色丢失往往是不可逆的，某些色彩模式之间也不能互相转换。因此在转换之前用户必须对各种色彩模式有充分了解，并且有十分明确的操作目的，否则可能会造成无可挽救的损失。

转换色彩模式的方法很简单，首先在 Photoshop CS5 中打开文件，然后在菜单栏中依次选择【图像】|【模式】命令，打开如图 3.14 所示的菜单，用户只需从中选择不同的命令即可转换色彩模式。

图 3.14　转换色彩模式

可以看到，子菜单中包含了各种模式的命令，当前图像使用的色彩模式名称前会勾上小勾。用户可以在子菜单中选择任意可用的模式命令，之后图像将转换为新选择的色彩模式。

提　示

为了避免误操作造成损失，用户可以在转换模式前另存文件以作为备份，这样当需要恢复时可以打开备份文件。

3.2 图像的基础编辑

要使用 Photoshop CS5 设计网站所用的素材，首先要掌握基本的图像编辑方法。本节介绍图像编辑的基础操作，例如创建图像副本、应用图像效果、设置图像与画布大小以及旋转画布与裁剪图像等。

3.2.1 创建图像副本

创建图像副本可为同一个图像文件设计出不同艺术风格的图像效果，而无需多次打开同一文件，从而提高了用户的工作效率。

创建图像副本的方法很简单，用户只需在菜单栏依次选择【图像】|【复制】命令，接着在打开的【复制图像】对话框中为图像副本重新命名，如图 3.15 所示，最后单击【确定】按钮即可，如图 3.16 所示。

图 3.15　创建图像副本

图 3.16　创建图像副本的结果

3.2.2 应用图像效果

应用图像效果可将源图像的图层和通道与目标图像的图层和通道混合，从而制作出奇特的图像效果。在菜单栏中依次选择【图像】|【应用图像】命令，即可打开如图 3.17 所示的【应用图像】对话框，下面先对该对话框的参数选项逐一进行介绍。

图 3.17　【应用图像】对话框

- 源：用于选择要与目标图像组合的源图像。
- 图层：用于选择要与目标图像组合的源图像图层。
- 通道：用于选择要与目标图像组合的源图像通道。
- 反相：选中该复选框可在 Photoshop CS5 进行通道计算时使用通道内容的负片。
- 混合：用于选择源图像与目标图像混合的类型。
- 不透明度：用于指定应用效果的强度。
- 保留透明区域：选择该复选框可将效果应用到结果图层的不透明区域。
- 蒙版：选择该复选框可通过蒙版应用混合。

本例需先打开光盘的"..\Example\Ch03\3.2.2a.jpg"和"..\Example\Ch03\3.2.2b.jpg"练习文件，然后使用【应用图像】命令，应用图像效果。

应用图像效果的操作步骤如下。

 打开练习文件(光盘: ..\Example\Ch03\3.2.2a.jpg、3.2.2b.jpg)，其中两个文件的大小属性一致，分别如图 3.18 和图 3.19 所示。

 单击练习文件 1 的标题，使之作为当前图像，然后依次选择【图像】|【应用图像】

命令，打开【应用图像】对话框。

Step 3　打开对话框后，【源】和【目标】均为"3.2.2a.jpg"，也就是当前文件，如图 3.20 所示。其中，【源】可以更改，【目标】不能更改，所以指定的当前文件就被默认为目标文件，在操作前要特别注意选择好合适的目标文件。

图 3.18　练习文件 1

图 3.19　练习文件 2

图 3.20　【源】和【目标】均为"3.2.2a.jpg"

Step 4　在默认状态下，软件是将当前文件以【正片叠底】的混合模式应用到当前文件中，所以只看到"3.2.2a.jpg"的色彩变深了，如图 3.21 所示；而"3.2.2b.jpg"完全没有改变。

图 3.21　【源】和【目标】都为同一图像时的效果

Step 5　将【源】更改为"3.2.2b.jpg"，如图 3.22 所示。此时是将"3.2.2b.jpg"文件以【正片叠底】的混合模式应用于"3.2.2a.jpg"（目标文件），其结果如图 3.23 所示。

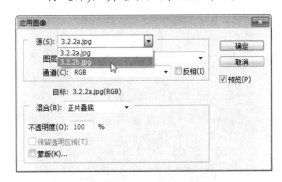

图 3.22　更改【源】文件

图 3.23　将源文件应用于目标文件的结果

Step 6　如果对当前【正片叠底】混合模式的效果不满意，可以打开【混合】下拉列表，从中选择其他模式，例如选择【强光】选项，然后把【不透明度】降低为 50%，如图 3.24 所示。

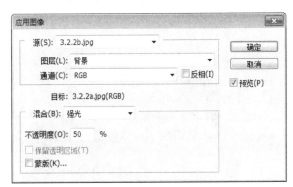

图 3.24　更改【应用图像】参数

Step 7 对预览效果满意后单击【确定】按钮，"3.2.2b.jpg"文件的效果即可应用到"3.2.2a.jpg"文件中，并以某种方式融合成魔幻的效果，结果如图3.25所示。

图 3.25 应用图像后的效果

3.2.3 设置图像与画布大小

为了使图像大小更符合实际需要，可调整图像像素大小或画布大小。若要调整画布大小，可在不修改图像内容的情况下增大或减小画布。增大画布，可为图像提供更多的工作空间；减小画布，则可裁剪掉多余的部分。

设置图像与画布大小的操作步骤如下。

 打开练习文件(光盘: ..\Example\Ch03\3.2.3a. jpg、3.2.3b.jpg)，并确认"3.2.3b.jpg"图像文件为当前窗口，如图3.26所示。

图 3.26 打开练习文件

Step 2 在菜单栏中依次选择【图像】|【图像大小】命令，打开【图像大小】对话框，并确认已分别选择【缩放样式】、【约束比例】、【重定图像像素】复选框，然后设置【像素大小】的宽度为150像素，这时高度也会随之更改，如图3.27所示，最后单击【确定】按钮，缩小"3.2.3b.jpg"图像文件大小，如图3.28所示。

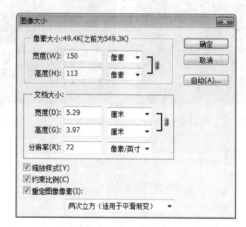

图 3.27 调整图像大小

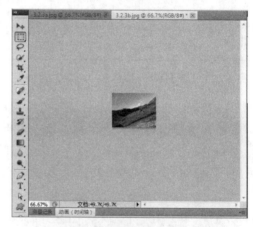

图 3.28 调整图像大小后的效果

Step 3 在菜单栏中依次选择【图像】|【画布大小】命令，打开【画布大小】对话框，并分别指定【新建大小】宽度和高度比原画布尺寸均多10毫米，然后选择【画布扩展颜色】为背景并设置颜色为白色，如图3.29所示，最后单击【确定】按钮，调整画布大小的效果如图3.30所示。

图 3.29　调整画布大小

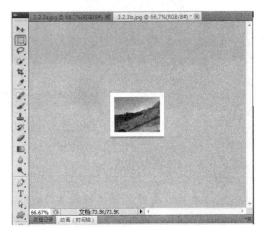

图 3.30　调整画布大小后的效果

除了使用上述方法调整画布大小外，还可通过在【定位】框中调整画布扩展位置来指定画布扩展方向。例如，在【画布大小】对话框中指定画布扩展方向为向左扩展，如图 3.31 所示，即可得到如图 3.32 所示的图像效果。

图 3.31　更改画布扩展方向

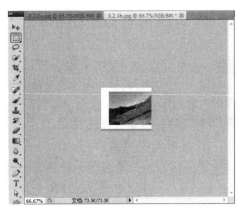

图 3.32　更改画布扩展方向后的结果

 在工具箱中使用【移动工具】按钮 ，移动该图像文件至"3.2.3a.jpg"图像文件的合适位置，如图 3.33 所示，并适当调整其位置，最终效果如图 3.34 所示。

图 3.33　移动图片

图 3.34　调整图像位置后的效果

3.2.4 旋转画布与裁剪图像

在 Photoshop CS5 中，使用【旋转画布】命令可对图像进行指定角度的旋转调整，而使用【裁剪工具】则可将图像中多余的部分裁剪掉，从而只保留有用的区域。

旋转画布与裁剪图像的方法如下。

Step 1 打开练习文件(光盘：..\Example\Ch03\3.2.4.jpg)，然后在菜单栏中依次选择【图像】|【图像旋转】|【任意角度】命令，如图 3.35 所示。

图 3.35 选择【任意角度】命令

Step 2 在打开的【旋转画布】对话框中选择【度(逆时针)】单选按钮，并输入旋转角度为 25，如图 3.36 所示。然后单击【确定】按钮，即可旋转画布。

图 3.36 设置旋转的角度和方向

 Step 3 在工具箱中单击【裁剪工具】按钮 ，然后在图像中按住鼠标左键拖动绘制裁剪框，如图 3.37 所示，框内即为保留区域，而框外图像将被裁剪掉。

图 3.37 拖动绘制裁剪框

Step 4 拖动裁剪框四边的调整控制点可以精确调整裁剪框的大小范围，如图 3.38 所示，最后单击属性栏中的【提交当前裁剪操作】按钮，或者双击裁剪框，裁剪图像，如图 3.39 所示。

图 3.38 调整裁剪框

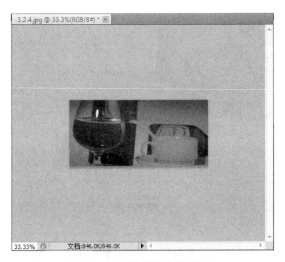

图 3.39　裁剪图像后的效果

> **提示**
>
> 拖动鼠标绘制裁剪框后,除了可以调整裁剪框的大小,还可将鼠标移动至裁剪框四角的控制点上旋转裁剪框,如图 3.40 所示。

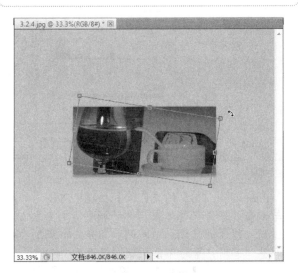

图 3.40　旋转裁剪框

3.3　图像的色彩处理

使用 Photoshop CS5 处理图像时,可使用【图像】|【调整】命令中的多个子菜单项来对图像颜色、亮度、饱和度与对比度等进行调整,使将要应用于网页设计中的图像素材更加完美。

3.3.1　调整图像色阶

使用 Photoshop 的【色阶】命令可对图像的颜色与光线效果进行整体或局部的调整,其取值范围为 0～255。

在菜单栏中依次选择【图像】|【调整】|【色阶】命令,即可打开如图 3.41 所示的【色阶】对话框。在该对话框中可通过输入图像的暗调、中间调和高光三个级别量,对图像的色彩范围和色彩平衡进行调整。

下面对【色阶】对话框进行介绍。

- 通道:用于选择要进行色调调整的通道,若选中 RGB 主通道,则"色阶"调整对所有通道起作用;若只选中 R、G、B 通道中的一个通道,则"色阶"命令只对当前所选通道起作用。

- 输入色阶:用于对图像暗调、中间调及高光进行设定。在该栏中有三个文本框,分别对应着上方的三个小三角调节点,这三个调节点分别对应暗调、中间调与高光。当调节点的位置改变时,文本框中的参数也会相应改变。

- 输出色阶:用于定义新的暗调及高光值。

- 自动:单击该按钮可应用【自动颜色校正选项】对话框中指定的设置。

- 选项:单击该按钮可打开如图 3.42 所示的【自动颜色校正选项】对话框,在该对话框中可指定阴影和高光的修剪百分比,为暗调、中间调和高光指定颜色值。

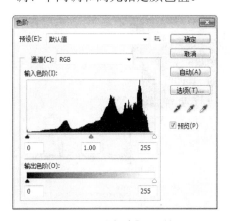

图 3.41　【色阶】对话框

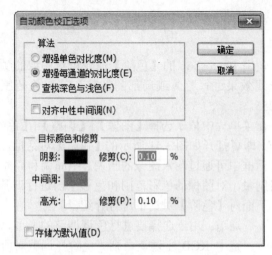

图 3.42 【自动颜色校正选项】对话框

● 吸管工具：【色阶】对话框共提供了黑场、灰场、白场三个吸管，分别对应【在图像中取样以设置黑场】、【在图像中取样以设置灰场】、【在图像中取样以设置白场】三个按钮。单击其中任意一个吸管后，再将鼠标移至图像窗口中，此时鼠标变成吸管状，接着单击鼠标即可对色调进行调整。其中使用黑场吸管可将图像中所有像素亮度值减去吸管单击处的像素亮度值，如图 3.43 所示；使用灰场吸管可将图像中所有像素亮度值加上吸管单击处的像素亮度值，如图 3.44 所示；使用白场吸管可用该吸管所在点的像素中的灰点来调整图像的色彩分布，如图 3.45 所示。

图 3.43 使用黑场吸管对图像色调进行调整

图 3.44 使用灰场吸管对图像色调进行调整

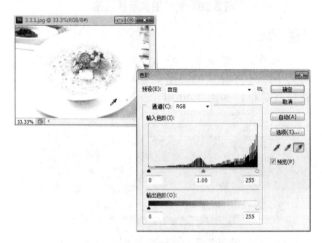

图 3.45 使用白场吸管对图像色调进行调整

说 明

Photoshop CS5 的【色阶】功能可对图像的颜色与光线效果进行整体或局部的调整，主要方法是通过输入图像的暗调、中间调和高光三个级别参数来调整。若用户暂时不能判断图像存在哪些色彩问题，可依次选择【图像】|【调整】|【色阶】命令，让系统自动对图像进行色阶处理。

下面运用【色阶】功能，对原本色彩暗淡的图像进行调整，以使图像效果更加艳丽明亮。其前后对比如图 3.46 所示。

调整图像色阶的操作步骤如下。

Step 1 打开练习文件(光盘：..\Example\Ch03\3.3.1 .jpg)，依次选择【图像】|【调整】|【色阶】

命令(或按快捷键 Ctrl+L)，如图 3.47 所示，打开【色阶】对话框。

图 3.46　调整图像色阶前后的效果对比

图 3.47　选择【色阶】命令

在【色阶】对话框中单击【在图像中取样以设置白场】按钮 ，然后在图像白云图案处单击取样，如图 3.48 所示。

图 3.48　取样以设置白场

在【输入色阶】区下方向右拖动中间的调节点，修改色阶参数为 0.68，如图 3.49 所示，最后单击【确定】按钮，即可得到如图 3.46 下图所示的效果。

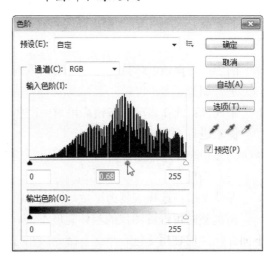

图 3.49　调整【色阶】参数

3.3.2 调整色彩平衡

使用【色彩平衡】命令可对图像中偏重或偏轻的颜色进行平衡处理。在 Photoshop CS5 的菜单栏中依次选择【图像】|【调整】|【色彩平衡】命令，即可打开如图 3.50 所示的【色彩平衡】对话框。在该对话框中输入色阶参数或拖动调节点，即可对图像的阴影、中间调和高光区进行简单的色彩平衡调整。

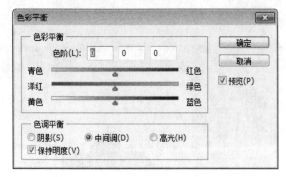

图 3.50　【色彩平衡】对话框

下面对【色彩平衡】对话框进行介绍。

- 色阶：该项共包括三个文本框，分别对应于其下方的三个滑块，其取值范围为-100～100。通过在文本框中输入数值或拖动滑块，可控制 CMY 三原色到 RGB 三原色之间对应的色彩变化。默认情况下滑块都处于滑块的中间位置，【色阶】值均为 0。当向左侧移动滑块时，图像的颜色接近 CMY 颜色；当向右侧移动滑块时，图像的颜色接近 RGB 颜色。
- 阴影：选择该单选按钮后可对暗色调的像素进行调整。
- 中间调：选择该单选按钮后可对中间色调的像素进行调整。
- 高光：选择该单选按钮后可对亮色调的像素进行调整。
- 保持明度：选择该复选框后，在进行色彩平衡调整时可维持图像的整体亮度不变。

下面介绍如何使用【色彩平衡】命令。在打开的【色彩平衡】对话框中输入色阶值，对图像进行加色

与减色处理，最终的对比效果如图 3.51 所示。

图 3.51　调整图像色彩平衡的对比效果

调整色彩平衡的操作步骤如下。

Step 1 打开练习文件(光盘：..\Example\Ch03\3.3.2.jpg)，在菜单栏中依次选择【图像】|【调整】|【色彩平衡】命令或按快捷键 Ctrl+B，如图 3.52 所示。

图 3.52　选择【色彩平衡】命令

Step 2 打开【色彩平衡】对话框，从中选择【中间调】单选按钮，再向右拖动最上方的滑块，直至【色阶】文本框中第一项参数显示+60 为止，以加强图像中的红色色调，如图 3.53 所示。

Step 3 选择【阴影】单选按钮，并在【色阶】的第

二项文本框中输入数值+20，以增加图像中的绿色色调，如图 3.54 所示。最后单击【确定】按钮，即可得到如图 3.51 右图所示的最终效果。

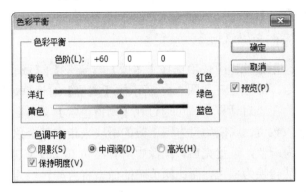

图 3.53　为图像增加红色色调

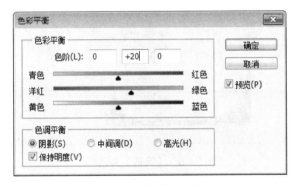

图 3.54　为图像增加绿色色调

3.3.3　调整亮度与对比度

Photoshop CS5 全面改进了【亮度/对比度】功能。使用改进后的【亮度/对比度】功能，可使图像在增加对比度的同时保留更多的细节，以便能更好地对图像进行修正处理。

在菜单栏中依次选择【图像】|【调整】|【亮度/对比度】命令，即可打开如图 3.55 所示的【亮度/对比度】对话框。

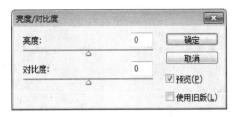

图 3.55　【亮度/对比度】对话框

下面对此对话框进行介绍。

● 亮度：通过在文本框中输入数值或拖动对应的滑块，可调整图像亮度，其取值范围由旧版本的-100～100 改为-150～150。当向左拖动滑块或在文本框中输入负值时，图像亮度将会下降；当向右拖动滑块或在文本框中输入正值时，图像亮度将会增加，如图 3.56～图 3.58 所示。

图 3.56　原始图像　　图 3.57　降低亮度后的图像

图 3.58　增加亮度后的图像

● 对比度：通过在文本框中输入数值或拖动对应的滑块可调整图像的对比度，其取值范围由旧版本的-100～100 改为-50～100。当向左拖动滑块或在文本框中输入负值时，图像对比度将会下降；当向右拖动滑块或在文本框中输入正值时，图像对比度将会增加，如图 3.59～图 3.61 所示。

图 3.59 "上衣"的原始图像

图 3.60 降低对比度后的图像

图 3.61 增加对比度后的图像

- 使用旧版：选择该复选框，可使用旧版本的【亮度/对比度】功能对图像进行调整，如图 3.62～图 3.64 所示。

图 3.62 "裙子"的原始图像

图 3.63 新版调色后的效果

图 3.64 旧版调色后的效果

3.3.4 高反差与色调分离

在 Photoshop CS5 中，使用【阈值】命令可将彩色或灰度图像转换为高反差的黑白图像，而使用【色调分离】命令则可定义图像的灰度级数。

1. 高反差图像

在菜单栏中依次选择【图像】|【调整】|【阈值】命令，即可打开如图 3.65 所示的【阈值】对话框。

在该对话框中，可通过在【阈值色阶】文本框中输入数值，或拖动直方图下方的滑块来指定某个色阶作为阈值，设置完后，图像中所有比阈值亮的像素将自动转换为白色，而比阈值暗的像素将自动转换为黑色，从而产生高对比度的黑白图像效果，如图 3.66～图 3.68 所示。

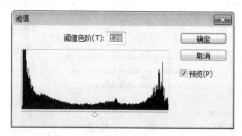
图 3.65 【阈值】对话框

图 3.66 "鸟"的原始图像

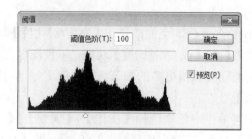
图 3.67 设置【阈值色阶】值

图 3.68　调整后的高反差图像

2. 色调分离

在菜单栏中依次选择【图像】|【调整】|【色调分离】命令，即可打开【色调分离】对话框。在该对话框中可通过在【色阶】文本框中输入数值对图像划分级别，其取值范围为2～255。

【色调分离】功能主要是用于灰阶图像，也可用于颜色比较单纯的彩色图像。应用色调分离的图像如图 3.69～图 3.71 所示。

图 3.69　原始图像

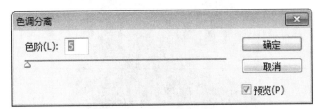

图 3.70　设置色阶值

图 3.71　色调分离后的图像

3.3.5　图像的黑白转换

对图像使用【黑白】命令，可将图像转换为黑白色。在打开的【黑白】对话框中调整图像色彩值，可以完善图像的黑白效果。

对图像进行黑白转换的操作步骤如下。

Step 1 打开练习文件(光盘：..\Example\Ch03\3.3.5.jpg)，在菜单栏中依次选择【图像】|【调整】|【黑白】命令，如图 3.72 所示。

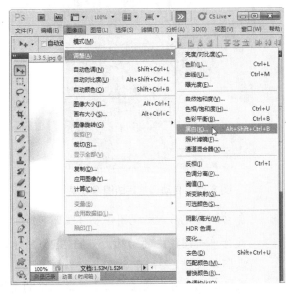

图 3.72　选择【黑白】命令

Step 2 在打开的【黑白】对话框中单击【自动】按钮，让系统自动根据图像进行不同色彩通道的亮度设置，如图 3.73 所示，调整后的效果如图 3.74 所示。

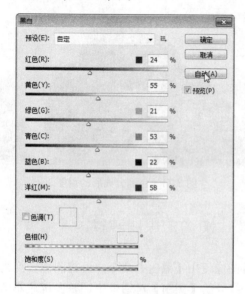

图 3.73　自动设置参数

图 3.75　吸取动物某处的颜色

图 3.74　自动调整后的图像效果

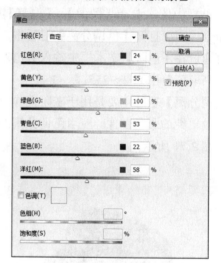

图 3.76　调整图像的亮度

 自动调整完后，发现图像整体偏暗，此时用
鼠标单击图像中的动物，如图 3.75 所示，
吸取该处颜色。

 吸取颜色后可发现【黑白】对话框中的【红
色】文本框处于选中状态，此时调整【绿色】
值为 100%，如图 3.76 所示，最后单击【确
定】按钮，即可得到如图 3.77 所示的最终
效果。

图 3.77　调整动物亮度后的图像效果

3.3.6　图像的综合变化处理

Photoshop CS5 提供了功能强大的【曲线】功能，使用【曲线】命令不但可以调整图像的亮度、对比度，还可以控制图像色彩等，它的应用面相当广泛。

在菜单栏中依次选择【图像】|【调整】|【曲线】命令或按快捷键 Ctrl+M，即可打开如图 3.78 所示的【曲线】对话框，其中图表水平轴表示输入色阶的强度值，垂直轴表示输出色阶的颜色值。

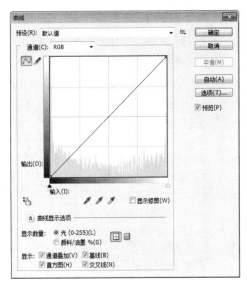

图 3.78　【曲线】对话框

下面对此对话框进行介绍。

- 预设：在该下拉列表中可直接选择系统提供的预设值，单击右侧的【预设选项】按钮，可载入、存储以及删除当前的曲线设置。

- 通道：用于选择要进行曲线调整的通道。对于 RGB 模式的图像，若选中 RGB 主通道，则"曲线"调整对所有通道起作用；若只选中 R、G、B 通道中的一个通道，则"曲线"命令只对当前所选通道起作用。而对于 CMYK 模式的图像，则可分别对 C、M、Y、K 通道中的某一个通道进行曲线调整。

- 【编辑点以修改曲线】按钮：单击该按钮，将鼠标移至曲线上，当光标变为十字状时即可通过单击来添加节点，此时在【输入】与【输出】文本框中将显示该节点的"输入"

和"输出"值，拖动所添加的节点可调整曲线形状，从而改变图像色调，如图 3.79 所示。

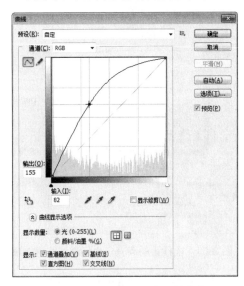

图 3.79　通过添加点来调整曲线

- 【通过绘制来修改曲线】按钮：单击该按钮，可在曲线表格内绘制曲线，从而调整图像色彩，如图 3.80 所示。

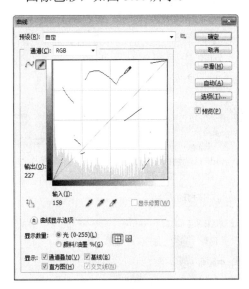

图 3.80　手动绘制的曲线

- 高光：拖动该节点可调整图像高光处的明亮度，如图 3.81 所示。

- 中间调：拖动该节点可调整图像中间调处的明亮度，如图 3.81 所示。

- 暗调：拖动该节点可调整图像暗调处的明亮度，如图 3.81 所示。

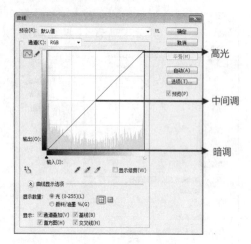

图 3.81　曲线上的高光、中间调和暗调选项

- 平滑：单击该按钮可使手动绘制的曲线变得平滑。
- 自动：单击该按钮，系统将自动调整曲线，其调整情况取决于【自动颜色校正选项】对话框中的设置。
- 选项：单击该按钮，可打开如图 3.82 所示的【自动颜色校正选项】对话框，在该对话框中可指定阴影和高光的修剪百分比，为暗调、中间调和高光指定颜色值。

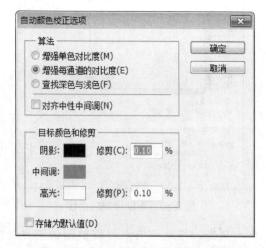

图 3.82　【自动颜色校正选项】对话框

- 设置黑场 ✐：单击该按钮可将图像所有像素亮度值减去吸管单击处的像素亮度值。

- 设置灰场 ✐：单击该按钮可将图像所有像素亮度值加上吸管单击处的像素亮度值。
- 设置白场 ✐：单击该按钮可用该吸管所在点的像素中的灰点来调整图像色彩分布。
- 显示修剪：选择该复选框可在图像中显示调色的区域。
- 显示数量：要转换强度值和百分比的显示，可在【光 (0-255)】和【颜料/油墨%】单选按钮之间转换。
- 【简单网格】按钮 ⊞：默认情况下，【曲线】对话框以 25%的增量显示简单网格线，如图 3.83 所示。

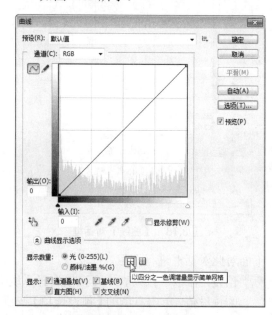

图 3.83　显示简单网格

- 【详细网格】按钮 ▦：单击该按钮，【曲线】对话框以 10%的增量显示详细网格，如图 3.84 所示。
- 显示：该选项组提供了 4 种复选框，其中选择【通道叠加】复选框可同时显示不同通道的曲线，如图 3.85 所示；选择【基线】复选框可显示灰色基准线；选择【直方图】复选框可显示色阶；选择【交叉线】复选框可在拖动调整曲线时显示水平和垂直参考线。

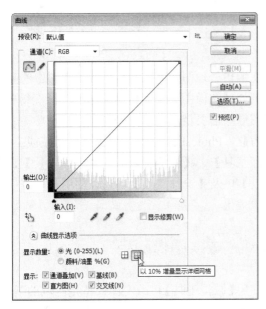

图 3.84　显示详细网格

图 3.86　选择【曲线】命令

Step 2 在曲线的任意位置单击鼠标添加节点，然后在【输入】与【输出】文本框中分别输入数值 135 与 200，如图 3.87 所示，调整亮度后的效果如图 3.88 所示。

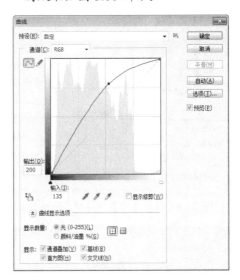

图 3.87　设置 RGB 通道的曲线参数

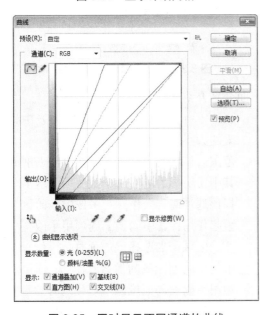

图 3.85　同时显示不同通道的曲线

下面使用【曲线】命令调整图像亮度，并修正图像偏色问题，从而完善图像的整体效果。具体操作步骤如下。

Step 1　打开练习文件(光盘：..\Example\Ch03\3.3.6 .jpg)，在菜单栏中依次选择【图像】|【调整】|【曲线】命令（或按快捷键 Ctrl+M），如图 3.86 所示。

图 3.88　调整图像后的效果

在【曲线】对话框中最多可添加 14 个节点，若要删除添加的节点，可拖动该节点至【曲线】对话框外，或选中该节点后按 Delete 键删除。

Step 3 此时图像色彩不够青绿，在【通道】下拉列表中选择【绿】通道，然后添加节点并拖动以调整位置，如图 3.89 所示，最后单击【确定】按钮，最终效果如图 3.90 所示。

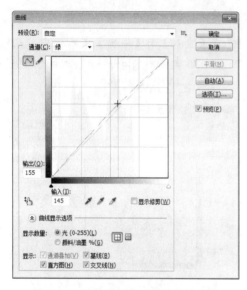

图 3.89 调整【绿】通道的曲线参数

图 3.90 修正图像偏色后的最终效果

3.4 改善图像颜色效果

在编辑处理图像时，通常需要改善图像的颜色效果。例如使图像中不需要精确显示的部分变得模糊，而使图像中需要精确显示的部分变得更清晰。

为此，Photoshop CS5 专门提供了【减淡工具】、【加深工具】、【海绵工具】、【模糊工具】、【锐化工具】以及【涂抹工具】等，以便用户能方便地改善图像效果。

3.4.1 减淡图像颜色

使用【减淡工具】可改变图像特定区域的曝光度，使图像变亮。在工具箱中单击【减淡工具】按钮后即可显示如图 3.91 所示的属性栏。

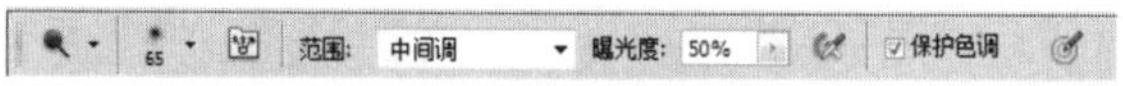

图 3.91 【减淡工具】属性栏

下面分别介绍属性栏的各项功能。

- 画笔：单击后可在打开的列表中设置画笔的大小、硬度和类型。
- 范围：该项的下拉列表共提供了三种选项，其中【阴影】选项用于改变阴影区域，当选择该选项时，操作只对图像中较暗区域的像素起作用；【中间调】选项用于改变中等灰度的区域，当选择该选项时，操作只对图像中的中间调区域的像素起作用；【高光】选项用于改变高亮度区域，当选择该选项时，操作只对图像中的高光区域的像素起作用。
- 曝光度：用于设置操作对图像的改变程度，曝光度越大，亮化的效果越明显。
- 启用喷枪模式：单击后可将画笔用作喷枪使用，也可以在【画笔】调板中选择【喷枪】选项。

下面使用【减淡工具】对图像进行处理，并适当调整工具属性，从而减淡图像中部分区域的颜色。具体操作步骤如下。

Step 1　打开练习文件(光盘: ..\Example\Ch03\3.4.1 .jpg)，首先在工具箱中选择【减淡工具】按钮，然后在其属性栏中设置画笔大小为 50 px，硬度为 20%，范围为中间调，曝光度为 50%，如图 3.92 所示。

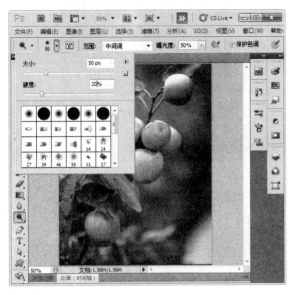

图 3.92　设置【减淡工具】属性

Step 2　使用画笔在图像的果实上进行涂抹，使该区域部分变亮，如图 3.93 所示。

图 3.93　亮化左下方果实部分

Step 3　在对图像部分区域进行亮化处理时，可根据实际情况适当调整画笔大小及硬度，使调整后的图像显得更自然，最终效果如图 3.94 所示。

图 3.94　减淡图像颜色后的效果

3.4.2　加深图像颜色

使用【加深工具】可改变图像特定区域的曝光度，从而使图像变暗。在工具箱中单击【加深工具】按钮后即可显示如图 3.95 所示的属性栏，它与【减淡工具】属性栏基本相同。

图 3.95　【加深工具】属性栏

下面对某图像使用【加深工具】，并适当调整该工具的属性，加深图像中部分区域的颜色。具体操作步骤如下。

Step 1　打开练习文件(光盘: ..\Example\Ch03\3.4.2 .jpg)，首先在工具箱中选择【加深工具】按钮，然后在其属性栏中设置画笔大小为 135 px，硬度为 0%，范围为中间调，曝光度为 80%，如图 3.96 所示。

Step 2 使用画笔在图像靠近边缘的部位进行涂抹，使该区域变暗，制作出阴影效果，如图 3.97 所示。

Step 3 在对图像部分区域进行暗化处理时，可根据实际情况适当调整画笔的大小及硬度，使调整后的图像显得更自然，最终效果如图 3.98 所示。

图 3.98 加深图像颜色后的效果

3.4.3 调整图像清晰度

使用【锐化工具】可增大图像相邻像素之间的反差，使图像变得更清晰。在工具箱中单击【锐化工具】按钮△后即可显示如图 3.99 所示的属性栏。使用【锐化工具】的操作方法与【加深工具】相似，此处不再赘述。

图 3.99 【锐化工具】属性栏

虽然使用【锐化工具】可使图像变得较为清晰，但如果频繁使用【锐化工具】对图像的某一区域进行涂抹，则会使该部分图像显得生硬，因此对该工具的使用要适当。图 3.100 与图 3.101 所示即为原始图像与锐化后的图像效果。

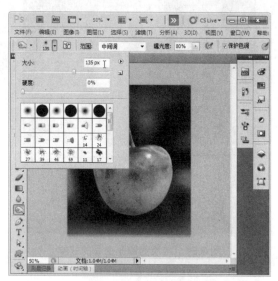

图 3.96 设置【加深工具】属性

图 3.97 暗化图像边缘部分

图 3.100 原始图像

图 3.101　锐化后的图像效果

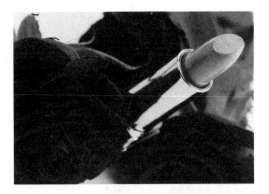

图 3.104　稀释饱和度后的效果

3.4.4　调整图像饱和度

使用【海绵工具】可调整图像的色调饱和度，其操作方法与【加深工具】相似。当增加图像的饱和度时，图像将越来越接近于中灰度色调；当减少饱和度时，图像将渐渐远离中灰度色调，变得黑白分明。在工具箱中单击【海绵工具】按钮 后即可显示如图 3.102 所示的属性栏。

图 3.102　【海绵工具】属性栏

图 3.105　增强饱和度后的效果

下面分别介绍属性栏各项的作用。

- 画笔 ：用于设置画笔的大小、硬度和类型。
- 模式：该下拉列表框提供了两种选项，其中【降低饱和度】选项用于稀释颜色的饱和度，例如，图 3.103 所示为原图，图 3.104 为稀释颜色的饱和度后的效果；【饱和】选项用于增强颜色的饱和度，例如，图 3.105 所示为增强颜色饱和度后的效果。
- 流量：用于设置画笔的压力大小。流量越大，调整图像饱和度的效果就越明显。

3.5　章 后 总 结

本章首先介绍了图像处理的基本概念，例如图像的分类、图像格式、图像分辨率和模式等，接着重点介绍了对图像的基本编辑、色彩处理和改善图像颜色效果的方法。

3.6　章 后 实 训

本章实训题要求结合所学的知识，对练习文件(光盘：..\Example\Ch03\3.6.jpg)图像进行缩小画布的处理，再调整图像的色彩平衡和色相/饱和度，接着使用【海绵工具】改善图像的颜色效果。本章实训题的原图如图 3.106 所示，经过处理的图像如图 3.107 所示。

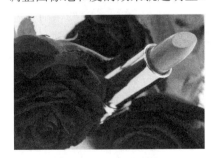

图 3.103　原始图像

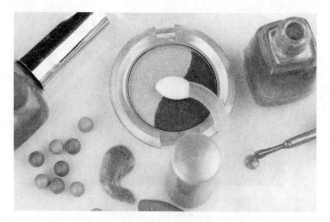

图 3.106　原始图像

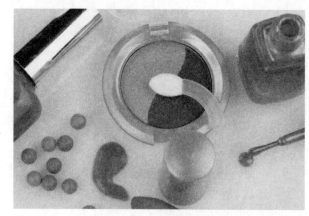

图 3.107　处理后的图像

本章实训题操作流程如图 3.108 所示。

❶ 调整画布的大小

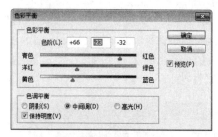

❷ 设置色彩平衡

❹ 使用【海绵工具】改善图像的颜色效果

❸ 调整色相/饱和度

图 3.108　实训题操作流程

第4章

图层和通道的应用

　　Photoshop 的所有处理均是在图层上完成的，它就好比一层层透明的容器，各层都装载着独立的物件。而通道则可用来存放不同的图像色素，使用通道可以调整图像中的颜色浓度，或者创建出复杂的选区，使图像产生意想不到的效果。本章将详细介绍图层的创建、编辑与管理，以及通道的创建、管理和应用的方法。

本章学习要点

➤　创建图层

➤　图层的编辑与管理

➤　应用图层样式设计图像

➤　应用智能对象

➤　使用【通道】面板

➤　通道混和器

4.1 图层和【图层】面板

在学习使用图层前，先来了解什么是图层和【图层】面板。

4.1.1 什么是图层

一幅完整的图像作品通常由多个局部场景组成。现实中，这些作品元素绘制于同一张纸上。而在 Photoshop 中，可以看作用户将这些局部场景分别绘制于多张完全透明的纸上，在上层纸张的空白处可以透视下层的内容。然后通过将多张透明纸按一定的顺序叠加，从而形成最终的作品。形象地说，作品中的每张透明纸就是一个图层，如图 4.1 所示。

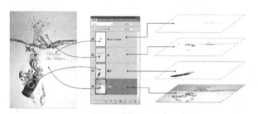

图 4.1 图层结构图

图层的最大优点就是它能将作品中的各个组成部分独立化，实现单一编辑、美化。如果将所有作品元素同时放置于同一张"纸"上，当需要对某个场景进行修改时，例如必须使用橡皮擦将不满意的地方抹除，在"整张纸"上执行此操作不但麻烦，而且容易破坏到其他完好的部分，所以通常只能放弃整个作品重画。但如今利用图层后只需找到不协调的图层对其进行独立修改，或者索性删除，再创建一个新图层，重新进行局部绘制即可。

此外，图层可随意移动、复制或粘贴，这样大大提高了绘制效率。同时，通过更改图层顺序与属性可以改变图像的合成效果，使用调整图层、填充图层或进行图层样式美化等操作也不会影响到其他未被选择的图层。

4.1.2 认识【图层】面板

【图层】面板是 Photoshop CS5 中最重要的面板之一，主要用于显示与设置当前文件所有图层的状态与属性，通过它可以完成创建、编辑与美化图层等绝大部分图层操作。图 4.2 所示为【图层】面板及相应注释。

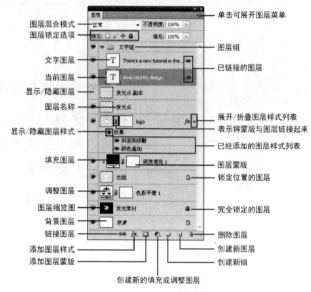

图 4.2 【图层】面板

下面详细介绍【图层】面板中各选项与按钮的作用。

● 图层混合模式：用于指定当前图层图像与下层图像之间的混合形式。程序提供了 27 种混合模式，如图 4.3 所示。

图 4.3 图层的混合模式

- 不透明度：主要用于设置图像的不透明度，其数值越高，图像的透明效果越明显。
- 锁定：单击四个按钮可以指定图层的锁定方式，下面分别介绍这四个锁定按钮的作用。
  - ◆ 【锁定透明像素】按钮⊠：激活此按钮后即可锁定当前图层的透明区域，此时仅能在不透明区域对图层进行绘制或填充。
  - ◆ 【锁定图像像素】按钮✐：激活此按钮后不可对当前图层进行绘图方面的操作。
  - ◆ 【锁定位置】按钮✛：激活此按钮后将锁定当前图层的位置，主要用于固定指定对象不被移动。
  - ◆ 【锁定全部】按钮🔒：激活此按钮后，当前图层或图层组将处于完全锁定状态，不能进行任何编辑。
- 填充：与【不透明度】选项相似，用于设置填充时的色素透明度，但只对当前图层起作用。
- 图层组：用于分组图层，可将文件中的大量图层进行分类。单击图层组标题左侧的倒三角图标，可以将图层组中的内容折合隐藏，再次单击可重新显示。
- 文字图层：使用【文本工具】创建的图层，系统将自动以输入的文字内容作为图层名称。
- 【链接图层】按钮🔗：如果要将文件中的多个图层同时移动或变形，可以先选择多个图层，再单击此按钮，将它们组成一个链接群进行编辑，从而提高工作效率。
- 调整图层：用于修改当前图层效果的辅助图层，比如调整图层的颜色、亮度、对比度等。
- 当前图层：目前选择的图层，呈蓝色反白文字效果。Photoshop CS5 中的绝大部分操作是针对当前图层有效的。
- 图层缩览图：主要用于调整图层的显示效果。软件预设了 4 种缩览图大小，在【图层】面板右上方单击▼≣按钮即可打开图层快捷菜单，选择【面板选项】命令，可打开如图 4.4 所示的【图层面板选项】对话框，例

如选择【中缩览图】选项即可得到如图 4.5 所示的缩览图大小。

图 4.4　【图层面板选项】对话框

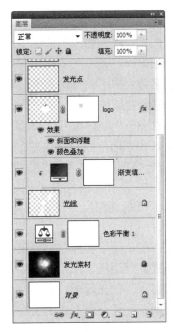

图 4.5　中缩览图效果

技巧

在【图层】面板缩览图上单击右键即可打开如图 4.6 所示的快捷菜单，在此处也可以更改图层缩览图的大小。

- 显示/隐藏图层：当图层的左侧出现 👁 图标时，表示此图层处于可见状态。再次单击可让其消失，同时文件中该图层的所有内容将隐藏， ▢ 表示该图层处于不可见状态。

图 4.6　图层缩览图设置菜单

- 填充图层：用于修改当前图层颜色效果的辅助图层。
- 图层名称：图层缩览图右侧会显示图层的名称。在创建新图层时，系统自动以"图层 1、图层 2……"顺序编号，只要双击此名称即可进入图层名称的编辑状态。
- 展开/折叠图层样式列表：为图层添加图层样式后即会出现图层效果栏，单击此小三角符号可折叠图层效果栏，再次单击可重新显示。
- 效果：在该图层名称右侧双击即可打开【图层样式】对话框，从中可为图层添加投影、内阴影、外发光等 10 种样式。
- 背景图层：是一个不透明的特殊图层，且无法调整该图层的顺序，但是可以将其转换为普通图层。打开一幅 jpg 格式的图像文件后，图像本身就为背景图层。
- 【添加图层样式】按钮 fx.：单击此按钮可打开如图 4.7 所示的菜单，可为当前图层添加图层样式。

- 【添加图层蒙版】按钮 ▢：单击此按钮可为当前图层添加蒙版。若图层中有选区，将根据选区形状创建图层蒙版。
- 【创建新的填充或调整图层】按钮 ◑.：单击此按钮可打开如图 4.8 所示的菜单，可为当前图层添加填充图层或者调整图层。相关内容本章后续将有详细介绍。
- 【创建新组】按钮 ▢：单击此按钮可以新建一个图层组。
- 【创建新图层】按钮 ▣：单击此按钮可以新建一个透明的图层。若将图层拖到此按钮上，即可快速复制图层。
- 【删除图层】按钮 🗑：单击此按钮可以删除当前图层，若将图层拖到此按钮上，可快速删除图层。

图 4.7　【添加图层样式】　　图 4.8　【创建新的填充或
菜单　　　　　　　　　　调整图层】菜单

4.2　创建图层

一个完整的 Photoshop 图像作品通常都包含着多个不同类型的图层。因此，合理地创建图层组与新图层，复制、删除、移动、锁定、显示与隐藏图层等管理操作就显得尤为重要，它能辅助用户提高图像设计的品质与效率。

4.2.1 　创建普通图层

普通图层泛指那些不带蒙版或样式效果的图层，在 Photoshop CS5 中创建普通图层的方法非常多，可使用菜单命令、快捷键、按钮或者拖动的方法创建，甚至粘贴一个素材对象都可产生一个新图层。默认状态下新增的图层为透明图层，在图像中无法查看，而且会被软件自动置于所取图层之上，并指定为当前图层。下面介绍几种创建普通图层的方法。

1. 使用菜单创建新图层

 打开练习文件(光盘：..\Example\Ch04\4.2.1.jpg)，再依次选择【图层】|【新建】|【图层】命令或者按快捷键 Shift+Ctrl+N，打开【新建图层】对话框。

 在【名称】文本框中输入指定的图层名称，如图 4.9 所示。如果直接单击【确定】按钮，在【图层】面板中将立即新增一个新图层，并自动被置为当前图层，如图 4.10 所示。

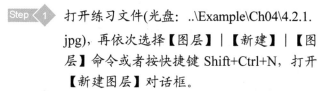

图 4.9 　【新建图层】对话框

图 4.10 　新增的图层

 如果在【新建图层】对话框中选择【使用前一图层创建剪贴蒙版】复选框，可以将新建的图层与下一层组建成剪贴组。新增的图层前面会带有 ↴ 符号，如图 4.11 所示。

图 4.11 　将新图层创建成剪贴蒙版

 如果在【新建图层】对话框中打开【颜色】下拉列表，可以选择"红、橙、黄、绿、蓝、紫、灰" 7 种颜色，如图 4.12 所示。【颜色】选项用于指定新建图层在【图层】面板中显示的颜色，例如选择【橙色】选项后新增的图层效果如图 4.13 所示。

图 4.12 　【颜色】下拉列表 　　图 4.13 　指定新图层颜色后的效果

2. 使用【图层】面板创建新图层

 在【图层】面板中单击 按钮，在打开的快捷菜单中选择【新建图层】命令，如图 4.14 所示。

 打开【新建图层】对话框，如图 4.9 所示，输入名称并设置选项后单击【确定】按钮，即可创建出新图层。

图 4.14 　通过【图层】面板打开【新建图层】对话框

在【图层】面板中单击【创建新图层】按钮 ，可以自动在当前图层上方创建一个新图层，并以默认方式命名。当双击图层名称使其呈现蓝底白字时，即可重新编辑图层名称。

3. 将背景层转换为普通图层

由于背景层不能进行混合模式与不透明度的更改等编辑，Photoshop CS5 允许用户将背景图层转换为普通图层。下面介绍普通图层与背景图层互换的方法。

Step 1 在【图层】面板中双击背景图层或者依次选择【图层】|【新建】|【背景图层】命令，即可打开【新建图层】对话框。此时对话框的默认名称为"图层 0"，并且【使用前一图层创建剪贴蒙版】复选框不可使用，如图 4.15 所示。

图 4.15　双击"背景"图层打开的对话框

Step 2 输入新名称或者使用默认名称，单击【确定】按钮后即可将背景层转为普通层。图 4.16 所示即是将背景层按默认名称转换后的效果，原来的锁定图标不见了。

图 4.16　将背景层转为普通层的结果

Step 3 当文件中不存在背景图层时，依次选择【图层】|【新建】|【图层背景】命令，即可将当前图层转换为背景图层，如图 4.17 所示。

图 4.17　将普通层转换为背景图层的结果

4.2.2　创建填充图层

若想调整图层的颜色效果，但又担心破坏原始图层，可为当前图层添加填充图层。其方法是在当前图层上方新建一个图层，并填充纯色、渐变色或者图案，再结合【混合模式】与【不透明度】进行调整，这样不仅不会影响底层的图像效果，还会产生特殊的混合效果。下面以创建纯色填充图层为例，介绍创建填充图层的操作方法。

创建纯色填充图层的操作步骤如下。

Step 1 打开练习文件(光盘：..\Example\Ch04\4.2.2 .jpg)，如图 4.18 所示。这是一幅黄昏的牧场图像，把它的颜色变得更黄一些，就能更好地符合黄昏时候的色调。

图 4.18　打开练习文件

Step 2 在【图层】面板中单击【创建新的填充或调整图层】按钮 ，在打开的菜单中选择【纯色】命令，如图 4.19 所示。也可以依次选择【图层】|【新建填充图层】|【纯色】命令。

Step 3 打开【拾取实色】对话框，在这里可以通过多种方法来设置颜色，本例选择在【#】数值框中输入颜色属性，如图 4.20 所示。单击【确定】按钮，将在当前图层的上方创建一个名为"颜色填充 1"的填充图层，而整个图层会蒙上我们填充的黄色，如图 4.21 所示。

Step 4 将【图层混合模式】修改为叠加，可以显露"背景"图层的细节，而图像色调变成了黄色，如图 4.22 所示。

Step 5 如果觉得当前的色调过浓，可以适当降低不透明度的数值，例如将其设置为 60%，结果如图 4.23 所示。

图 4.19　选择【纯色】命令

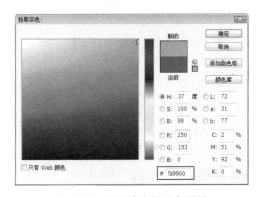

图 4.20　设置填充的纯色属性

图 4.22　修改填充图层的混合模式

图 4.23　降低填充图层的不透明度

Step 6 如果觉得当前的色调不太合适，可以双击填充图层的缩览图，打开【拾取实色】对话框，重新修改填充颜色的色系，如图 4.24 所示。完成后单击【确定】按钮，结果如图 4.25 所示。

图 4.21　创建纯色填充图层后的结果

图 4.24　修改填充图层的颜色属性

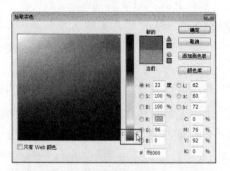

图 4.24　修改填充图层的颜色属性(续)

图 4.25　修改填充图层颜色的结果

4.2.3　创建调整图层

调整图层与填充图层的作用相似，创建调整图层是调整图层效果的另一种方法。它同样是在当前图层的上方新建一个图层，从而调整下方图像的色调、亮度和饱和度等。

创建调整图层的方法如下。

 打开练习文件(光盘：..\Example\Ch04\4.2.3 .jpg)，如图 4.26 所示。图像效果明显偏暗，而且对比度偏低。下面通过创建一个【亮度/对比度】调整图层改善图像效果。

图 4.26　练习文件

 单击【创建新的填充或调整图层】按钮，再选择【亮度/对比度】命令，如图 4.27 所示。也可以依次选择【图层】|【新建调整图层】|【亮度/对比度】命令。此时在当前图层的上方新增了一个"亮度/对比度 1"调整图层，如图 4.28 所示，并显示【调整(亮度/对比度)】面板，如图 4.29 所示。

图 4.27　选择【亮度/对比度】命令

图 4.28　新增的调整图层

图 4.29　【调整(亮度/对比度)】面板

 分别往右拖动【亮度】和【对比度】两个滑块，如图 4.30 所示，从而解决图像过暗与对比度低的问题，调整结果如图 4.31 所示。

Step 4 当编辑完成后，如果觉得当前效果不太满意，也可以双击调整图层的缩览图，如图 4.32 所示，再次打开如图 4.29 所示的【调整(亮度/对比度)】面板，对各项数值进行调整。

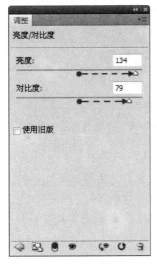

图 4.30　修改亮度与对比度

图 4.31　调整后的图像效果

图 4.32　双击调整图层的缩略图

4.3　图层的编辑与管理

本节先介绍复制与删除、移动与锁定、显示与隐藏、对齐与排列等图层管理方法，然后再介绍图层不透明度与图层混合模式等图层设置方法。

4.3.1　复制与删除图层

在设计过程中如果要多次使用同一个图层，若重复执行创建操作，将会降低工作效率。Photoshop CS5 允许对图层进行复制操作，从而达到快速再制作的目的。此外，对于【图层】面板中所有非锁定的图层都可进行删除处理。

复制与删除图层的操作步骤如下。

Step 1 打开练习文件(光盘：..\Example\Ch04\4.3.1 .jpg)，选择好当前图层，然后选择以下任一操作：

- 依次选择【图层】|【复制图层】命令。
- 在【图层】面板中右击图层，在打开的菜单中选择【复制图层】命令。
- 在【图层】面板中单击按钮 ，在打开的下拉菜单中选择【复制图层】命令。

Step 2 打开【复制图层】对话框后，在【为】文本框中输入新图层的名称，如图 4.33 所示。单击【确定】按钮即可复制图层。

图 4.33　【复制图层】对话框

Step 3 若要删除图层，将图层拖到【删除图层】按钮上即可，如图 4.34 所示。

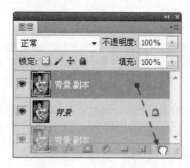

图 4.34　拖动删除图层

4.3.2　移动与锁定图层

移动图层可以调整作品中各元素的相互位置与整体布局，是设计过程中出现频率最高的操作之一。另外，如果不想让后续的操作对指定图层造成影响，可以将其透明区域、位置、图像锁定或者全部锁定。

移动与锁定图层的操作步骤如下。

Step 1　打开练习文件(光盘：..\Example\Ch04\4.3.2 .jpg)，使用【快速选择工具】　创建出花朵与花梗的选区，如图 4.35 所示。

图 4.35　创建花朵与花梗的选区

Step 2　在【图层】面板中选中"背景"图层，按快捷键 Ctrl+J 将当前选区的内容复制并粘贴为"图层"，以达到快速新增图层的目的，

如图 4.36 所示。被复制的选区会自动粘贴在与原图层对应的位置上，原图层的选区自动消失。

图 4.36　将选区内容创建成新图层

Step 3　选择【移动工具】　，并在属性栏中选择【自动选择】复选框，在其右侧的下拉列表中选择【图层】选项，如图 4.37 所示。这样只要在原图像上单击被复制的选区部分，即可将对应的新建图层指定为当前图层。

图 4.37　选择相应属性

Step 4　单击"花朵"(即图层 1)，然后在其上方按住左键不放，往左下方拖动该对象至合适位置，如图 4.38 所示。

图 4.38　移动图层

Step 5　按键盘上的方向键可以微调图层的位置，微调后的结果如图 4.39 所示。

图 4.39　使用方向键微调图层位置

如果图像文件中存在多个图层，选择【移动工具】后按住 Shift 键不放，在需要移动的对象上依次单击即可快速将其选择，而无需通过【图层】面板进行查找。

Step 6　保持"图层 1"的被选状态，在【图层】面板中单击【锁定位置】按钮，将该图层的位置暂时固定。图层状态如图 4.40 所示。若要解除锁定状态，再次单击此按钮即可。

图 4.40　锁定图层位置

提 示
在【图层】面板中，除了有【锁定图层位置】按钮外，还提供了【锁定透明像素】按钮、【锁定图像像素】按钮、【锁定全部】按钮三个锁定功能按钮。

4.3.3　显示与隐藏图层

若上层的图层阻挡了下层图层的操作，或者要对

底层的图层进行编辑，可以将那些暂时不需要编辑的图层隐藏掉。当需要显示时，再解除隐藏。默认状态下，图层均处于可视状态，并且在【图层】面板中的各图层左侧会出现一栏"眼睛"图标。

显示与隐藏图层的操作步骤如下。

Step 1　打开练习文件(光盘：..\Example\Ch04\4.3.3 .jpg)，通过【图层】面板可以看到练习文件共有 7 个图层，其中上方的 4 个图层处于隐藏状态，如图 4.41 所示。

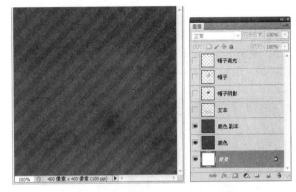

图 4.41　查看当前图层的显示与隐藏状态

Step 2　在"文本"图层左侧的方形空白处单击，使其显示"眼睛"图标，从而显示"文本"图层，如图 4.42 所示。

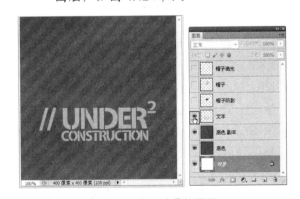

图 4.42　显示隐藏的图层

Step 3　由于当前有两个"底色"图层，所以可以将"底色 副本"图层隐藏起来，在该图层缩览图的左侧单击"眼睛"图标，即可隐藏此图层，结果如图 4.43 所示。

图 4.43　隐藏图层

图 4.45　指定当前图层

　如果要同时显示多个图层，可以在"眼睛"
图标上拖动鼠标，拖动轨迹之间的图层皆被
显示，如图 4.44 所示。使用同样的方法可
以再次将多个图层隐藏。

图 4.46　降低不透明度

图 4.44　拖动鼠标显示多个图层

> **提　示**
>
> 　　若单击【不透明度】选项右侧的 ▶ 按钮，即可
> 显示如图 4.47 所示的滑块，拖动滑块可以在手动
> 调整的同时观察图层的透明效果。

4.3.4　设置图层不透明度

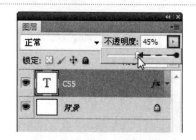

图 4.47　拖动不透明度滑块

设置不透明度可以调整图层的显示色素，让图
层产生透明效果，从而使图层更好地融合在一起。
例如为图层添加填充图层后便可通过设置不透明度
来调整其效果。

设置图层不透明度的操作步骤如下。

　打开练习文件(光盘：..\Example\Ch04\4.3.4
.jpg)，先在【图层】面板中指定 "CS5" 文
字层为当前图层，如图 4.45 所示。

　在【不透明度】右侧的数值框中输入 40%，
原来的文字层变成半透明的效果，如图 4.46
所示。默认状态下的图层不透明度为 100%，
当此值为 0% 时，当前图层则完全透明。

4.3.5　设置图层混合模式

设置图层的混合模式可以使相邻的两个图层产
生奇特的重叠混合效果。Photoshop CS5 提供了溶解、
变暗、变亮、叠加、差值、色相等 27 种混合模式。

设置图层混合模式的操作步骤如下。

　打开练习文件(光盘：..\Example\Ch04\4.3.5
.jpg)，发现水果下方的"花朵"素材边缘
较锐利，而且与背景格格不入，如图 4.48
所示。

图 4.48　练习文件

图 4.50　选择【滤色】模式后的混合效果

Step 2　在【图层】面板中选中"花朵素材"图层，
将其作为当前图层，然后打开图层混合模式
下拉列表，选择【滤色】选项，如图 4.49 所
示。设置后的"花朵素材"图层与下方的渐
变图层完美融合，如图 4.50 所示。

Step 3　选中"渐变填充 1"为当前图层，然后将其
图层混合模式设置为【叠加】，如图 4.51
所示。最终结果如图 4.52 所示。

图 4.51　设置【叠加】混合模式

图 4.49　选择【滤色】选项

图 4.52　完成后的结果

4.3.6　链接与取消链接图层

　　如果要对多个图层同时进行移动、缩放、旋转等
操作，可以先将其链接起来。只有选择两个以上的图
层时，链接功能才可用，同时，链接后也可以取消
链接。

　　链接与取消链接图层的操作步骤如下。

Step 1 打开练习文件(光盘：..\Example\Ch04\4.3.6 .jpg)，然后按住 Ctrl 键单击要链接的图层，如图 4.53 所示。

Step 2 使用以下任一方法将选中的图层链接起来：

- 依次选择【图层】|【链接图层】命令。
- 在选择的图层上单击右键，在打开的菜单中选择【链接图层】命令。
- 单击【图层】面板中右上角的 ▤ 按钮，在打开的菜单中选择【链接图层】命令。
- 在【图层】面板中单击【链接图层】按钮 ⇔。

将图层链接后，图层右侧将出现一个链接图标，如图 4.54 所示，表示该层为链接层。由链接层组成链接组，从而可进行各项同步编辑。一个图像文件允许有多个链接组。

Step 3 使用【移动工具】 ▶⊕ 拖动链接组中的任一图层，整个链接组都会作相同的移动处理，如图 4.55 所示。

Step 4 如果要对链接组中的单个图层进行独立编辑，可以取消链接，使图层恢复链接前的属性。如果要取消图层链接，先选中被链接的图层再执行以下任意一种操作：

- 依次选择【图层】|【取消图层链接】命令。
- 单击【图层】面板中右上角的按钮 ▤ ，在打开的菜单中选择【取消图层链接】命令。
- 在【图层】面板中的任意一个链接图层上单击右键，在打开的菜单中选择【取消图层链接】命令。
- 在【图层】面板中单击【链接图层】按钮 ⇔，如图 4.56 所示。

Step 5 如果步骤 4 取消了"柠檬片"图层的链接状态，再次使用【移动工具】 ▶⊕ 拖动该图层，则只针对该图层进行移动操作，如图 4.57 所示。

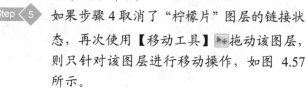

图 4.53 选中要链接的图层

图 4.54 链接后的图层

图 4.56 取消链接图层

图 4.55 拖动链接组中任一图层的结果

图 4.57 取消链接后的移动结果

4.3.7　排列与对齐图层

当图像中出现上一图层遮住下一图层时，可以使用【排列】命令来调整图层的排序。当要求多个图层按照横、竖向对齐排列时，徒手进行拖动调整难以精确对齐，此时可使用【对齐】命令。

排列与对齐图层的操作步骤如下。

 打开练习文件(光盘：..\Example\Ch04\4.3.7 .jpg)。该文件由 4 个小球图层组成，如图 4.58 所示。

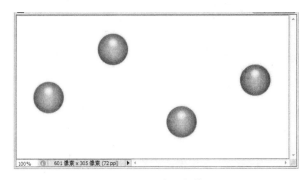

图 4.58　练习文件

 首先选择要排列位置的"图层 1"，如图 4.59 所示。然后依次选择【图层】|【排列】|【置为底层】命令，如图 4.60 所示。这时"图层 1"即可被调至"背景"图层的上方，也就是 4 个普通图层的最下方，如图 4.61 所示。

图 4.59　选择要排列的图层

图 4.60　选择【置为底层】命令

图 4.61　排列位置后的图层

说　明

置为顶层：当前图层即会置于所有图层的上方。
前移一层：当前图层即会往上移一层。
后移一层：当前图层即会往下移一层。
置为底层：当前图层即会置于背景层的上方。
反向：当选择两个以上的图层时，此命令方可用，可将当前选择的图层顺序颠倒过来。

 除了使用菜单排列图层顺序外，还可以在【图层】面板中直接拖动图层到合适的位置，如图 4.62 所示，调整图层排序后的结果如图 4.63 所示。

图 4.62　手动排列图层顺序

图 4.63　调整图层顺序后的结果

 接下来练习对齐图层的方法。按住 Ctrl 键选
中要对齐的 4 个图层，如图 4.64 所示。

图 4.64　选中要对齐的图层

 依次选择【图层】|【对齐】|【垂直居中】
命令，如图 4.65 所示。这时即会以选中图
层图像的中点为垂直基线，居中对齐多个图
层，结果如图 4.66 所示。

Step 6　取消步骤 5 操作，然后保持 4 个图层的被选
状态，再选择【图层】|【分布】|【水平居
中】命令，如图 4.67 所示。这时即会以图
层中点为水平基线对齐，结果如图 4.68 所示。

图 4.65　选择【垂直居中】命令

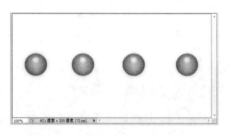

图 4.66　垂直居中对齐后的结果

图 4.67　选择【水平居中】分布命令

图 4.68　水平居中分布后的结果

提　示

如果选中 "Flower In Water" 和 "花" 两个图层，再按快捷键 Ctrl+E，同样可以合并选中的两个图层，不过图层名称会以上方的图层为准，即 "Flower In Water"。

图 4.70　指定当前图层

说　明

当选中要对齐的图层后，单击如图 4.69 所示的【移动工具】属性栏中相应的对齐按钮，同样可以对齐与分布图层。功能按钮从左到右分别为【顶对齐】、【垂直居中对齐】、【底对齐】、【左对齐】、【水平居中对齐】、【右对齐】、【按顶分布】、【垂直居中分布】、【按底分布】、【按左分布】、【水平居中分布】、【按右分布】。

图 4.69　对齐与分布按钮

4.3.8　合并图层与拼合图像

当确认图层不需要再进行其他编辑处理时，可以将其合并。合并图层后，所有透明区域的重叠部分将会保持透明。合并图层不但可以减少图像文件的容量，还可以辅助管理文件图层。

图 4.71　向下合并后的结果

注　意

Photoshop CS5 不允许将调整图层或者填充图层作为合并的目标图层。

合并图层与拼合图像的操作步骤如下。

Step 1　打开练习文件(光盘：..\Example\Ch04\4.3.8 .jpg)，在【图层】面板中选中 "Flower In Water" 文字层，如图 4.70 所示。

Step 2　依次选择【图层】|【向下合并】命令，或者按快捷键 Ctrl+E，当前图层与下方的图层合并为一个图层，图层名称会以下方图层的 "花" 命名，如图 4.71 所示。

Step 3　若图像文件中存在多个顺序混乱的图层，可以使用【合并可见图层】命令将当前处于可视状态的图层合并，而不会影响到隐藏的图层。下面选择 "瓶子" 图层，并隐藏 "花" 图层，如图 4.72 所示。

图 4.72　指定当前可视图层

Step 4 依次选择【图层】|【合并可见图层】命令，或者按快捷键 Shift+Ctrl+E，将当前的可视图层合并，也就是"瓶子"图层自动合并到"背景"图层上，而隐藏的"花"图层则不被合并，如图 4.73 所示。

图 4.73 合并可见图层后的结果

Step 5 当确认一幅作品已完成，不需要进行其他修改时，为了减少文件容量可以通过【拼合图层】命令将所有图层(包括背景图层)一同拼合成一个单一的图层，也就是独立成为一个背景层。例如，显示"花"图层，如图 4.74 所示，再依次选择【图层】|【拼合图像】命令，这时会把所有图层拼合起来，如图 4.75 所示。

图 4.74 再次显示"花"图层　图 4.75 拼合图像后的结果

　　如果文件中存在被隐藏的图层，那么选择【拼合图像】命令即会弹出如图 4.76 所示的警告对话框，单击【确定】按钮后，Photoshop CS5 会自动把隐藏的图层删除，而可视的图层将会合并为一个图层。

图 4.76 警告对话框

4.3.9 使用图层组管理图层

　　在设计作品时，通常要创建大量不同类型的图层，但由于【图层】面板的显示范围有限，所以无法显示所有图层，这时可以通过创建图层组的方法来解决该问题。Photoshop CS5 允许在同一个图像文件中创建多个图层组，用来分组不同性质的图层，就好比电脑中的文件夹，便于图层管理。

　　使用图层组管理图层的操作步骤如下。

Step 1 打开练习文件(光盘：..\Example\Ch04\4.3.9 .jpg)，先在【图层】面板中按住 Ctrl 键选中要编组的图层，如图 4.77 所示。再依次选择【图层】|【新建】|【从图层建立组】命令，如图 4.78 所示。也可以直接按快捷键 Ctrl+G。

Step 2 打开【从图层新建组】对话框，在【名称】文本框中输入名称，再打开【颜色】列表框并选择所需的图层组颜色，如图 4.79 所示，最后单击【确定】按钮。

图 4.77 指定要编组的图层

图 4.78　选择【从图层建立组】命令

图 4.79　设置图层组属性

 这时选中的图层即可被放进新建的"水果"图层组中，并以指定的颜色显示图层组，如图 4.80 所示。

图 4.80　编组后的图层

 单击图层组名称左侧的三角符号即可展开或者折叠图层组。如果要将其他图层添加到该图层组中，可以将其直接拖进图层组，如图 4.81 所示。

图 4.81　将图层直接拖进图层组中

4.4　应用图层样式设计图像

Photoshop CS5 提供了投影、内阴影、外发光、内发光、斜面和浮雕等多种图层样式，利用图层样式来美化图层将得到更丰富、理想的效果。添加图层样式后，图层名称右侧会出现 ƒ 图示，而添加的样式项目即会以列表的形式显示在图层的下方，用户可以指定图层样式效果的显示与隐藏，还可以双击项目对相关效果进行重新设置。

4.4.1　设置混合选项

使用【混合选项】可以设置【常规混合】、【高级混合】与【混合颜色带】，下面分别进行介绍。

设置混合模式的操作步骤如下。

 打开练习文件(光盘：..\Example\Ch04\4.4.1.jpg)，然后在【图层】面板上选中"图层 1"，如图 4.82 所示。

图 4.82　打开练习文件并选择当前图层

Step 2　使用以下任一方法打开如图 4.83 所示的【图层样式】对话框。

● 依次选择【图层】|【图层样式】|【混合选项】命令。

● 在【图层】面板中双击图层名称以外的空白处。

● 在【图层】面板上单击【添加图层样式】按钮 fx.，再选择【混合选项】选项。

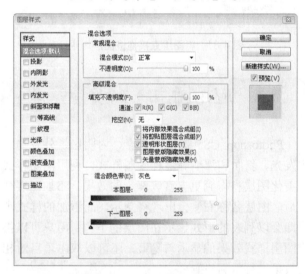

图 4.83　【图层样式】对话框

> **提 示**
>
> 【图层样式】对话框中的【混合模式】、【不透明度】和【填充不透明度】三项的设置与【图层】面板相应的选项相同。若【填充不透明度】的值为 0，表示完全透明。
>
> 【通道】选项预设了 R、G、B 三种通道，选择相应的复选项即可选择不同的通道来执行各种混合设定。

【挖空】选项在左侧的列表框中预设了【无】、【浅】、【深】三个选项，主要用于设置穿透某个图层看其他图层的类型。当选择【无】选项时表示无挖空效果；选择【浅】选项时表示浅度挖空；而选择【深】选项时则表示深度挖空。

混合颜色带：在其右侧的列表框中提供了【灰色】、【红】、【绿】、【蓝】4 个选项。

Step 3　设置【混合颜色带】为【灰色】，拖动【本图层】(当前图层)或者【下一图层】(所选图层下方的图层)滑块可以调整最终图像中将显示当前图层的哪些像素，以及下层可视图层中的指定像素。用户可以将当前图层中较暗的像素去除，或者强制突显下层图层中的亮像素，又或者通过调整，在混合与非混合区域之间产生一种平滑的过渡。往左拖动【本图层】的白色滑块，如图 4.84 所示，调整的结果如图 4.85 所示。

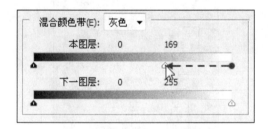

图 4.84　设置本图层的【混合颜色带】

图 4.85　设置后的结果

4.4.2　应用投影与内阴影样式

　　调整【图层样式】对话框中的【投影】与【内阴影】选项，可以为原本较为平板的图层增添立体感。设置【投影】选项中的混合模式、颜色、角度、不透明度、大小、距离等参数，可以为图层添加投影效果。而设置【内阴影】选项可以使当前图层中的图像向内产生阴影效果。下面分别对这两个选项进行介绍。

　　应用投影与内阴影样式的操作步骤如下。

 打开练习文件(光盘：..\Example\Ch04\4.4.2 .jpg)，在【图层】面板上选中"图层 1"作为当前图层，如图 4.86 所示。

图 4.86　打开练习文件并选中当前图层

Step 2　依次选择【图层】|【图层样式】|【投影】命令，打开【图层样式】对话框并自动选择【投影】选项，接着设置【结构】属性，如图 4.87 所示。设置后的结果如图 4.88 所示。

图 4.87　设置【投影】结构选项

图 4.88　设置后的结果

 打开【等高线】下拉列表，选择一种合适的品质选项，如图 4.89 所示。修改品质后的结果如图 4.90 所示。

Step 4　选择【内阴影】选项并设置【结构】属性，如图 4.91 所示。设置后的结果如图 4.92 所示。

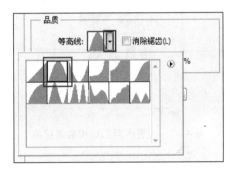

图 4.89　设置品质等高线

图 4.90　修改【品质】后的结果

Step 5　接着设置内阴影的等高线，如图 4.93 所示，结果如图 4.94 所示。

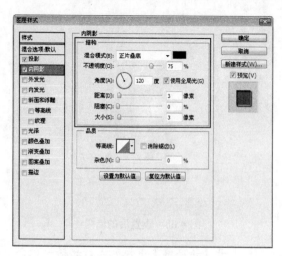

图 4.91 设置【内阴影】结构选项

图 4.92 设置内阴影结构后的结果

图 4.93 设置内阴影品质等高线

图 4.94 设置完毕后的结果

说 明

下面介绍【投影】样式各项属性的作用。

● 混合模式：用于设置当前图层的混合模式。

● 不透明度：用于设置投影的不透明度，数值越大，投影越明显，反之则越虚幻。

● 角度：用于设置投影相对于当前图层周围的角度，也就是虚拟光线所照射的方向。用户可以使用鼠标单击 ☉ 图标设置角度，也可以直接在其右侧的文本框中输入准确数值。

● 使用全局光：如果图像中有两个以上添加投影效果的图层，选择此选项后，所设置的光线角度对所有投影图层均有效。否则仅对当前图层有效。

● 距离：用于设置投影与当前图层的距离，数值越大，投影与原图象的距离越远。

● 扩展：用于设置投影边缘的扩散程度。当其值为 0 时，此选项不起作用。

● 大小：用于设置投影的大小。数值越大，投影就越大，并且会产生一种逐渐从阴影到透明的效果。

● 等高线：用于设置投影的投射样式。用户除了可以选择预设样式外，还可以自定义投射样式。若单击当前选定的等高线样式，即可打开如图 4.95 所示的【等高线编辑器】对话框，在此可以对等高线样式进行重新设置。

● 消除锯齿：选择此选项可以使投影的周围变平滑。

● 杂色：用于设置生成杂点的数量，数值越大，杂点越多。

● 图层挖空投影：当填充为透明时，用于设置是否将投影挖空。但只有将图层的【填充不透明度】设置为 100% 以下的数值时才可看出效果。

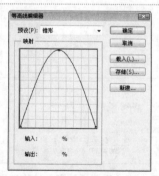

图 4.95 【等高线编辑器】对话框

4.4.3　应用发光样式

为图层添加内发光或外发光样式，可以较好地突显指定的对象。通过它们可以分别为图层边缘的内部与外部添加某种自定义色彩，其中还可以设定混合模式、不透明度、大小等属性。

添加外发光与内发光样式的操作步骤如下。

Step 1 打开练习文件(光盘：..\Example\Ch04\4.4.3.jpg)，在【图层】面板上选中"图层 1"作为当前图层，如图 4.96 所示。

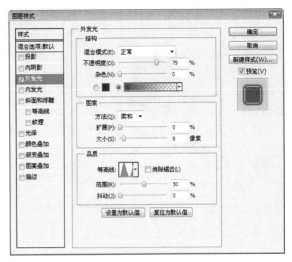

图 4.96　打开练习文件并选中当前图层

Step 2 依次选择【图层】|【图层样式】|【外发光】命令，打开【图层样式】对话框并自动选择【外发光】选项，接着分别设置【结构】、【图素】和【品质】三项属性，预览效果满意后单击【确定】按钮，如图 4.97所示。

Step 3 在【图层样式】对话框中选择【内发光】选项，分别对【结构】、【图素】和【品质】三项属性进行设置，预览效果满意后单击【确定】按钮，如图 4.98 所示。

图 4.97　设置【外发光】样式的属性及对应效果

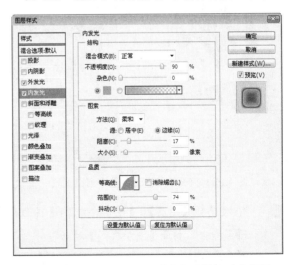

图 4.98　设置【内发光】样式的属性及对应效果

图 4.98　设置【内发光】样式的属性及对应效果(续)

4.4.4　应用斜面和浮雕样式

如果想让对象呈现立体感，除了添加投影效果外，还可为其添加【斜面和浮雕】效果。

添加斜面和浮雕样式的操作步骤如下。

 打开练习文件(光盘：..\Example\Ch04\4.4.4
.jpg)，在【图层】面板上选中"图层 1"作
为当前图层，如图 4.99 所示。

图 4.99　打开练习文件并选中当前图层

 依次选择【图层】|【图层样式】|【斜面和浮
雕】命令，打开【图层样式】对话框并自动选
择【斜面和浮雕】选项。接着分别设置【结构】、
【阴影】两项属性，如图 4.100 所示。

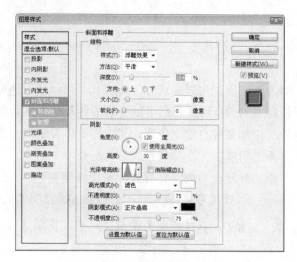

图 4.100　设置【斜面和浮雕】样式的属性及对应效果

Step 3　在【斜面和浮雕】选项下方选择【等高线】
选项，如图 4.101 所示。

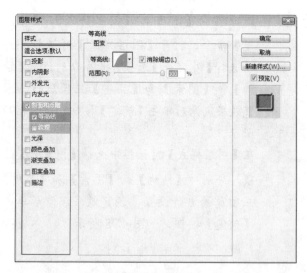

图 4.101　设置【等高线】选项及对应效果

图 4.101　设置【等高线】选项及对应效果(续)

Step **4**　接着再选择【纹理】选项，打开图案下拉列表，从中选择一种预设图案样式。设置【缩放】与【深度】选项，如图 4.102 所示。预览效果满意后单击【确定】按钮。

图 4.102　设置【纹理】选项及对应效果

4.4.5　应用叠加样式

通过设置【颜色叠加】、【渐变叠加】与【图案叠加】三种叠加样式，可以为图层填充颜色、渐变色与图案。这些叠加操作与添加填充图层所得到的结果一样。

添加叠加样式的操作步骤如下。

Step **1**　打开练习文件(光盘：..\Example\Ch04\4.4.5 .jpg)，在【图层】面板上选中"图层 1"作为当前图层，如图 4.103 所示。

Step **2**　依次选择【图层】|【图层样式】|【颜色叠加】命令，打开【图层样式】对话框并自动选择【颜色叠加】选项。接着分别设置【混合模式】、【颜色】和【不透明度】三项属性，如图 4.104 所示。

图 4.103　打开练习文件并选中当前图层

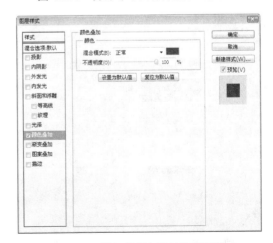

图 4.104　添加【颜色叠加】图层样式

图 4.104　添加【颜色叠加】图层样式(续)

图 4.106　添加预设渐变叠加后的效果

Step 3 取消选择【颜色叠加】选项，然后选择【渐变叠加】选项，接着单击【渐变】缩览图打开【渐变编辑器】对话框，选择一种预设的渐变颜色，单击【确定】按钮。返回【图层样式】对话框，修改【角度】的数值为-45度，如图 4.105 所示。结果如图 4.106 所示。

Step 4 取消选择【渐变叠加】选项，然后选择【图案叠加】选项，接着选择一种图案样式，设置【混合模式】、【不透明度】和【缩放】选项，如图 4.107 所示。

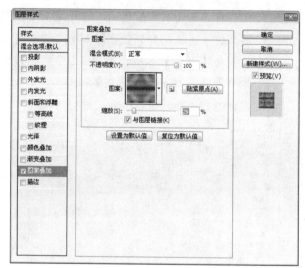

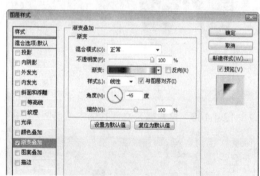

图 4.105　添加【渐变叠加】图层样式

图 4.107　添加【图案叠加】图层样式

4.4.6　应用光泽与描边样式

为图层添加【光泽】样式，可以打造出逼真的材质或者质感效果。而添加【描边】样式，可以为当前图层添加纯色、渐变色与图案三种类型的描边效果。

添加光泽与描边样式的操作步骤如下。

 打开练习文件(光盘：..\Example\Ch04\4.4.6 .jpg)，在【图层】面板上选中"图层 1"作为当前图层，如图 4.108 所示。

图 4.108　打开练习文件并选中当前图层

 依次选择【图层】|【图层样式】|【光泽】命令，打开【图层样式】对话框并自动选择【光泽】选项。接着对【颜色】、【不透明度】、【角度】、【距离】与【大小】等选项进行设置，使当前图层产生不同的光泽效果，如图 4.109 所示。

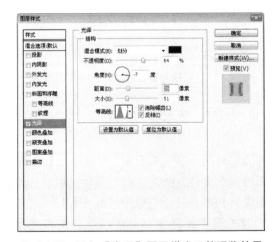

图 4.109　添加【光泽】图层样式及其预览效果

图 4.109　添加【光泽】图层样式及其预览效果(续)

 接着选择【描边】选项。选择填充类型，依次设置大小、位置、混合模式和不透明度等选项，预览效果满意后单击【确定】按钮，如图 4.110 所示。

图 4.110　添加【描边】图层样式及其预览效果

4.5 应用智能对象

使用【智能对象】命令可以将当前图层转换为智能图层对象，从而新增一个独立智能文件。此文件可以保留原图层与其所有设置或属性，在智能文件中所作的修改只要经过保存，即可马上反映到原图中。不管原图层做了哪些修改，只要为其创建智能对象，皆可以新文件的形式还原源文件的属性，这可以理解成是一种无损的编辑处理。另外，还可以将智能对象导出并保存为一个新文件。

4.5.1 将图层转换为智能对象

将图层转换为智能对象主要是为了实现无损坏的编辑修改，当用户出现误操作或者遇到难以恢复的状态时，可以通过智能对象的特性还原图层最原始的属性。

将图层转换为智能对象的操作步骤如下。

Step 1 打开练习文件(光盘：..\Example\Ch04\4.5.1 .jpg)，如图 4.111 所示。

图 4.111 练习文件

Step 2 然后在要转换的图层上面单击右键，在弹出的快捷菜单中选择【转换为智能对象】命令，如图 4.112 所示。

Step 3 将选中的图层转换为智能对象后，原图层的缩览图即会变成如图 4.113 所示的效果。

图 4.112 选择【转换为智能对象】命令

图 4.113 转换为智能对象后的缩览图效果

4.5.2 编辑智能对象内容

将图层转换为智能对象后，便可通过【编辑内容】命令新增一个文件，此文件以原图层的名称作为文件名，格式为 PSD，尺寸与原图层大小相同。在该新文件中所做的编辑经过保存后，可以自动添加至原图层。当编辑完后即可将新增的文件关闭，而在原图层中再次选择【编辑内容】命令，即可再创建一个与最近一次编辑结果相同的新文件，以便用户随时对原图层进行还原或修改。

编辑智能对象内容的操作步骤如下。

　打开练习文件(光盘：..\Example\Ch04\4.5.2.psd)。在【图层】面板中双击智能对象图层，如图 4.114 所示，弹出如图 4.115 所示的提示对话框，单击【确定】按钮。

图 4.114　双击智能对象图层

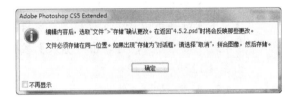

图 4.115　提示对话框

　这时候会以智能对象图层的名称创建一个新文件，即"star.psd"文件，而该文件中仅有一个名为"图层 1"的空白透明层和转换前的"star"图层，如图 4.116 所示。

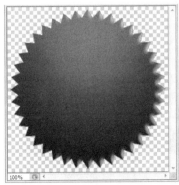

图 4.116　新增的智能对象文件

　选中"star"图层，然后依次选择【图层】|【图层样式】|【描边】命令，打开【图层样式】对话框并自动选中【描边】选项。接着设置描边大小为 3 像素，位置为内部，颜色为黄色，完成后单击【确定】按钮，如图 4.117 所示。

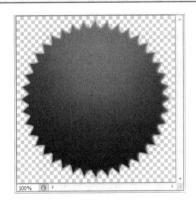

图 4.117　编辑智能对象内容

確定編辑完毕后，依次选择【文件】|【存储】命令或者按快捷键 Ctrl+S，保存编辑后的效果，此时所修改的内容将会自动套用于"4.5.2.psd"文件的"star"智能图层中，结果如图 4.118 所示。

完成上述操作后即可关闭"star.psd"文件。如果不满意编辑的结果，可以在"4.5.2.psd"文件中再双击"star"智能对象图层的缩览图，以便重新进行编辑。

图 4.118　将编辑内容保存后的结果

提　示

在包含了大量网页元件的图像文件中，如果对某个物件的效果不满意，可以通过编辑智能对象的方法将其独立抽出，再进行修改，这样不会影响对象在文件中所处的位置关系。

4.5.3　导出与替换智能对象

如果要将智能对象备份，可以将其以智能对象的文件格式(*.psd)导出至电脑的指定位置。此外，用户还可以将电脑中已有的对象替换当前的智能对象，替换后的对象依然保持当前的智能属性。

导出与替换智能对象的操作步骤如下。

 打开练习文件(光盘: ..\Example\Ch04\4.5.3 .jpg)，在【图层】面板中的 "star" 智能对象上单击右键，在打开的快捷菜单中选择【导出内容】命令，如图 4.119 所示。

图 4.119　选择【导出内容】命令

 打开【存储】对话框，在该对话框中先指定保存位置，然后输入文件名为 "star.psb"，如图 4.120 所示，单击【保存】按钮。

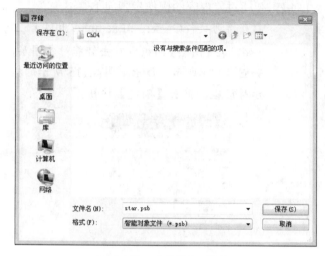

图 4.120　【存储】对话框

 在 "star" 智能对象上单击右键，并选择【替换内容】命令，如图 4.121 所示。在打开的【置入】对话框中指定文件位置，然后选择 "4.5.3.psd" 文件，再单击【置入】按钮，如图 4.122 所示。

 "4.5.3.psd" 素材文件为一个蓝色的星形对象，替换蓝色星形后的结果如图 4.123 所示，在【图层】面板中可以看到替换后的图层依然为智能对象。

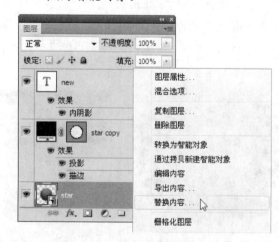

图 4.121　选择【替换内容】命令

图 4.122　选择置入文件

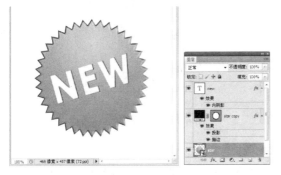

图 4.123　替换智能对象后的结果

　　如果想将智能对象的特性去除，在图层上单击右键，然后选择【栅格化图层】命令即可实现栅格化，如图 4.124 所示。另外，要想得到最佳的替换效果，建议将替换对象的尺寸调整至与原对象相同。

图 4.124　栅格化智能对象

4.6　认识 Photoshop 通道

　　通道是指一个单一色彩的平面，它主要用来保存图像中的颜色属性或者选区。如果能熟练使用通道，则可使图像编辑更加灵活多变，比如变更图像的色系，将黎明变成傍晚，将夏天变成秋天，甚至还可以抠出复杂的选区，例如毛发等。本节就先对通道的相关概念进行介绍。

4.6.1　原色通道

　　原色通道主要用于保存图像的颜色属性，由于 Photoshop CS5 支持多种图像模式，因此不同的图像模式对应不同的通道数量。例如平时所看到的五颜六色的彩色印刷品，即是使用四个颜色通道叠合起来形成的一个真彩色图像，即青色通道(C)、洋红通道(M)、黄色通道(Y)与黑色通道(K)，图 4.125 所示即为 CMYK 模式下的【通道】面板。

图 4.125　CMYK 模式下的【通道】面板

　　平时常见的 RGB 模式的图像则是由三个颜色通道叠合起来形成的一个真彩色图像，即红色通道(R)、绿色通道(G)与蓝色通道(B)，图 4.126 所示即为 RGB 模式下的【通道】面板。

图 4.126　RGB 模式下的【通道】面板

4.6.2 专色通道

专色通道使用一种特殊的混合油墨，替代或附加到图像颜色油墨中。例如增加荧光油墨或夜光油墨，套版印制无色系(如烫金)等，这些特殊颜色的油墨(称其为"专色")都无法用三原色油墨混合而成，这时就要用到专色通道与专色印刷了。在图像处理软件中，都存有完备的专色油墨列表。

新建专色通道的操作步骤如下。

 在【通道】面板中单击按钮 ，在打开的菜单中选择【新建专色通道】命令，如图 4.127 所示。

图 4.127　选择【新建专色通道】命令

 在打开的【新建专色通道】对话框中单击颜色块，如图 4.128 所示，即可在打开的【选择专色】对话框中指定需要的专色油墨属性，如图 4.129 所示，最后依次单击【确定】按钮即可。

 此时在【通道】面板中就会生成与其相应的专色通道，如图 4.130 所示。另外，专色印刷可以让作品在视觉上更具质感与震撼力，但由于大多数专色无法在显示器上呈现效果，所以其制作过程也带有相当大的经验成分。

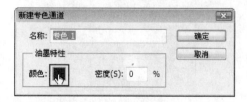

图 4.128　【新建专色通道】对话框

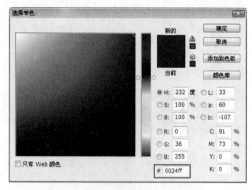

图 4.129　【选择专色】对话框

图 4.130　新建的专色通道

> **说　明**
>
> 专色通道与原色通道恰好相反，专色通道是用黑色代表选取(即喷绘油墨)，用白色代表不选取(不喷绘油墨)。

4.6.3　Alpha 通道

Alpha 通道是为保存选择区域而专门设计的通道，也可以把它当成一个保护膜来遮住图像，被屏蔽的区域不会受任何编辑操作的影响。在生成一个图像文件时，Photoshop CS5 并不会自动生成 Alpha 通道，它通常是由用户在进行图像编辑处理时自行创建的，如图 4.131 所示。

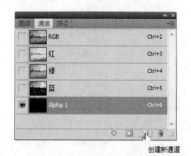

图 4.131　创建成的 Alpha 通道

4.7　使用【通道】面板

对通道的所有操作都可在【通道】面板中完成，例如新建通道、显示与隐藏通道、复制与删除通道、改变通道的名称、分离与合并原色通道、保存 Alpha 通道等。

4.7.1　新建通道

新建 Alpha 通道，可以将选区存储为灰度图像。具体操作步骤如下。

 在【通道】面板右上方单击按钮 ，在弹出的菜单中选择【新建通道】命令，如图 4.132 所示。

图 4.132　选择【新建通道】命令

 在打开的【新建通道】对话框中输入通道的名称，设定通道中的颜色显示方式，以及更改通道颜色及不透明度等，如图 4.133 所示。其中选择【被蒙版区域】单选按钮，则新建的 Alpha 通道中有颜色的区域代表蒙版区，没有颜色的区域代表非蒙版区；若选择【所选区域】单选按钮，则新建的 Alpha 通道中没有颜色的区域代表蒙版区，有颜色的区域代表非蒙版区。

> **提　示**
>
> 除了可在新建通道时直接指定通道名称外，还可在新建后修改通道名称。方法是双击通道名称部分，然后重新输入名称，按 Enter 键即可。

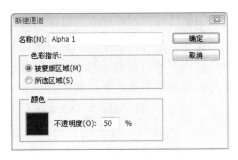

图 4.133　【新建通道】对话框

 最后单击【确定】按钮，即可创建出 Alpha 通道，如图 4.134 所示。在默认状态下，新建的通道会自动处于隐藏状态，下一小节将会介绍显示与隐藏通道的方法。

图 4.134　新创建的 Alpha 通道

> **提　示**
>
> 在【通道】面板中单击【创建新通道】按钮，可快速创建默认名称的通道，如图 4.135 所示。另外一个图像最多可有 56 个通道，通道所需的文件大小由通道中的像素信息决定。

图 4.135　快速新建 Alpha 通道

4.7.2　显示与隐藏通道

在对图像颜色进行编辑调整时，可根据实际需要隐藏暂时不用的通道，当需要时再显示即可。显示与隐藏通道的操作方法与图层中的操作方法相似，只需单击需要显示或隐藏的通道前的"眼睛"图标即可。

显示与隐藏通道的操作步骤如下。

Step 1 打开练习文件(光盘：..\Example\Ch04\4.7.2 .jpg)，然后打开【通道】面板。这是一个 RGB 颜色模式的图像，所以在默认状态中预设了 RGB、"红"、"绿"和"蓝" 4 个通道，并且全部为显示状态，如图 4.136 所示。

Step 2 如果只想显示某一通道，例如要只显示"蓝"通道，可以直接单击【蓝】通道选项，这时其他三个通道将会自动隐藏，而且图像也仅会显示蓝色通道下的色彩效果，如图 4.137 所示。

Step 3 如果要同时显示"蓝"、"红"两个通道，可以在"红"通道左侧单击"　"小眼睛符号，这时图像仅会显示"蓝"、"红"两个通道下的色彩效果，如图 4.138 所示。

提 示

要注意的是，不能单独隐藏 RGB 通道。此外，单击隐藏"红"、"绿"、"蓝"任一通道时，RGB 通道也会跟着隐藏，而需要重新显示所有通道时，只要单击 RGB 通道选项即可恢复 RGB 通道效果。

图 4.137　仅显示"蓝"通道的图像结果

图 4.138　仅显示"蓝"、"红"通道的结果

4.7.3　复制与删除通道

当保存了选区，想对选区进行编辑时，一般要先复制对应通道的内容然后再进行编辑，这样就可看出原通道与编辑后的通道的不同。当复制的通道没有利用价值后，也可以将其删除。

复制与删除通道的操作步骤如下。

Step 1 打开练习文件(光盘：..\Example\Ch04\4.7.3 .jpg)，打开【通道】面板并选中要复制的通道，然后将其直接拖至【创建新通道】按钮　上，如图 4.139 所示。这样即可快速

图 4.136　默认状态下的通道显示效果

得到当前通道的副本，如图 4.140 所示。

图 4.139　复制通道

图 4.140　复制的红色通道

> **提 示**
>
> 在复制通道时，如果想直接更正副本名称，可以在需要复制的通道上单击右键，在弹出的菜单中选择【复制通道】命令，接着在打开的【复制通道】对话框中输入通道名称即可，如图 4.141 所示。

图 4.141　【复制通道】对话框

 若要删除通道，直接将该通道拖到【删除当前通道】按钮 上即可，如图 4.142 所示。

图 4.142　拖动删除通道

4.7.4　分离与合并原色通道

当用户对通道进行编辑操作时，通常需要将各个原色通道分离开来，然后分别进行编辑，编辑完后再把各个原色通道按照一种颜色模式进行合并。

分离与合并原色通道的操作步骤如下。

 打开练习文件(光盘: ..\Example\Ch04\4.7.4 .jpg)，若要分离原色通道，可在打开的【通道】面板菜单中选择【分离通道】命令，如图 4.143 所示。

图 4.143　分离通道

 将原色通道分离开来后，【通道】面板变成仅有一个"灰色"通道，如图 4.144 所示。而原来的 RGB 图像文件被拆分成 3 个独立的通道文件，分别为"Ch 0_R"、"Ch 0_G"和"Ch 0_B"，如图 4.145 所示。

图 4.144　分离后的通道

图 4.145　分离通道后原图像被拆分成的三个图像

Step 3　若要重新合并通道，可在打开的【通道】面板菜单中选择【合并通道】命令，如图 4.146 所示。

图 4.146　选择【合并通道】命令

Step 4　在打开的【合并通道】对话框中选择合并模式，例如选择【RGB 颜色】，再设定通道数为 3(如果是 CMYK 模式需要设定通道数为 4)，如图 4.147 所示，单击【确定】按钮。

图 4.147　选择合并模式

Step 5　在打开的【合并 RGB 通道】对话框中指定通道，如图 4.148 所示，最后单击【确定】按钮即可。完成后被拆分的三个文件又重新合并成练习文件的结果，如图 4.149 所示。

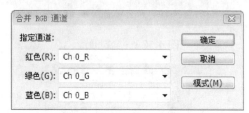

图 4.148　指定通道

图 4.149　合并通道后得到的新文件

注　意

在【合并 RGB 通道】对话框中单击【模式】按钮，可返回【合并通道】对话框，以便重新选择合并模式。另外，在合并通道时，各源文件的分辨率和尺寸必须一致，否则不能进行合并。

4.8　通道混和器

使用【通道混和器】命令，可指定改变图像中某一通道中的颜色，并混和到主通道，从而产生一种图像合成效果。

4.8.1　通道混和器应用实例 1

本例先观察分析图像的红、绿、蓝通道的颜色表现，针对分析的结果再对【通道混和器】中的各通道进行调整，以求得到层次分明的高对比度黑白效果。

制作黑白图像效果的操作步骤如下。

 打开练习文件(光盘: ..\Example\Ch04\4.8.1 .jpg)，如图 4.150 所示。在【通道】面板中分别单击"红"、"绿"和"蓝"通道，观察分析相片中哪种原色保留得最全面，以便后续过程重点针对该颜色进行调整。通过分析，发现"绿"通道所包含的色素和明度与相片原貌较为接近，如图 4.151 所示。

图 4.150　练习文件

 首先单击 RGB 通道，使相片恢复原样。然后依次选择【图像】|【调整】|【通道混和器】命令，打开【通道混和器】对话框，选择【单色】复选框将相片的彩色去除，只保留灰度色彩，如图 4.152 所示。

图 4.151　单击"绿"通道时的图像

> **说　明**
>
> 将图像变成灰色的单色后，【红色】和【绿色】通道的数值会自动调整到 40%，而【蓝色】通道会自动调整为 20%。要调出理想的黑白图像，其关键在于调整各通道的比例。

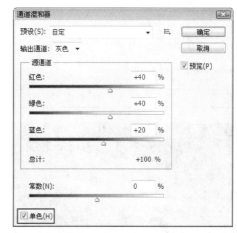

图 4.152　将相片变成单色

 在【通道混和器】对话框的【预设】下拉列

表框中提供了几种模拟滤镜的效果。由于本例使用绿色作为主要调整对象，所以套用【使用绿色滤镜的黑白(RGB)】预设效果，此时【绿色】通道的数值将会变成100%，这样可以增强绿色，使黑白效果更加立体，如图4.153所示。

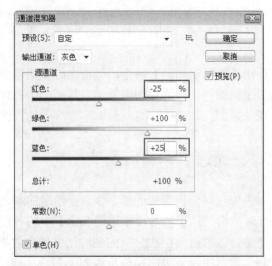

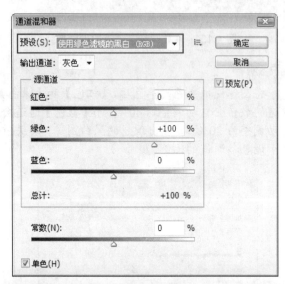

图 4.153　选择【预设】滤镜效果

Step 4　将【红色】的数值降低至-25%，再把【蓝色】通道的数值增加至+25%，这时观察相片的效果，高光与阴影的对比更加强烈了，如图4.154所示，当效果满意后即可单击【确定】按钮，完成黑白相片的转换。

图 4.154　调整【红色】与【蓝色】通道

4.8.2　通道混和器应用实例2

【通道混和器】命令不仅可以修复图像的色偏问题，还可以制作出各种意想不到的色彩效果。

使用【通道混和器】调整颜色的操作步骤如下。

Step 1　打开练习文件(光盘：..\Example\Ch04\4.8.2 .jpg)，如图4.155所示。依次选择【图像】|【调整】|【通道混和器】命令。

Step 2　在打开的对话框中设置输出通道为【红】色，然后调整【红色】源通道的数值为+200%，这时绿树变成了泛黄色，而紫色的薰衣草变成了洋红色，这是增加红色的结果，如图4.156所示。

图 4.155　练习文件

图 4.156　调整红色输出通道

　选择【绿】输出通道，然后分别调整三个源通道的数值，同时观察图像的结果，如图 4.157 所示，当效果满意后即可单击【确定】按钮。

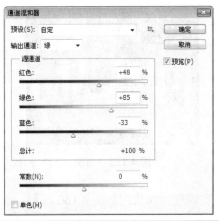

图 4.157　调整绿色输出通道

4.9　章后总结

本章首先介绍了图层与【图层】面板的作用，详细介绍了创建与管理图层的方法，以及图层样式和智能对象的作用与使用方法；然后介绍了"通道"的相关概念，及使用【通道】面板新建、显示/隐藏、复制/删除、分离/合并等操作方法；最后通过两个实例介绍使用【通道混和器】处理图像的技巧。

4.10　章后实训

本章实训题要求为图 4.158 所示的练习文件(光盘：..\Example\Ch04\4.10.psd)创建一个填充图层，并设置图层的混和模式，接着通过【图层样式】对话框为文字图层应用投影、外发光、斜面和浮雕以及描边样式，结果如图 4.159 所示。

图 4.158　原图

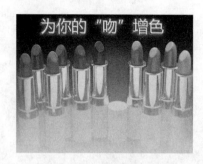

图 4.159　实训题的结果

本章实训题操作流程如图 4.160 所示。

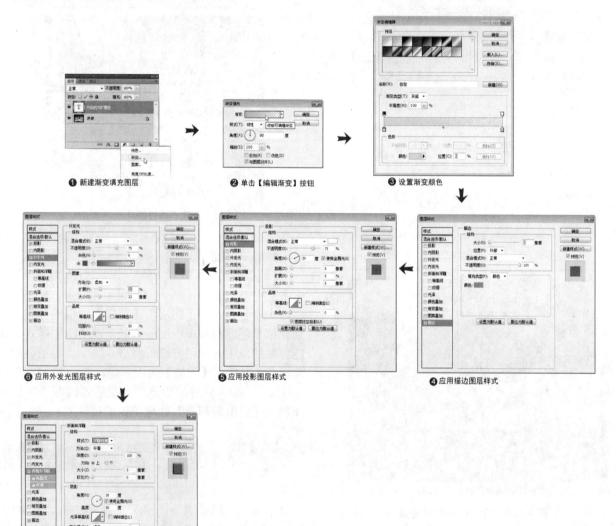

图 4.160　实训题的操作流程

第 5 章

图像选取与文字的应用

当图像用于制作网页时，很多时候用户需要截取图像的某部分，或者通过创建选区来处理图像。同时，处理后的图像有时也需要输入文本，并根据设计的需要编辑文本。因此，本章将详细介绍在 Photoshop CS5 中使用工具选取图像与处理图像文本的各种方法。

本章学习要点

➤ 使用选框和套索工具选取图像

➤ 根据色彩选取图像

➤ 修改与调整选区

➤ 输入各种文本

➤ 编辑文本和路径

➤ 文本的其他处理技巧

5.1 使用选框工具选取图像

Photoshop CS5 的选框工具组提供了【矩形选框工具】、【椭圆选框工具】、【单行选框工具】与【单列选框工具】四种选框工具，使用它们可创建出矩形、多边形、椭圆形、一像素的行或列等形状的选区，或者通过多种选框工具的组合创建任意形状的选区，从而满足多种选取图像方式的要求。

5.1.1 矩形选区的图像选取

使用【矩形选框工具】可创建出各种矩形或正方形选区。本小节先介绍创建单个选区与取消选区的方法，接着介绍添加与减去选区的操作。最后使用【固定比例】选项配合【裁剪】命令，将练习文件从 4：3 的宽高比例裁剪成 16：9。

使用【矩形选框工具】创建选区的操作步骤如下。

Step 1　打开练习文件(光盘：..\Example\Ch05\5.1.1 .jpg)，再将图像的显示比例设置为 100%，在工具箱中选择【矩形选框工具】按钮并在属性栏单击【新选区】按钮。

Step 2　如果要框选小房子的木门，可以在木门的左上角按鼠标左键不放，再拖至木门的右下角并释放左键，即可沿木门创建出矩形选区，如图 5.1 所示。

图 5.1　拖动鼠标创建矩形选区

Step 3　如果要取消当前选区，可以在单击【新选区】按钮的状态下单击选区以外的区域，

如图 5.2 所示；若【新选区】按钮处于非按下的状态，则可以依次选择【选择】|【取消选区】命令，或者直接按快捷键 Ctrl+D 取消选区。

图 5.2　单击选区以外的部分取消选区

Step 4　当要在图像中创建多个选区，例如要框选小房子的两个窗户，可以在属性栏单击【添加到选区】按钮，然后分别在两个窗户上拖动鼠标创建两个选区，如图 5.3 所示。

图 5.3　创建两个选区

Step 5　如果多选了一些不需要的部分，可以在属性栏单击【从选区减去】按钮，然后拖动要减去的选区部分即可，例如要减去右侧窗户的选区，只要再将其框选即可减去该选区部分，如图 5.4 所示。

Step 6　除了徒手创建矩形选区外，还可以按固定的比例或者大小来创建更高标准的选区。本例练习文件的宽高比例为 4：3，现在要将其裁剪为 16：9。可以在属性栏先单击【新选区】按钮，然后打开【样式】下拉列表并选择【固定比例】选项，然后设置宽度与高度的比例，这时拖动鼠标即可按指定比例创建矩形选区，如图 5.5 所示。

图 5.4 　从选区减去

图 5.5 　按固定比例创建选区

图 5.6 　裁剪图像

提 示

如果要按固定大小来创建选区，可以先选择【固定大小】样式，通过右侧的 文本框来指定宽度与高度，以便创建出准确大小的矩形选区。设置好大小后，只要在图像的合适位置单击鼠标左键，即可按宽高数值创建出矩形选区。

5.1.2 　椭圆选区的图像选取

使用【椭圆选框工具】可创建出任意椭圆选区或圆形选区。它的使用方法与【矩形选框工具】的基本相同，唯一不同的是属性栏中【消除锯齿】复选框变为可用，此功能可消除选区边缘的锯齿，使图像的边缘变平滑。下面介绍使用【椭圆选区工具】创建出咖啡杯内侧杯壁区域的方法。

Step 1 打开练习文件(光盘：..\Example\Ch05\5.1.2.jpg)，在工具箱中选择【椭圆选框工具】，然后在属性栏中单击【新选区】按钮，并保持其他设置的默认状态，此时鼠标会自动变成十字。

Step 2 在图像中沿杯口拖动鼠标创建与之大小相同的椭圆选区，如图 5.7 所示。接着将鼠标移至选区内，待其变成箭头后，按住鼠标左键移动选区到合适位置，以套住杯口边缘，如图 5.8 所示。此外，还可通过键盘中的方向键对选区进行微调。

说 明

除了【新选区】、【添加到选区】和【从选区减去】三种模式外，在属性栏单击【与选区交叉】按钮，可在原选区中创建新选区，创建后的新选区与原选区只留下相交的部分。

在实际操作中，如果通过单击属性栏中的按钮来切换选区模式将会降低工作效率，大家可配合以下按键实现模式间的快速切换：

- 按住 Shift 键不放可切换至【添加到选区】模式。
- 按住 Alt 键可切换至【从选区减去】模式。
- 按住快捷键 Shift+Alt 可切换至【与选区交叉】模式。

Setp 7 依次选择【图像】|【裁剪】命令，即可根据当前选区裁剪图像，结果如图 5.6 所示。最后按快捷键 Ctrl+D 即可完成裁剪操作。

尽管创建后的选区可以任意移动，但选区形状必须利用相应的工具方可改变。例如在步骤 2 的操作中，很难一次就创建出一个与杯口形状一样的椭圆选区，遇到这种情况时，可以在拖动鼠标的同时按住空格键(Space)不放，随意移动选区，再配合鼠标的定位即可快速准确地套住指定的对象。此方法适用于选框工具中的任一工具。

图 5.7 创建椭圆选区

图 5.8 移动选区至合适位置

 在属性栏中单击【从选区减去】按钮，然后在椭圆选区左下方往右上方拖动鼠标创建另一个椭圆选区，如图 5.9 所示，将咖啡部分减掉，只剩下杯口内侧的阴影部分，结果如图 5.10 所示。

提 示

如果要创建圆形选区，可以按住 Shift 键不放，再拖动鼠标即可；此外，按住快捷键 Shift+Alt，是以鼠标单击的位置为中心创建圆形选区；若只按住 Alt 键则是以鼠标单击的位置为中心创建椭圆形选区。

图 5.9 从选区中减去

图 5.10 减去选区后的结果

5.1.3 单行/列选区的图像选取

使用【单行选框工具】可以创建出水平贯穿整个图像，大小为 1 像素的选区；使用【单列选框工具】可以创建出垂直贯穿整个图像，大小为 1 像素的选区。选择上述工具后，只要在图像中单击即可创建出单行/列选区，它常用于绘制垂直或水平直线。

下面使用【单行选框工具】与【单列选框工具】分别在练习文件中的蝴蝶四周创建两条单行与两条单列选区，最后将选区的内容删除，形成一个"井"形的白边框，为图像添加艺术效果。

创建单行/列选区的操作步骤如下。

 打开练习文件(光盘：..\Example\Ch05\5.1.3 .jpg)，在工具箱中选择【单行选框工具】，再单击属性栏中的【新选区】按钮，接着在图像中"蝴蝶"上方的合适位置单击(按下左键不放可移动鼠标调整位置)，创建水平的单行选区，如图 5.11 所示。

Step 2　按住 Shift 键不放进入【添加到选区】模式，然后在 "蝴蝶" 下方单击，如图 5.12 所示，添加一个单行选区。

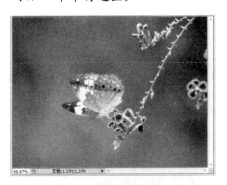

图 5.11　创建单行选区

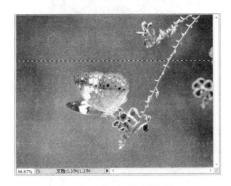

图 5.12　添加单行选区

 Step 3　选择【单列选框工具】并使用前面两个步骤的方法，先进入【添加到选区】模式，然后在蝴蝶的左右两侧各创建一个单列选区，如图 5.13 所示。

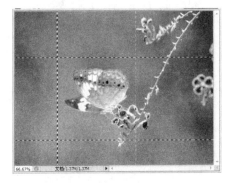

图 5.13　创建两个单列选区

 Step 4　设置前景色为白色，然后按快捷键 Alt+

Delete，在选区中填充白色的前景色，如图 5.14 所示。完成后按快捷键 Ctrl+D 取消选区，原来选择的内容变成了 4 条白色的分隔线，如图 5.15 所示。

> **提 示**
>
> 在创建单行或单列选区时，除了可通过按空格键来调整位置外，还可按下左键不放并移动鼠标，来校正选区的位置。

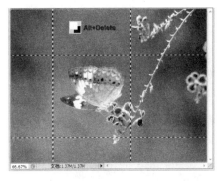

图 5.14　为选区填充白色的前景色

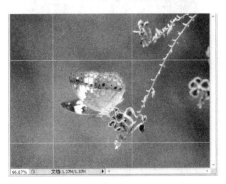

图 5.15　取消选区后的结果

5.2　使用套索工具选取图像

Photoshop CS5 专门提供了【套索工具】、【多边形套索工具】与【磁性套索工具】，以供用户创建任一形状的选区。

5.2.1　使用套索工具选取图像

【套索工具】可根据鼠标在图像中拖动的轨迹来

创建选区。与选框工具相同，【套索工具】也可以对现有选区进行相加、相减及交叉等编辑运算。本小节将来练习【套索工具】的操作方法。

使用套索工具创建选区的操作步骤如下。

Step 1　打开练习文件(光盘：..\Example\Ch05\5.2.1 .jpg)，选择【套索工具】后在属性栏中单击【新选区】按钮，再选择【消除锯齿】复选框。

Step 2　在"荷花"的边缘处按住鼠标左键，并在其周边拖动鼠标，将荷花框选后返回起点处，如图 5.16 所示。释放左键后即可得到一个封闭的曲线选区，如图5.17 所示。

图 5.16　拖动鼠标框选目标

图 5.17　沿拖动轨迹创建的选区

Step 3　先按快捷键 Ctrl+D 取消选区，再按住鼠标左键拖动套索"荷花"，在起点与终点不重合的位置释放左键，如图 5.18 所示。这时起点与终点之间将用直线连接，也可得到一个封闭的选区，如图 5.19 所示。如果只想粗略套选一个对象，只要大致套住目标即可，不用将鼠标从头拖到尾。

技巧

使用【套索工具】后，在按下鼠标左键并拖动的过程中，先按 Alt 键再释放左键，即可切换至【多边形套索工具】，此时移动鼠标即引出直线段，从而将曲线与直线的选择方式融合使用。

图 5.18　不返回起点处的框选

图 5.19　起点与终点以直线连接的套索选区

5.2.2　使用多边形套索工具选取图像

【多边形套索工具】是由在图像中单击的多个点来连接多条直线，从而形成不规则的多线段选区的。当单击确定起点后，拖动鼠标可引出直线段，接着通过单击多个点来指定选区的形状，当鼠标移至起点后即会变成"   "状态，再次单击即可闭合选区。单击确定多个点后，在起点与终点不重合的情况下双击鼠标左键，起点与终点之间将用直线连接，此时也可得到一个封闭的选区。

使用【多边形套索工具】创建选区的操作步骤如下。

 打开练习文件(光盘: ..\Example\Ch05\5.2.2 .jpg)，在工具箱中选择【多边形套索工具】，确认选区模式为【新选区】并选择【消除锯齿】复选框。

 然后在礼盒的左上角(A 点)单击确定起点，并引出直线，在左下方处(B 点)单击，确定选区的第二个点，如图 5.20 所示。

图 5.20　确定多边形选区的起点与第二个点

 根据礼盒的形状，通过依次在 C、D、E、F 点单击从而创建出多个节点，将礼物对象选中，最后移动鼠标至起点(A 点)处，如图 5.21 所示，待其变成 状态后单击闭合选区。闭合选区后的结果如图 5.22 所示。

图 5.21　单击确定其他点

图 5.22　创建选区后的结果

5.2.3　使用磁性套索工具选取图像

【磁性套索工具】具有识别边缘的功能，当目标对象与背景颜色相差较大时，使用此工具沿目标对象的轮廓拖动，所得的密集的节点可自动套紧在指定的对象上。

【磁性套索工具】的使用方法与【套索工具】和【多边形套索工具】相似，但它除了可以在不重合起点与终点的情况下闭合选区外，还可以在图像中随意单击左键新增节点。

使用【磁性套索工具】创建选区的操作步骤如下。

 打开练习文件(光盘: ..\Example\Ch05\5.2.3 .jpg)，在工具箱中选择【磁性套索工具】，确认选区模式为【新选区】，在属性栏中设置宽度为 10 px，对比度为 10%，频率为 0，如图 5.23 所示。

图 5.23　设置工具属性栏

 先在"雪糕筒"图像的右下角处单击并沿边缘拖动鼠标，创建出选区边缘，如图 5.24 所示。

 当拖至白色部分时，如果担心工具不能自动侦测边缘，可以单击左键新增一个节点，如图 5.25 所示。

 接着继续沿"雪糕筒"的边缘拖动鼠标至起点处，如图 5.26 所示，待鼠标变成"" 状态后单击闭合选区。闭合后的选区结果如图 5.27 所示。

图 5.24　使用磁性套索创建边缘选区

图 5.25　在白色边缘上单击以新增节点

图 5.26　鼠标移至起点处

图 5.27　闭合选区后的结果

5.3　根据色彩选取图像

在设计过程中，通常要将大范围相同的区域清除或抽取，抽取的部分可作为素材添加至图像中，不需要的背景也可清除掉。Photoshop CS5 提供的【魔棒工具】、【快速选择工具】与【色彩范围】命令可以根据图像的色彩区域创建出大面积的选区。

5.3.1　使用魔棒工具选取图像

使用【魔棒工具】可在不跟踪图像轮廓的前提下，选择颜色一致的区域。它通常用于选择大范围色素相似的区域，例如图像的背景。使用此工具在图像中单击即可根据颜色创建选区。

使用【魔棒工具】创建选区的操作步骤如下。

Step 1　打开练习文件(光盘：..\Example\Ch05\5.3.1 .jpg)，在工具箱中选择【魔棒工具】，然后在属性栏中单击【新选区】按钮，并选择【消除锯齿】复选框。

Step 2　保持【容差】文本框的数值为默认的 32，然后在练习文件右侧的蓝色椅子上单击，如图 5.28 所示。此时所创建的选区范围较小，如图 5.29 所示，仅选取了蓝色像素较浓的部分。

图 5.28　使用默认容差值创建选区

Step 3　按快捷键 Ctrl+D 取消选区，然后将【容差】值增大至 100，继续在步骤 2 中相同的位置上单击，创建的选区如图 5.30 所示，此时所创建的选区范围变大了。

Step 4　按快捷键 Ctrl+D 取消选区。在默认状态下，属性栏的【连续】复选框处于启动状态，下面取消此复选框以关闭此特性，然后在步骤2相同的位置上单击，即可得到如图5.31所示的选区结果，图像中所有与单击处色彩相近的部分都被选取了。

图 5.29　【容差】为 32 时创建的选区范围

图 5.30　增大容差值创建的选区范围变大

图 5.31　取消【连续】复选框创建的选区

> **说明**
>
> 【魔棒工具】有两项比较重要的选项设置，分别是【容差】和【连续】属性。
> - 容差：用于设置选区范围的大小。取值范围是 0～255，默认值为 32。当容差值小时，可以点选像素非常相似的颜色；当容差值较大时，可以选择更大的色彩范围。
> - 连续：用于指定选项范围的连续性。选择此选项后，即可单击选择色彩相近的连续区域；取消选择此选项后，可以选择图像中所有与单击点色彩相近的颜色。

5.3.2　使用快速选择工具选取图像

【快速选择工具】可以通过鼠标的拖动，智能地根据颜色快速创建出大片的选区，通常用于图片去背景与精确选择发丝、羽毛等细微部分。只要在画面中拖动鼠标，就可自动创建大部分相同颜色的选区。

使用【快速选择工具】创建选区的操作步骤如下。

Step 1　打开练习文件(光盘：..\Example\Ch05\5.3.2.jpg)，再选择【快速选择工具】，在属性栏可以看到三个按钮，从左至右分别为【新选区】、【添加到选区】、【从选区减去】模式，当创建一个新选区后，即会自动切换至【添加到选区】模式。

Step 2　单击【画笔】选项右侧的按钮打开【画笔】面板，设置各项属性，如图5.32所示。

Step 3　在练习文件的天空上轻轻拖动，释放左键即可快速得到天空的选区，尽管是多色的渐变也可以轻松创建出选区，如图5.33所示。

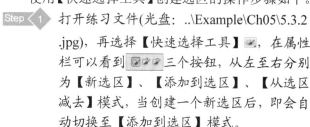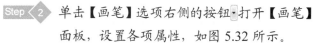

图 5.32　设置画笔属性　　图 5.33　拖动创建大片选区

Step 4　完成后即进入【添加到选区】状态，继续在湖面倒影上拖动，可以将湖面的部分添加到选区，如图5.34所示。

图 5.34　将湖面范围添加到选区

5.3.3 根据色彩范围选取图像

通过【色彩范围】命令可以根据图像的颜色创建选区，其中又可以根据颜色、高光、中间调、阴影等条件来创建颜色选区，甚至还可指定用户自行在画面中吸取的颜色作为创建选区的条件。指定选择方式后可以通过容差值来调整选区的范围。

根据色彩范围创建选区的操作步骤如下。

 打开练习文件(光盘：..\Example\Ch05\5.3.3 .jpg)，依次选择【选择】|【色彩范围】命令，如图 5.35 所示。

图 5.35　依次选择【选择】|【色彩范围】命令

Step 2 打开【色彩范围】对话框后选择【取样颜色】选项，再单击显示区下方的【图像】单选按钮，以显示原图。接着使用【吸管工具】单击缩览图中的紫色花瓣，如图 5.36 所示。

图 5.36　指定取样颜色

 选择【选择范围】单选按钮切换到黑白视图，此时所看到的白色部分为创建选区的范围。将【颜色容差】设置为 200，将选择范围调至最清晰，如图 5.37 所示。

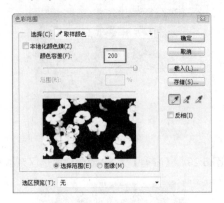

图 5.37　设置【颜色容差】

Step 4 由于花瓣没有完全被选取，下面单击加色吸管工具按钮，然后在左下方较暗的花瓣上单击，从而增加选区范围，如图 5.38 所示。

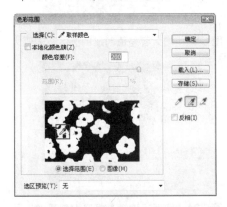

图 5.38　添加颜色增大选区范围

 最后单击【确定】按钮，完成色彩范围的选择，最终得到如图 5.39 所示的选区效果。

图 5.39　最终效果

5.4　修改与调整选区

一般操作下所选择的素材边缘总是过于锐利，或者选择的对象较为复杂，需要将选区放大/缩小，甚至是旋转等。

5.4.1　修改选区

依次选择【选择】|【修改】命令，即可展示【边界】、【平滑】、【扩展】、【收缩】等多个子菜单，它们可以对现有选区进行边界/平滑调整、扩展/收缩等处理。本小节分别介绍它们的作用。

修改选区的操作步骤如下。

Step 1　打开练习文件(光盘：..\Example\Ch05\5.4.1.jpg)，使用【快速选择工具】拖动蓝色部分创建背景选区，如图 5.40 所示。

图 5.41　选择【反向】命令

图 5.40　创建背景选区

图 5.42　将选区反向后的结果

图 5.43　设置【平滑选区】对话框

Step 2　依次选择【选择】|【反向】命令，如图 5.41 所示。或者直接按快捷键 Shift+Ctrl+I 即可将选区反转过来，得到花朵的选区，如图 5.42 所示。

Step 3　如果新创建的选区边缘出现锯齿，可依次选择【选择】|【修改】|【平滑】命令打开【平滑选区】对话框，输入不同的取样半径即可控制选区的平滑程度。其取值范围为 1~100 像素。本例输入取样半径为 2 像素，如图 5.43 所示。单击【确定】按钮，执行平滑操作后的选区结果如图 5.44 所示。

图 5.44　添加 2 像素取样半径后的选区

Step 4　依次选择【选择】|【修改】|【收缩】命令即可打开【收缩选区】对话框，输入不同的

收缩量即可控制选区的收缩幅度。其取值范围为 1~100 像素。本例输入收缩量为 10 像素，如图 5.45 所示。单击【确定】按钮，执行收缩命令后的选区结果如图 5.46 所示。

图 5.45　【收缩选区】对话框

图 5.46　添加 10 像素收缩量后的选区

Step 5 依次选择【选择】|【修改】|【扩展】命令即可打开【扩展选区】对话框，输入不同的扩展量即可控制选区的扩展幅度。其取值范围为 1~100 像素。本例输入扩展量为 20 像素，如图 5.47 所示。完成后单击【确定】按钮，扩展后的选区结果如图 5.48 所示。

图 5.47　【扩展选区】对话框

图 5.48　添加 20 像素扩展量后的选区

 Step 6 依次选择【选择】|【修改】|【边界】命令即可打开【边界选区】对话框，输入不同的宽度即可指定边框宽度的大小。其取值范围为 1~200 像素，数值越大，边框越宽。本例输入扩展量为 10 像素，如图 5.49 所示。完成后单击【确定】按钮，选区结果如图 5.50 所示。

图 5.49　设置边界宽度

图 5.50　添加 10 像素边界宽度后的选区

5.4.2　羽化选区

　　【羽化】命令是【选择】|【修改】命令中的一项菜单，因其作用在 Photoshop 中举足轻重，所以将其独立介绍。通过设置羽化值，可以对已创建的选区进行羽化处理，使选区的边缘呈现柔和的色彩过渡，且羽化半径越大，选区的边缘越朦胧。

　　使用羽化功能的操作步骤如下。

Step 1 打开练习文件(光盘：..\Example\Ch05\5.4.2 .jpg)，使用【椭圆选框工具】 在夕阳上创建一个椭圆选区，如图 5.51 所示。

Step 2 依次选择【选择】|【修改】|【羽化】命令，或者直接按快捷键 Shift+F6 打开【羽化选区】对话框，输入羽化半径为 25 像素，如图 5.52 所示。单击【确定】按钮后选区范围马上缩小了，如图 5.53 所示。

图 5.51　创建椭圆选区

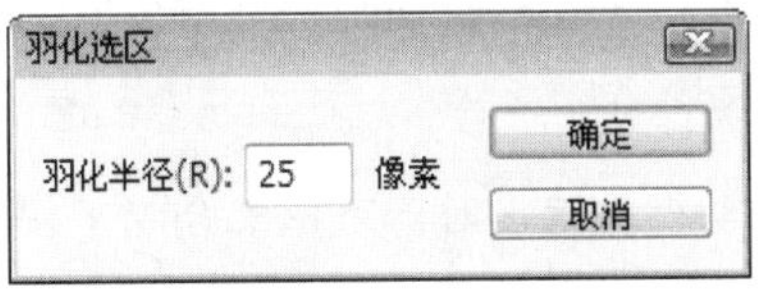

图 5.52　设置【羽化选区】文本框

图 5.53　添加 25 像素的羽化半径后的选区

Step 3 选择【吸管工具】，在夕阳上单击，如图 5.54 所示，快速吸取单击处的黄色作为前景色，再按快捷键 Alt+Delete 填充黄色的前景色，如图 5.55 所示，夕阳的光线效果马上增强了。

Step 4 最后按快捷键 Ctrl+D，即可看到使用羽化功能加强夕阳光线后的结果，如图 5.56 所示。

图 5.55　为选区填充黄色的前景色

图 5.56　取消选区后的结果

5.4.3　变换选区

【修改】命令虽然提供了多种选区编辑方式，但都得通过数值进行修改，在设计过程中难以一次满足需求。而使用【变换选区】命令除了可通过鼠标拖动自动缩放选区，还可以对选区进行旋转、斜切、扭曲、透视、变形、翻转，甚至是自由变形等操作。

对选区进行自由变换的操作步骤如下。

Step 1 打开练习文件(光盘：..\Example\Ch05\5.4.3 .jpg)，使用【椭圆选框工具】创建一个与灯泡相符的圆形选区，如图 5.57 所示。

Step 2 在图像中单击右键，在展示的快捷菜单中选择【变换选区】命令，如图 5.58 所示。

Step 3 选区周边出现一个由 8 个控制节点与一个参考点组成的变换框。将鼠标移至框内，按住左键随意拖动改变位置。也可以在属性栏中的 X 和 Y 选项中输入数值准确定位选区的坐标，如图 5.59 所示。

图 5.54　吸取前景色

图 5.57　创建圆形选区

图 5.60　等比例地往中心缩小选区

图 5.58　选择【变换选区】命令

图 5.59　移动选区的位置

 Step 4 将鼠标移至变换框的四个角点上，拖动鼠标可以对选区进行缩放变换处理。其中按住Shift 键可以锁定宽高比例，相当于按下属性栏中的【保持长宽比】按钮；按住 Alt 键可以限制选区以中心的参考点为基准进行缩放。下面按住快捷键Shift+Alt 不放，往灯泡中心内部拖动鼠标，将选区缩小至84%左右，如图 5.60 所示。

技 巧

在手动缩放选区时，可以配合以下按键实现特殊变换：

- 按住 Shift 键拖动任一边角节点，可以保持长宽比进行缩放。
- 按住快捷键 Shift+Alt 拖动任一边角节点，能以参考点为基准等比例缩放选区。
- 按住 Shift 键旋转选区，可以按 15 度的倍数角旋转选区。
- 按住 Ctrl 键拖动任一边角节点，可以对选区进行扭曲变形。
- 按住快捷键 Ctrl+Shift 拖动任一边角节点，可以沿水平或垂直方向倾斜变形。
- 按住快捷键 Ctrl+Shift+Alt 拖动任一边角节点，可以使选区产生透视效果。

Step 5 完成选区的变换操作后，在属性栏中单击【进行变换】按钮，或者按 Enter 键，即可完成变换并关闭变换框，如图 5.61 所示。若不满意编辑结果，单击属性栏中的【取消变换】按钮，或者按 Esc 键即可。

图 5.61　完成变换后的选区

Step 6　按快捷键 Ctrl+D 取消圆形选区，并放大显示左下方翻开的杂志，下面创建并编辑出翻页形状的选区，先使用【矩形选框工具】□在翻页上创建一个任意大小的选区，如图 5.62 所示。

图 5.62　创建矩形选区

Step 7　在图像中单击右键，在展开的快捷菜单中选择【变换选区】命令，将鼠标移至右上方的变换点上，当鼠标变成"⤵"状态后，拖动即可旋转选区。也可以在属性栏中的"△ 0.00 度"数值框中输入准确的旋转数值，如图 5.63 所示。

图 5.63　旋转选区

Step 8　按住 Ctrl 键不放，鼠标马上变成"▷"状态，表示进入了【扭曲】变换模式，这时候可以拖动任意变换点改变选区的形状。将右上角的变换点往下拖动，直至贴紧翻页的右上角为止，如图 5.64 所示。

Step 9　使用步骤 8 的方法，继续编辑其余三个边角变换点，使它们也贴紧于翻页的其他三个边

角，如图 5.65 所示。

图 5.64　按住 Ctrl 键扭曲变换选区

图 5.65　扭曲变换其余三个边角点

Step 10　到目前为止，选区还没有完全框住翻页。下面在属性栏中单击【在自由变换和变形模式之间切换】按钮▦，切换到变形模式并显示出九宫网格，如图 5.66 所示。

图 5.66　切换至变形模式

Step 11　接下来通过拖动各个边角对应的控制点来编辑选区的形状，使之完全套住翻页的边缘，如图 5.67 所示。

Step 12　完成变形后，取消【在自由变换和变形模式之间切换】按钮▦的按下状态，即可切换回【自由变换】模式，如图 5.68 所示。预览

效果满意后按Enter键即可得到如图5.69所示的编辑结果。

图5.69　完成后的结果

除了上述介绍的几种选区变换方法外，在选区变换框内单击右键，可以显示如图5.70所示的快捷菜单，用户可以对选区进行斜切、透视和翻转等变换操作。

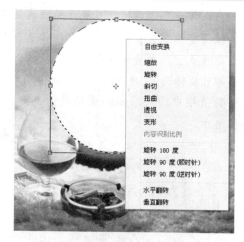

图5.70　【变换选区】的快捷菜单

5.5　输入各种文本

使用文字工具组可以在图像中输入各种文本，例如水平文本、垂直文本、倾斜文本、段落文本等。

图5.67　拖动控制点编辑选区形状

5.5.1　输入水平文本

使用【横排文字工具】可在文档中输入水平文本，同时在【图层】面板中将自动新增文字图层。

输入水平文本的操作步骤如下。

图5.68　切换回【自由变换】模式

Step 1　打开练习文件(光盘：..\Example\Ch05\5.5.1 .jpg)，然后选择【横排文字工具】，接着在属性栏中设置好字体、大小与颜色等属性，如图 5.71 所示。

图 5.71　设置文字工具的属性

Step 2　在需要输入文字的位置单击，立即会出现一个闪烁的插入符，而【图层】面板也会新增一个文字图层，如图 5.72 所示。

图 5.72　指定输入字符的位置

Step 3　接着输入"迁徙的鸟"字符内容，输入的文字下方会出现一条下划线，这代表当前状态为字符输入状态，如果此时将鼠标移至文字的下方，鼠标即可变成【移动工具】的状态，拖动鼠标即可调整字符的位置，如图 5.73 所示。

图 5.73　输入字符并移动位置

Step 4　完成输入的文字内容后，在【图层】面板中

单击文字图层的缩览图，即可确定输入的文字并退出编辑状态，如图 5.74 所示，文字层的名称会以输入的字符内容替代。在属性栏中单击【提交所有当前编辑】按钮也可以确定输入的文字。

图 5.74　单击文字图层的缩览图

> **说　明**
>
> 如果要取消当前正在输入的文字内容，只要按 Esc 键或在属性栏中单击【取消所有当前编辑】按钮即可。

5.5.2　输入垂直文本

使用【直排文字工具】可在文档中输入垂直文本，同时在【图层】面板中自动新增文字图层，其使用方法与输入横排文字相似。

输入垂直文本的操作步骤如下。

Step 1　打开练习文件(光盘：..\Example\Ch05\5.5.2 .jpg)，然后选择【直排文字工具】并参考如图 5.71 所示设置好字符属性。

Step 2　在画面的左上角单击，这时在【图层】面板中新增了一个图层，当出现闪烁的插入符后输入"爱琴海"三个字，如图 5.75 所示，接着将鼠标移至字符的右侧，拖动调整字符的位置。

Step 3　完成输入的字符内容与位置后，在【图层】面板中单击文字图层的缩览图，即可确定输入的文字并退出编辑状态，如图 5.76 所示。

图 5.75　输入直排文字

图 5.76　单击缩览图以确定输入内容

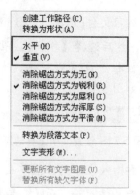

图 5.77　【文字】子菜单

5.5.3　创建文本选区

如果要输入填充了渐变颜色或者图案的字符，可以使用【横排文字蒙版工具】或【直排文字蒙版工具】先创建出字符的选区，然后在选区中填充所需的效果。

创建文本选区的操作步骤如下。

Step 1 打开练习文件(光盘：..\Example\Ch05\5.5.3.jpg)，然后在属性栏设置好字符属性。

Step 2 使用【横排文字蒙版工具】在画面的右上方单击，整个画面蒙上了一层半透明的红色，在闪烁处输入"布拉格之旅"，如图 5.78 所示。

图 5.78　输入文字蒙版

Step 3 输入完成后在属性栏单击【提交所有当前编辑】按钮，此时蒙版消失，输入的文字自动创建成选区范围，如图 5.79 所示。

（说明）

无论是【横排文字工具】还是【直排文字工具】，用户都可以轻松转换字符的方向。转换时可以依次选择【图层】|【文字】命令，打开如图 5.77 所示的子菜单，在【水平】与【垂直】命令之间进行切换，左侧打勾的为当前选择的方向。另外，更简单的方法就是在文字工具的属性栏中单击【切换文本取向】按钮即可。

图 5.79　确定字符后得到的选区

Step 4 使用【横排文字蒙版工具】█和【直排文字蒙版工具】█输入文本时，将不会在【图层】面板中建立新图层，因此在输入文本前要先在【图层】面板中创建一个新图层，然后输入蒙版文字并使用【渐变工具】█选择一个喜欢的渐变颜色，拖动鼠标为选区填充渐变颜色即可，如图 5.80 所示，最后按快捷键 Ctrl+D 取消选区。

图 5.80　为字符选区填充渐变颜色

5.5.4　输入段落文本

除了可以输入单行或单列的文本外，还可方便地在指定的区域输入段落文本。可以先将段落文字放在一个段落文本框，然后根据需求对文本框进行移动、缩放等编辑处理。

输入段落文本的操作步骤如下。

Step 1 打开练习文件(光盘：..\Example\Ch05\5.5.4 .jpg)，使用【横排文字工具】█在画面的左

上方拖动绘制一个矩形文本框，在文本框左上角会出现一个闪烁的插入符，如图 5.81 所示。

图 5.81　拖动鼠标创建文本框

Step 2 在属性栏中设置好字体、大小、颜色等基本属性，然后在文本框内输入段落文字，当输入到文本框的边界时，会自动换到下一行继续输入，只要不按 Enter 键，输入的文本依然为一个段落。在【图层】面板中也会新增一个文字层，如图 5.82 所示。

图 5.82　输入段落字符

Step 3 将鼠标移至文本框的变换点上，拖动即可缩放文本框的大小，如图 5.83 所示。

Step 4 输入完毕后，单击文字层的缩览图即可提交当前所有的编辑，完成输入，结果如图 5.84 所示。

图 5.83　调整文本框的宽度与高度

图 5.84　确定输入段落文字

5.6　编辑文本和路径

Photoshop CS5 提供了强大的文本编辑功能，使用【字符】和【段落】面板可分别对字符及整篇段落进行属性设定、调整，且字符与段落文本可相互转换。另外，还可将文本转换为路径，以便对文字轮廓进行精确编辑。

5.6.1　设置字符文本格式

虽然文字工具的属性栏可以设置一些基本的字符属性，但是要进行一些更加深入的设置时它将无法胜任，这时可以通过【字符】面板来进行设置。该面板除了提供属性栏中的设置外，还提供了"行距、字距、垂直/水平缩放、基线偏移、文本样式、语言设置"等多种字符文本格式设置。

使用【字符】面板设置字符的操作步骤如下。

Step 1　打开练习文件(光盘: ..\Example\Ch05\5.6.1 .jpg)，然后依次选择【窗口】|【字符】命令打开如图 5.85 所示的【字符】面板，在默认状态下，它与【段落】面板同处于一个面板中。

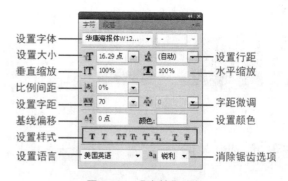

图 5.85　【字符】面板

Step 2　在【图层】面板中选中文字图层，然后在【字符】面板中设置行距为 25 点，这时两行文字的距离增大了，如图 5.86 所示。

Step 3　设置垂直缩放为 90%，水平缩放为 110%，按 Enter 键后，文字的高度缩小了，同时宽度也增加了，如图 5.87 所示。

图 5.86　设置行距

如图 5.90 所示。接着选择"2011"和"冬"之间的分隔点，如图 5.91 所示。

图 5.90　双击文字层缩览图的结果

图 5.87　设置垂直与水平缩放

 设置比例间距为 100%，这样可以调整字符的比例间距，结果如图 5.88 所示。

图 5.91　选择单个字符

图 5.88　设置比例间距

 设置字距为 400，可以看到字符之间的间距明显增大了，如图 5.89 所示。

 设置基线偏移为 4 点，这时选中的分隔点往上提升了，达到与中文字符相同的水平线，结果如图 5.92 所示，完成后单击【提交所有当前编辑】按钮✔。

图 5.92　设置基线偏移

图 5.89　设置字距

 双击文字层的缩览图，即可全选字符内容，

如果要为文字添加一些字符样式，可以通过选择样式按钮来完成，例如单击【仿斜体】按钮 𝑇 即可得到如图 5.93 所示的结果。

图 5.93　添加斜体样式

5.6.2　设置段落文本格式

对于输入的段落内容，除了可以在【字符】面板中设置字符、大小、行距等属性外，还可以切换到【段落】面板中设置对齐方式、缩进方式等段落效果。

使用【段落】面板设置段落文本格式的操作步骤如下。

Step 1 打开练习文件(光盘：..\Example\Ch05\5.6.2.jpg)，依次选择【窗口】|【段落】命令打开【段落】面板，然后使用【横排文字工具】在文本框中单击，进入段落编辑模式。

Step 2 在"品种繁多著名。"内容后面单击，在此插入光标定位，如图 5.94 所示。然后按 Enter 键对段落文字进行断行处理，将原来一段的文字分成两段，如图 5.95 所示。接着单击【提交所有当前编辑】按钮。

图 5.94　指定插入符的位置

图 5.95　进行断行处理

Step 3 在【段落】面板中单击【最后一行左对齐】按钮，这时可以设置段落中的最后一行向左对齐，使段落文字按文本框进行较好的分布，如图 5.96 所示。

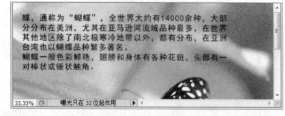

图 5.96　对齐段落文本

Step 4 接着设置首行缩进为 22 点，按 Enter 键确定输入后，在每段文字的开始都会空出指定的字符间距，如图 5.97 所示。

Step 5 打开【间距组合设置】下拉列表并选择【间距组合 2】选项，段落文本即可出现如图 5.98 所示的结果。

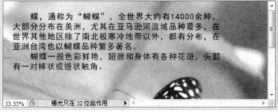

图 5.97　设置首行缩进量

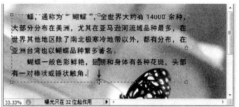

图 5.99　设置段落文本的行距与文本框的高度

5.6.3　将文本转换为形状图层

使用【转换为形状】命令可以将文字图层转换为形状图层，这时使用【直接选择工具】就可以随意编辑字符的形状了，而且不会出现失真的问题。

将文本转换为形状图层的操作步骤如下。

Step 1　打开练习文件(光盘：..\Example\Ch05\5.6.3 .jpg)，在【图层】面板中选中"春"文字图层，如图 5.100 所示。

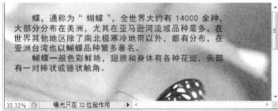

图 5.98　间距组合设置

 除了上述的段落设置外，对于段落文本而言，设置行距也非常重要。此时切换至【字符】面板设置行距的属性，当增加行距后，如果段落文本的高度超过文本框的高度，部分内容将会被隐藏掉，这时必须使用【横排文字工具】，重新调整文本框的高度或者大小，直至显示全部段落内容为止，如图 5.99 所示。

图 5.100　选择文字图层

Step 2　依次选择【图层】|【文字】|【转换为形状】命令，这时【图层】面板中的文字图层马上变成了形状图层，并在【路径】面板中自动创建出"春"形状的矢量蒙版，如图 5.101 所示。

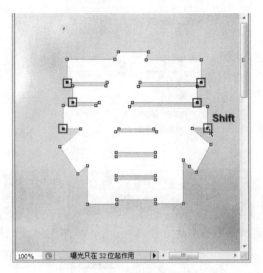

图 5.103　选中多个锚点

图 5.101　将文字图层转换为形状图层的结果

Step 3　使用【直接选择工具】单击"春"字路径，即可显示出路径锚点，如图 5.102 所示。接着按住 Shift 键单击选中多个要编辑的锚点，如图 5.103 所示。然后将选中的锚点往左拖动，即可通过移动锚点位置来改变"春"字的形状，如图 5.104 所示。

说 明

如果要保留文字图层的属性，仅仅要创建出与文字形状相同的路径时，可以依次选择【图层】|【文字】|【创建工作路径】命令，这时文字图层的状态不变，只是在【路径】面板中新增一个与文字相同的工作路径，如图 5.105 所示。

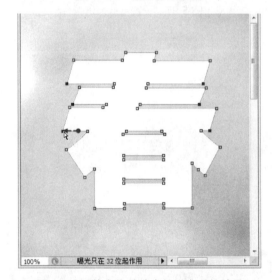

图 5.104　往左拖动选中的锚点后的结果

图 5.102　单击路径显示锚点

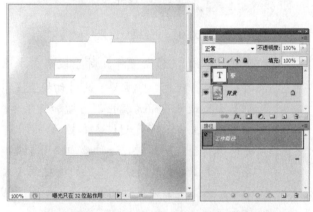

图 5.105　选择【创建工作路径】命令的结果

5.6.4　将字符转换为段落文本

当需要对大量字符进行编排时，可以将字符转换为段落文本，以便可以使用更加强大的编排功能处理文本。

将字符转换为段落文本的操作步骤如下。

Step 1 打开练习文件(光盘：..\Example\Ch05\5.6.4 .jpg)，然后在【图层】面板中选中字符文字图层，这是通过换行输入的两段诗词，如图 5.106 所示。

图 5.106　选择字符图层

Step 2 依次选择【图层】|【文字】|【转换为段落文本】命令，然后使用【横排文字工具】单击文字，即可显示文本框，表示已经从字符图层转换为段落图层，如图 5.107 所示。

图 5.107　选择【转换为段落文本】命令后的结果

Step 3 拖动文本框的右下角变换点，调整变换框的宽度与高度，如图 5.108 所示，完成后单击【提交所有当前编辑】按钮。

图 5.108　调整文本框的大小

Step 4 继续选中段落图层，然后在【字符】面板中设置段落文本的大小与行距，如图 5.109 所示。

图 5.109　设置段落文本的大小与行距

Step 5 切换到【段落】面板，这时所有选项都可以使用了，接着单击【最后一行左对齐】按钮，调整对齐方式，再选择间距组合设置，结果如图 5.110 所示。

图 5.110　设置段落的对齐方式与间距组合

5.7 文本的其他处理技巧

为了使制作出的文本能适用于不同的场合，可为文本添加各种特效。本节将分别介绍制作变形文本、为文本套用文本样式、依路径排列文本的方法。

5.7.1 自由变换文本

对于文本图层而言，在默认状态下选择【自由变换】命令仅可以对其进行缩放、旋转、斜切等变换操作，如果要进行透视、扭曲等深入的变换，必须将文字栅格化处理，即先将其转换为普通图层。

自由变换文本的操作步骤如下。

Step 1 打开练习文件(光盘: ..\Example\Ch05\5.7.1 .jpg)，然后在【图层】面板中选中文字图层，并在其上方单击右键，在打开的快捷菜单中选择【栅格化文字】命令，将文字图层转换为普通图层，如图 5.111 所示。

图 5.111 选择【栅格化文字】命令

Step 2 依次选择【编辑】|【变换】|【扭曲】命令，调出变换框并显示进入扭曲变换模式，如图 5.112 所示。这时拖动变换框上的变换点，将文字编辑成船的形状，如图 5.113 所示。

Step 3 在属性栏中单击【在自由变换和变形模式之间切换】按钮，文字上显示变形网格，如图 5.114 所示。接着拖动上方的两个控制手柄，进一步对文字进行变形处理，如图 5.115 所示，完成后在属性栏单击【进行变换】按钮。

图 5.112 进入【扭曲】变换模式

图 5.113 拖动变换点编辑文字

图 5.114 切换至【变形模式】

图 5.115   对文字进行变形处理

5.7.2   套用文字变形模式

前面介绍了对文本进行自由变换的方法，其缺点是要将文字栅格化，这会丢失文字的属性，其实使用【文字变形】命令也可以快速为字符或段落添加多种变形特效，例如扇形、下弧、上弧、拱形、凸起、贝壳、花冠等。

套用文字变形模式的操作步骤如下。

 打开练习文件(光盘：..\Example\Ch05\5.7.2.jpg)，然后在【图层】面板中选中"FISH"文字图层，如图 5.116 所示。

图 5.116   打开练习文件并选中文字图层

Step 2 选择【横排文字工具】并在属性栏中单击【创建文字变形】按钮，或者直接依次选择【图层】|【文字】|【文字变形】命令，都可以打开【变形文字】对话框。

Step 3 在对话框中打开【样式】下拉列表，列表中有多种形状样式可以套用，本例选择【鱼形】选项，接着文字图层立即变成了所选的鱼形状，如图 5.117 所示。

图 5.117   选择【鱼形】变形样式

Step 4 保持选中【水平】变形模式，然后分别设置【弯曲】和【水平扭曲】选项，即可得到反方向的鱼形，如图 5.118 所示，预览效果满意后单击【确定】按钮。

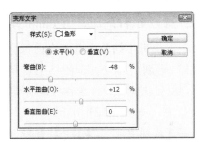

图 5.118   设置文字的变形选项

提 示

除了可以使用【变形文字】对话框添加变形效果外，还可以按快捷键 Ctrl+T 选择【自由变换】命令并调出变换框，然后在属性栏单击【在自由变换和变形模式之间切换】按钮，切换到变形模式，再打开【变形】下拉列表，此列表与如图 5.117 所示的列表相同，选择一种选项，再通过属性栏设置属性，这样可以达到相同的结果，如图 5.119 所示。

图 5.119 在【自由变换】属性栏中选择变形样式

5.7.3 依路径排列文本

使用【文字变形】命令虽然能快速弯曲文字，但缺乏灵活性。其实可先在图像中使用路径工具创建工作路径，接着使用文字工具沿路径的轨迹输入文字，即可使文字依指定的路径排列。

按路径形状输入文本的操作步骤如下。

Step 1 打开练习文件(光盘：..\Example\Ch05\5.7.3 .jpg)，使用【钢笔工具】在图像中创建一个 "S" 形状的路径，如图 5.120 所示，然后以 "S 形状路径" 的名称将其存储于【路径】面板中，如图 5.121 所示。

Step 2 选择【横排文字工具】并将鼠标移至路径的起始位置，鼠标即会变成 "工" 状态，如图 5.122 所示。

图 5.120 创建 S 形状的路径

图 5.121 存储路径

图 5.122 在路径上单击指定输入点

Step 3 接着设置好文字工具的属性然后输入 What a wonderful world 文字内容，完成后单击【提交所有当前编辑】按钮。这时在【图层】面板中新增了一个文字图层，而且在【路径】面板中会新增一个文字路径，但输入的文字不一定能完全显示出来，如图 5.123 所示。

图 5.123 在路径上输入文字

Step 4 选择【路径选择工具】并将鼠标移至文本的右侧，鼠标即会变成 "工" 状态，如图 5.124

所示。此时往右拖动鼠标至路径的末端，调整文本内容的显示范围，结果如图 5.125 所示。

图 5.124　调整文本显示范围的标记

 保持文本图层的被选状态，在【字符】面板中设置文字大小为 86 点，使文字填至路径的末端，如图 5.126 所示。不过也要注意不要过大，超出路径的长度将不能完全显示。

图 5.125　往右拖动鼠标以显示全部内容

图 5.126　设置文本大小以填满路径

5.8　章后总结

本章主要介绍了在 Photoshop CS5 中通过使用工具创建选区和修改选区以获取图像素材的方式，以及使用文本工具输入文本和编排文本段落，还有设计文本特效的方法。

5.9　章后实训

本章实训题要求使用选区工具选取练习文件：..\Example\Ch05\5.9.jpg 图像中的鞋子，并将其放置在新图层，然后将新图层的背景填充渐变颜色，接着在图像上输入文本并进行栅格化，最后使用【自由变换】命令变换文字。原图为图 5.127，结果为图 5.128 所示。

图 5.127　原图

图 5.128　实训题的结果

本章实训题的操作流程如图 5.129 所示。

❶ 使用【魔棒工具】创建
背景的选区

❷ 反选选区，选择到鞋子

❸ 新建图层并复制鞋子
然后将鞋子复制到新图层

❻ 在图像上输入水平文本

❺ 将选区填充渐变颜色，再取
消选区

❹ 选择背景图层，使用
【矩形选框工具】创建选区

❼ 将文本图层进行栅格化处理

❽ 变化文字，设计出特殊的效果

图 5.129　实训题操作流程

第6章

Flash 动画创作基础

　　Flash 动画是网站上最常用的多媒体素材之一，很多网站都会将 Flash 动画插入到网页上，以增加页面的动画效果。在学习使用 Flash CS5 制作动画前，首先要了解什么是 Flash 动画，并掌握制作动画的基本方法，其中包括操作时间轴、编辑动画对象、输入与编辑文本等。

本章学习要点

➢　Flash 动画创作元素

➢　时间轴的基本操作

➢　创建与应用元件

➢　动画对象的变形处理

➢　TLF 文本的应用

➢　传统文本的应用

6.1　Flash 动画创作元素

Flash 动画的创作通常由"场景、时间轴、帧格、图层、对象"等元素来完成，每种元素承担了一定的功能，它们与 Flash 动画创作是密不可分的。

6.1.1　关于 Flash 动画

动画可以说是由连续变化的画面所组成的，所以当将动画分解后，每个状态都会变成一张静态的影像。因为一张影像构成不了一个动画，因此需要将多张影像按照一定的顺序逐一显示，这样就形成动画了。

例如把人物奔跑的动作分解成多个不同的瞬间，也就是绘制多张不同状态的影像，然后按先后顺序在眼前快速播放，就能看到奔跑的动画效果。如果把这些影像重复播放，就会看到画面上的人物不停地奔跑，如图 6.1 所示。

图 6.1　人物奔跑的过程

由此看来，动画的本质就是一组连续变化的影像，而 Flash 动画制作就是把一组连续变化的影像快速播放给观众看。因为人的眼睛具有视觉暂留现象，当看到一组按顺序快速播放的影像时，人们会把它理解成一个连续的过程，从而形成动画。

Flash 动画的原理是利用帧设置不同的内容(或为对象设置不同的状态)，然后经过时间轴的播放，让帧逐一地连续出现，从而让每个帧的内容连续变化，形成动画。图 6.2 所示为将人物跑步的影像分配到动画的每个帧中，播放时就形成动画。

图 6.2　播放帧来实现内容的连续变化

说　明

Flash 动画将一系列的单个画面记录在时间轴里不同的帧中，在使用计算机制作动画时，每一个画面就是动画的一个帧。因此，帧是 Flash 动画中最小的时间单位。换言之，Flash 动画是基于时间轴的帧动画，每一个 Flash 动画都是以时间为顺序，由先后排列的一系列帧组成。经过时间轴的播放，Flash 让帧逐一地连续出现，从而让帧的内容连续变化，形成动画。

6.1.2　场景

从 Flash 的角度来说，可以把场景看作是舞台上所有静态和动态的背景、对象的集合，所有动画内容都会在场景中显示。一个 Flash 动画可由一个场景组成，也可由多个场景组成。一般简单的动画只需一个场景即可，但是一些复杂的动画，例如交互式的动画、设计多个主题的动画，通常会建立多个场景进行设计，如图 6.3 所示。

图 6.3　Flash 动画的场景设计

6.1.3　时间轴

时间轴用于组织和控制一定时间内的图层和帧中的内容。Flash 文档将时长分为帧，而图层就像堆叠在一起的多张幻灯胶片一样，每个图层都包含一个显示在舞台中的不同图像，通过创建动画功能，Flash 会自动产生一个补间动画，将不同的图像作为动画的各个状态进行播放。

在时间轴上可以通过颜色分辨建立的动画类型，其中浅绿色的补间帧表示形状补间动画；淡紫色的补间帧则是传统补间动画；淡蓝色的补间帧是补间动画帧，可称为项目动画补间帧。图 6.4 所示为【时间轴】面板。

图 6.4　【时间轴】面板

提　示

时间轴除了显示动画及帧信息外，还可以进行各种操作，例如在【时间轴】面板左下方，可以进行插入图层、插入图层文件夹、删除图层等操作。另外，在【时间轴】面板下方还提供绘图辅助功能，如同传统绘图使用的"绘图纸"一样。

6.1.4　帧格

在 Flash 中，帧是动画中的最小单位，类似于电影胶片中的小格画面。如果说图层是空间上的概念，图层中放置了组成 Flash 动画的所有元素，那么帧就是时间上的概念，不同内容的帧串联组成了运动的动画。图 6.5 所示为 Flash 的各种帧。

在 Flash 中只有关键帧是可编辑的，而补间帧是由关键帧定义产生的，代表了起始和结束关键帧之间的运动变化状态，用户可以查看补间帧，但不可以直接编辑它们。若要编辑补间帧，可以修改定义它们的关键帧，或在起始和结束关键帧之间插入新的关键帧。

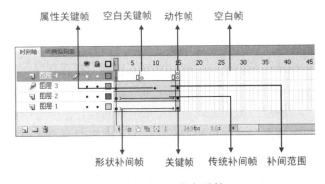

图 6.5　Flash 的各种帧

各种帧的作用说明如下。

- 关键帧：用于延续上一帧的内容。
- 空白关键帧：用于创建新的动画对象。
- 动作帧：用于指定某种行为，在帧上有一个小写字母 a。
- 空白帧：用于创建其他类型的帧，是【时间轴】的组成单位。
- 形状补间帧：创建形状补间动画时在两个关键帧之间自动生成的帧。
- 传统补间帧：创建传统补间动画时在两个关键帧之间自动生成的帧。
- 补间范围：是时间轴中的一组帧，它对应对象的一个或多个属性可以随着时间而改变。
- 属性关键帧：是在补间范围中为补间目标对象的显示而定义的一个或多个属性值的帧。

技 巧

插入帧快捷键：F5
插入关键帧和属性关键帧快捷键：F6
插入空白关键帧快捷键：F7

6.1.5 图层

图层可以帮助用户组织文档中的内容。用户可以在图层上绘制和编辑对象，而不会影响其他图层上的对象。

图层在 Flash 内就像是按照顺序排列起来的透明玻璃纸，它相互独立，但又相互重叠，而各种动画对象就放置在"玻璃纸"之间，在图层上没有内容的舞台区域中，可以通过该图层看到下面的图层。图层的作用就是保护这些动画对象互不影响，独立存在，以便用户可以进行独立的编辑处理。

图层与图层之间有前后顺序的特性，在上方图层与下方图层的内容相重叠时，上方图层的内容就会覆盖下方图层的内容。所以，用户在设计动画时，需要根据实际要求，将图层调换位置，以实现不同的效果。

图层项目排列在【时间轴】面板的左侧。在时间轴中单击图层名称可以激活相应图层，时间轴中图层

名称旁边的铅笔图标表示该图层处于编辑状态。用户可以在激活的图层上编辑对象和创建动画，此时并不会影响其他图层上的对象。如图 6.6 所示为各种类型的图层及图层说明。

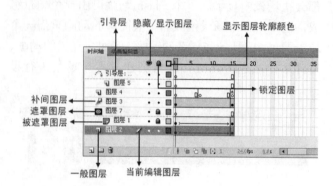

图 6.6 各种图层及相关的图层处理功能

说 明

新建的 Flash 文档仅包含一个图层，需要在文档中组织插图、动画和其他元素，用户可以添加更多的图层，还可以隐藏、锁定或重新排列图层。Flash CS5 并不限制创建图层的数量，可以创建的图层数只受计算机内存的限制，而且图层不会增加发布的 swf 文件的大小，只有放入图层的对象才会增加文件的大小。

6.1.6 动画对象

组成 Flash 动画的对象包括文本、位图、形状、元件、组件、声音和视频等。通过在 Flash 中导入或创建这些对象，然后在舞台中排列它们，并通过时间轴定义它们在 Flash 动画中扮演的角色及其变化，从而使其成为动画的主要表现元素，如图 6.7 所示。

在 Flash 中，每一个对象都有它的属性和可以进行操作的动作。对象的属性是对象状态、性质的描述，而动作则可以改变对象的状态和性质。当动画中包含多个对象时，用户可以将这些对象进行组合，将组合的对象按照一个对象来进行操作。另外，用户可以通过【库】面板来管理各种对象，如图 6.8 所示。

图 6.7　在舞台中编排对象

图 6.8　【库】面板中的各种元件

6.2　时间轴的基本操作

时间轴是组织 Flash 动画的重要元素，学习时间轴的操作，对于后续动画的制作处理非常重要。

6.2.1　插入与删除图层

创作复杂的动画时，将不同的对象放置在不同的

图层上，用户就可以很容易地对动画的对象进行定位、分离和排序等操作。

在 Flash CS5 中，插入与删除图层可以通过多种方法来完成，其中插入图层的方法如下。

- 在【时间轴】面板中单击左下方的【新建图层】按钮 。
- 依次选择【插入】|【时间轴】|【图层】命令，如图 6.9 所示。
- 或者选择【时间轴】面板中的一个图层，然后单击右键，并从打开的菜单中选择【插入图层】命令，如图 6.10 所示。

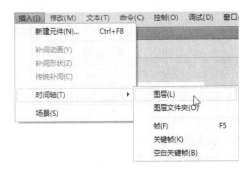

图 6.9　通过【插入】菜单插入图层

图 6.10　通过快捷菜单插入图层

删除图层的方法如下。

- 选择图层，然后单击【时间轴】面板左下方的【删除】按钮 。

- 选择【时间轴】面板中的一个图层，然后单击右键，并从打开的菜单中选择【删除图层】命令。
- 将需要删除的图层拖到【时间轴】面板的【删除图层】按钮 上，即可将该图层删除，如图 6.11 所示。

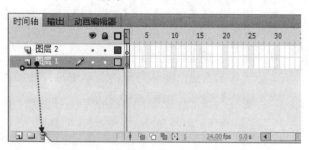

图 6.11　删除图层

6.2.2　插入与删除图层文件夹

较复杂的动画设计通常会使用很多图层，这样容易导致管理上的混乱。此时，可以插入图层文件夹，然后将相关的图层分别放置到图层文件夹内，以便于管理图层。

在 Flash CS5 中，插入与删除图层文件夹也可通过多种方法来完成。

插入图层文件夹的方法如下。

- 在【时间轴】面板中单击左下方的【新建文件夹】按钮 。
- 依次选择【插入】|【时间轴】|【图层文件夹】命令。
- 选择【时间轴】面板中的一个图层，然后单击右键，并从打开的菜单中选择【插入文件夹】命令，如图 6.12 所示。

删除图层文件夹的方法如下。

- 选择图层文件夹，然后单击【时间轴】面板的【删除】按钮 。
- 选择图层文件夹后单击右键，并从打开的菜单中选择【删除文件夹】命令。
- 将需要删除的图层文件夹拖到【时间轴】面板的【删除】按钮 上，如图 6.13 所示。

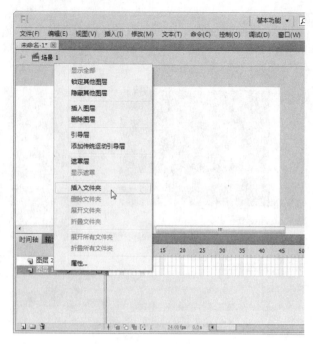

图 6.12　插入图层文件夹

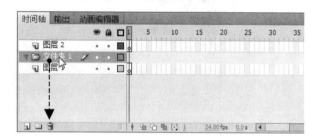

图 6.13　删除图层文件夹

6.2.3　显示、隐藏或锁定图层

在【时间轴】面板中，提供了显示、隐藏和锁定图层的功能，用户在创作动画时，这些功能能够保护图层的内容，或暂时隐藏图层以便操作。

1. 显示与隐藏图层

要隐藏图层，只需单击【显示或隐藏所有图层】按钮 列中图层上对应的黑色圆点即可。隐藏后图层出现一个红色的交叉图形，如图 6.14 所示。

要显示被隐藏的图层，只需在红叉上再次单击即可。直接单击【显示或隐藏所有图层】按钮 可以隐藏/显示面板中所有的图层，如图 6.15 所示。

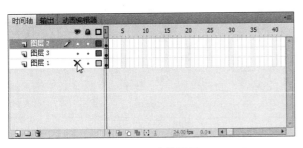

图 6.14　隐藏图层

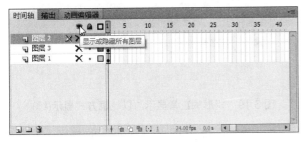

图 6.15　隐藏所有图层

说　明

隐藏图层后，该图层的内容在 Flash 工作区中将不可见，但播放影片时是可见的。

2. 锁定图层与解除锁定

为了防止对图层内容的误操作，可以锁定该图层，这样图层中的所有对象都无法编辑。要锁定图层，只需单击【锁定或解除锁定所有图层】按钮 🔒 列中图层上对应的黑色圆点即可，如图 6.16 所示。

要解除被锁定的图层，只需在原来的小圆点位置上再次单击即可。如果直接单击【锁定或解除锁定所有图层】按钮 🔒，则可以锁定或解除锁定面板中所有图层，如图 6.17 所示。

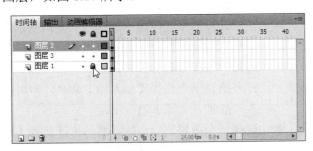

图 6.16　锁定图层

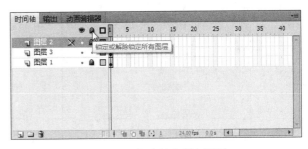

图 6.17　解除锁定所有图层

说　明

当图层处于隐藏或锁定状态时，图层名称旁边的铅笔图标 🖉(表示可编辑)会被加上删除线 ✗，表示不能对该图层内容进行编辑。

6.2.4　设置图层的属性

图层是放置 Flash 动画对象的载体，图层不仅能很好地组织和管理动画中的对象，而且在动画制作过程中也起到很好的辅助作用。为了更好地使用图层，在添加图层后，可以根据需要设计相关的属性，例如设置名称可以使用户容易辨认该图层放置了什么内容。

当需要为图层设置属性时，可以选择该图层并单击右键，然后选择【属性】命令，打开【图层属性】对话框后，根据要求设置属性内容即可，如图 6.18 所示。

图 6.18　设置图层的属性

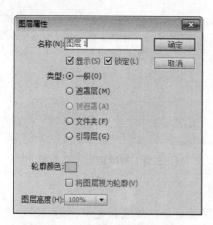

图 6.18 设置图层的属性(续)

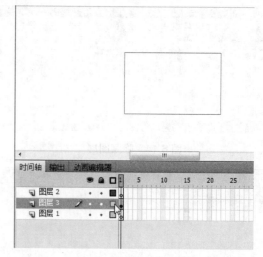

图 6.19 矩形的正常显示与以轮廓方式显示(续)

【图层属性】对话框的属性项目说明如下。

- 名称：用于设置图层名称，用户只需在文本框中输入名称即可。
- 显示和锁定：选择【显示】复选框，图层处于显示状态，反之图层被隐藏；选择【锁定】复选框，图层处于锁定状态，反之图层处于解除锁定状态。
- 类型：用于设置图层的类型，通过单击各类型前的单选按钮可以选择对应的类型。默认情况下，图层为一般类型。
- 轮廓颜色：用于设置将图层内容显示为轮廓时使用的轮廓颜色。若要更改颜色，可以单击该项目的色块按钮，然后在弹出的列表中选择颜色。
- 将图层视为轮廓：选择该复选框，图层内容将以轮廓方式显示，如图 6.19 所示。

- 图层高度：用于设置图层的高度，默认值为 100%。用户可以在其下拉列表中选择其他高度。例如设置图层高度为 300%，设置后如图 6.20 所示。

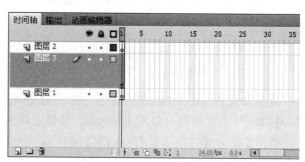

图 6.20 图层高度为 300%的结果

6.2.5 插入与删除一般帧

插入一般帧有下面三种方法。

- 在时间轴的某一图层中选择一个空白帧，然后按 F5 功能键即可插入一般帧。
- 选择一个图层的空白帧，然后单击右键，从打开的菜单中选择【插入帧】命令，即可插入一般帧，如图 6.21 所示。
- 选择一个图层的空白帧，然后依次选择【插入】|【时间轴】|【帧】命令。

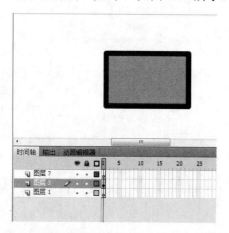

图 6.19 矩形的正常显示与以轮廓方式显示

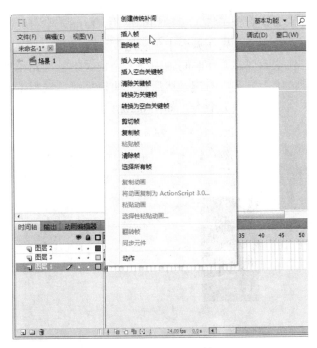

图 6.21　插入一般帧

删除一般帧有下面两种方法。

- 选择需要删除的一般帧，然后按快捷键 Shift+F5 即可删除选定的一般帧(这种方法适合删除任何帧)。
- 选择需要删除的一般帧，然后单击右键，从打开的菜单中选择【删除帧】命令，即可删除一般帧(这种方法适合删除任何帧)，如图 6.22 所示。

图 6.22　删除选定的帧

> 技 巧
>
> 若需要删除多个帧，则可以选择所有需要删除的帧，然后按快捷键 Shift+F5，如图 6.23 所示。

选择多个帧，按下Shift+F5快捷键

图 6.23　删除多个帧

6.2.6　插入与清除关键帧

关键帧是 Flash 中编辑和定义动画动作的帧，Flash 中的动画元素都是在关键帧中创建和编辑的。用户可以在时间轴中插入关键帧，也可以清除不需要使用的关键帧。

插入关键帧有以下三种方法。

- 在时间轴的某一图层中选择一个空白帧，然后按 F6 功能键即可插入关键帧。
- 选择一个图层的空白帧，然后单击右键，从打开的菜单中选择【插入关键帧】命令，即可插入关键帧。
- 选择一个图层的空白帧或一般帧，然后依次选择【插入】|【时间轴】|【关键帧】命令，即可插入关键帧，如图 6.24 所示。

图 6.24　插入关键帧

清除关键帧有以下两种方法。

147

- 选择需要删除的关键帧或空白关键帧，然后按快捷键 Shift+F5 即可删除选定的帧。
- 选择需要删除的关键帧或空白关键帧，然后单击右键，从打开的菜单中选择【清除关键帧】命令即可清除选定的关键帧，如图 6.25 所示。

图 6.25　清除关键帧

说　明

清除关键帧有别于删除帧，清除关键帧只是将关键帧转换为普通帧，而删除帧则是将当前帧(可以是关键帧或普通帧)删除。

6.2.7　插入与清除空白关键帧

插入空白关键帧和插入关键帧的不同点在于：插入关键帧时，上一关键帧的内容会自动保留在插入的关键帧中；插入空白关键帧时，空白关键帧不保留任何内容。因此，空白关键帧一般用于编写 ActionScript 代码，例如选择一个空白关键帧，然后通过代码编辑器编写代码。

在 Flash 中，用户可以将当前帧转换为关键帧或空白关键帧，转换为关键帧时，上一关键帧的内容会自动保留在转换后的关键帧中；转换为空白关键帧时，转换后的空白关键帧不保留任何内容。

为了有别于插入关键帧的操作，在插入空白关键帧之前，可以先在舞台中任意绘制一个形状，或者导入任意图像。要在时间轴中插入空白关键帧，先在目标位置上方单击右键，然后打开快捷菜单后选择【插入空白关键帧】命令，如图 6.26 所示。

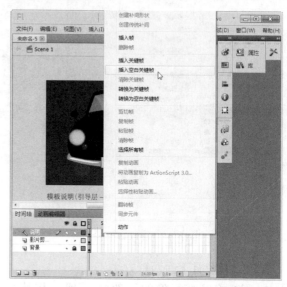

图 6.26　在时间轴中插入空白关键帧

如果想要将某个帧转换成关键帧或者空白关键帧，则可以选择这个帧，并单击右键，从打开的菜单中选择【转换为关键帧】命令，或者选择【转换为空白关键帧】命令，如图 6.27 所示。

图 6.27　将一般帧转换为空白关键帧

6.2.8　复制、剪切、粘贴帧

在创作动画时，很多时候为了快速设计，用户需要复制、剪切和粘贴选定的帧，以便快速创作动画效果。

要复制或剪切帧，先在需要复制或剪切的帧上方单击右键，打开快捷菜单后选择【复制帧】命令或【剪切帧】命令即可，如图 6.28 所示。

复制或剪切帧后，在需要粘贴帧的位置单击右键，打开快捷菜单后选择【粘贴帧】命令即可，如图 6.29 所示。

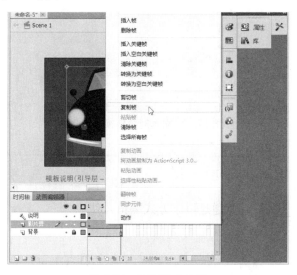

图 6.28　复制选定的帧

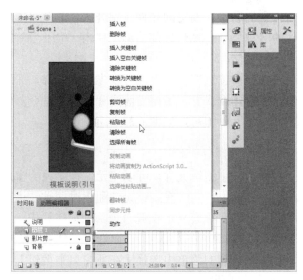

图 6.29　在目标位置上粘贴帧

6.3　创建与应用元件

在 Flash 中，元件有图形元件、按钮元件和影片剪辑元件三种类型，下面介绍在 Flash 中创建与编辑这些元件的方法。

6.3.1　创建元件

在 Flash CS5 中，用户可以通过菜单命令创建新元件，也可以通过【库】面板创建新元件。

1. 通过菜单命令创建新元件

要通过菜单命令创建元件，可以先打开【插入】菜单，然后选择【新建元件】命令，或者按快捷键 Ctrl+F8，打开【创建新元件】对话框后设置元件的名称、类型和文件夹选项，如图 6.30 所示，接着单击【确定】按钮即可。

图 6.30　创建新元件

2. 通过【库】面板创建新元件

首先依次选择【窗口】|【库】命令，打开【库】面板后单击【新建元件】按钮，打开【创建新元件】对话框后设置元件的名称、类型和文件夹选项，接着单击【确定】按钮即可。

此外，用户还可以单击【库】面板右上角的按钮，并从打开的快捷菜单中选择【新建元件】命令，接着通过【创建新元件】对话框设置元件选项即可，如图 6.31 所示。

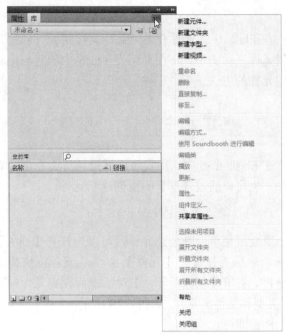

图 6.31　通过【库】面板的快捷菜单新建元件

6.3.2　将对象转换为元件

　　将选定的对象转换成元件的方法很简单，首先在舞台上选择需要转换为元件的对象(例在舞台上的文本对象)，然后在对象上单击右键并选择【转换为元件】命令，或者打开【修改】菜单并选择【转换为元件】命令，接着在打开的【转换为元件】对话框中设置元件选项，如图 6.32 所示，最后单击【确定】按钮即可。

图 6.32　将文本对象转换为元件

6.3.3　编辑元件

　　用户可以通过以下方式编辑元件。

　　1. 在当前位置编辑

　　在当前位置编辑元件时，元件在舞台上可以与其他对象一起进行编辑，而其他对象以灰显方式出现，从而将它们和正在编辑的元件区别开来。正在编辑的元件的名称显示在舞台顶部的编辑栏内，位于当前场景名称的右侧。

　　要在当前位置编辑元件，可以先选择元件，然后再依次选择【编辑】|【在当前位置编辑】命令，或者直接双击元件即可，如图 6.33 所示。

　　2. 在新窗口中编辑

　　在新窗口中编辑元件，可以让元件在单独的窗口中编辑，方便用户同时看到该元件和主时间轴，正在编辑的元件的名称会显示在舞台顶部的编辑栏内。

　　要在新窗口中编辑元件，可以选择元件并单击右键，然后从打开的菜单中选择【在新窗口中编辑】命令，如图 6.34 所示。

> **注 意**
>
> 　　在 Flash 中，声音对象是无法转换为元件的，因为声音在舞台上并非一个实体对象，因此声音对象通常在【库】面板中管理或在时间轴中进行编辑。

图 6.34　在新窗口中编辑元件(续)

3．使用元件编辑模式编辑元件

使用元件编辑模式可将窗口从舞台视图更改为只显示该元件的单独视图。正在编辑的元件的名称会显示在舞台顶部的编辑栏内，位于当前场景名称的右侧。

要用元件编辑模式编辑元件，可以选择元件并单击右键，然后从打开的快捷菜单中选择【编辑】命令，或者依次选择【编辑】|【编辑元件】命令，如图 6.35 所示。

图 6.33　在当前位置编辑元件

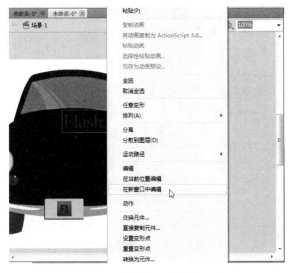

图 6.34　在新窗口中编辑元件

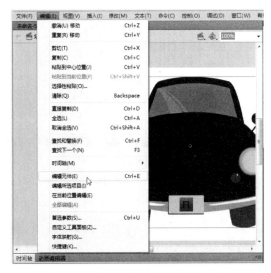

图 6.35　使用元件编辑模式编辑元件

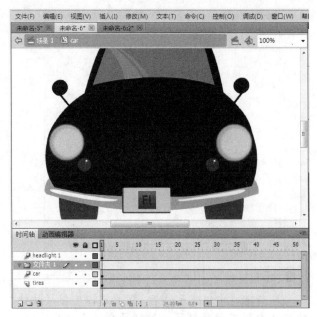

图 6.35　使用元件编辑模式编辑元件(续)

6.3.4　应用按钮元件

按钮元件实际上是由四种有效帧组成的交互影片剪辑。当为元件选择按钮行为时，Flash CS5 会创建一个包含四帧的时间轴，前三帧显示按钮的三种可能状态(弹起、指针经过、按下)，第四帧定义按钮的活动区域(点击)，如图 6.36 所示。

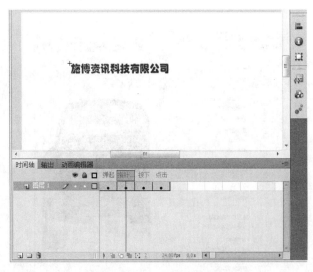

图 6.36　按钮元件的四种帧

说　明

按钮元件时间轴上的每一帧都有一个特定的功能:

- 第一帧是弹起状态: 代表指针没有经过按钮时该按钮的状态。
- 第二帧是指针经过状态: 代表指针滑过按钮时该按钮的外观。
- 第三帧是按下状态: 代表单击按钮时该按钮的外观。
- 第四帧是点击状态: 定义响应鼠标单击的区域。此区域在 swf 文件中是不可见的。

6.4　动画对象的变形处理

创作动画时，并非导入或新建的对象就一定符合动画设计要求，很多时候需要对不同的对象进行各种变形处理，例如缩放、变形、旋转等。

在 Flash CS5 中，对象的变形处理可以使用【任意变形工具】▓和【变形】面板来完成，如图 6.37 所示。此外，用户也可以通过【修改】|【变形】菜单中的命令来处理变形，如图 6.38 所示。

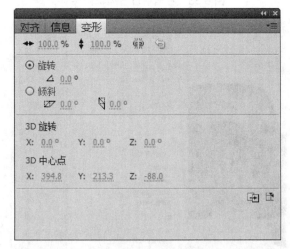

图 6.37　【变形】面板

图 6.38　【变形】命令下的快捷菜单

6.4.1　任意变形对象

任意变形是指可以进行移动、旋转、缩放、倾斜和扭曲等多个变形操作。如果要对选定的对象执行任意变形，那么可以在选择对象后，依次执行【修改】|【变形】|【任意变形】命令，或者使用【任意变形工具】 来修改对象。

当对象应用变形后，选定的对象周围将出现变形控制框。当在所选对象的变形框上移动指针时，鼠标指针会发生变化，以指明可以进行哪种变形操作，如图 6.39 所示。

图 6.39　任意变形对象

执行任意变形时鼠标指针的不同显示的作用说明如下。

：移动对象。当指针放在变形框内的对象上时即出现 图标，此时用户可以将该对象拖到新位置，如图 6.40 所示。

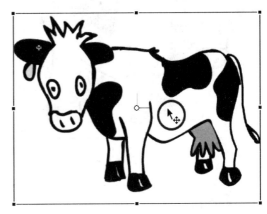

图 6.40　移动对象

：设置旋转或缩放的中心。当指针放在变形框的变形点时即出现 图标，此时用户可以将变形点拖到新位置，如图 6.41 所示。

图 6.41　设置旋转或缩放中心

：旋转所选的对象。当指针放在变形框的角手柄外侧时即出现 图标，此时拖动鼠标即可让对象围绕变形点旋转，如图 6.42 所示。若按住 Shift 键并拖动鼠标可以以 45 度为增量进行旋转；若要围绕对角旋转，可以按住 Alt 键进行旋转处理。

：缩放所选对象。当指针放在变形框的角手柄上即出现 图标，此时沿对角方向拖动角手柄，即可沿着两个方向缩放尺寸，如图 6.43 所示。若按住 Shift

键拖动，可以按比例调整大小。若水平或垂直拖动角手柄，可以沿各自的方向进行缩放。

▷：扭曲对象。当按住 Ctrl 键时拖动角手柄或边手柄，可扭曲对象的形状，如图 6.45 所示。

图 6.42　旋转对象

图 6.45　扭曲对象

▷：锥化对象，即将所选的角及其相邻角从它们的原始位置起移动相同的距离。当同时按住 Shift 键和 Ctrl 键，单击和拖动角手柄即可锥化对象，如图 6.46 所示。

图 6.43　缩放对象

▲：倾斜所选对象。当指针放在变形框的轮廓上时即出现 ▲ 图标，此时拖动鼠标，即可倾斜对象，如图 6.44 所示。

图 6.46　锥化对象

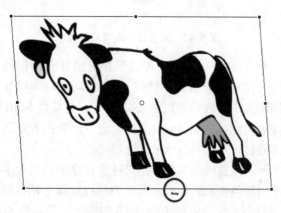

图 6.44　倾斜对象

说　明

当用户使用【任意变形工具】选择对象后，可以通过工具箱下方的变形选项来设置变形的类型，如图 6.47 所示。

关于【任意变形工具】的工具选项说明如下。

● 旋转与倾斜：设置只限于对对象进行旋转与倾斜变形。

● 缩放：设置只限于对对象进行缩放处理。

● 扭曲：设置只限于对对象进行扭曲变形处理。此项设置只限于对图形使用。

● 封套：设置只限于对对象进行封套变形处理。此项设置只限于对图形使用。

图 6.47　通过【工具箱】面板设置变形类型

6.4.2　扭曲变形形状

要扭曲对象，可先选定该对象，然后依次选择【修改】|【变形】|【扭曲】命令，接着拖动变形框上的角手柄或边手柄，移动该角或边，再重新对齐相邻的边即可，如图 6.48 所示。

若按住 Shift 键拖动角手柄，则可以将扭曲限制为锥化，即该角和相邻角沿相反方向移动相同距离(相邻角是指拖动方向所在的轴上的角)。若按住 Ctrl 键单击拖动变形框的边手柄，则可以任意移动整个边。

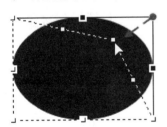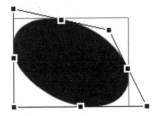

图 6.48　扭曲变形对象

6.4.3　封套变形形状

"封套"变形允许用户弯曲或扭曲对象。其实，封套是一个边框，它包含一个或多个对象。用户可以通过调整封套的点和切线手柄来编辑封套形状，从而影响该封套内的对象的形状，实现弯曲或扭曲对象。

封套变形的处理一般针对形状对象进行操作。要对形状进行封套变形处理时，除了使用【任意变形工具】外，还可以选定形状对象，然后依次选择【修改】|【变形】|【封套】命令，然后拖动点和切线手柄来修改封套，如图 6.49 所示。

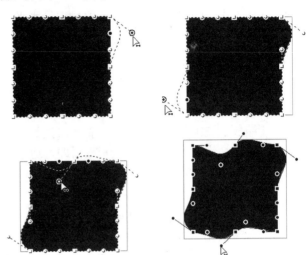

图 6.49　通过修改封套来变形形状

> **提　示**
>
> 【封套】变形无法使用在形状组合上，如果要使用【封套】变形形状组合，就需要将组合先进行分离。分离组合可以依次选择【修改】|【分离】命令，或按快捷键 Ctrl+B，如图 6.50 所示。

图 6.50　选择【分离】命令

6.4.4 缩放对象

在 Flash 中，用户可以根据设计的要求沿水平方向、垂直方向或同时沿两个方向放大或缩小对象。

1. 通过变形框缩放对象

要通过变形框缩放对象，可先选择需要缩放的对象，然后在工具箱中选择【任意变形工具】按钮，并单击【缩放】按钮，或者依次选择【修改】|【变形】|【缩放】命令，当对象出现变形框后即可通过以下操作缩放对象。

 要沿水平和垂直方向缩放对象，可拖动某个角手柄。使用这种方法缩放时长宽比例保持不变，如图 6.51 所示。若需要进行长宽比例不一致的缩放，可以按住 Shift 键后拖动角手柄。

图 6.51　同时沿水平和垂直方向缩放对象

 要沿水平或垂直方向缩放对象，可以拖动边手柄，如图 6.52 所示。

图 6.52　沿水平或垂直方向缩放对象

2. 通过【变形】面板缩放对象

除了使用【任意变形工具】来缩放对象外，用户还可以通过【变形】面板来缩放对象。首先选中对象，然后依次选择【窗口】|【变形】命令(或者按快捷键

Ctrl+T)，打开【变形】面板后设置宽高的比例即可。例如将对象沿水平和垂直方向缩小 1 倍，则可以设置宽、高比例均为 50%，如图 6.53 所示。

图 6.53　通过【变形】面板缩放对象

关于【变形】面板中的项目说明如下。

- 缩放宽度和缩放高度：设置对象宽度和高度的缩放比例，默认为 100%。
- 约束按钮：选择该复选框，可以锁定宽高缩放的比例，即缩放时长宽比例保持不变。
- 重置按钮：恢复对象宽度和高度的比例为 100%。
- 旋转：选择此项，可以在【旋转】文本框内输入旋转对象的度数，以精确旋转对象。
- 倾斜：选择此项，可以在【水平倾斜】和【垂直倾斜】文本框内输入倾斜度数，以精确倾斜对象。
- 3D 旋转和 3D 中心点：设置 3D 旋转变形和变形中心点位置。这两个项目需要使用【3D 旋转工具】和【3D 平移工具】时才可设置。
- 重制选区和变形按钮：复制当前选择的对象，并将设置的变形选项应用到复制后的对象上。
- 取消变形按钮：恢复变形选项为默认设置。

6.4.5　9 切片缩放影片剪辑

"9 切片缩放"是可以指定影片剪辑在特定区域

进行缩放的功能，使用"9 切片缩放"功能可以确保影片剪辑在缩放时正确显示。应用了"9 切片缩放"功能的影片剪辑在视觉上被分割为具有类似网格类叠加层的 9 个区域，且各个区域都能独立缩放，并且在保持视觉整体性的前提下，影片剪辑不缩放转角，而是按需要放大或缩小图像的其他区域，如图 6.54 所示。

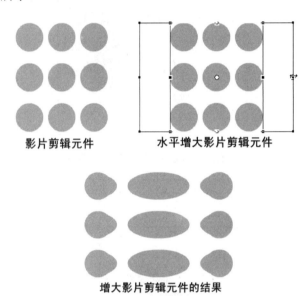

图 6.54　9 切片缩放影片剪辑

"9 切片缩放"功能不能在图形元件、按钮元件、图形、位图等对象上应用，而只能对影片剪辑对象起作用。要启用 9 切片缩放功能，可以在【库】面板中选择该影片剪辑元件，然后单击右键并选择【属性】命令，打开【元件属性】对话框后，选择【启用 9 切片缩放比例辅助线】复选框即可，如图 6.55 所示。影片剪辑元件应用了 9 切片缩放后，会在【库】面板的预览中显示辅助线，如图 6.56 所示。

提　示

　　若要制作带有内部对象的影片剪辑，并且使这些内部对象在影片剪辑缩放时也能进行 9 切片缩放，则这些嵌套的内部对象必须是形状、绘制对象、组或图形元件。

图 6.55　选择【启用 9 切片缩放比例辅助线】复选框

图 6.56　显示 9 切片缩放比例辅助线后的结果

6.4.6　旋转变形对象

　　旋转对象会使该对象围绕其变形点旋转。变形点默认位于对象的中心，但用户可以通过拖动来移动该点。

　　旋转变形对象的方法如下。

- 任意旋转：使用【任意变形工具】可对对象进行任意旋转的操作，具体介绍请翻阅本章 6.4.1 小节的内容。

● 以 90 度旋转对象：以 90 度旋转对象分为顺时针旋转和逆时针旋转两种操作。依次选择【修改】|【变形】|【顺时针旋转 90 度】命令或【修改】|【变形】|【逆时针旋转 90 度】命令，即可以 90 度旋转对象。图 6.57 所示为顺时针旋转对象 90 度。

图 6.57　选择【顺时针旋转 90 度】命令

● 设置旋转角度：选择需要旋转的对象，然后在【变形】面板中选择【旋转】单选按钮，接着在其后的文本框中输入角度值，如图 6.58 所示。其中输入 0～360 度为顺时针旋转，输入-360～-1 度为逆时针旋转。

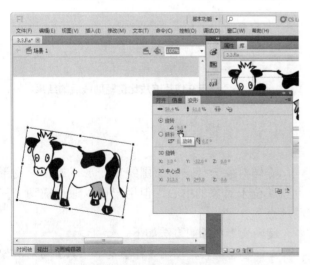

图 6.58　自定义【旋转】角度

旋转对象时按住 Shift 键，对象将以 45 度角为增量进行旋转。按住 Alt 键拖动可以使对象围绕角变形点旋转，如图 6.59 所示。倾斜对象时按住 Alt 键，可以使对象以对边为基准进行倾斜，如图 6.60 所示。

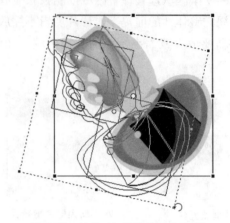

图 6.59　按住 Alt 键旋转元件实例

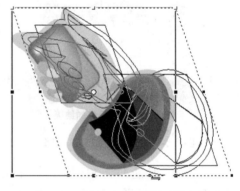

图 6.60　按住 Alt 键倾斜元件实例

> **技　巧**
>
> 顺时针旋转 90 度的快捷键为 Ctrl+Shift+9。
> 逆时针旋转 90 度的快捷键为 Ctrl+Shift+7。

6.4.7　倾斜变形对象

倾斜对象时可以沿一个或两个轴倾斜对象来使之变形。用户可以通过拖动变形框来倾斜对象，也可以在【变形】面板中输入数值来倾斜对象。

倾斜变形对象的方法如下。

● 通过拖动变形框倾斜对象：使用【任意变形工具】，或通过【修改】|【变形】|【旋转与倾斜】命令对对象进行任意倾斜操作。

● 设置倾斜角度：选择需要倾斜的对象，然后在【变形】面板中选择【倾斜】单选按钮，接着在其后的文本框中输入角度值，如图 6.61 所示。其中，输入 0～360 度为顺时针倾斜，输入-360～-1 度为逆时针倾斜。

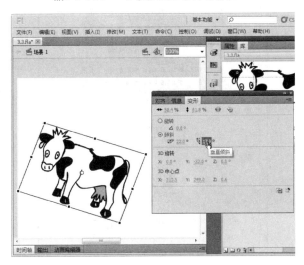

图 6.61　倾斜对象

6.4.8　水平与垂直翻转对象

翻转是指沿垂直或水平轴翻转对象而不改变其在舞台上的相对位置的操作。

翻转对象的方法如下。

● 水平翻转对象：选择对象，再依次选择【修改】|【变形】|【水平翻转】命令，结果如图 6.62 所示。

图 6.62　水平翻转对象

● 垂直翻转对象：选择对象，再依次选择【修改】|【变形】|【垂直翻转】命令，结果如图 6.63 所示。

图 6.63　垂直翻转对象

> **提　示**
>
> 若需要取消变形，可以依次选择【修改】|【变形】|【取消变形】命令，或者按快捷键 Ctrl+Shift+Z。

6.5　TLF 文本的应用

与传统文本相比，TLF 文本支持更多丰富的布局功能和对文本属性的精细控制。通过 TLF 文本的应用，用户可以编排出更加出色的动画文本。图 6.64 所示为 TLF 文本的属性设置。

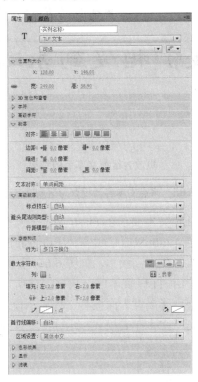

图 6.64　TLF 文本的属性设置

6.5.1 TLF 文本应用原则

在Flash中使用TLF文本需要遵循以下的基本原则。

- TLF 文本在支持 ActionScript 3.0 的 Flash 文档中是默认文本类型。
- Flash 提供了两种类型的 TLF 文本容器，分别是点文本和区域文本。
- 点文本容器的大小仅由其包含的文本决定。
- 区域文本容器的大小与其包含的文本量无关。

提 示

Flash CS5 默认使用点文本。要将点文本容器更改为区域文本，可使用选择工具调整其大小或双击容器边框右下角的小圆圈，如图 6.65 所示。

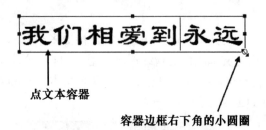

点文本容器

容器边框右下角的小圆圈

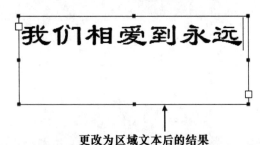

更改为区域文本后的结果

图 6.65　将点文本容器更改为区域文本容器

- TLF 文本要求在 Flash 文件的发布设置中指定 ActionScript 3.0 脚本和 Flash Player 10 播放器或更高版本，如图 6.66 所示。
- 使用 TLF 文本时，根据当前所选文本的类型，【属性】面板有三种显示模式。
  - ◆ 文本工具模式：此时在工具面板中选择了文本工具，但在 Flash 文档中没有选择文本。
  - ◆ 文本对象模式：此时在舞台上选择了整个文本块。

- ◆ 文本编辑模式：此时处于编辑文本块状态。

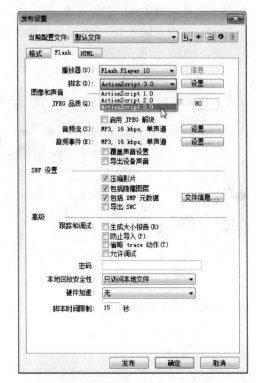

图 6.66　设置播放器和脚本版本

- 根据用户希望文本在运行时的表现方式，可以使用 TLF 文本创建三种类型的文本块(如图 6.67 所示)。
  - ◆ 只读：当作为 swf 文件发布时，文本无法选中或编辑。
  - ◆ 可选：当作为 swf 文件发布时，文本可以选中并可复制到剪贴板，但不可以编辑。对于 TLF 文本，此设置是默认设置。
  - ◆ 可编辑：当作为 swf 文件发布时，文本可以选中和编辑。
- 与传统文本不同，TLF 文本不支持 PostScript Type 1 字体，仅支持 OpenType 和 TrueType 字体。
- TLF 文本要求有一个特定的 ActionScript 库在 Flash Player 运行时可用。如果此库尚未在播放计算机中安装，则 Flash Player 将自动下载此库。

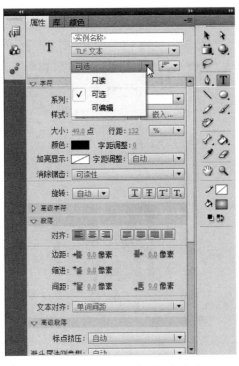

图 6.67　设置不同类型的文本块

图 6.68　设置行布局行为

- 在创作时，用户不能将 TLF 文本用作图层蒙版。要创建带有文本的遮罩层，需要使用 ActionScript 3.0 脚本创建遮罩层，或者为遮罩层使用传统文本。
- 在将 Flash 文件导出为 swf 文件之前，不会在舞台上反映出 TLF 文本的消除锯齿设置。

图 6.69　单行显示文本

6.5.2　设置行布局行为

行布局行为可控制容器如何随文本量的增加而扩展。Flash CS5 的行布局行为包括下列选项(如图 6.68 所示)：

- 单行：单行显示文本，如图 6.69 所示。
- 多行：多行显示文本，如图 6.70 所示。此选项仅当选定文本是区域文本时可用，当选定文本是点文本时不可用。
- 多行不换行：多行且不换行显示文本。
- 密码：使字符显示为点而不是字母，以确保密码安全。仅当文本(点文本或区域文本)类型为【可编辑】时菜单中才会提供此选项。

图 6.70　多行显示文本

6.5.3　设置字符样式

字符样式是应用于单个字符或字符组(而不是整个段落或文本容器)的属性。要设置字符样式，可使用【属性】面板的【字符】和【高级字符】栏目进行设置，如图 6.71 和图 6.72 所示。

图 6.71 【字符】选项设置

图 6.72 【高级字符】选项设置

1. 字符设置

字符设置项目说明如下。

- 系列：字体名称。
- 样式：常规、粗体或斜体。TLF 文本对象不能使用仿斜体和仿粗体样式。
- 大小：字符大小以像素为单位。
- 行距：文本行之间的垂直间距。默认情况下行距用百分比表示，也可用点表示。
- 颜色：文本的颜色，如图 6.73 所示。

图 6.73 设置文本的颜色

- 字距调整：所选字符之间的间距。
- 加亮显示：加亮颜色，如图 6.74 所示。

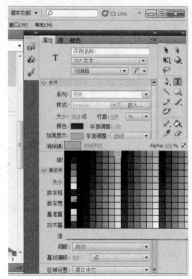

图 6.74 设置文本的加亮颜色

- 字距调整：即字距微调，在特定字符对之间加大或缩小距离。TLF 文本使用字距微调信息(内置于大多数字体内)自动微调字符字距。
- 消除锯齿：有三种消除锯齿的模式可供选择。
  - ◆ 使用设备字体：指定 swf 文件使用本地计算机上安装的字体来显示文字。通常，文字采用大多数设备字体时都很清晰。

> **说 明**
>
> 【使用设备字体】选项不会增加 swf 文件的大小。但是，它强制依靠用户计算机上安装的字体来进行字体显示。

◆ 可读性：使字体更容易辨认，尤其是字体大小比较小的时候。要对给定文本块使用此选项，需嵌入文本对象使用的字体。

◆ 动画：通过忽略对齐方式和字距微调信息来创建更平滑的动画。要对给定文本块使用此选项，需嵌入文本块使用的字体。

● 旋转：可以旋转各个字符。为不包含垂直布局信息的字体指定旋转可能出现非预期的效果。旋转包括以下选择。

　　◆ 0 度：强制所有字符不进行旋转。

　　◆ 270 度：主要用于具有垂直方向的罗马字文本，如图 6.75 所示。

图 6.75　旋转文本的效果

◆ 自动：仅对全宽字符和宽字符指定 90 度逆时针旋转，这是由字符的 Unicode 属性决定的。

> **提　示**
>
> 　要设置文本的方向，可以单击【文本类型】选项右边的【改变文本方向】按钮 ，然后通过列表框选择方向选项。

● 下划线 ：将水平线放在字符下。

● 删除线 ：将水平线置于从字符中央通过的位置。

● 上标 ：将字符移动到稍微高于标准线的上方并缩小字符的大小。

● 下标 ：将字符移动到稍微低于标准线的下方并缩小字符的大小。

2. 高级字符设置

高级字符设置项目说明如下。

● 链接：使用此项创建文本超链接，如图 6.76 所示。文本框中可输入在已发布 swf 文件中单击字符时要加载的 URL 地址，如图 6.77 所示。

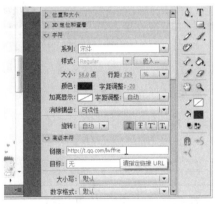

图 6.76　为文本设置链接

图 6.77　单击字符时打开的链接地址

- 目标：用于定义链接的属性，指定 URL 要加载到其中的窗口。目标包括以下值。
  - ◆ _self：指定当前窗口中的当前帧。
  - ◆ _blank：指定一个新窗口。
  - ◆ _parent：指定当前帧的父级。
  - ◆ _top：指定当前窗口中的顶级帧。
  - ◆ 无：即自定义，可以在【目标】文本框中输入任何所需的自定义字符串值。如果用户知道在播放 swf 文件时已打开的浏览器窗口或浏览器框架的自定义名称，可执行此操作。

- 大小写：可以指定如何使用大写字符和小写字符。
- 数字格式：允许指定在使用 OpenType 字体提供等高和变高数字时应用的数字样式。
- 数字宽度：允许指定在使用 OpenType 字体提供等高和变高数字时是使用等比数字还是定宽数字。
- 基准基线：仅当打开文本【属性】面板的面板选项菜单中的亚洲文字选项时可用。为用户明确选中的文本指定主体(或主要)基线(与行距基准相反，行距基准决定了整个段落的基线对齐方式)。下拉列表项包括以下内容。
  - ◆ 自动：根据所选的区域设置改变。此设置为默认设置。
  - ◆ 罗马文字：对于文本，文本的字体和点值决定此值。对于图形元素，使用图像的底部。
  - ◆ 上缘：指定上缘基线。对于文本，文本的字体和点值决定此值。对于图形元素，使用图像的顶部。
  - ◆ 下缘：指定下缘基线。对于文本，文本的字体和点值决定此值。对于图形元素，使用图像的底部。
  - ◆ 表意字顶端：可将行中的小字符与大字符全角字框的顶端对齐。
  - ◆ 表意字中央：可将行中的小字符与大字符全角字框的中央对齐。
  - ◆ 表意字底部：可将行中的小字符与大字符全角字框的底部对齐。
- 对齐基线：仅当打开文本【属性】面板的面板选项菜单中的亚洲文字选项时可用。用户可以为段落内的文本或图形图像指定不同的基线。例如，如果在文本行中插入图标，则可使用图像相对于文本基线的顶部或底部为指定对齐方式，如图 6.78 所示。
- 连字：连字是某些字母用对的字面替换字符，如图 6.79 所示。连字通常替换共享公用组成部分的连续字符。它们属于一类更常规的字型，称为上下文形式字型。使用上下文形式字型，字母的特定形状取决于上下文，例如周围的字母或邻近行的末端。

图 6.78　设置对齐基准与对齐表意字顶端的效果对比

图 6.79　连字效果

- 间断：用于防止所选词在行尾间断，例如，在用连字符连接时可能被读错的专有名称或词。间断设置也用于将多个字符或词组放在一起，例如，词首大写字母的组合或名和姓。
- 基线偏移：此控制以百分比或像素进行设置。如果是正值，则将字符的基线移到该行其余部分的基线下；如果是负值，则移动到基线上。
- 区域设置：作为字符属性，所选区域设置通过字体中的 OpenType 功能影响字体的形状。

6.5.4　设置段落样式

要设置 TLF 文本的段落样式，可以通过文本的【属性】面板中的【段落】和【高级段落】栏目进行设置。

1. 段落设置

【段落】栏目包括以下文本属性。

- 对齐：此属性可用于水平文本和垂直文本。【左对齐】会将文本沿容器的开始端(从左到右文本的左侧)对齐。【右对齐】会将文本沿容器的末端(从左到右文本的右端)对齐，如图 6.80 所示。

图 6.80　左对齐与右对齐的效果

图 6.80　左对齐与右对齐的效果(续)

说　明

在当前所选文字的段落方向为从右到左时，对齐方式图标的外观会反过来，以表示正确的方向。

- 边距：指定左边距和右边距的宽度(以像素为单位)。默认值为 0。
- 缩进：指定所选段落的第一个词的缩进(以像素为单位)。
- 间距：显示的前、后间距为段落的前后间距指定像素值。
- 文本对齐：指示对文本如何应用对齐。文本对齐包括以下选项。
  - ◆　字母间距：在字母之间进行字距调整。
  - ◆　单词间距：在单词之间进行字距调整。此设置为默认设置。
- 方向：指定段落方向。此选项仅当在【首选参数】对话框的【文本】选项卡中选择【显示从右至左的文本选项】复选框时，方向设置才可用，如图 6.81 所示。此设置仅适用于文本容器中的当前选定段落。方向包括以下值。
  - ◆　从左到右：从左到右的文本方向。用于大多数语言。此设置为默认设置。
  - ◆　从右到左：从右到左的文本方向。用于中东语言，例如阿拉伯语和希伯来语，

以及基于拉伯文字的语言，例如波斯语或乌尔都语。

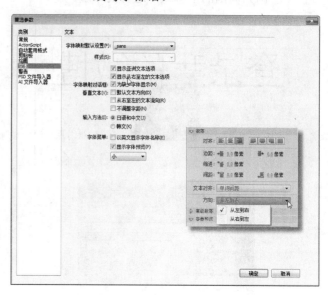

图 6.81　选中【显示从右至左的文本选项】功能

2. 高级段落设置

【高级段落】栏目包括以下属性。

- 标点挤压：此属性有时称为对齐规则，用于确定如何应用段落对齐。根据此设置应用的字距调整器会影响标点的间距和行距。标点挤压包括以下选项：
  - ◆　自动：基于在文本【属性】面板中字符设置部分所选的区域设置应用字距调整。此设置为默认设置。
  - ◆　间距：使用罗马语字距调整规则。
  - ◆　东亚：使用东亚语言字距调整规则。

说　明

在罗马语版本中，逗号和日语句号占整个字符的宽度，而在东亚字体中占半个字符宽度。此外，相邻标点符号之间的间距变得更小，这一点符合传统的东亚字面惯例。

- 避头尾法则类型：此属性有时称为对齐样式，用于指定处理日语避头尾字符的选项，此类字符不能出现在行首或行尾。避头尾法则类型包括以下选项：

◆ 自动：根据文本【属性】面板中的【容器和流】栏目所选的区域设置进行解析。此设置为默认设置。

◆ 优先进行最小调整：使字距调整基于展开行或压缩行(视哪个结果最接近于理想宽度而定)。

◆ 行尾压缩避头尾字符：使对齐基于压缩行尾的避头尾字符。如果没有发生避头尾或者行尾空间不足，则避头尾字符将展开。

◆ 仅向外推动：使字距调整基于展开行。

● 行距模型：是由允许的行距基准和行距方向组合构成的段落格式。行距基准确定了两个连续行的基线，它们的距离是行高指定的相互距离。例如，对于采用罗马语行距基准的段落中的两个连续行，行高是指它们各自罗马基线之间的距离。行距方向确定度量行高的方向。

6.5.5　设置容器和流

TLF 文本【属性】面板的【容器和流】栏目提供了影响整个文本容器的设置选项。

● 行为：可控制容器如何随文本量的增加而扩展。

● 最大字符数：即文本容器中允许的最大字符数。仅适用于类型设置为【可编辑】的文本容器。最大值为 65 535。

● 对齐方式：指定容器内文本的对齐方式。设置包括以下内容。

◆ 顶对齐：从容器的顶部向下垂直对齐文本。

◆ 居中对齐：将容器中的文本行居中。

◆ 底对齐：从容器的底部向上垂直对齐文本行。

◆ 两端对齐：在容器的顶部和底部之间垂直平均分布文本行。

● 列：指定容器内文本的列数。此属性仅适用于区域文本容器。

● 列间距：指定选定容器中的每列之间的间距。默认值是 20。最大值为 1 000。此度量的单位根据【文档设置】对话框中设置的【标尺单位】选项进行设置，如图 6.82 所示。

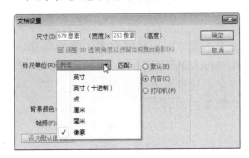

图 6.82　设置标尺单位

● 填充：指定文本和选定容器之间的边距宽度。所有四个边距都可以设置填充。

● 边框颜色：容器外部周围边框的颜色，如图 6.83 所示。默认为无边框。

图 6.83　设置的容器外部笔触颜色(文本边框颜色)

● 边框宽度：容器外部周围边框的宽度。仅在已选择边框颜色时可用。最大值为 200。

● 背景色：文本后的背景颜色，如图 6.84 所示。默认值是无色。

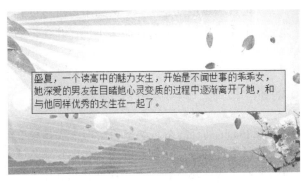

图 6.84　设置文本的背景颜色

● 首行线偏移：指定首行文本与文本容器的顶部的对齐方式。

6.6 传统文本的应用

传统文本是 Flash 早期文本引擎的名称。传统文本引擎在 Flash Professional CS5 和更高版本中仍可用。传统文本对于某类内容而言可能更好一些，例如用于移动设备的内容。

6.6.1 传统文本的类型

在 Flash 中，创建的文本类型根据其来源可划分为动态文本、输入文本、静态文本 3 种类型，它们的说明如下。

● 静态文本：只能通过 Flash 的【文本工具】来创建，而且用户无法使用 ActionScript 3.0 创建静态文本实例。静态文本用于比较短小并且不会更改(而动态文本则会更改)的文本，可以将静态文本看作类似于使用 Flash 创作工具在舞台上绘制的圆或正方形的一种图形元素。默认情况下，用户使用【文本工具】在舞台上输入的传统文本属于静态文本类型。

● 动态文本：包含从外部源(例如文本文件、XML 文件以及远程 Web 服务)加载的内容，即可以从其他文件中读取文本内容。动态文本具有文本更新功能，利用此功能可以显示股票报价或天气预报等文本。

● 输入文本：是指用户输入的任何文本或用户可以编辑的动态文本。例如用户可以创建一个【输入文本】类型的文本框，并在框内输入文本。

6.6.2 传统文本的字段类型

因为 Flash 具有静态、动态和输入 3 种传统文本类型，所以用户同样可以创建静态、动态和输入 3 种类型的文本字段，这 3 种文本字段的作用如下：

● 静态文本字段显示不会动态更改字符的文本。

● 动态文本字段显示动态更新的文本，例如股票报价或天气预报。

● 输入文本字段使用户可以在表单或调查表中输入文本。

在创建静态文本、动态文本或输入文本时，用户可以将文本放在单独的一行字段中，该行会随着输入的文本而扩大；或者可以将文本放在定宽字段(适用于水平文本)或定高字段(适用于垂直文本)中，这些字段同样会根据输入的文本而自动扩大和折行。

Flash 在文本字段的一角显示一个手柄，用以标识该文本字段的类型。

● 对于可扩大的静态水平文本，会在该文本字段的右上角出现一个圆形手柄，如图 6.85 所示。

可扩大的静态水平文本

图 6.85 可扩大的静态文本字段

● 对于固定宽度的静态水平文本，会在该文本字段的右上角出现一个方形手柄，如图 6.86 所示，用户只需使用【文本工具】在舞台上拖出文本框，即可创建这种类型的文本字段。

固定宽度的静态水平文本

图 6.86 固定宽度的静态文本字段

● 对于文本方向为【垂直，从右向左】，并且可以扩大的静态文本，会在该文本字段的左下角出现一个圆形手柄，如图 6.87 所示。

图 6.87 从右到左并可扩展的垂直静态文本字段

● 对于文本方向为【垂直，从右向左】，并且高度固定的静态文本，会在该文本字段的左下角出现一个方形手柄，如图 6.88 所示。

图 6.88　从右到左并固定高度的垂直静态文本字段

● 对于文本方向为【垂直，从左向右】，并且可以扩大的静态文本，会在该文本字段的右下角出现一个圆形手柄，如图 6.89 所示。

● 对于文本方向为【垂直，从左向右】，并且高度固定的静态文本，会在该文本字段的右下角出现一个方形手柄，如图 6.90 所示。

图 6.89　从左到右并可扩
展的垂直静态
文本字段

图 6.90　从左到右并固定
高度的垂直静态
文本字段

● 对于可扩大的动态或输入文本字段，会在该文本字段的右下角出现一个圆形手柄，如图 6.91 所示。

图 6.91　可扩大的动态或输入文本字段

● 对于具有定义的高度和宽度的动态或输入文本，会在该文本字段的右下角出现一个方形手柄，如图 6.92 所示。

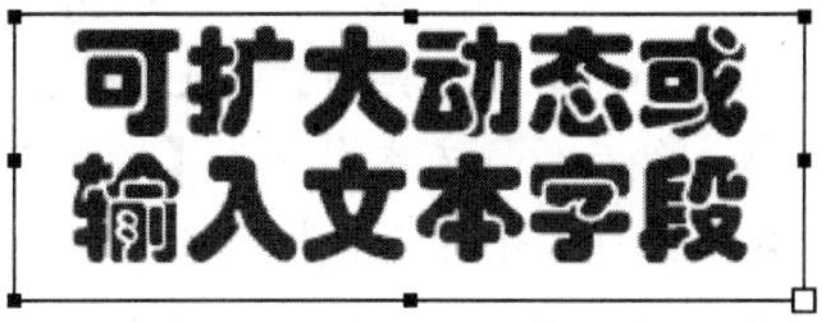

图 6.92　固定宽高的动态或输入文本字段

● 对于动态可滚动文本字段，圆形或方形手柄会变成实心黑块而不是空心手柄，如图 6.93 所示。

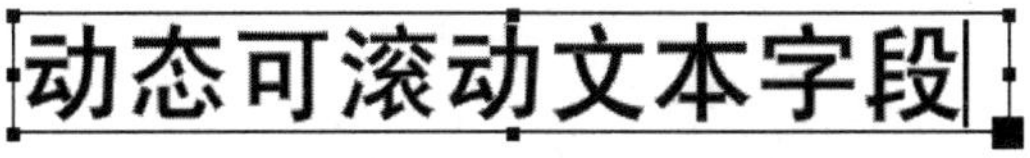

图 6.93　动态可滚动文本字段

提　示

　　如果要设置文本的可滚动性，可以打开【文本】菜单，然后选择【可滚动】命令，如图 6.94 所示。

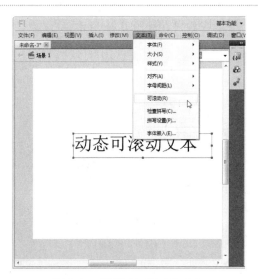

图 6.94　选择【可滚动】命令

6.6.3 创建静态类型的文本

静态文本是制作一般 Flash 动画最常用的文本类型。在 Flash 中，各种文本类型的输入文本方法基本一样，不同的是创建不同的文本字段，可以让输入文本的结果有所不同。例如在可扩大的文本字段内输入静态文本，或者在固定宽度的文本字段内输入静态文本。

创建静态类型文本的操作步骤如下。

Step 1 打开练习文件(光盘：..\Example\Ch06\6.6.3.fla)，在【工具箱】面板选择【文本工具】T，然后设置文本引擎为【传统文本】、文本类型为【静态文本】，如图 6.95 所示。

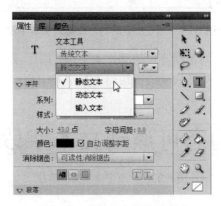

图 6.95 设置文本引擎和类型

Step 2 使用【文本工具】T 在舞台上输入静态文本，这种方法输入的文本是在固定宽度的文本字段内，如图 6.96 所示。

图 6.96 输入静态文本

Step 3 使用【文本工具】T 选择全部文本，然后设置文本的字符属性，包括系列、大小、字母间距、颜色和消除锯齿等属性，如图 6.97 所示。

图 6.97 设置字符属性及设置后的效果

Step 4 此时使用【文本工具】T 在舞台上拖出一个可扩大的文本字段，如图 6.98 所示。

Step 5 在文本字段内输入文本内容，然后设置文本的字符属性。输入的文本会根据字段的宽度自动换行，如图 6.99 所示。

图 6.98 拖出的一个可扩大的文本字段

图 6.99 设置字符属性并在字段内输入文本内容

Step 6 使用鼠标按住文本字段右下角的方点，然后向右上方拖动调整文本字段的大小，如图 6.100 所示。

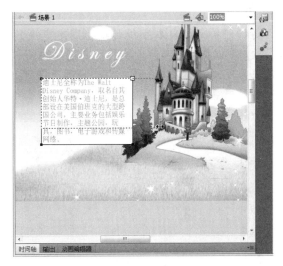

图 6.100 调整文本字段的大小

Step 7 此时使用【选择工具】 选择文本字段，然后设置文本的颜色为深红色，接着设置【消除锯齿】下拉列表为【位图文本】选项，如图 6.101 所示。

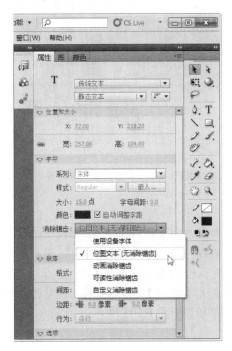

图 6.101 设置【消除锯齿】下拉列表

Step 8 然后单击【两端对齐】按钮，设置文本的对齐方式，如图6.102所示。

提 示

要将可扩大的文本字段转换为固定宽度的文本字段，可以拖动调节点；要将固定宽度的文本字段转换为可扩大的文本字段，双击调节点即可。

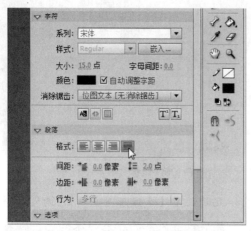

图 6.102　设置文本两端对齐

提 示

在垂直方向上，Flash CS5 允许用户设置从左向右和从右向左两种文本排列顺序，用户可以在输入文本前或输入文本后打开【属性】面板，然后单击【改变文本方向】按钮，接着选择一种垂直方向即可，如图6.103所示。

图 6.103　更改文本的方向

6.6.4　创建静态文本超链接

为静态文本添加超链接，可以将文本链接到指定的文件对象、网站地址和邮件地址，这样可以方便浏览者通过超链接打开目标文件或进入指定的位置。

创建静态文本超链接的操作步骤如下。

Step 1 打开练习文件(光盘：..\Example\Ch06\6.6.4 .fla)，在【工具箱】面板中选择【文本工具】，然后设置文本引擎为【传统文本】、文本类型为【静态文本】，接着在舞台右下方输入文本，最后设置字符属性，如图6.104所示。

图 6.105　输入链接地址

图 6.104　输入文本并设置字符属性

图 6.106　设置打开链接的【目标】选项

Step 2　打开【属性】面板中的【选项】栏目，接着在【链接】文本框中输入文本链接的 URL 地址(迪士尼中文网站地址)，如图 6.105 所示。

Step 3　此时原来不可用的【目标】选项可以被设置了，打开【目标】下拉列表框，选择目标为 _blank，如图 6.106 所示。

提　示

如果是链接到指定的邮件地址上，链接使用的格式为 mailto:邮件地址，如图 6.107 所示。另外需要注意，垂直文本不能添加链接。

图 6.107　设置电子邮件链接

6.7 章后总结

本章先从 Flash 的概念和构成元素讲起，扼要地介绍了 Flash 动画的创作元素和时间轴的基本操作，接着详细介绍了创建元件、编辑对象的方法，以及 TLF 文本和传统文本的概念、区别和应用。

6.8 章后实训

本章实训题(光盘：..\Example\Ch06\6.8.fla)要求新增一个图层，然后在舞台上输入水平方向的文本，再将文本方向设置为垂直，接着将文本对象转换为影片

剪辑元件，并对元件进行缩放、倾斜和旋转等变形处理，结果如图 6.108 所示。

图 6.108 实训题的结果

本章实训题的操作流程如图 6.109 所示。

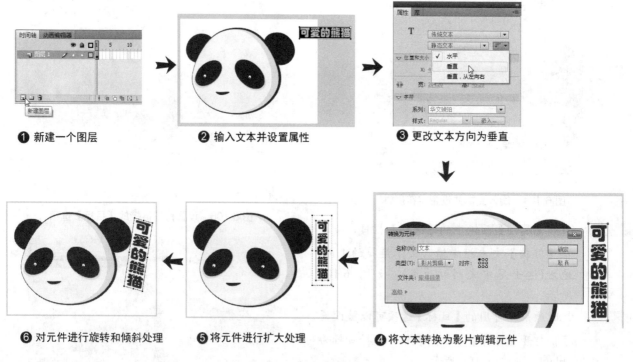

❶ 新建一个图层　　❷ 输入文本并设置属性　　❸ 更改文本方向为垂直

❻ 对元件进行旋转和倾斜处理　　❺ 将元件进行扩大处理　　❹ 将文本转换为影片剪辑元件

图 6.109 实训题操作流程

第 7 章

动画制作与高级应用

Flash CS5 提供了多种动画类型的制作，例如补间动画、传统补间动画、补间形状动画等。另外，用户还可以利用引导层和遮罩层制作特殊的动画效果，并配合声音和行为的应用，让动画声色俱备。本章将详细介绍在 Flash CS5 中制作动画和应用各种高级技巧的方法。

本章学习要点

➢ Flash 动画的基础

➢ 制作补间动画、传统补间动画和补间形状动画

➢ 引导层与遮罩层的应用

➢ 应用与设置声音

➢ 行为和动作的应用

7.1 Flash 动画的基础

Flash CS5 提供了多种方法用来创建动画和特殊效果。这些方法为用户创作精彩的动画内容提供了多种可能。

7.1.1 动画类型

Flash CS5 支持以下类型的动画。

1. 补间动画

使用补间动画可设置对象的属性，例如设置一个帧中对象以及另一个帧中该对象的位置和 Alpha 透明度，Flash 会在中间内插帧的属性值。对于由对象的连续运动或变形构成的动画，补间动画很有用。补间动画在时间轴中显示为连续的帧范围，默认情况下可以作为单个对象进行选择。补间动画功能强大，易于创建。

2. 传统补间动画

传统补间动画与补间动画类似，但是创建起来更复杂。传统补间动画允许一些特定的动画效果，而使用基于范围的补间动画不能实现这些效果。

3. 反向运动姿势(骨骼)动画

反向运动是一种使用骨骼的有关结构对一个对象或彼此相关的一组对象进行动画处理的方法。使用骨骼后，形状或一组元件可以按复杂而自然的方式移动，只需做很少的设计工作。例如，通过反向运动可以轻松地创建面部表情、抬胳膊等人物动画。

4. 补间形状动画

在形状补间中，可在时间轴中的特定帧绘制一个形状，然后更改该形状或在另一个特定帧绘制另一个形状。然后，Flash 将内插中间形状的帧，创建一个形状变形为另一个形状的动画。

5. 逐帧动画

使用此动画技术可以为时间轴中的每个帧指定不同的艺术作品。使用此技术可创建与快速连续播放影片帧类似的效果。对于每个帧的图形元素必须不同的复杂动画而言，此技术非常有用。

7.1.2 关于帧频

帧频是动画播放的速度，以每秒播放的帧数(fps)为度量单位。帧频太慢会使动画看起来一顿一顿的，帧频太快会使动画的细节变得模糊。Flash CS5 创建的文档默认帧频是 24 fps，这个帧频通常能在 Web 上提供较好的效果，如图 7.1 所示。

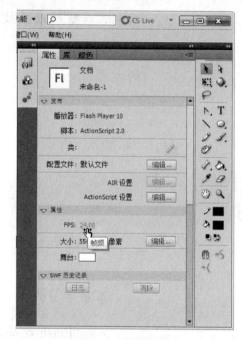

图 7.1 设置帧频

7.1.3 什么是补间动画

补间是通过为一个帧中的对象属性指定一个值，并为另一个帧中的相同属性指定另一个值从而创建的动画。Flash 会计算这两个帧之间该属性的值，从而在两个帧之间插入补间属性帧。

例如，用户可以在时间轴第 1 帧的舞台左侧放置一个图形元件，然后将该元件移到第 20 帧的舞台右侧。在创建补间时，Flash 将计算用户指定的左侧和右侧这两个位置之间舞台上图形元件的所有位置，最后会得到"从第 1 帧到第 20 帧，图形元件从舞台左侧移到右侧"这样的动画。其中，在中间的每个帧中，Flash 将元件在舞台上移动总距离的二十分之一，如图 7.2 所示。

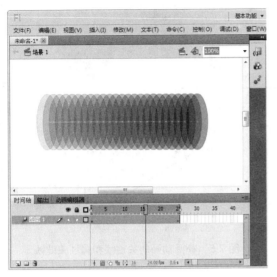

图 7.2　元件移动的补间动画

7.1.4　在时间轴标识动画

Flash 通过在包含内容的每个帧中显示不同的指示符来区分时间轴中的补间动画。

下面是时间轴中帧内容指示符标识的说明。

● 指示符标识░░░░░░░░░：一段具有蓝色背景的帧表示补间动画。补间范围的第一帧中的黑点表示补间范围分配有目标对象。黑色菱形表示最后一个帧和任何其他属性关键帧。属性关键帧是包含由用户定义属性更改的帧。

● 指示符标识░░░░░░░░░：第一帧中的空心点表示补间动画的目标对象已删除。补间范围仍包含其属性关键帧，并可应用新的目标对象。

● 指示符标识░░░░░░░░░：一段具有绿色背景的帧表示反向运动(IK)姿势图层。姿势图层包含 IK 骨架和姿势，每个姿势在时间轴中显示为黑色菱形。当创建反向运动姿势动画后，Flash 将在姿势之间内插帧中骨架的位置。

● 指示符标识░░░░░░░░░：带有黑色箭头和蓝色背景，起始关键帧处有黑色圆点的表示传统补间。

● 指示符标识░░░░░░░░░：虚线表示传统补间是断开或不完整的，例如在最后的关键帧已丢失时，或者关键帧上的对象已经被删除时。

● 指示符标识░░░░░░░░░：带有黑色箭头和淡绿色背景，起始关键帧处为黑色圆点的标识表示补间形状。

● 指示符标识░░░░░░░░░：一个黑色圆点表示一个关键帧。单个关键帧后面的浅灰色帧包含无变化的相同内容。这些帧带有垂直的黑色线条，而在整个范围的最后一帧还有一个空心矩形(空心矩形表示有普通帧)。

● 指示符标识░░░░░░░░░：关键帧上如果出现一个小"a"符号，则表示已使用【动作】面板为该帧分配了一个帧动作。

● 指示符标识░开始░结束░：红色的小旗表示该帧包含一个标签。

● 指示符标识░开始░：绿色的双斜杠表示该帧包含注释。

提　示

用户可以选择显示哪些类型的属性关键帧，方法是在指示符上单击右键，然后从打开的菜单中选择【查看关键帧】命令，即可从打开的子菜单中查看关键帧的属性类型，如图 7.3 所示。

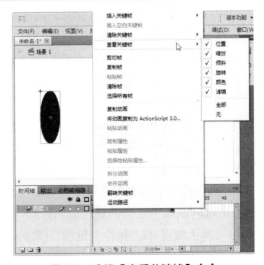

图 7.3　选择【查看关键帧】命令

7.1.5 关于补间的范围

补间范围是时间轴中的一组帧，在舞台上对应对象的一个或多个属性可以随着时间而改变。补间范围在时间轴中显示为具有蓝色背景的单个图层中的一组帧，如图 7.4 所示。用户可将这些补间范围作为单个对象进行选择，并从时间轴中的一个位置拖到另一个位置，包括拖到另一个图层。

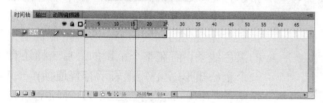

图 7.4　图层上显示补间动画的补间范围

7.1.6 关于属性关键帧

属性关键帧是在补间范围中为补间目标对象定义一个或多个属性值的帧。用户定义的每个属性都有它自己的属性关键帧。如果在单个帧中设置了多个属性，则其中每个属性的属性关键帧都会驻留在该帧中。另外，用户可以在动画编辑器中查看补间范围的每个属性及其属性关键帧。

在图 7.5 所示的示例中，在将影片剪辑从第 1 帧到第 20 帧，从舞台左侧补间到右侧时，第 1 帧和第 20 帧是属性关键帧。用户可在所选择的帧中指定这些属性值，而 Flash 会将所需的属性关键帧添加到补间范围，即 Flash 会为属性关键帧之间的每个帧内插属性值。

需要注意，从 Flash CS5 开始，"关键帧"和"属性关键帧"的概念有所不同。在 Flash CS5 中，术语"关键帧"是指时间轴中其元件实例首次出现在舞台上的帧；而新增的术语"属性关键帧"是指在补间动画的特定时间或帧中定义的属性值。图 7.5 所示为"关键帧"(黑色圆点)和"属性关键帧"(黑色菱形)。

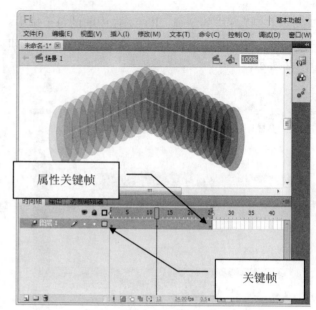

图 7.5　补间动画的关键帧和属性关键帧

7.2 制作补间动画

补间动画是通过属性关键帧来定义属性的，并因为不同属性关键帧所定义对象的属性不同而产生动画。由此可知，通过为对象设置不同的属性，即可制作出各种效果的补间动画。本节为各位介绍制作多种补间动画的操作方法。

7.2.1 可补间的对象和属性

在 Flash CS5 中，可补间的对象类型包括影片剪辑、图形和按钮元件以及文本字段。可补间的对象的属性包括以下项目：

- 平面空间的 X 和 Y 位置。
- 三维空间的 Z 位置(仅限影片剪辑)。
- 平面控制的旋转(绕 Z 轴)。
- 三维空间的 X、Y 和 Z 旋转(仅限影片剪辑)。
- 三维空间的动画要求 Flash 文件在发布设置中面向 ActionScript 3.0 和 Flash Player 10 的属性。
- 倾斜的 X 和 Y。
- 缩放的 X 和 Y。

- 颜色效果。颜色效果包括 Alpha(透明度)、亮度、色调和高级颜色设置。
- 滤镜属性(不包括应用于图形元件的滤镜)。

7.2.2　制作飞行的补间动画

制作改变位置的动画,其实就是在不同属性关键帧中定义目标对象的位置属性。这种补间动画是最常见的 Flash 动画效果之一,例如飞机飞行动画、文字飞入飞出动画等都是经过改变位置而形成的动画效果。

制作改变位置的动画的操作步骤如下。

 打开练习文件(光盘: ..\Example\Ch07\7.2.2 .fla),在【时间轴】面板中新增图层 2,然后打开【库】面板,并将【鸟】图形元件拖到舞台右上方外,如图 7.6 所示。

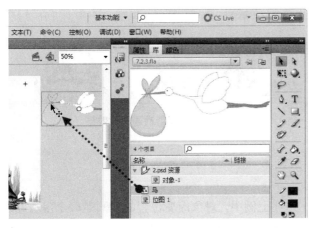

图 7.6　新增图层并加入图形元件

 选择图层 2 的关键帧,然后依次选择【插入】|【补间动画】命令,创建补间动画,如图 7.7 所示。

 选择图层 2 的第 10 帧,然后单击右键并从快捷菜单中依次选择【插入关键帧】|【位置】命令,插入位置属性关键帧,如图 7.8 所示。

 选择位置关键帧,然后将舞台外的图形元件沿水平方向向左移入舞台,使之产生从舞台右边飞入舞台的动画,如图 7.9 所示。

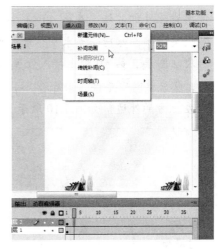

图 7.7　选择【补间动画】命令

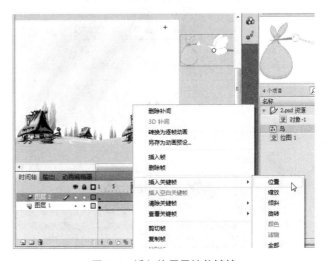

图 7.8　插入位置属性关键帧

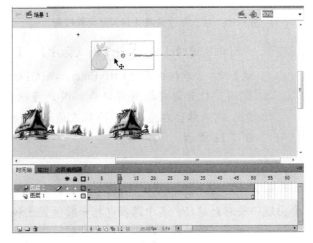

图 7.9　调整图形元件的位置

Step 5 使用步骤 4 的方法，在第 40 帧上插入位置属性关键帧，然后向左水平移动图形元件。

Step 6 再次在图层 2 第 50 帧上插入位置属性关键帧，然后将图形元件移出舞台，并放置在舞台左上方的外边，如图 7.10 所示。

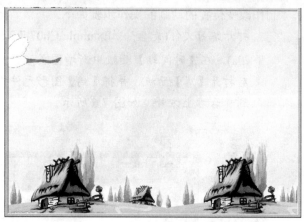

图 7.11 观看动画播放效果

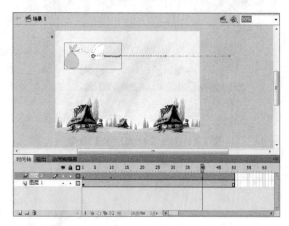

图 7.10 插入属性关键帧并调整元件位置

Step 7 此时依次选择【控制】|【测试影片】|【测试】命令，或按快捷键 Ctrl+Enter，测试 Flash 视频。打开影片播放窗口后，用户可以看到小鸟从舞台右边飞入，再从左边飞出，如图 7.11 所示。

 说 明

改变了位置的补间动画，在对象的移动方向上会出现一条移动路径。其中路径包括一般位置点和关键点。点排列密的路径段对象移动相对较快；点排列疏的路径段对象移动相对较慢。

7.2.3 编辑补间动画的路径

在上例中，对象改变位置的动画是一个沿着路径移动的动画，如果用户需要改变对象移动的路径，则可以通过编辑运动路径的方法进行处理。

在 Flash CS5 中，用户可使用多种方法编辑补间动画的运动路径。

1. 通过更改对象位置来改变运动路径

通过更改对象的位置来更改运动路径是最简单的编辑运动路径的操作。当用户创建补间动画后，可以调整属性关键帧的目标对象的位置，从而改变补间动画的运动路径，如图 7.12 所示。

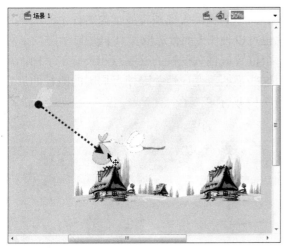

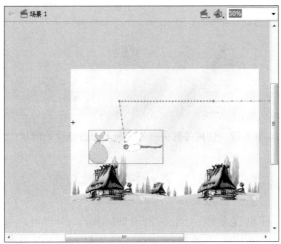

图 7.12　改变对象的位置

2. 通过更改路径关键点来改变运动路径

在制作补间动画时，用户会插入属性关键帧，然后通过关键帧来定义对象位置的属性，此时在路径上会生成一个路径关键点，可以通过调整这个路径关键点的位置来改变运动的路径，其原理就如同调整对象的位置一样，如图 7.13 所示。

3. 移动整个运动路径的位置

如果要移动整个运动路径，可以在舞台上拖动整个运动路径，也可在【属性】面板中设置其位置。其中通过拖动的方式调整整个运动路径的方法最常用。

首先，用户在工具箱中选择【选择工具】 ，然后单击选中运动路径，接着将路径拖到舞台上所需的位置，或者在【属性】面板中设置路径的 X 和 Y 值。

如图 7.14 所示为使用【选择工具】 移动运动路径的结果。

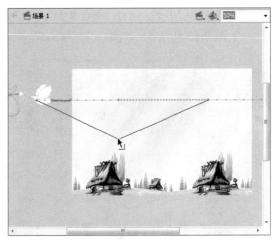

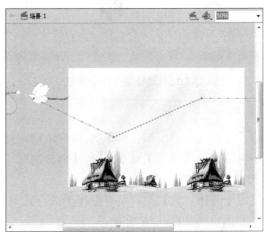

图 7.13　改变关键点的位置

图 7.14　移动整个运动路径

4. 使用【任意变形工具】更改运动路径

在 Flash CS5 中，用户可以使用【任意变形工具】来编辑补间动画的运动路径，例如缩放、倾斜或旋转路径，如图 7.15 所示。

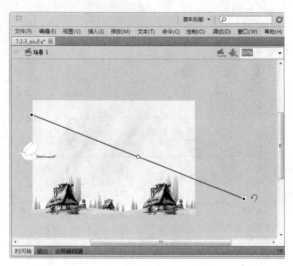

图 7.15 旋转整个运动路径

5. 调整运动路径的形状

除了使用【任意变形工具】编辑运动路径外，用户还可以使用【选择工具】和【部分选取工具】来改变运动路径的形状。

使用【选择工具】，可通过拖动的方式改变运动路径的形状，如图 7.16 所示。

图 7.16 使用【选择工具】修改路径的形状

补间中的属性关键帧将显示为路径上的关键点，因此也可以使用【部分选取工具】显示路径上对应于每个位置属性关键帧的控制点和贝塞尔手柄，并可使用这些手柄改变属性关键帧点周围的路径的形状，如图 7.17 所示。

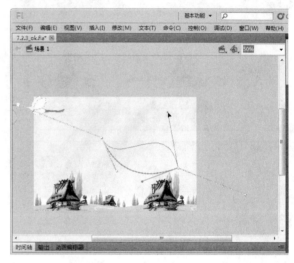

图 7.17 使用【部分选取工具】修改路径的形状

7.2.4 制作调整到路径的动画

在创建曲线运动路径(例如圆)时，用户可以让补间对象在沿着该路径移动时进行旋转，就如同在一个固定的中心点上让对象旋转，如图 7.18 所示。

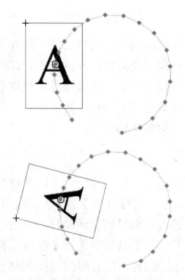

图 7.18 设置沿着路径移动时进行旋转的前后效果

制作调整到路径的动画的操作步骤如下。

Step 1　打开练习文件(光盘: ..\Example\Ch07\7.2.4 .fla)，在【时间轴】面板中新增图层 2，然后打开【库】面板，并将【星】图形元件拖到舞台的卡通图左上方，如图 7.19 所示。

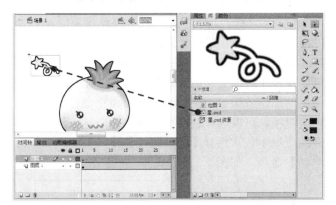

图 7.19　新增图层并加入元件

Step 2　选择图层 2 的关键帧，然后单击右键并从打开的快捷菜单中选择【创建补间动画】命令，如图 7.20 所示。

图 7.20　选择【创建补间动画】命令

Step 3　选择图层 2 的第 60 帧，然后单击右键并从快捷菜单中依次选择【插入关键帧】|【位置】命令，插入位置属性关键帧，如图 7.21 所示。

图 7.21　插入位置属性关键帧

Step 4　选择位置关键帧，然后将舞台的【星】图形元件沿水平方向向右移动，使之位于卡通图的右上方，如图 7.22 所示。

图 7.22　调整图形元件的位置

Step 5　在【工具】面板中选择【选择工具】，然后通过拖动方式让直线的运动路径变成弧线形状，如图 7.23 所示。

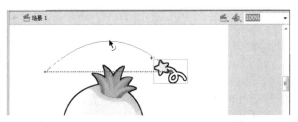

图 7.23　调整路径的形状

Step 6 此时打开【属性】面板，切换到【旋转】栏目，再选择【调整到路径】复选框即可，如图 7.24 所示。

图 7.24　选择【调整到路径】复选框

Step 7 单击【时间轴】面板下方的【绘图纸外观】按钮，显示绘图纸外观，然后通过绘图纸显示元件的动画效果，从而测试元件调整到路径后的动画效果，如图 7.25 所示。

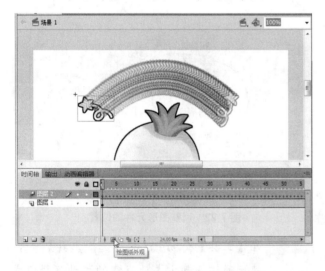

图 7.25　以绘图纸测试元件的动画效果

7.2.5　应用浮动属性关键帧

浮动属性关键帧是与时间轴中的特定帧无任何联系的关键帧。Flash CS5 将调整浮动关键帧的位置，以使整个补间中的运动速度保持一致。

浮动关键帧仅适用于空间属性 X、Y 和 Z。在通过将补间对象拖动到不同帧中的不同位置的方式对

舞台上的运动路径进行编辑之后，浮动关键帧常常显得非常有用。因为按照此方式编辑运动路径时，通常会创建一些路径片段，这些路径片段中的运动速度有快有慢，这是因为这些路径段中的帧数有多有少，如图 7.26 所示。

使用浮动属性关键帧有助于确保整个补间中的动画速度保持一致。当属性关键帧设置为浮动时，Flash 会在补间范围中调整属性关键帧的位置，以便补间对象在补间的每个帧中移动的速度相同。用户还可以通过【缓动】功能来调整移动，以使补间开头和结尾的加速效果显得更逼真。若要为整个补间启用浮动关键帧，可以选择补间范围并单击右键，然后在打开的菜单中依次选择【运动路径】|【将关键帧切换为浮动】命令，如图 7.27 所示。

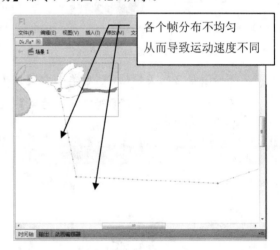

图 7.26　帧数不均匀的运动路径

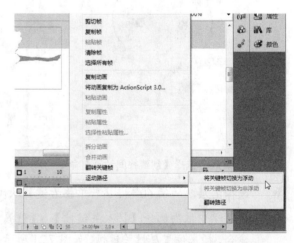

图 7.27　选择【将关键帧切换为浮动】命令

当将补间动画的关键帧切换成浮动属性关键帧后，舞台上的运动路径变得分布均匀，如图 7.28 所示。

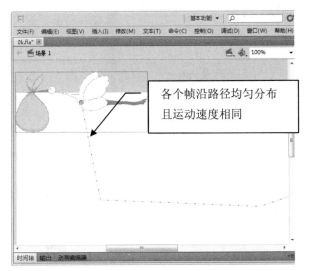

图 7.28　已转换为浮动关键帧的运动路径

7.3　制作传统补间动画

从原理上来说，在一个特定时间定义一个实例、组、文本块、元件的位置、大小和旋转等属性，然后在另一个特定时间更改这些属性，当两个时间进行交换时，属性之间就会随着补间帧进行过渡，从而形成动画，这种补间帧的生成就是依照传统补间功能来完成的。

传统补间可以实现两个对象之间的大小、位置、颜色(包括亮度、色调、透明度)变化。这种动画可以使用实例、元件、文本、组合和位图作为动画补间的元素，形状对象只有"组合"后才能应用到传统补间动画中。

7.3.1　传统补间的属性设置

通过"传统补间"类型创建的 Flash 动画可以实现对象的颜色、位置、大小、角度、透明度的变化。在制作动画时，用户只需在【时间轴】面板上添加开始关键帧和结束关键帧，然后通过舞台更改关键帧的对象属性，接着在图层上单击右键并选择【创建传统补间】命令即可，如图 7.29 所示。

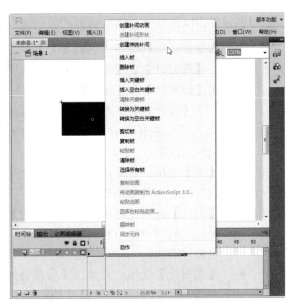

图 7.29　选择【创建传统补间】命令

为开始关键帧和结束关键帧之间创建传统补间后，用户可以通过【属性】面板设置传统补间的选项，例如设置缩放、旋转、缓动等。

关于传统补间的属性设置项目说明如下。

● 缓动：为动画设置类似于运动缓冲的效果，可以在【缓动】文本框输入缓动值或拖动滑块设置缓动值。缓动值大于 0，则运动速度逐渐减小；缓动值小于 0，则运动速度逐渐增大。

● 【编辑缓动】按钮 ✎：为用户提供自定义缓动样式。单击此按钮，将打开【自定义缓入/缓出】对话框，如图 7.30 所示。该对话框中直线的斜率表示缓动程度，用户可以使用鼠标拖动直线，改变缓动值。

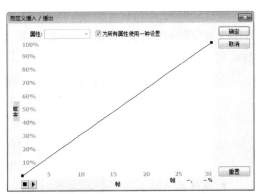

图 7.30　【自定义缓入/缓出】对话框

- 旋转：可以设置关键帧中的对象在运动过程中是否旋转、怎样旋转，包括【无】、【自动】、【顺时针】、【逆时针】4 个选项。在使用【顺时针】和【逆时针】样式后，会激活一个【旋转数】文本框，在该文本框中可以输入对象在传统补间动画包含的所有帧中旋转的次数。
  - ◆ 【无】选项：对象在【传统补间】动画包含的所有帧中不旋转。
  - ◆ 【自动】选项：对象在【传统补间】动画包含的所有帧中自动旋转，旋转次数也自动产生。
  - ◆ 【顺时针】选项：对象在【传统补间】动画包含的所有帧中沿着顺时针方向旋转。
  - ◆ 【逆时针】选项：对象在【传统补间】动画包含的所有帧中沿着逆时针方向旋转。
- 调整到路径：将靠近路径的对象移到路径上。
- 同步：同步处理元件。
- 贴紧：让对象贴紧到辅助线上。
- 缩放：可对对象应用缩放功能。

7.3.2 制作改变位置和大小的动画

改变位置和大小是传统补间中最常见的 Flash 动画效果之一。制作这种动画很简单，首先在时间轴中以关键帧设置对象的开始与结束位置，然后通过舞台调整开始关键帧与结束关键帧的对象位置和大小，最后创建传统补间即可。

制作改变位置和大小的动画的操作步骤如下。

Step 1 打开练习文件(光盘：..\Example\Ch07\7.3.2.fla)，在【时间轴】面板中新增图层 2，然后打开【库】面板，并将【儿童节】图形元件拖到舞台下方外，如图 7.31 所示。

Step 2 选择图层 2 的第 20 帧，然后按 F6 功能键插入关键帧，接着将舞台下方的【儿童节】图形元件垂直拖入舞台，如图 7.32 所示。

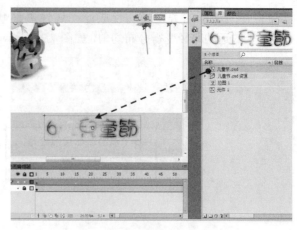

图 7.31 新增图层并加入元件

图 7.32 插入关键帧并调整元件的位置

Step 3 选择图层 2 的第 40 帧，然后按 F6 功能键插入关键帧，接着在【工具】面板上选择【自由变形工具】，再选择舞台上的图形元件，并按住 Shift 键等比例放大元件，如图 7.33 所示。

Step 4 此时分别在图层 2 的第 60 帧、80 帧和 100 帧上插入关键帧，然后使用【自由变形工具】分别调整这些关键帧里元件的大小，如图 7.34 所示。

Step 5 在图层 2 上拖动鼠标选择各个关键帧之间的帧，然后单击右键并从打开的菜单中选择【创建传统补间】命令，创建传统补间动画，如图 7.35 所示。

图 7.33 插入关键帧并等比例放大元件

第60帧

第80帧

第100帧

图 7.34 插入多个关键帧并分别调整元件的大小

图 7.35 选择【创建传统补间】命令

Step 6 依次选择【控制】|【测试影片】|【测试】命令，或按快捷键 Ctrl+Enter，通过播放器测试 Flash 动画，如图 7.36 所示。

图 7.36 通过播放器测试动画

7.3.3 制作改变角度的旋转动画

改变对象的角度有旋转和翻转两种方式，这种形式的动画其实可以通过制作变形动画的方式来实现，即在制作补间动画过程中使用【任意变形工具】和【变形】命令旋转或翻转对象，从而达到改变对象角度的目的。

除此之外，还可以通过设置补间动画的【旋转】选项来制作改变角度的旋转动画，例如为一个对象创建从左到右的移动动画，然后设置【旋转】选项，即可让对象在移动的过程中出现旋转效果。

制作改变角度的旋转动画的操作步骤如下。

Step 1 打开练习文件(光盘：..\Example\Ch07\7.3.3.fla)，选择图层1的第40帧，然后按F6功能键插入关键帧，接着使用【选择工具】按钮 将【车轮】图形元件移到舞台的右边，如图7.37所示。

图 7.38 选择【创建传统补间】命令

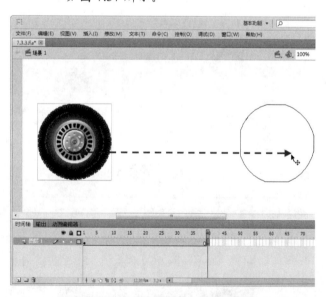

图 7.37 插入关键帧并调整元件位置

Step 2 选择第1个关键帧，然后在该关键帧上单击右键，并从打开的菜单中选择【创建传统补间】命令，如图7.38所示。

Step 3 创建传统补间动画后，打开【属性】面板，设置【缓动】为 20、【旋转】为顺时针，旋转次数为4次，如图7.39所示。

图 7.39 设置传统补间的属性

技 巧

需要注意，要实现本小节实例中车轮滚动的效果，必须确保车轮的中心点位于车轮的中央位置，否则旋转会出现差错。图7.40所示为【车轮】图形元件的中心点位置。

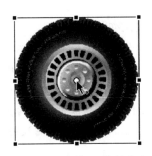

图 7.40　【车轮】图形元件的中心点位置

Step 4　设置属性后，按快捷键 Ctrl+Enter，或者依次选择【控制】|【测试影片】|【测试】命令，测试动画播放效果，如图 7.41 所示。

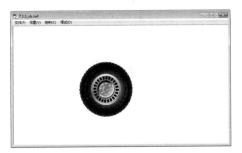

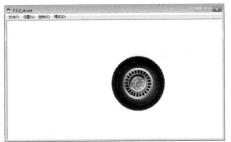

图 7.41　车轮滚动动画的播放效果

7.4　制作补间形状动画

通过"补间形状"类型创建的 Flash 动画，可以实现图形的颜色、形状、不透明度、角度的变化。

7.4.1　关于补间形状

在一个特定时间绘制一个形状，然后在另一个特定时间更改该形状或绘制另一个形状，当创建补间形状动画后，Flash 会自动插入二者之间的帧值或形状来创建动画，这样用户就可以在播放补间形状动画中看到形状逐渐过渡的过程，从而形成形状变化的动画，如图 7.42 所示。

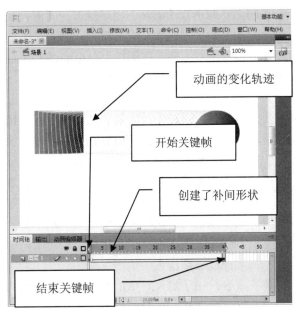

图 7.42　更改形状的补间形状动画变化过程

补间形状动画可以实现两个形状之间的大小、颜色、形状和位置的相互变化。这种动画类型只能使用形状对象作为动画的元素，其他对象(例如实例、元件、文本、组合等)必须先分离成形状才能应用到补间形状动画。

换言之，如果对象不是形状，那么创建的补间形状将会失败，此时图层上以点线表示，如图 7.43 所示。

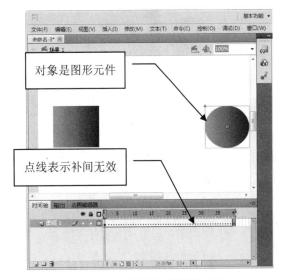

图 7.43　无效的补间形状动画

7.4.2 补间形状的属性设置

在制作补间形状动画时，用户只需在【时间轴】面板上添加开始关键帧和结束关键帧，然后在关键帧中创建与设置形状，接着在图层上单击右键并从打开的菜单中选择【创建补间形状】命令即可。

为开始关键帧和结束关键帧之间创建补间形状动画后，用户可以通过【属性】面板设置补间形状的选项，其中包括【缓动】和【混合】选项，如图 7.44 所示。关于补间形状的设置项目说明如下。

- 缓动：用于设置图形以类似运动缓冲的效果进行变化，可以使用【缓动】文本框输入缓动值或拖动滑块设置缓动值。缓动值大于 0，则运动速度逐渐减小；缓动值小于 0，则运动速度逐渐增大。

- 混合：用于定义对象形状边缘的变化方式。包括分布式和角形两种方式。
  - 分布式：对象形状变化时，边缘以圆滑的方式逐渐变化。
  - 角形：对象形状变化时，边缘以直角的方式逐渐变化。

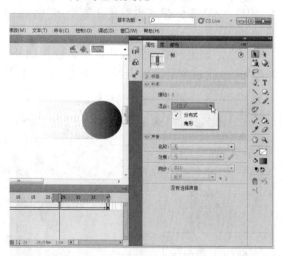

图 7.44 设置补间形状动画的属性

7.4.3 制作改变形状的动画

制作形状变化的动画是补间形状动画最常见的应用。本例通过制作烛光晃动的效果来介绍利用补间形状制作形状变化动画的方法。

制作改变形状的动画的操作步骤如下。

 Step 1 打开练习文件(光盘：..\Example\Ch07\7.4.3 .fla)，选择舞台上的烛光组合，然后按快捷键 Ctrl+B 分离成形状，接着分别在图层 1 和图层 2 的第 80 帧上插入关键帧，如图 7.45 所示。

图 7.45 在第 80 帧上插入关键帧

 Step 2 在图层 2 第 20 帧上插入关键帧，然后在【工具】面板上选择【选择工具】，接着使用该工具调整烛光的形状，如图 7.46 所示。

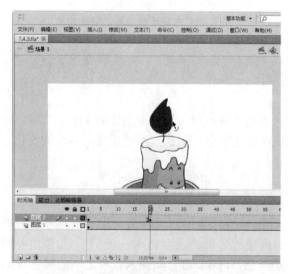

图 7.46 插入关键帧并调整烛光的形状

Step 3 使用步骤 2 的方法，在图层 2 第 40 帧和第 60 帧上插入关键帧，再使用【选择工具】按钮 分别修改各个关键帧下烛光的形状，如图 7.47 所示。

Step 4 此时拖动鼠标选择图层 2 中各关键帧之间的帧，然后单击右键并从弹出的菜单中选择【创建补间形状】命令，如图 7.48 所示。

Step 5 设置属性后，按快捷键 Ctrl+Enter，或者依次选择【控制】|【测试影片】|【测试】命令，测试动画播放效果，如图 7.49 所示。

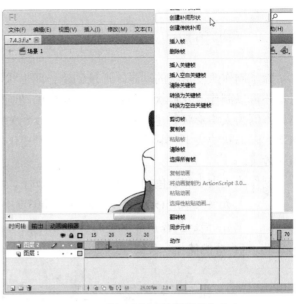

图 7.48　选择【创建补间形状】命令

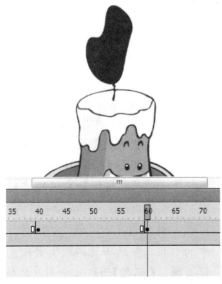

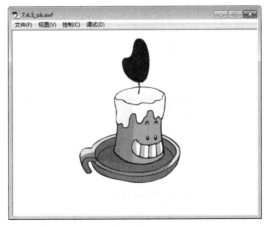

图 7.47　插入关键帧并修改各关键帧的形状

图 7.49　预览动画效果

7.4.4 制作改变大小和颜色的动画

除了制作改变形状的动画，通过创建补间形状，用户还可以制作改变形状大小和颜色等属性的动画。例如本例为太阳形状创建补间形状，并通过改变关键帧下太阳形状的大小和颜色，制作出太阳光照变化的动画效果。

制作改变大小和颜色的动画的操作步骤如下。

Step 1 打开练习文件(光盘：..\Example\Ch07\7.4.4.fla)，同时选择所有图层的第80帧，然后按F6功能键插入关键帧，如图7.50所示。

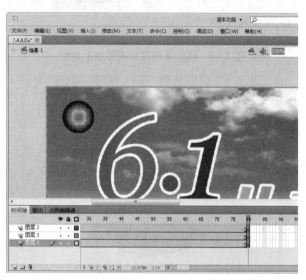

图 7.50　为所有图层插入关键帧

Step 2 此时同时选择图层2和图层3的第20帧，然后按F6功能键插入关键帧，如图7.51所示。

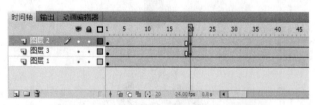

图 7.51　为图层2和图层3插入关键帧

Step 3 选择图层3第20帧中的形状，然后使用【自由变形工具】并按住快捷键 Shift+Alt 等比例放大太阳光芒形状，如图7.52所示。

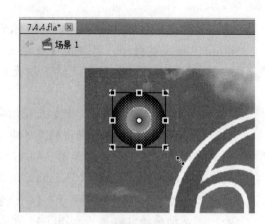

图 7.52　调整第20帧形状的大小

Step 4 选择图层2第20帧中的形状，然后打开【颜色】面板，并向右拖动颜色样板轴左端的控制点，以改变形状的填充颜色，如图 7.53所示。

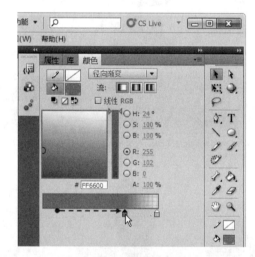

图 7.53　调整第20帧形状的填充颜色

Step 5 选择图层3第40帧中的形状，然后使用【自由变形工具】并按住快捷键 Shift+Alt 等比例缩小太阳光芒形状，接着打开【颜色】面板，并拖动颜色样板轴左端的控制点，改变形状的填充颜色，如图7.54所示。

Step 6 使用步骤5的方法，再选择图层3第60帧中的形状，然后等比例放大太阳光芒形状，接着通过【颜色】面板改变形状的填充颜色，如图7.55所示。

图 7.55   调整第 60 帧的形状大小和填充颜色(续)

Step 7 此时拖动鼠标选择图层 2 和图层 3 中各关键帧之间的帧，然后单击右键并从弹出的菜单中选择【创建补间形状】命令，如图 7.56 所示。

Step 8 设置属性后，按快捷键 Ctrl+Enter，或者依次选择【控制】|【测试影片】|【测试】命令，测试动画播放效果，如图 7.57 所示。

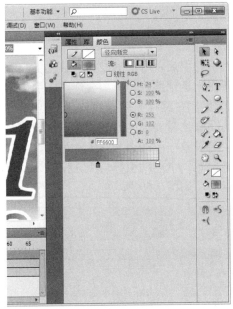

图 7.54   调整第 40 帧的形状大小和填充颜色

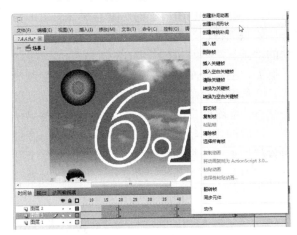

图 7.56   选择【创建补间形状】命令

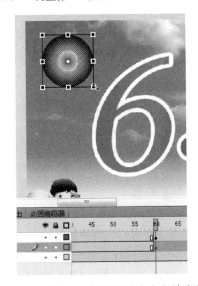

图 7.55   调整第 60 帧的形状大小和填充颜色

图 7.57   预览动画效果

图 7.57　预览动画效果(续)

7.5　引导层与遮罩层的应用

除了基本的补间动画制作外，用户也可以利用引导层和遮罩层来制作特殊的动画效果。

7.5.1　关于引导层

引导层是一种帮助用户让其他图层的对象对齐引导层对象的一种特殊图层。用户可以在引导层上绘制对象，然后将其他图层上的对象与引导层上的对象对齐。依照此特性，可使用引导层来制作沿曲线路径运动的动画。

例如，创建一个引导层，然后在该层上绘制一条曲线，接着将其他图层上开始关键帧的对象放到曲线一个端点，并将结束关键帧的对象放到曲线的另一个端点，最后创建传统补间动画，这样在补间动画过程中对象就根据引导层的特性对齐曲线，因此整个补间动画过程对象都沿着曲线运动，从而制作出对象沿曲线路径移动的效果，如图 7.58 所示。

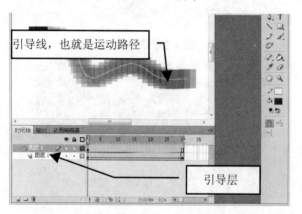

图 7.58　利用引导层让对象沿指定路径运动

提　示

引导层不会被导出，因此引导线不会显示在发布的 swf 文件中。任何图层都可以作为引导层，图层名称左侧的辅助线图标表明该层是引导层。

7.5.2　引导层使用须知

使用引导层来制作对象沿路径运动的补间动画需要注意三个方面。

1. 引导层与其他图层的配合

插入引导层后，用户可以在引导层上绘制曲线或直线线条作为运动路径，但需要注意，引导层的作用是放置运动路径(又称为引导线)，要建立对象沿引导线运动的动画还需要与另一图层配合，即需要将另外一个图层的对象作用在引导线上。另外，用户可以将多个层链接到一个运动引导层上，使多个对象沿同一条路径运动，如图 7.59 所示。

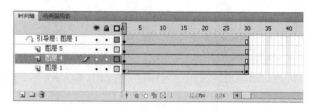

图 7.59　将多个层链接到一个运动引导层

2. 引导层的两种形式

引导层有两种形式：一种形式是未引导对象的引导层；另一种形式是已引导对象的引导层，如图 7.60 所示。

图 7.60　引导层的形式

● 未引导对象的引导层会在图层上显示图示✎，这种引导层没有组合图层，即没有引导被作用对象的图层，所以不会形成引导线动画。

- 已经引导对象的引导层会在图层上显示图示 ，这种引导层已经组合了图层，可以让被引导层的对象沿着引导线运动。

3. 引导层引导对象的要求

利用引导层制作对象沿引导线运动有 3 个要求，只要满足了这 3 个要求，即可为对象制作沿路径(引导线)运动的动画。

- 对象已经为其开始关键帧和结束关键帧之间创建传统补间动画。
- 对象的中心必须放置在引导线上。
- 对象不可以是形状。如果是形状，那么引导层补间动画将变成无效。

7.5.3　制作引导动画

本例将在图层 1 中绘制一个圆形，并将圆形转换成图形元件，然后为图形元件创建传统补间动画，接着为图层 1 添加引导层，并绘制一条曲线作为引导线，最后将图形元件放置在引导线的端点上，制作圆形元件沿曲线引导线运动的动画，如图 7.61 所示。

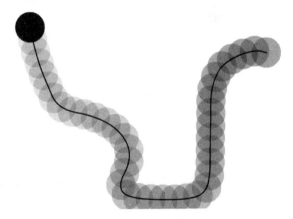

图 7.61　圆形元件沿曲线引导线运动的动画

制作曲线路径引导动画的操作步骤如下。

Step 1　打开练习文件(光盘：..\Example\Ch07\7.5.3 .fla)，在工具箱中选择【椭圆工具】 ，在舞台左边绘制一个笔触颜色为【无】、填充颜色为蓝色的圆形，如图 7.62 所示。

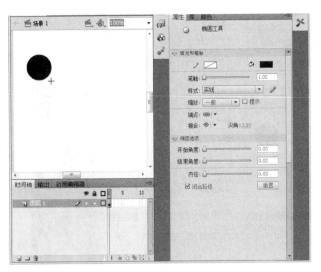

图 7.62　绘制一个圆形

Step 2　选择圆形并单击右键，然后在打开的快捷菜单中选择【转换为元件】命令，打开【转换为元件】对话框后，设置【类型】为【图形】，【名称】为圆形，最后单击【确定】按钮，如图 7.63 所示。

图 7.63　将圆形转换成图形元件

Step 3　在图层 1 的第 40 帧上按 F6 功能键，然后在第 1 帧上单击右键，接着在打开的快捷菜单中选择【创建传统补间】命令，如图 7.64 所示。

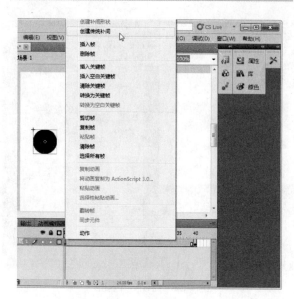

图 7.64 选择【创建传统补间】命令

Step 4 在【时间轴】面板上选择图层 1，然后单击右键并从打开的快捷菜单中选择【添加传统运动引导层】命令，添加一个引导层，如图 7.65 所示。

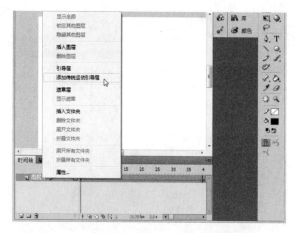

图 7.65 选择【添加传统运动引导层】命令

 Step 5 在工具箱中选择【铅笔工具】 ，接着设置笔触颜色为黑色、【笔触】高度为 2，最后在舞台上绘制一条曲线，如图 7.66 所示。

提 示

当使用【铅笔工具】在舞台上绘制一条曲线时，图层 1 上的【圆形】元件的中心将自动贴到曲线上，如图 7.66 所示。

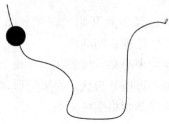

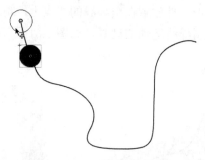

图 7.66 在引导层上绘制一条曲线

 Step 6 在工具箱中选择【选择工具】，再选择图层 1 的第 1 帧，然后使用【选择工具】将图形元件的中心点移到曲线的左端点上，如图 7.67 所示。

图 7.67 设置开始关键帧图形元件的位置

Step 7 使用步骤 6 的方法，选择图层 1 的第 40 帧，然后将图形元件的中心点放置在曲线的右端点上，如图 7.68 所示。

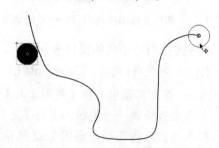

图 7.68 设置结束关键帧图形元件的位置

7.5.4　关于遮罩层

遮罩层是一种可以挖空被遮罩层的特殊图层，用户可以使用遮罩层来显示下方图层中图片或图形的部分区域。例如图层 1 上是一张图片，用户可以为图层 1 添加遮罩层，然后在遮罩层上添加一个椭圆形，那么图层 1 的图片就只会显示与遮罩层的椭圆形重叠的区域，椭圆形以外的区域无法显示，如图 7.69 所示。

图 7.69　遮罩层的使用效果

综合图 7.69 的分析，可以将遮罩层理解成一个可以挖空对象的图层，即遮罩层上的椭圆形就是一个挖空区域，当从上往下观察图层 1 的内容时，就只能看到挖空区域的内容，如图 7.70 所示。

从上观察

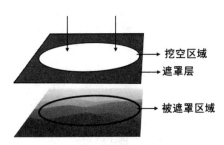

图 7.70　遮罩层的原理示意图

7.5.5　遮罩层使用须知

遮罩层上的遮罩项目可以是填充形状、文字对象、图形元件的实例或影片剪辑。用户可以将多个图层组织在一个遮罩层下从而创建复杂的效果，如图 7.71 所示。

对于用作遮罩的填充形状，可以使用补间形状；对于类型对象、图形实例或影片剪辑，可以使用补间动画。另外，当使用影片剪辑实例作为遮罩时，可以让遮罩沿着运动路径运动。

若要创建遮罩层，就要将遮罩项目放在要用作遮罩的图层上，遮罩项目就像一个窗口，通过它可以看到位于它下面的链接层区域。除了透过遮罩项目显示的内容之外，其余的所有内容都被遮罩层的其余部分隐藏起来。

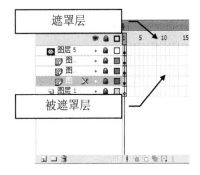

图 7.71　将多个图层组织在一个遮罩层下

注　意

需要注意：一个遮罩层只能包含一个遮罩项目，并且遮罩层不能应用在按钮元件内部，也不能将一个遮罩应用于另一个遮罩。

7.5.6　制作遮罩动画

本例绘制了一个圆形，然后将圆形所在的图层转换为遮罩图层，接着制作圆形从小到大的传统补间动画，让圆形在从小到大的过程中逐渐显示舞台的内容，就如同影片开场的过渡效果一样，如图 7.72 所示。

图 7.72　圆形开场的遮罩动画

制作圆形开场遮罩动画的操作步骤如下。

打开练习文件(光盘：..\Example\Ch07\7.5.6 .fla)，在【工具】面板上选择【椭圆工具】 ◯ ，然后打开【属性】面板设置笔触颜色为【无】、填充颜色为红色、【笔触】大小为2，如图 7.73 所示。

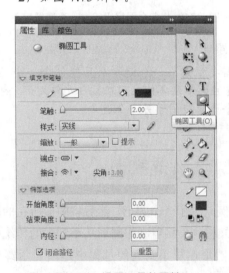

图 7.73　设置工具的属性

选择图层 2，然后按住 Shift 键在舞台上拖动鼠标，绘制一个正圆形，如图 7.74 所示。

选择舞台上的圆形形状，依次选择【窗口】|【对齐】命令，打开【对齐】面板，然后选择【与舞台对齐】复选框，接着分别单击【水平中齐】按钮 和【垂直中齐】按钮 ，如图 7.75 所示。

图 7.74　绘制一个圆形

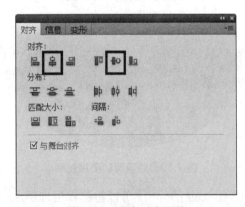

图 7.75　居中对齐形状

选择图层 1 和图层 2 的第 20 帧，然后按 F5 功能键插入帧，接着选择图层 2 的第 20 帧，再按 F6 功能键插入关键帧，如图 7.76 所示。

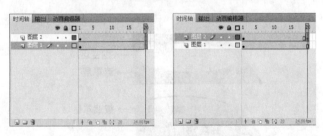

图 7.76　插入帧和关键帧

Step 5 在【工具】面板中选择【任意变形工具】，然后选择圆形，再同时按住 Shift 和 Alt 键向外拖动变形控制点，等比例从中心向外扩大圆形，如图 7.77 所示。

图 7.77 等比例从中心向外扩大圆形

提 示

在步骤 5 中，需要将圆形扩大到完全遮挡舞台，以便后续制作遮罩动画时能够完全显示舞台上的内容。

Step 6 选择图层 2 的第 1 帧，然后单击右键并从打开的菜单中选择【创建补间形状】命令，创建补间形状动画，如图 7.78 所示。

图 7.78 创建补间形状动画

Step 7 此时选择图层 2，然后在图层 2 上单击右键，并从打开的快捷菜单中选择【遮罩层】命令，将图层 2 转换为遮罩层，如图 7.79 所示。

图 7.79 将图层 2 转换为遮罩层

Step 8 舞台放置了一个影片剪辑元件，该元件创建了动画。为了让影片剪辑的动画循环播放，本步骤为场景添加一个停止动作，让场景动画不重复播放(这样的目的是让影片剪辑动画循环播放)。操作方法：在【时间轴】面板上新增图层 3，并在第 20 帧上插入关键帧，然后按 F9 功能键打开【动作】面板，双击 stop 选项，添加停止动作，如图 7.80 所示。

图 7.80 新增图层并添加停止动作

7.6 应用与设置声音

Flash CS5 允许用户将声音导入到动画中，使动画具有各种各样的声音效果，以增加动画的观赏性。本节介绍 Flash 中应用声音的方法，包括导入并应用声音、设置声音同步效果等内容。

7.6.1 导入与应用声音

在 Flash 中使用声音，可以先将声音导入到库内，然后依照设计需要从库中调用声音。

提示

要将声音从库中添加到文件，建议为声音新增一个图层，以便在【属性】面板中查看与设置"声音"的属性选项，并对声音做单独的处理。

导入与应用声音的操作步骤如下。

 打开练习文件(光盘：..\Example\Ch07\7.6.1.fla)，依次选择【文件】|【导入】|【导入到库】命令，如图 7.81 所示。

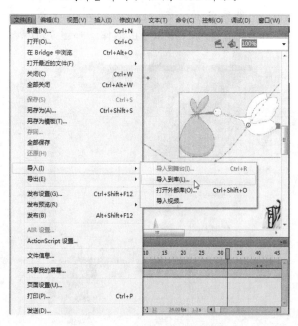

图 7.81 选择【导入到库】命令

 打开【导入到库】对话框后，选择声音文件，再单击【打开】按钮，如图 7.82 所示。

图 7.82 【导入到库】对话框

 此时在【时间轴】面板中选择图层 2，然后单击【新建图层】按钮，插入图层 3，接着选择图层 3 的第 1 帧，并将【库】面板的声音对象拖到舞台上，如图 7.83 所示。

图 7.83 新增图层并应用声音

技巧

除了步骤 3 加入声音的方法外，用户还可以先选择图层的一个帧，然后打开【属性】面板，并打开声音【名称】下拉列表，从列表中选择需要添加到动画的声音即可，如图 7.84 所示。

 此时打开【属性】面板，再设置声音的同步为【事件】，如图 7.85 所示。

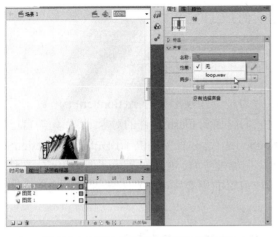

图 7.84   通过【属性】面板应用声音

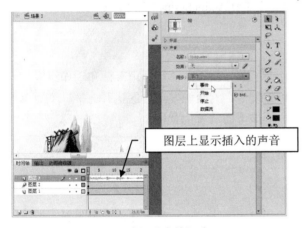

图层上显示插入的声音

图 7.85   选择【事件】选项

> **说 明**
>
> Flash CS5 提供了事件、开始、停止、数据流四种声音同步方式，可以使声音独立于时间轴连续播放，或使声音和动画同步播放，也可以使声音循环播放一定次数。各种声音同步方式的功能介绍如下。
>   ● 事件：要求声音必须在动画播放前完成下载，而且会持续播放直到有明确命令为止。
>   ● 开始：这种方式与事件同步方式类似，在设定声音开始播放后，需要等到播放完毕才会停止。
>   ● 停止：是一种设定声音停止播放的同步处理方式。
>   ● 数据流：可以在下载了足够的数据后就开始播放声音(即一边下载声音，一边播放声音)，无需等待声音全部下载完毕再进行播放。

7.6.2　设置声音的效果

没有经过处理的声音会依照原来的模式进行播放。为了让声音更加符合动画设计，用户可以对声音设置各种效果。

1. 预设声音效果

Flash CS5 为用户提供了多种预设声音效果，例如淡入、淡出、左右声道等，如图 7.86 所示。

图 7.86   设置声音预设的效果

各种声音预设效果说明如下。
● 左声道：声音由左声道播放，右声道为静音。
● 右声道：声音由右声道播放，左声道为静音。
● 向右淡出：声音从左声道向右声道转移，然后从右声道逐渐降低音量，直至静音。
● 向左淡出：声音从右声道向左声道转移，然后从左声道逐渐降低音量，直至静音。
● 淡入：左右声道从静音逐渐增加音量，直至最大音量。
● 淡出：左右声道从最大音量逐渐降低音量，直至静音。

2. 自定义声音效果

如果 Flash CS5 默认提供的声音效果不能满足设计需要，用户可以通过编辑声音封套的方式对声音效果进行自定义编辑，以达到随意改变声音的音量和播放效果的目的。

编辑声音封套可以让用户定义声音的起始点，或在播放时控制声音的音量。通过编辑封套，用户还可以改变声音开始播放和停止播放的位置，这样也可以删除声音文件的无用部分，从而减小文件的大小。

要编辑声音封套，可以选择添加声音的关键帧(目的是选择声音)，然后打开【效果】下拉列表框，并选择【自定义】选项，如图 7.87 所示，或者直接单击【效果】列表后的【编辑声音封套】按钮 。

图 7.87 选择【自定义】的声音效果

此时程序将打开如图 7.88 所示的【编辑封套】对话框，用户可以在此对话框中自定义声音效果。

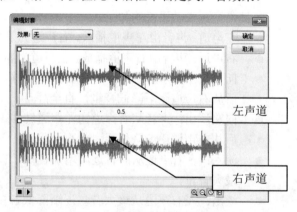

图 7.88 【编辑封套】对话框

7.7 行为和动作的应用

在 Flash CS5 的动画创作中，行为与动作是两个重要的概念，本节针对这两个概念进行详细的说明并通过实例介绍其应用。

7.7.1 关于行为与动作

行为是一些预定义的 ActionScript 函数，用户可以将它们附加到 Flash 文件的对象上，而无需自己编写 ActionScript 代码。行为提供了预先编写的 ActionScript 功能，例如帧导航、加载外部 swf 或者 JPEG 文件、控制影片剪辑的堆叠顺序，以及影片剪辑拖动等功能。

> **注 意**
>
> Flash CS5 中的行为基于 ActionScript 2.0 语言，即行为可由 ActionScript 2.0 语言定义。

1. 行为的组成

在 Flash CS5 中，行为由事件和动作组成，当一个事件发生，就会触发动作的执行。举一个简单的例子，例如下面的行为代码：

```
on (release) {
gotoAndStop (10);
}
```

其中，on (release)是事件，表示当鼠标按下对象并放开时；gotoAndStop(10)是动作，表示跳到时间轴第 10 帧，并停止播放。

从上面的解析中就容易理解事件和动作的概念了。事件就是对对象的一种操作；动作就是由事件触发而执行 ActionScript 代码的自发行为。例如在加载影片剪辑时，可以设置在进入时间轴上的关键帧，或者在用户单击某个按钮时，触发事件所指定的动作。

2. 编写脚本处理事件

事件发生时，必须编写一个"事件处理"函数，从而在该事件发生时让一个动作响应该事件。要达到此目的，就需要先了解事件发生的时间和位置，或者以什么样的方式用一个动作响应该事件，以及在各种情况下分别应该使用哪些 ActionScript 工具。要编写这样的脚本，可以通过 Flash CS5 提供的【动作】面板来完成，如图 7.89 所示。

图 7.89 【动作】面板

3. 事件的分类

事件可以分为鼠标和键盘事件、剪辑事件、帧事件三类，它们的说明如下。

1) 鼠标和键盘事件

鼠标和键盘事件即发生在用户通过鼠标和键盘与 Flash CS5 应用程序进行交互时的事件。例如当用户滑过一个按钮时，将发生 Button.onRollOver 或 on(RollOver)事件；当用户单击某个按钮时，将发生 Button.onRelease 事件；如果按键盘上的某个键，则发生 on(KeyPress)事件。

2) 剪辑事件

剪辑事件即发生在影片剪辑内的事件。例如可以响应用户进入(或退出)场景或使用鼠标(或键盘)与场景进行交互时触发的多个剪辑事件。假设用户播放影片时需要将外部 swf 文件或 JPG 图像加载到影片剪辑中，即可为剪辑添加 onLoad 事件，让影片下载时触发动作。

3) 帧事件

帧事件就是发生在时间轴帧上的事件(即在主时间轴或影片剪辑时间轴上，当播放头进入关键帧时会发生系统事件)。帧事件可用于根据时间的推移(沿时间轴移动)触发动作或与舞台上当前显示的元素交互。例如在时间轴第 20 帧插入关键帧，并在此关键帧中添加 gotoAndPlay(30)代码，那么当播放头移动到第 20 帧时，就会直接跳到第 30 帧并继续播放。

7.7.2 关于【行为】面板

为了方便没有编程基础的初、中级用户使用 ActionScript 语言制作交互功能，Flash CS5 将常用的 ActionScript 指令整合在一个面板上，这就是【行为】面板。

用户只需通过该面板进行简单的选择、设置等操作，即可完成很多原来需要编写代码的动画效果，如图 7.90 所示。

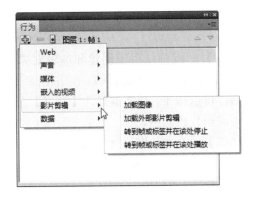

图 7.90 【行为】面板

当用户通过【行为】面板为对象添加行为后，面板中会显示该行为的事件与动作，如图 7.91 所示。

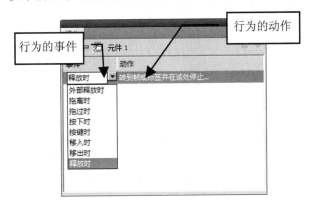

图 7.91 行为的事件与动作

需要注意：行为仅在 ActionScript 2.0 及更早版本中可用，在 ActionScript 3.0 中是不可用的。当用户在基于 ActionScript 3.0 的 Flash 文件上添加行为时，Flash CS5 将打开警告对话框，如图 7.92 所示。

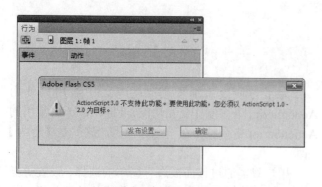

图 7.92 Flash CS5 打开的警告对话框

7.7.3 关于【动作】面板

【动作】面板可以用于创建和编辑对象或帧的 ActionScript 代码。当用户选择帧、按钮元件或影片剪辑元件后，可以按 F9 功能键打开【动作】面板，然后输入与编辑代码即可。

【动作】面板由动作工具箱、脚本导航器和脚本窗格三部分组成，每部分都为创建和管理 ActionScript 提供支持，如图 7.93 所示。

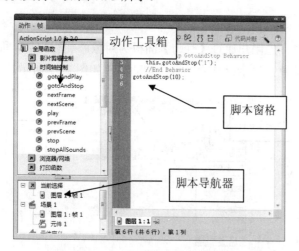

图 7.93 【动作】面板的组成

● 动作工具箱：通过动作工具箱可以浏览 ActionScript 语言元素(例如函数、类、类型等)的分类列表，并可以将选定的脚本指令插入到脚本窗格中，以应用脚本。

● 脚本导航器：可显示包含脚本的 Flash 元素 (例如影片剪辑、帧和按钮等)的分层列表。

使用脚本导航器可在 Flash 文档中的各个脚本之间快速切换。

● 脚本窗格：是一个全功能脚本编辑器(或称作 ActionScript 编辑器)，它为创建脚本提供了必要的工具，用户可以直接在脚本窗格中编写代码。

另外，脚本编辑器还包括代码的语法格式设置和检查、代码提示以及其他一些简化脚本创建的功能，如图 7.94 所示。

图 7.94 通过快捷菜单添加脚本项目

如果用户是 ActionScript 的新手，没有编程的基础，但又想使用 ActionScript 语言及其语法为 Flash 添加简单交互性功能，那么可以单击【动作】面板中的脚本助手按钮，它可以帮助用户简单地向 Flash 文件添加 ActionScript。

【动作】面板的脚本助手允许用户通过选择【动作】工具箱中的项目来构建脚本。当选择脚本助手模式后，用户单击某个项目，面板右上方会显示该项目的描述。若双击某个项目，该项目就会被添加到【动作】面板的脚本窗格中，如图 7.95 所示。

> **提示**
>
> 用户在脚本助手模式下可以添加、删除或者更改脚本窗格中语句的顺序，并且可以在脚本窗格上方的文本框中输入动作的参数，以完成脚本的编辑。

图 7.95　通过脚本助手模式编辑动作脚本

7.7.4　应用【转到 Web 页】行为

本例先将舞台上的文本转换为按钮元件,然后编辑该元件,接着通过【行为】面板为按钮元件添加【转到 Web 页】行为,让浏览者可以单击【进入官方网站】按钮即可打开网站,如图 7.96 所示。

图 7.96　单击按钮打开网站

制作通过动画打开网站效果的操作步骤如下。

Step 1 打开练习文件(光盘: ..\Example\Ch07\7.7.4 .fla),选择舞台右下角的文本,然后单击右键并从打开的快捷菜单中选择【转换为元件】命令,如图 7.97 所示。

Step 2 打开【转换为元件】对话框后,设置元件名称和元件类型,如图 7.98 所示,接着单击【确定】按钮。

图 7.97　选择【转换为元件】命令

图 7.98　设置元件选项

Step 3 此时双击按钮元件进入编辑窗口,选择图层 1 的【指针经过】状态并按 F6 功能键插入关键帧,接着选择该帧上的文本对象,再修改文本的颜色为紫色,如图 7.99 所示。

Step 4 选择图层 1 的【按下】状态并按 F6 功能键插入关键帧,接着选择该帧上的文本对象,再修改文本的颜色为蓝色,如图 7.100 所示。

Step 5 选择图层 1 的【点击】状态并按 F6 功能键插入关键帧,接着选择【矩形工具】,然后在文本上绘制一个矩形以作为点击作用区域,如图 7.101 所示。

图 7.99　编辑按钮【指针经过】状态

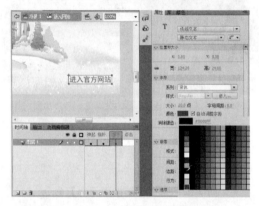

图 7.100　编辑按钮【按下】状态

图 7.101　编辑按钮【点击】状态

 Step 6　在工作区上单击【场景 1】按钮返回场景 1，接着选择按钮元件，打开【行为】面板，再单击【添加行为】按钮，然后在打开的菜单中依次选择 Web|【转到 Web 页】命令，如图 7.102 所示。

图 7.102　添加【转到 Web 页】行为

Step 7　打开【转到 URL】对话框后，输入网站地址，再设置打开方式，如图 7.103 所示，接着单击【确定】按钮。

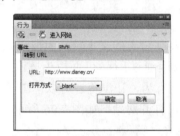

图 7.103　设置打开方式

Step 8　此时打开【事件】列表框，选择一种合适的事件，如图 7.104 所示。

图 7.104　设置行为的时间

7.8　章后总结

本章主要介绍了使用 Flash CS5 制作各类补间动画的方法，还有使用引导层和遮罩层制作动画效果的技巧，以及应用与设置声音、利用行为和动作制作动画等高级应用技巧。

7.9 章 后 实 训

本章实训题(光盘：..\Example\ch07\7.9.fla)要求进入舞台的影片剪辑元件编辑窗口，然后新增一个图层并在图层上绘制一个椭圆形，接着制作椭圆形从文本下方移到文本上方的形状补间动画，最后将形状所在的图层转换为遮罩层，以制作出动画文字的遮罩显示效果，如图 7.105 所示。

图 7.105　实训题的动画效果

本章实训题的操作流程如图 7.106 所示。

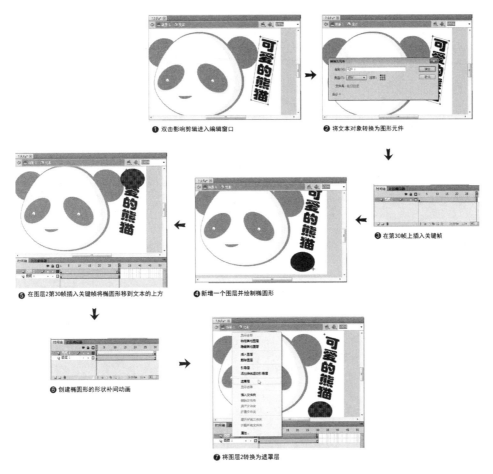

❶ 双击影响剪辑进入编辑窗口　　　❷ 将文本对象转换为图形元件

❸ 在第30帧上插入关键帧

❺ 在图层2第30帧插入关键帧将椭圆形移到文本的上方　　　❹ 新增一个图层并绘制椭圆形

❻ 创建椭圆形的形状补间动画

❼ 将图层2转换为遮罩层

图 7.106　实训题的操作流程

第 8 章

静态网页的编辑与布局

Dreamweaver CS5 是一个网站制作应用程序，它提供了网页设计和网站开发的各种功能。本章重点介绍了 Dreamweaver CS5 在网页设计上的基本应用，以便可以带领读者学习并掌握静态网页的编辑与设计的各种方法。

本章学习要点

➢ 文本设置与段落编排

➢ 用表格布局和编排内容

➢ 美化表格与单元格

➢ 插入各种网页素材

➢ 设置各式超级链接

8.1 文本设置与段落编排

　　网页页面的设计离不开对文本的设置和对段落的编排。本节详细介绍各种文本处理和段落编排的方法和技巧。

8.1.1 编辑字体列表

　　Dreamweaver CS5 默认提供了一组中英文字体，其中中文字体只有"宋体"和"新宋体"两种，这显然不能满足进行精美文本外观设置的要求，因此，当需要使用系统中已有的其他字体时，就需要编辑 Dreamweaver 的字体列表。

　　编辑字体列表的操作步骤如下。

Step 1 打开 Dreamweaver CS5 程序并新建一个网页文件，在【属性】面板左边单击 CSS 按钮打开【字体】的下拉列表，选择【编辑字体列表】选项，如图 8.1 所示。

图 8.1　选择【编辑字体列表】选项

Step 2 打开【编辑字体列表】对话框，在【可用字体】列表框中选择需要的字体项目，再单击按钮 << 添加所选字体，如图 8.2 所示。

图 8.2　选择并添加字体

Step 3 如果需要添加更多字体项目，单击对话框左上方的按钮 +，可看到添加的字体显示在【字体列表】列表框中，如图 8.3 所示。

图 8.3　【字体列表】列表框中可看到添加的字体

　　接着可再从【可用字体】列表框中选择字体项目，单击 << 按钮。添加完成后，单击【确定】按钮，如图 8.4 所示。

图 8.4　继续添加字体

Step 4 完成字体列表编辑后，在【属性】面板中打开【字体】下拉列表，便可看到已添加的可用字体，如图 8.5 所示。

图 8.5　编辑字体列表的结果

8.1.2 设置文本大小和颜色

　　网页文本的外观设置主要有大小、颜色、粗体、斜体等基本设置，当用户在网页中输入所需的文本资料后，便可通过【属性】面板根据美观要求设置这些属性。

　　设置文本大小与颜色的操作步骤如下。

Step 1　打开练习文件(光盘：..\Example\Ch08\8.1.2.html)，选择网页上的文本，在【属性】面板打开【大小】下拉列表，选择所需的字体大小参数，如图 8.6 所示。

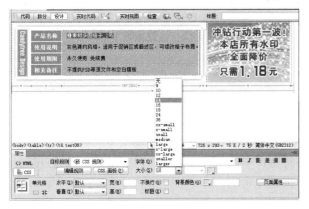

图 8.6　设置文本大小

Step 2　弹出【新建 CSS 规则】对话框，在【选择器名称】下拉列表中输入样式名称，再单击【确定】按钮，如图 8.7 所示。

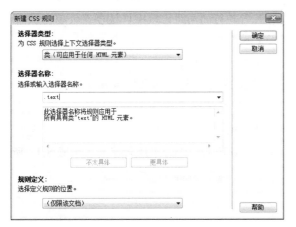

图 8.7　【新建 CSS 规则】对话框

Step 3　在选择文本状态下，在【属性】面板中打开文本调色板，选择所需的颜色，如图 8.8 所示。再参照步骤操 2 作即可。

Step 4　选择其他文本内容，在【属性】面板中打开【目标规则】下拉列表，选择前面步骤新建

的 CSS 规则，以套用 CSS 规则的方式快速设置文本大小与颜色，如图 8.9 所示。

提　示

　　由于 Dreamweaver CS5 全面支持 CSS 规则样式应用，因此，通过【属性】面板设置文本外观属性后，将自动弹出【新建 CSS 规则】对话框，要求命名文本属性 CSS 规则，如此，后续其他文本属性设置可通过套用已建 CSS 规则，快速设置相同文本外观。

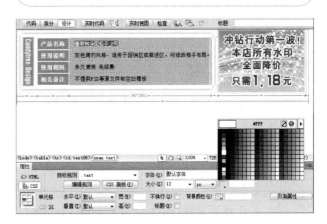

图 8.8　设置文本颜色

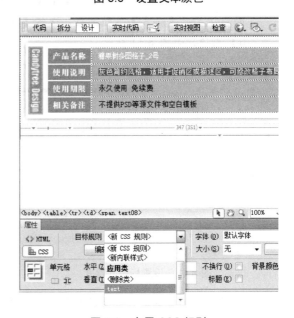

图 8.9　套用 CSS 规则

Step 5　根据步骤 4 的方法，为网页中其他文本设置大小与颜色，结果如图 8.10 所示。

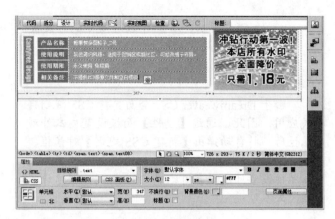

图 8.10　设置其他文本

图 8.12　设置标题 1 格式

8.1.3　设置文本的格式

Dreamweaver CS5 为网页文本提供了格式设置，默认格式分为段落和标题两种，包括一种段落格式和六种标题格式，套用这些格式可快速完成网页文本格式设置。

设置文本的格式的操作步骤如下。

Step 1　打开练习文件(光盘：..\Example\Ch08\8.1.3.html)，选择右上方的文本，再在【属性】面板中打开【格式】下拉列表，选择【标题6】选项，如图 8.11 所示。

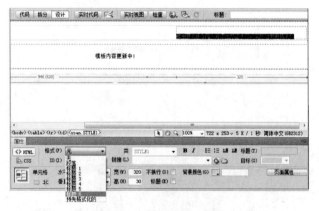

图 8.11　设置标题 6 格式

Step 2　选择下面的文本，再在【属性】面板的【格式】下拉列表中选择【标题1】选项，如图 8.12 所示。

8.1.4　文本的换行与断行

在网页中连续输入的文本其实都在一行之内，只不过限制于编辑区宽度而自动由下一行接着显示。若想将网页中的一行文本变为两行显示，可通过换行或断行处理实现。

> **说 明**
>
> 通过换行的文本将另起一个段落(对应于HTML 中的<p>标记)，并且行与行之间存在较大行距；而断行后的文本虽然另起一行显示(对应于HTML 中的
标记)，但仍与上一行同属一个落段，且行与行的间距比较小，适合在较小区域内编排大量文本。

文本的换行与断行的操作步骤如下。

Step 1　打开练习文件(光盘：..\Example\Ch08\8.1.4.html)，定位光标在第一行文字指定位置，按 Enter 键即可执行换行，如图 8.13 所示。

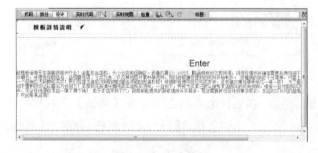

图 8.13　文本换行

Step 2　定位光标在第二行文字的指定位置，按快捷键Shift+Enter便可执行断行,如图8.14所示。

Step 3 根据前面两个步骤的方法,接着为网页中的其他文本进行换行与断行处理,完成后如图8.15所示。

图 8.14　文本断行

图 8.15　编辑字体列表

8.1.5　设置段落格式

Dreamweaver CS5 中直接输入的文本不具备段落格式,当为文本执行换行后自动产生段落格式,此外,也可以通过【属性】面板为文本设置段落格式,接着再适当为段落首行设置空格,从而产生标准的段落效果。

设置段落格式的操作步骤如下。

Step 1 打开练习文件(光盘: ..\Example\Ch08\8.1.5 .html),定位光标在文本中,并在【属性】面板中打开【格式】下拉列表,然后选择【段落】选项,如图8.16所示。

Step 2 定位光标在第一行文字指定位置,按 Enter 键执行换行,接着以相同操作为文本内容进行其他换行处理,如图8.17所示。

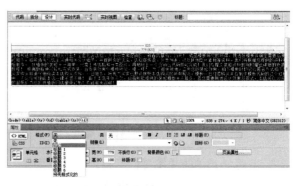

图 8.16　套用段落格式

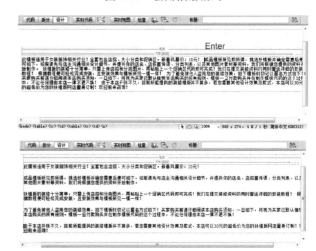

图 8.17　文本换行

Step 3 定位光标在第一个段落文本前方,然后在【插入】面板中切换至【文本】分类,打开【字符】下拉菜单,选择【不换行空格】命令,如图8.18所示。

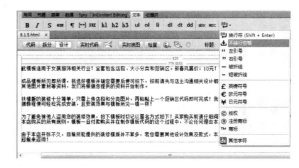

图 8.18　插入空格

Step 4 弹出 Dreamweaver 对话框,提供网页文档需使用的编码类型,如图8.19所示,单击【确定】按钮。

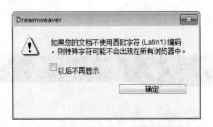

图 8.19　确认网页使用的编码

Step 5　再直接单击【字符：不换行空格】按钮，接着插入空格，使段落前的缩进达到两个中文字符宽度，如图 8.20 所示。

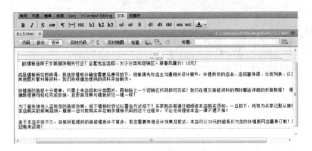

图 8.20　插入空格

8.1.6　设置段落对齐方式

使用 Dreamweaver CS5 为网页输入的文本默认左对齐。当需要为文本段落设置其他对齐时，可通过【属性】面板提供的四种对齐设置来实现。四种对齐设置的特点如下。

- 【左对齐】按钮：使文本或段落第一行都靠左显示，左对齐是默认的文本书写或阅读惯例，设置该对齐方式的段落，可让人们方便地沿着左边垂直方向找到第一行的开头。
- 【居中对齐】按钮：可使文本或段落的第一行在相应的范围内居中显示，也是一种常见的美化排版方式。
- 【右对齐】按钮：右对齐的文本或段落的每一行靠右显示，一般应用在特殊环境中的文本处理。
- 【两端对齐】按钮：设置该对齐方式后，文本其实仍显示出靠左对齐的效果，但对拥有大量内容的段落而言，会使每一行内容都尽量对齐左右两端，因此，适用于想充分利用版面的编排。

设置段落对齐方式的操作步骤如下。

Step 1　打开练习文件(光盘：..\Example\Ch08\8.1.6.html)，定位光标在网页的第一行文本，单击【属性】面板中的【左对齐】按钮，如图 8.21 所示。

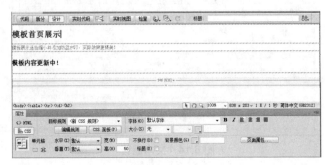

图 8.21　文本左对齐

Step 2　定位光标在网页第二行文本，如图 8.22 所示单击【属性】面板中的【右对齐】按钮。

图 8.22　光标定位在第二行文本

Step 3　定位光标在网页第三行文本，如图 8.23 所示。单击【属性】面板中的【居中对齐】按钮。

图 8.23　光标定位在第三行文本

完成网页文本对齐设置后，便可看到如图 8.24 所示的对齐效果。

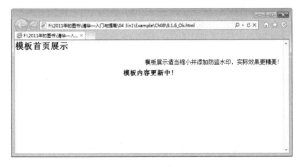

图 8.24　设置段落对齐的结果

8.1.7　制作列表文本内容

网页中的段落可通过设置列表使多行文本清晰易读，文本列表设置分为项目列表和编号列表两种。本节介绍这两种列表类型的应用和修改列表样式的方法。

1. 项目列表

通过设置项目列表可将多个段落的文本用符号图案编排，使文本资料整齐、清晰地排列在网页中。

设置项目列表的操作步骤如下。

Step 1 打开练习文件(光盘: ..\Example\Ch08\8.1.7a .html)，拖动选择网页中文本段落，在【属性】面板中单击【项目列表】按钮 ≔。

Step 2 弹出【新建 CSS 规则】对话框，输入 CSS 名称，然后单击【确定】按钮，如图 8.25 所示。

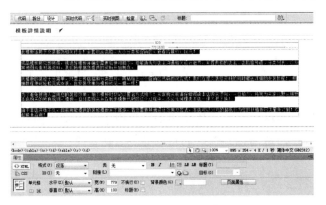

图 8.25　设置项目列表

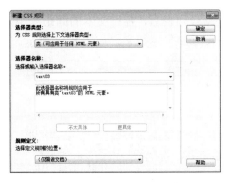

图 8.25　设置项目列表(续)

设置项目列表后，各段落文本的间距变小，同时前面以小黑点为项目符号，结果如图 8.26 所示。

图 8.26　设置项目列表的结果

2. 编号列表

设置编号列表后的文本同样能整齐排列，但各行文本前所显示的却是一组有顺序的数字。

设置编号列表的操作步骤如下。

Step 1 打开练习文件(光盘: ..\Example\Ch08\8.1.7b .html)，在网页中拖动选择多个文本段落。

Step 2 在【属性】面板中单击 HMTL 按钮切换至 HTML 设置，单击【编号列表】按钮 ≔，如图 8.27 所示。

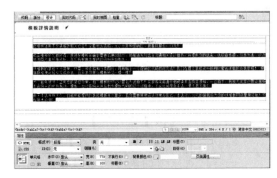

图 8.27　设置编号列表

设置编号列表后，各行文本的间距变小，同时在各行前方按顺序显示数字，如图 8.28 所示。

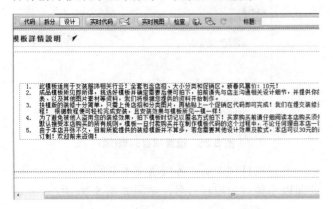

图 8.28　设置编号列表的结果

3. 修改列表样式

为网页文本设置项目列表默认的列表符号为黑色小圆点，而设置编号列表则以一组阿拉伯数字为默认编号样式，当需要特殊的列表符号或编号样式时，可通过设置列表属性来实现。

修改列表样式的操作步骤如下。

Step 1 打开练习文件(光盘：..\Example\Ch08\8.1.7c.html)，选择网页中设置了项目列表的标题文本，如图 8.29 所示，然后依次选择【格式】|【列表】|【属性】命令。

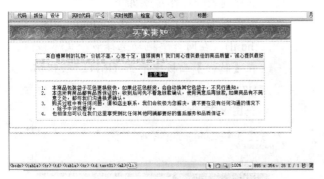

图 8.29　选择项目列表内容

Step 2 打开【列表属性】对话框，在【样式】下拉列表中选择【正方形】样式选项，如图 8.30 所示，最后单击【确定】按钮。

Step 3 选择网页下方的编号列表内容，然后依次选择【格式】|【列表】|【属性】命令，如图 8.31 所示。

图 8.30　修改项目列表样式

图 8.31　选择【属性】命令

Step 4 打开【列表属性】对话框，在【样式】下拉列表中选择【小写字母】样式选项，如图 8.32 所示，最后单击【确定】按钮。

图 8.32　修改编号列表样式

8.2　用表格布局和编排内容

表格是由单元格所组成，常用于定位页面内容和编排，从而达到很好的页面布局效果。

8.2.1　插入表格

在网页中可以通过插入多个表格，或者是在表格中插入表格进行页面内容的布局定位，以便根据需要将内容分布在网页版面的不同位置。

插入表格的操作步骤如下。

Step 1 打开练习文件(光盘：..\Example\Ch08\8.2.1 .html)，然后将光标定位在需要插入表格的位置，在【插入】面板中切换至【常用】分类，然后单击【表格】按钮 ⊞，如图 8.33 所示。

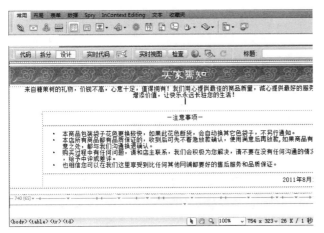

图 8.33 单击【表格】按钮

Step 2 弹出【表格】对话框，设置表格行数为 1、列数为 1、表格宽度为 600 像素，边框粗细为 1 像素，如图 8.34 所示，然后单击【确定】按钮。

图 8.34 设置【表格】对话框的参数

Step 3 插入表格后，拖动选择上方的文本，再将文

本移至表格内，如图 8.35 所示，以利用表格定位网页内容。

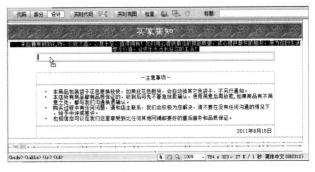

图 8.35 在表格中添加内容

提示

当使用表格布局页面区域时可使用【跟踪图像】功能，指定一张布局草图作为网页排版参考。依次选择【修改】|【页面属性】命令打开【页面属性】对话框，在【跟踪图像】分类中指定【跟踪图像】素材并设置【透明度】参数，单击【确定】后的效果如图 8.36 所示。

图 8.36 设置跟踪图像和设置后的结果

8.2.2 设置表格属性

在 Dreamweaver CS5 中为网页插入表格时，可同时设置一部分重要的表格属性。插入表格后，也可通过【属性】面板为表格设置包括宽、填充与间距、边框等属性。

设置表格属性的操作步骤如下。

Step 1 打开练习文件(光盘：..\Example\Ch08\8.2.2. html)，选择页面中需要设置属性的表格，然后在【属性】面板中设置【宽】为 680 像素，如图 8.37 所示。

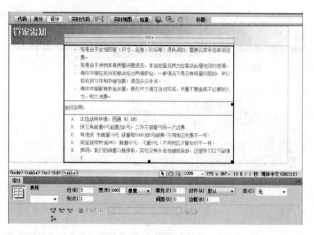

图 8.37　设置宽度值

 Step 2 接着在【属性】面板中修改【边框】的值为 0，如图 8.38 所示，使表格不显示边框。

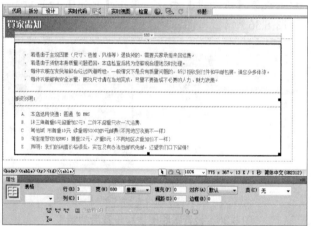

图 8.38　设置【边框】属性

8.2.3　设置表格对齐方式

表格对齐是指表格相对页面或者包含了表格的外在区域的对齐方式，此外，还有网页内容相对于表格中各单元格的对齐方式。通过设置表格和单元格的对齐方式，可以更美观地编排数据、图形和文本内容。

设置表格对齐方式的操作步骤如下。

 Step 1 打开练习文件(光盘：..\Example\Ch08\8.2.3 .html)，选择网页中的表格，在【属性】面板中打开【对齐】下拉列表，选择【居中对齐】选项，如图 8.39 所示。

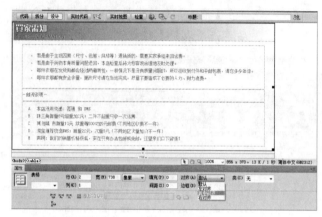

图 8.39　设置表格【居中对齐】

 Step 2 再选择网页中另一个表格，在【属性】面板中打开【对齐】下拉列表，选择【左对齐】选项，如图 8.40 所示。

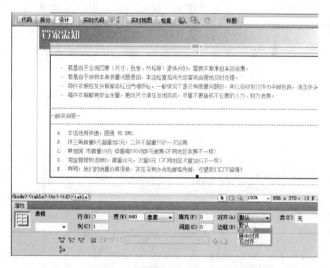

图 8.40　设置表格【左对齐】

 Step 3 把光标定位在表格中第二行单元格，在【属性】面板中打开【水平】下拉列表，选择【居中对齐】选项，再在【垂直】下拉列表中选择【底部】选项，如图 8.41 所示。

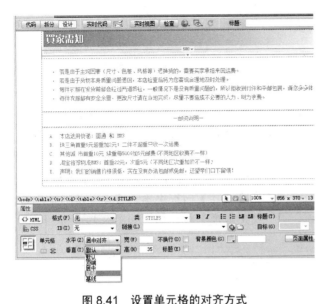

图 8.41　设置单元格的对齐方式

8.2.4　手动调整表格大小

很多设计人员会直接以手动方式调整表格的大小，这种直观的方法有利于用肉眼直接判断表格或单元格的宽度与高度。

手动调整表格大小的操作步骤如下。

 打开练习文件(光盘: ..\Example\Ch08\8.2.4 .html)，选择需要调整大小的表格，向右拖动表格右边框的调整点，增加表格的宽度。如图 8.42 所示。

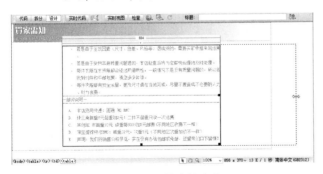

图 8.42　调整表格宽度

 向下拖动表格的第三条水平框线，可以调整表格第二行的高度，如图 8.43 所示。

 最后向右下方拖动表格右下角的调整点，适当调整整个表格的大小，如图 8.44 所示。

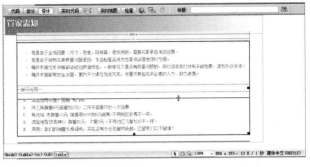

图 8.43　调整表格高度

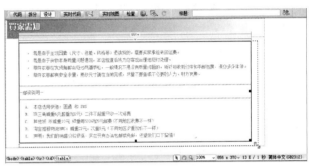

图 8.44　同时调整表格宽度与高度

8.2.5　设置单元格宽和高

为了使单元格内所陈列的内容整齐美观，可为单元格设置适合的宽度和高度。设置单元格的大小，可在网页中定位光标以选择某个单元格，或拖动选择一组单元格，然后使用【属性】面板设置其宽度和高度参数。

设置单元格宽和高的操作步骤如下。

 打开练习文件(光盘: ..\Example\Ch08\8.2.5 .html)，拖动选择页面中表格的第一列单元格，在【属性】面板的【宽】文本框中输入"30"，如图 8.45 所示，然后按 Enter 键。

 拖动选择表格第二列单元格，在【属性】面板的【高】文本框中输入"120"，然后按 Enter 键，如图 8.46 所示。

 选择第二列第二行单元格，在【属性】面板的【高】文本框中输入"30"，如图 8.47 所示，然后按 Enter 键。设置单元格宽高属性的结果如图 8.48 所示。

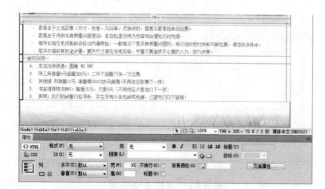

图 8.45　设置单元格宽度

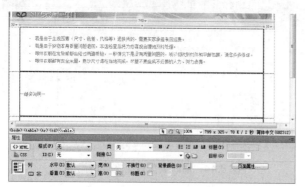

图 8.46　设置单元格高度

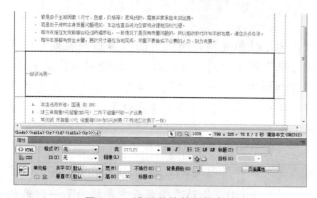

图 8.47　设置其他单元格高度

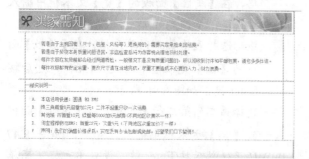

图 8.48　最后结果

8.2.6　合并与拆分单元格

在网页中直接插入的表格以整齐行列呈现，但在很多情况下，出于一些内容特殊定位的需要，要对单元格进行合并或拆分，以便更灵活地编排网页内容。

合并与拆分单元格的操作步骤如下。

Step 1 打开练习文件(光盘：..\Example\Ch08\8.2.6.html)，拖动选择表格第一列单元格，然后在【属性】面板中单击【合并所选单元格，使用跨度】按钮□，如图 8.49 所示。

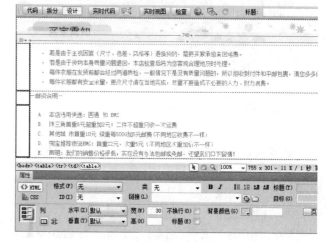

图 8.49　设置合并单元格

Step 2 依照与步骤 1 相同的方法，再合并表格第三列单元格，结果如图 8.50 所示。

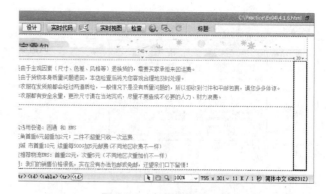

图 8.50　合并其他单元格

Step 3 定位光标在第二列第二行单元格，在【属性】面板中单击【拆分单元格为行或列】按钮 ⅱ，打开【拆分单元格】对话框，设置行数为 2，如图 8.51 所示，然后单击【确定】按钮。

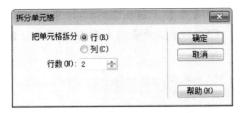

图 8.51　【拆分单元格】对话框

拆分单元格后，拖动选择一组列表文本，将其移动到拆分后的新单元格内，如图 8.52 所示。

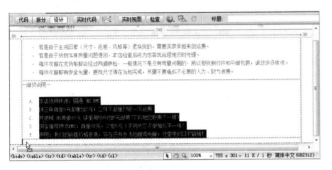

图 8.52　调整列表文本的位置

为表格的单元格进行合并及拆分，并进行文本资料编排后，结果如图 8.53 所示。

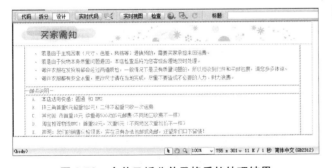

图 8.53　合并及拆分单元格后的处理结果

8.3　美化表格与单元格

除了用于定位和编排网页内容，表格与单元格还可以起到美化，使表格与整个页面背景及外观风格更搭配等作用。用户只需通过对表格与单元格背景、边框等属性的巧妙设置，即可达到美化的效果。

8.3.1　设置表格边框效果

为网页插入的表格默认以灰色作为边框颜色。用户可根据网页的色调风格为表格边框设置合适的颜色、样式和大小，使之与整个页面更搭配。在 Dreamweaver CS5 中需要先定义 CSS 规则，才能实现表格边框设置。

> 说　明
>
> HTML 是网页设计的基础语言，但 HTML 语言的局限性使网页设计存在应用不够丰富、操作不够灵活等缺陷。以文字设置为例，只有少量标题样式，特别是链接文本时总会显示下划线且颜色固定不变，而 CSS 的出现大大丰富了网页外观设计应用，通过 CSS 规则可以根据各种需求设置文本、图像、表格等网页元件的外观效果。CSS 现已成为网页设计的重要辅助语言。
>
> 总的来说，CSS 具有以下三个重要的应用特点：
> - 极大地补充了 HTML 语言在网页对象外观样式上的编辑。
> - 能够控制网页中的每一个元素(精确定位)。
> - 能够将 CSS 样式与网页对象分开处理，极大地减少了工作量。

设置表格边框效果的操作步骤如下。

打开练习文件(光盘：..\Example\Ch08\8.3.1.html)，在菜单栏中依次选择【窗口】|【CSS样式】命令或按快捷键 Shift+F11，在打开的【CSS 样式】面板中单击【新建 CSS 规则】按钮 ，如图 8.54 所示。

图 8.54　添加 CSS 规则

Step 2 打开【新建 CSS 规则】对话框,在【选择器名称】下拉列表框中输入名称,如图 8.55 所示,然后单击【确定】按钮。

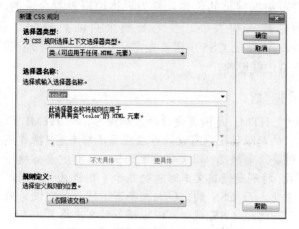

图 8.55 输入新 CSS 规则的名称

Step 3 打开 CSS 规则定义对话框,在左边的【分类】列表框中选择【边框】选项,然后在右边分别设置 Style、Width、Color 的各项参数,如图 8.56 所示,再单击【确定】按钮。

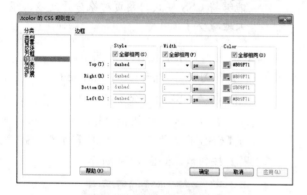

图 8.56 定义 CSS 的规则

 说 明

在 CSS 规则的【边框】定义设置中分别提供了表格 4 条边【Top(顶边)、Right(右边)、Bottom(底边)、Left(左边)】的 Style、Width、Color 这三种属性设置。其中 Style 用来设置表格边框的样式;Width 用来设置表格边框的大小;Color 用来设置表格边框的颜色。

Step 4 选择网页中间的表格,在【属性】面板中打开【类】下拉列表,选择前面步骤新建的 CSS 规则,为表格套用 CSS 规则,如图 8.57 所示。

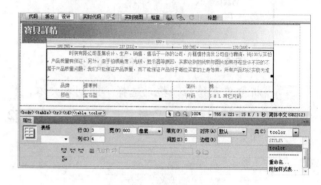

图 8.57 套用表格样式

建立表格边框的 CSS 规则,并为表格套用 CSS 规则的结果如图 8.58 所示。

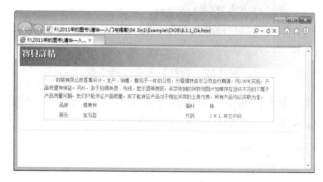

图 8.58 设置表格边框的结果

8.3.2 设置表格背景效果

为网页表格设置背景除了可以使用颜色,还可以指定图片素材。需要注意的是,若同时设置这两种属性,那么背景图像将会遮盖背景颜色的效果。

设置表格背景效果的操作步骤如下。

Step 1 打开练习文件(光盘: ..\Example\Ch08\8.3.2 .html),然后在菜单栏中依次选择【窗口】|【CSS 样式】命令或按快捷键 Shift+F11,打开【CSS 样式】面板并单击【新建 CSS 规则】按钮 ,如图 8.59 所示。

图 8.59　【CSS 样式】面板

Step 2　打开【新建 CSS 规则】对话框，在【选择器名称】下拉列表框中输入名称，如图 8.60 所示，然后单击【确定】按钮。

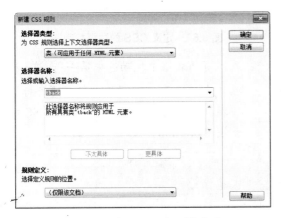

图 8.60　输入 CSS 规则的名称

Step 3　打开 CSS 规则定义对话框，选择【分类】列表框中的【背景】选项，如图 8.61 所示，单击右边的 Background-image 文本框右侧的【浏览】按钮。

图 8.61　定义 CSS 规则的【背景】选项

Step 4　打开【选择图像源文件】对话框后，选择源文

件(光盘：..\Example\Ch08\images\8.3.2.jpg)，如图 8.62 所示，单击【确定】按钮。

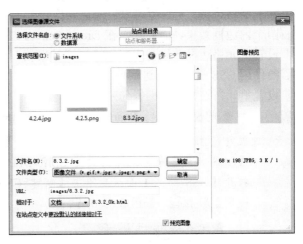

图 8.62　选择背景图片

Step 5　选择需要设置背景的表格，在【属性】面板的【类】下拉列表中选择新建的 CSS 规则，如图 8.63 所示。

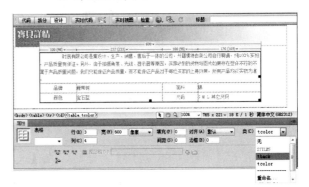

图 8.63　选择新建的 CSS 规则

为表格套用 CSS 规则后，表格将以指定的图片作为背景效果，结果如图 8.64 所示。

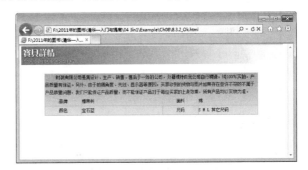

图 8.64　设置表格背景的效果

8.3.3 设置单元格边框效果

除了表格边框，用户也可以针对单元格设置上下左右四个内边框效果。而同样，在 Dreamweaver CS5 中，设置单元格边框效果与设置表格边框效果相似，都需要使用 CSS 规则对其进行控制。

设置单元格边框效果的操作步骤如下。

 打开光盘中的 "..\Example\Ch08\8.3.3.html 文件，然后在菜单栏中依次选择【窗口】|【CSS 样式】命令或按快捷键 Shift+F11，打开【CSS 样式】面板后单击【新建 CSS 规则】按钮，如图 8.65 所示。

图 8.65 添加 CSS 规则

 打开【新建 CSS 规则】对话框，在【选择器名称】下拉列表框中输入名称，如图 8.66 所示，然后单击【确定】按钮。

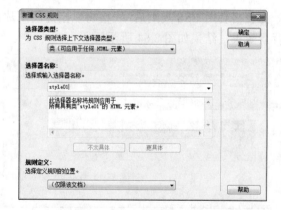

图 8.66 设置新 CSS 规则的名称

 打开 CSS 规则定义对话框，在左边的【分类】列表框中选择【边框】选项，然后在右边分别设置 Style、Width、Color 的各项参数，如图 8.67 所示，再单击【确定】按钮。

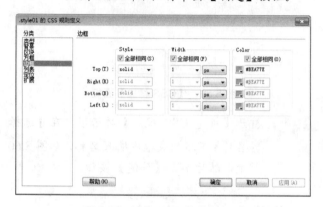

图 8.67 定义 CSS 的边框规则

 在网页的表格中拖动选中第一行，在【属性】面板中切换至 CSS 设置，打开【目标规则】下拉列表，选择前面步骤新建的 CSS 规则，如图 8.68 所示。

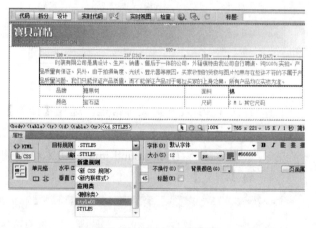

图 8.68 套用 CSS 规则

建立单元格边框的 CSS 规则，并为单元格套用 CSS 规则的结果如图 8.69 所示。

> **注意**
>
> 为单元格的外观设置定义 CSS 规则后，返回编辑界面套用 CSS 规则时，每次只能为表格中所选的某一行或某一列单独套用；为表格中其他行或列套用 CSS 规则，就需要逐行逐列多次套用。

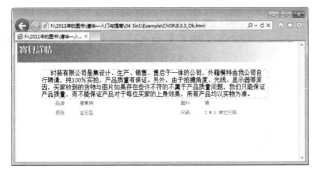

图 8.69　设置单元格边框的结果

8.3.4　设置单元格背景效果

表格中的单元格也可以单独设置背景效果，如此，将可使页面的布局更加丰富、更加个性。设置单元格背景效果与设置表格背景效果的方法相似，都需要通过 CSS 规则进行控制。

设置单元格背景效果的操作步骤如下。

Step 1 打开练习文件(光盘：..\Example\Ch08\8.3.4 .html)，然后在菜单栏中依次选择【窗口】|【CSS 样式】命令或按快捷键 Shift+F11，在打开的【CSS 样式】面板中单击【新建 CSS 规则】按钮，如图 8.70 所示。

图 8.70　添加 CSS 规则

Step 2 打开【新建 CSS 规则】对话框，在【选择器名称】下拉列表框中输入名称，然后单击【确定】按钮，如图 8.71 所示。

Step 3 打开 CSS 规则定义对话框，在左边的【分类】列表框中选择【背景】选项，在右边的

Background-image 文本框中指定素材图片，如图 8.72 所示，然后单击【确定】按钮。

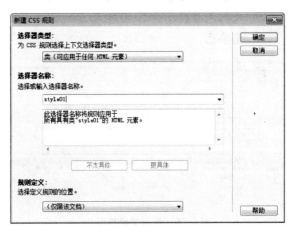

图 8.71　输入新 CSS 规则的名称

图 8.72　定义 CSS 的背景规则

Step 4 在表格中拖动选择第一行单元格，在【属性】面板中切换至 CSS 设置，在【目标规则】下拉列表中选择新建的 CSS 规则，如图 8.73 所示。

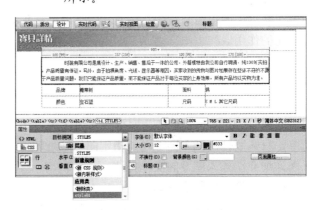

图 8.73　套用 CSS 规则

Step 5 拖动选择表格第二行、第三行单元格，在【属性】面板的【背景颜色】右侧的文本框中输入颜色参数，如图 8.74 所示，为单元格填充单色。

图 8.74　设置单元格颜色

为表格中的单元格设置不同的背景效果后，结果如图 8.75 所示。

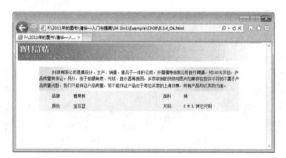

图 8.75　设置单元格背景的结果

8.4　插入各种网页素材

图像是除了文本之外网页中另一类重要的内容，图像在网页中既可以直观表达信息，同时也可起到装饰美化的作用。

8.4.1　插入图像

使用 Dreamweaver CS5 为网页插入图像的方法很简单，只需要使用插入图像功能指定图像地址即可。下面详细介绍插入图像的操作方法。

插入图像的操作步骤如下。

Step 1 打开练习文件(光盘：..\Example\Ch08\8.4.1

.html)，将光标定位在需要插入图像的位置，然后在【插入】面板单击【图像：图像】按钮，如图 8.76 所示。

图 8.76　插入图像

Step 2 打开【选择图像源文件】对话框，指定素材图像(光盘：..\Example\Ch08\images\pic.png)，如图 8.77 所示，再单击【确定】按钮。

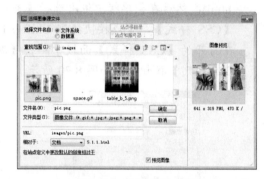

图 8.77　指定图像文档

Step 3 随之弹出【图像标签辅助功能属性】对话框，提供【替换文本】和【详细说明】设置，可直接单击【取消】按钮忽略此操作，如图 8.78 所示。

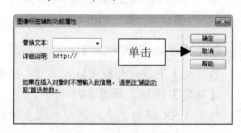

图 8.78　取消设置辅助功能

为网页插入图像的结果如图 8.79 所示。

图 8.79 插入图像的结果

图 8.80 设置替换文本

提 示

若不想每次插入图片或插入其他多媒体素材都弹出【图像标签辅助功能属性】对话框，可单击该对话框下方的【请更改"辅助功能"首选参数】链接，通过首选参数设置不再显示该对话框。

8.4.2 设置图像属性

为网页插入图像后可通过【属性】面板设置图像的大小、替换文本、链接等属性。本小节以设置图像替换文本为例，介绍图像属性的设置方法。

设置图像属性的操作步骤如下。

Step 1 打开练习文件(光盘：..\Example\Ch08\8.4.2.html)，选择网页上方的横幅图像，在【属性】面板中的【替换】下拉列表框中输入文本，如图 8.80 所示，然后按 Enter 键。

Step 2 选择网页下方的产品介绍图像，在【属性】面板中的【宽】和【高】文本框中输入参数，如图 8.81 所示，然后按 Enter 键。

图 8.81 设置图像的宽/高

为图像设置替换文本后，当图像在浏览器中不能正常显示时，将在图像位置处显示替换文本内容。若图像能够正常显示，当浏览者把鼠标停留在图像上时，替换文本就会出现在鼠标旁边，如图 8.82 所示。

图 8.82 预览设置图像替换文本的效果

8.4.3 插入图像占位符

在网页设计中，若暂时未能找到合适的图像素材，可先插入一个图像占位符，在网页中预留一个相应大小的位置，待后续找到合适的图像后便可将图像占位符替换。

插入图像占位符的操作步骤如下。

Step 1 打开练习文件(光盘：..\Example\Ch08\8.4.3 .html)，将光标定位在需要插入图像占位符的位置，然后在【插入】面板中打开【图像】下拉菜单，选择【图像占位符】命令，如图 8.83 所示。

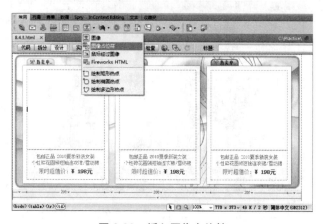

图 8.83 插入图像占位符

Step 2 弹出【图像占位符】对话框，分别设置图像的【名称】、【宽度】、【高度】、【颜色】和【替换文本】，如图 8.84 所示，然后单击【确定】按钮。

图 8.84 设置图像占位符对象属性

Step 3 根据步骤 2 的操作，为其他两个空白单元格插入图像占位符，结果如图 8.85 所示。

说 明

在网页中插入图像占位符之后，若需要将准备好的图像内容替换图像占位符，可先选择图像占位符，然后在【属性】面板的【源文件】文本框中输入图像文件地址即可。

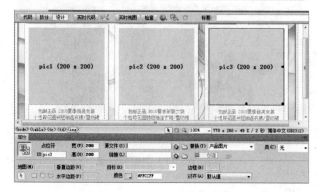

图 8.85 插入其他图像占位符

完成插入占位符的操作后，保存文档并按 F12 功能键，预览插入图像占位符的结果，如图 8.86 所示。

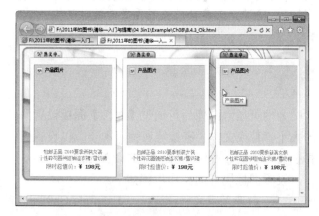

图 8.86 插入图像占位符的结果

8.4.4 插入鼠标经过图像

鼠标经过图像是指浏览者移动鼠标到网页上某一图像时，该图像显示其他图像效果，从而显示互动的网页效果，增强网页的浏览性。

插入鼠标经过图像的操作步骤如下。

Step 1 打开练习文件(光盘：..\Example\Ch08\8.4.4 .html)，光标定位在需要插入鼠标经过图像的单元格内，在【插入】面板中打开【图像】

下拉菜单，选择【鼠标经过图像】命令，如图 8.87 所示。

图 8.87　插入鼠标经过图像

Step 2 打开【插入鼠标经过图像】对话框，在【图像名称】文本框中输入名称，如图 8.88 所示，然后在【原始图像】文本框右侧单击【浏览】按钮。

图 8.88　设置图像名称

Step 3 打开【原始图像】对话框，指定图像素材(光盘..\Example\Ch08\images\CT032A_15.png)，如图 8.89 所示，然后单击【确定】按钮。

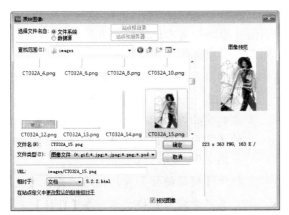

图 8.89　指定原始图像

Step 4 返回【插入鼠标经过图像】对话框，再指定

【鼠标经过图像】为光盘内的 "..\Example\Ch08\images\CT032A_15b.png" 素材文档，并分别输入【替换文本】和链接地址，如图 8.90 所示，然后单击【确定】按钮。

图 8.90　完成设置鼠标经过图像

完成插入鼠标经过图像的操作后，保存网页文件并按 F12 功能键预览网页效果，可看到鼠标经过图像后图像变换效果，如图 8.91 所示。

图 8.91　鼠标经过原始图像位置出现的图像

8.4.5　插入 Flash 动画

Flash 动画以文档容量小、动画效果丰富，并具备互动性等特点而深受网页设计人员喜爱，Dreamweaver CS5 提供了插入 Flash 动画的功能，下面介绍为网页插入 Flash 动画的操作方法。

插入 Flash 动画的操作步骤如下。

Step 1 打开练习文件(光盘：..\Example\Ch08\8.4.5 .html)，光标定位在需要插入 Flash 动画的位置，然后在【插入】面板中打开【媒体】下拉菜单，选择 SWF 命令，如图 8.92 所示。

图 8.92　选择 SWF 命令

Step 2　弹出【选择 SWF】对话框，选择(光盘：
..\Example\Ch08\images\8.4.5.swf)素材文件，
如图 8.93 所示，然后单击【确定】按钮。

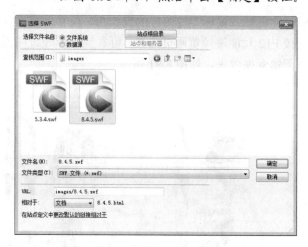

图 8.93　指定 SWF 素材

为网页插入 Flash 动画素材后，可在【属性】面板中修改该对象的尺寸并设置其播放品质等，同时也可单击【播放】按钮直接预览动画效果，结果如图 8.94 所示。

图 8.94　直接预览动画效果

使用 Dreamweaver CS5 在网页中插入 Flash 动画并保存网页结果后，自动弹出【复制相关文件】对话框，提示将自动复制动画播放的支持文件到保存网页的文件夹内，如图 8.95 所示。

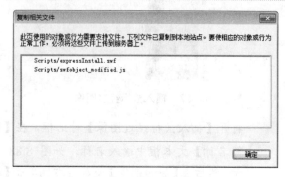

图 8.95　复制相关文件

8.5　设置各式超级链接

超链接是网页中最基本的元素之一，通过超链接可实现在不同网页乃至不同网站之间跳转，延伸网络信息的传播。Dreamweaver CS5 为用户提供多种创建超链接的方法，可为网页制作文本、图像、电子邮件以及文档下载等链接类型。

8.5.1　设置文本超级链接

以文本作为超链接是网页中最常见的超链接方式，下面介绍制作文本超链接的方法。

插入文本超链接的操作步骤如下。

Step 1　打开练习文件(光盘：..\Example\Ch08\8.5.1
.html)，光标定位在网页第一个商品格子下方的空白单元格内，然后在【插入】面板的【常用】分类中单击【超链接】按钮 ，如图 8.96 所示。

Step 2　打开【超级链接】对话框后，先在【文本】文本框中输入链接文本，在【目标】下拉列表中选择_blank 选项，如图 8.97 所示，然后在【链接】下拉列表框右侧单击【浏览】按钮 。

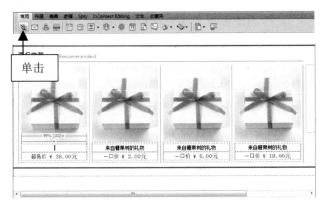

图 8.96　插入文本超链接

图 8.97　设置超链接

说　明

设置不同的超链接【目标】后，单击链接时所打开的网页会根据不同【目标】设置而以不同方式显示，例如：有些链接所打开的网页会覆盖原来的浏览器窗口，而有些链接所打开的网页则以新开浏览器窗口显示。下面分别说明不同目标的应用。

- _blank：将链接的文件载入一个未命名的新浏览器窗口中。
- _parent：将链接的文件载入含有该链接的框架集的父框架集或父窗口中。如果包含链接的框架不是嵌套的，则链接文件加载到整个浏览器窗口中。
- _self：将链接的文件载入该链接所在的同一框架或窗口中。此目标是默认的，所以通常不需要指定它。
- _top：将链接的文件载入整个浏览器窗口中，这样会删除所有框架。

 Step 3 打开【选择文件】对话框，指定素材文件(光盘..\Example\Ch08\candytree.html)，如图 8.98

所示，然后单击【确定】按钮。

图 8.98　指定链接文件

Step 4 选择网页中第二个商品格子下方的文本，在【属性】面板的 HTML 设置中单击【链接】下拉列表框右侧的【浏览文件】按钮，如图 8.99 所示。

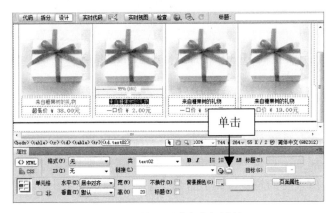

图 8.99　设置所选文本超链接

Step 5 打开【选择文件】对话框，指定素材文件(光盘..\Example\Ch08\candytree.html)，如图 8.100 所示，然后单击【确定】按钮。

Step 6 依照步骤 4 和步骤 5 的操作方法，分别为网页第三、第四个商品格子下方的文本添加相同的超链接。

为网页插入所需的文本超链接后，按 F12 功能键打开浏览器预览链接效果，结果如图 8.101 所示。

图 8.100　指定链接素材

图 8.101　插入文本超链接的结果

8.5.2　设置图像超级链接

图像超链接是网络中另一种常见的超链接方式，例如一些链接按钮其实就是为具有按钮图案的图片所设置的超链接。下面通过【属性】面板为图像设置超链接。

设置图像超级链接的操作步骤如下。

Step 1　打开练习文件(光盘：..\Example\Ch08\8.5.2.html)，选择网页中第一项商品图像，然后单击【属性】面板的【链接】下拉列表框右侧的【浏览文件】按钮□，如图 8.102 所示。

Step 2　打开【选择文件】对话框后，选择(光盘：..\Example\Ch08\candytree.html)素材文件，如图 8.103 所示，然后单击【确定】按钮。

Step 3　返回 Dreamweaver CS5 编辑窗口，在【属性】

面板中设置【目标】为 _blank，使链接目标从新窗口中打开，如图 8.104 所示。

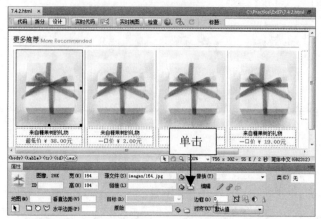

图 8.102　设置图像链接

图 8.103　选择图像链接文件

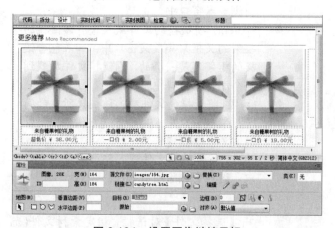

图 8.104　设置图像链接目标

为网页中的图像设置超链接后，按 F12 功能键打开浏览器预览链接效果，结果如图 8.105 所示。

图 8.105　设置图像链接的结果

8.5.3　设置电子邮件链接

通过电子邮件链接可让浏览者快速打开电子邮件程序并发送邮件。电子邮件链接的对象可以是文本也可以是图像等媒体文件，其链接 URL 格式必须为 mailto:+"电子邮件地址"。

插入电子邮件链接的操作步骤如下。

 打开练习文件(光盘：..\Example\Ch08\8.5.3 .html)，光标定位在网页下方"E-mail:"文本后面，在【插入】面板中单击【电子邮件链接】按钮，如图 8.106 所示。

图 8.106　插入电子邮件链接

 打开【电子邮件链接】对话框，分别输入链接文本和电子邮件地址，如图 8.107 所示，然后单击【确定】按钮。

 返回 Dreamweaver CS5 编辑窗口，选择网页上方的商品主题图片，在【属性】面板的【链接】下拉列表框中输入电子邮件代码 mailto:jigudian@candytree.com，如图 8.108 所示，并按 Enter 键确定。

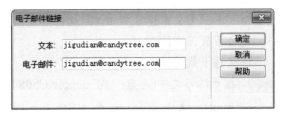

图 8.107　设置【电子邮件链接】对话框

图 8.108　通过【属性】面板设置电子邮件链接

创建电子邮件链接并保存后，按 F12 功能键打开浏览器测试链接效果。当浏览者单击网页中的电子邮件链接时，将打开一个新的邮件发送窗口(系统的邮件发送客户端程序)。该窗口中的"收件人"文本框自动更新为电子邮件链接中指定的地址。如图 8.109 所示。

图 8.109　单击电子邮件链接后即可快速发送邮件

8.5.4　设置文件下载链接

创建文件下载链接的方法很简单，就是指定链接目标文件，且该文件无法在浏览器中打开，而是弹出提示框提示保存链接目标文件，从而达到下载文件的目的。不能被浏览器直接打开的文件有很多种，最常见的就是 RAR 格式的压缩文件，也就是人们常说的打包文件。下例为文本建立与 RAR 文件的链接，以提供浏览者下载该文件。

创建文件下载链接的操作步骤如下。

Step 1 打开练习文件(光盘：..\Example\Ch08\8.5.4.html)，选择网页上方的"下载产品图"文本，如图 8.110 所示，在【属性】面板的【链接】下拉列表框右侧单击【浏览文件】按钮 。

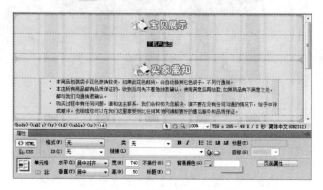

图 8.110　创建文件下载链接

Step 2 打开【选择文件】对话框后，指定(光盘：..\Example\Ch08\product.rar)素材文件，如图 8.111 所示，然后单击【确定】按钮。

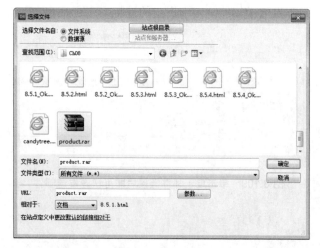

图 8.111　指定素材文件

创建文件下载链接后保存为成果档，按 F12 功能键预览成果网页，当鼠标单击文件下载链接后，将打开【文件下载】对话框，浏览者便可将文件远程下载到本地电脑所指定的位置，如图 8.112 所示。

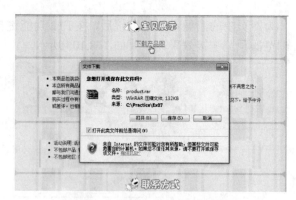

图 8.112　设置文件下载链接的效果

8.5.5　绘制热点链接区域

所谓的"热点"是指为图像指定某个区域，该区域可作为超链接的响应区。制作热点链接首先要为图像绘制热点区域，Dreamweaver CS5 提供了三个热点绘制功能，可以绘制矩形、圆形和任意多边形热点区域。

绘制热点链接区域的操作步骤如下。

Step 1 打开练习文件(光盘：..\Example\Ch08\8.5.5.html)，在网页中选择图像，然后单击【属性】面板中的【矩形热点工具】按钮 ，如图 8.113 所示，在图像上根据其中的图案拖动绘制矩形热点区域。

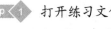

图 8.113　绘制矩形热点区域

Step 2 随之弹出提示框，提示用户可描述图像映射，以便于为有视觉障碍的浏览者提供阅读方便，如图 8.114 所示，直接单击【确定】按钮。

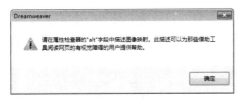

图 8.114　确认提示

Step 3　单击【属性】面板中的【圆形热点工具】按钮 ○，在图像的圆形图案上拖动绘制圆形热点区域，如图 8.115 所示。

图 8.115　绘制圆形热点区域

Step 4　单击【属性】面板中的【多边形热点工具】按钮 ∨，在图像中单击以确定起点，再拖动鼠标并单击确定第二个节点，如图 8.116 所示。

图 8.116　绘制多边形热点区域起点

Step 5　接着根据图像中图案的轮廓依次单击确定其他节点，围绕起点绘制不规则的多边形热点区域，结果如图 8.117 所示。

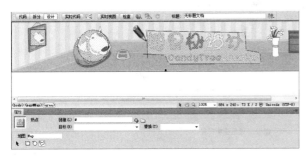

图 8.117　完成绘制多边形热点区域

8.5.6　建立热区超链接

为网页图像所绘制的热点区域(简称"热区")的链接被默认设置为空链接(#)，用户可根据需要修改链接路径。本例介绍为网页中图像的热区建立超链接的方法。

建立热区超链接的操作步骤如下。

Step 1　打开本书光盘中的 "..\Example\Ch08\8.5.6 .html" 文档，选择网页图像上的圆形热点区域，如图 8.118 所示，然后在【属性】面板中单击【链接】文本框右侧的【浏览文件】按钮 📁。

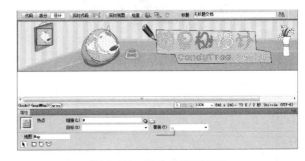

图 8.118　建立热区超链接

Step 2　打开【选择文件】对话框，分别指定【查找范围】和链接文件，如图 8.119 所示，然后单击【确定】按钮。

图 8.119　指定链接文件

完成建立热区链接后，另存为成果档，再按 F12 功能键预览网页效果，如图 8.120 所示。由于同一张图像可绘制多处热点区域，分别为这些热点区域建立超链接，便可实现为同一张图像设置多个超链接。

落、插入表格并设置表格属性、利用表格布局页面、插入各种网页素材、设置网页超级链接等方法。

图 8.120　建立热区链接的结果

8.6　章 后 总 结

本章主要讲解了网页页面设计的各种基本操作方法，例如输入文本并设置文本格式、编辑页面的段

8.7　章 后 实 训

本章实训题要求在页面上插入一个玩具狗的图像(光盘：..\Example\Ch08\images\dog.jpg)，然后为图像设置邮件地址为"jigudian@candytree.com"的电子邮件链接，结果如图 8.121 所示。

图 8.121　插入图像并设置电子邮件链接

本章实训题的操作流程如图 8.122 所示。

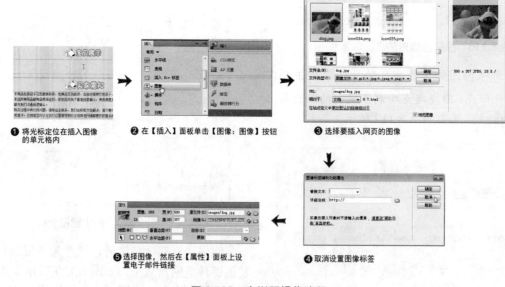

图 8.122　实训题操作流程

第 9 章

动态网站制作入门课

动态网站的制作比静态网站设计更加复杂，因为动态网站需要使用到动态网页文件，并且使用数据库来保存网页数据，因此用户需要配置一个适合动态网页文件运行的网站环境。本章将针对制作动态网站所需要的各项操作进行详细的介绍。

本章学习要点

➤　动态网站制作基础

➤　定义与管理本地网站

➤　数据库在网站的应用

9.1 动态网站制作基础

对比静态网站，动态网站的设计由于需要应用到更多的技术支持，因此整个操作更为复杂。本节将介绍设计动态网站的环境需求、前期规划、组件安装等内容。

9.1.1 动态网站环境需求

动态网页是由服务器端执行生成页面内容的任务，因此，想要开发并运行动态网页必须先配置一个完整的动态环境。下面先简单介绍动态网站环境的三个需求。

- 为了使动态网页能够正常运行，用于设计动态网页的本地电脑必须具有服务器功能，也就是需要配置动态网站服务器。
- 数据库是动态网页开发不可缺少的重要一环，只有利用数据库才能大批量地、快速地处理数据信息，才可以在动态网页中呈现浏览者所需的数据资料，因此，完成配置动态网站服务器后，还需要指定数据源，以便动态网页运行时能够查找所需的数据信息。
- 在设计动态网页的具体过程中，设计软件必须先定义动态属性的网站，然后再为相关的网页绑定数据库源，从而运用【服务器行为】为网页添加管理数据库资料的功能。

9.1.2 网站设计前的规划

动态网页文件其实是用于实现各种动态交互功能的一种文件程序，为了实现一个动态网站的功能，可先设计好动态项目的规划图，再根据该图建立一组关联的动态网页，其中的每一个网页用于实现某个功能并显示指定数据信息。

预先规划动态网站或项目的结构流程图，并根据该图创建相关的动态网页文件，有利于后续实现各种动态功能的操作设计。完成规划后，设计者再通过

Dreamweaver CS5 软件为不同功能或目的的动态文件制作例如显示、登录、管理等操作的动态效果，从而完成整个动态网站或项目。

图 9.1 所示为一个网站的会员功能模块结构图。用户通过对预先规划的构思进行组合，从而产生一个具备显示加入会员、管理会员资料、删除会员资料等功能的网站会员系统。

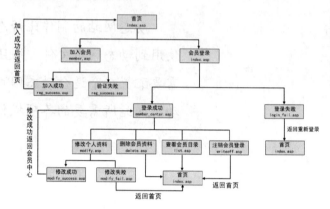

图 9.1　会员系统结构图

9.1.3 安装 IIS 系统组件

当使用 Dreamweaver CS5 的 ASP 动态行为制作动态页面时，需要先安装 IIS，以便在本地电脑模拟远端服务器的工作环境，测试网页的动态效果。

IIS 全称 Internet Information Server(互联网信息服务)，是 Windows 系统的 Web 服务器基本组件，其中包括 Web 服务器、FTP 服务器、NNTP 服务器和 SMTP 服务器，它们分别用于网页浏览、文件传输、新闻服务和邮件发送等。

Windows 7 默认以 IIS7 作为系统服务器组件，而在使用该组件之前需要打开 IIS 功能。

打开 IIS 功能的操作步骤如下。

Step 1 在系统桌面下方的任务栏中单击【开始】按钮，选择【控制面板】命令，如图 9.2 所示，打开【控制面板】。

Step 2 在【控制面板】窗口的【程序】分类中单击【卸载程序】链接，如图 9.3 所示，打开卸载程序窗口。

Step 3　在打开的【程序和功能】窗口左侧单击【打
开或关闭 Windows 功能】链接，如图 9.4
所示。

图 9.2　选择【控制面板】命令

图 9.3　单击【卸载程序】链接

图 9.4　【程序和功能】窗口

 Step 4　打开【Windows 功能】对话框后选择【Internet
信息服务】选项，并依照图中所示或根据个

人需要选择所需的子选项，如图 9.5 所示，
最后单击【确定】按钮。

图 9.5　选择 IIS 相关功能

 Step 5　选择需要开启的系统功能项目，并确定打开
后，系统开始进行更改功能处理，并显示处
理的进度，如图 9.6 所示。

图 9.6　正在更改系统功能

9.1.4　设置 IIS 网站属性

完成安装 IIS 之后，需要对 IIS 进行一些属性及
功能的设置，以使动态网站能够正常运行，并预览
检测。

设置 IIS 网站属性的操作步骤如下。

 Step 1　打开【控制面板】，在窗口右上方选择【查
看方式】为【大图标】，然后选择【管理工
具】图标，如图 9.7 所示。

 Step 2　在【管理工具】窗口中双击【Internet 信息
服务(IIS)管理器】选项，如图 9.8 所示，打
开新版的 IIS 管理器。

Step 3 打开【Internet 信息服务(IIS)管理器】后，在左侧打开的目录中选择 Default Web Site 项目，然后在右边视图区中双击 ASP 图标，如图 9.9 所示。

图 9.7 选择【管理工具】图标

图 9.8 选择【Internet 信息服务(IIS)管理器】选项

图 9.9 双击 ASP 图标

Step 4 显示 ASP 设置界面，将【启用父路径】项目设置为 True，如图 9.10 所示，然后在右侧操作区中单击【应用】项。

图 9.10 设置【启用父路径】为 True

Step 5 在窗口左侧链接区中选择 Default Web Site 项目，返回网站设置主页，双击【默认文档】图标，如图 9.11 所示。

图 9.11 双击【默认文档】图标

Step 6 显示【默认文档】设置界面，在右边操作区中单击【添加】项目，如图 9.12 所示。

Step 7 打开【添加默认文档】对话框，在【名称】文本框中输入默认的文档名称，如图 9.13 所示，然后单击【确定】按钮。

Step 8 在窗口左侧链接区中选择 Default Web Site 项目，返回网站设置主页，在右边的操作区中单击【绑定】项目，如图 9.14 所示。

图 9.12 【默认文档】设置界面

图 9.13 输入文档名称

图 9.14 单击【绑定网站】项目

Step 9 打开【网站绑定】对话框，如图 9.15 所示，单击【编辑】按钮。

Step 10 打开【编辑网站绑定】对话框，在【端口】文本框中输入 8081，如图 9.16 所示，然后单击【确定】按钮。

Step 11 在窗口左侧链接区中选择 Default Web Site 项目，返回网站设置主页，在右边的操作区中单击【基本设置】项目，如图 9.17 所示。

图 9.15 【网站绑定】对话框

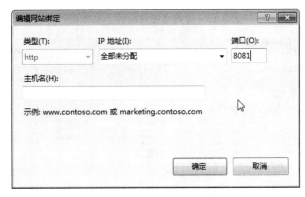

图 9.16 设置端口

图 9.17 单击【基本设置】项目

Step 12 打开【编辑网站】对话框，在【物理路径】文本框中设置网站文件所在的位置，如图 9.18 所示，然后单击【确定】按钮。

至此，大致完成动态网站所需的 IIS 设置，若用户在 IIS 管理窗口下面单击【内容视图】按钮，便可看到所指定网站的文本内容，如图 9.19 所示。

图 9.18　设置【物理路径】文本框

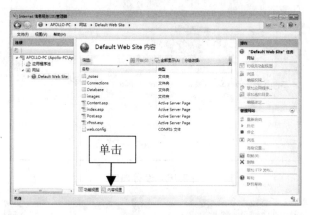

图 9.19　单击【内容视图】按钮

完成 IIS 设置后，用户可在【功能视图】的 IIS 管理窗口右边操作区中选择【浏览*8081(http)】项目，直接预览所指定的动态网站内容。若用户未指定物理路径，则打开默认的 IIS 测试页面，如图 9.20 所示。

图 9.20　默认的测试页面

9.1.5　设置系统用户权限

由于动态网站的运行具有较大的复杂性，特别是在文件权限方面具有诸多要求，因此需要一个具有"完全控制"权限的系统账户才可以顺利地测试动态网站内容。

设置系统用户权限的操作步骤如下。

Step 1 打开系统分区(一般默认为 C 盘)的\Windows\ServiceProfiles\NetworkService 文件夹，接着在文件夹窗口上方打开【组织】下拉菜单，依次选择【布局】|【菜单栏】命令，如图 9.21 所示。

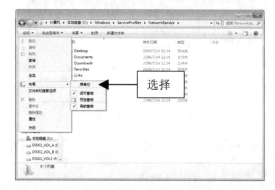

图 9.21　打开系统文件夹并选择相应命令

Step 2 在显示的菜单栏中依次选择【工具】|【文件夹选项】命令，如图 9.22 所示。

图 9.22　选择【文件夹选项】命令

Step 3 在【文件夹选项】对话框中切换至【查看】选项卡，在【高级设置】列表中选择【显示隐藏的文件、文件夹和驱动器】选项，如图 9.23 所示，然后单击【确定】按钮。

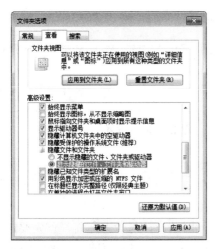

图 9.23 设置显示隐藏的文件夹

Step 4 返回 NetworkService 文件夹，可看到新显示了一个 AppData 文件夹，双击进入该文件夹后，再双击 Local 文件夹，如图 9.24 所示。

图 9.24 打开 Local 文件夹

Step 5 在 Local 文件夹中右击 Temp 文件夹，在打开的快捷菜单中选择【属性】命令，如图 9.25 所示。

图 9.25 选择【属性】命令

Step 6 打开【Temp 属性】对话框，切换到【安全】选项卡，如图 9.26 所示，然后单击【编辑】按钮。

图 9.26 【Temp 属性】对话框

Step 7 打开【Temp 的权限】对话框，单击【添加】按钮，如图 9.27 所示。

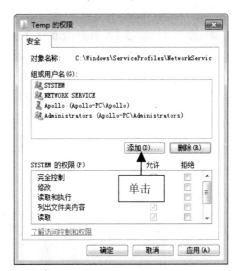

图 9.27 单击【添加】按钮

Step 8 打开【选择用户或组】对话框，在【输入对象名称来选择】文本框中输入大写字母 A，如图 9.28 所示，然后单击【确定】按钮。

Step 9 打开【发现多个名称】对话框，选择 Authenticated Users 项目，然后单击【确定】

按钮，如图 9.29 所示。

图 9.28　输入对象名称

图 9.29　选择系统用户

 返回【Temp 的权限】对话框，选择新添加的用户名称 Authenticated Users，在【Authenticated Users 的权限】列表中选择【完全控制】复选框，然后单击【确定】按钮，随之弹出提示框，确认是否继续操作，如图 9.30 所示，然后单击【是】按钮。

图 9.30　设置完全控制

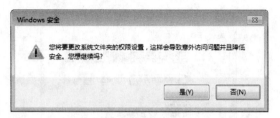

图 9.30　设置完全控制(续)

9.2　定义与管理本地网站

在进行网站设计与管理之前，首先要定义网站，Dreamweaver CS5 可将指定的文件夹识别为网站，对网站的操作也就由此开始。定义的操作主要包括定义网站名称、本地文件夹路径，以及设置远端站点和测试服务器等。

9.2.1　定义本地网站

Dreamweaver CS5 在网站定义上提供了站点、服务器、版本控制和高级设置四种定义方式，其设置的内容包括站点本地信息、远程信息以及网站建立过程中需要提前定义的其他规范与资料等。

定义本地网站的操作步骤如下。

 启动 Dreamweaver CS5 后，在菜单栏上依次选择【站点】|【新建站点】命令，如图 9.31 所示，打开【站点设置对象 Web】对话框。

图 9.31　选择【新建站点】命令

Step 2　选择【站点设置对象 Web】对话框左边列表框中的【站点】项目，填写【站点名称】，指定【本地站点文件夹】，如图 9.32 所示。

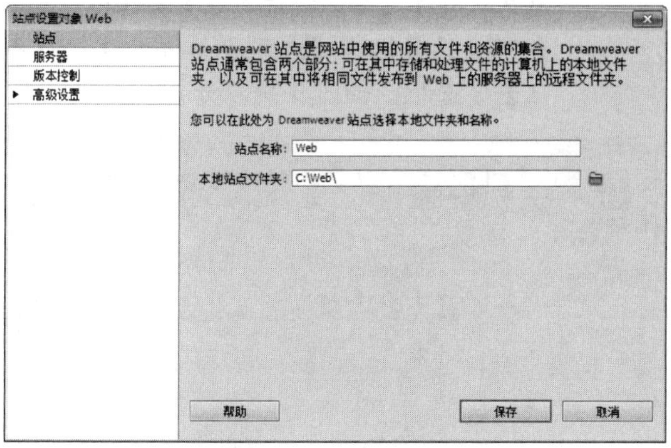

图 9.32　设置站点信息

Step 3　在左侧列表框中选择【服务器】项目，单击【添加新服务器】按钮 ✚，打开添加新服务器的对话框，先输入【服务器名称】，再分别设置【连接方法】、【FTP 地址】、【用户名】和【密码】等信息(用户需要先申请主机空间，然后如实填写空间登录信息)，如图 9.33 所示。

Step 4　单击【高级】标签，显示远程服务器的高级设置，在下方的【测试服务器】选项组中设置【服务器模型】为 ASP JavaScript，如图 9.34 所示，然后单击【保存】按钮。

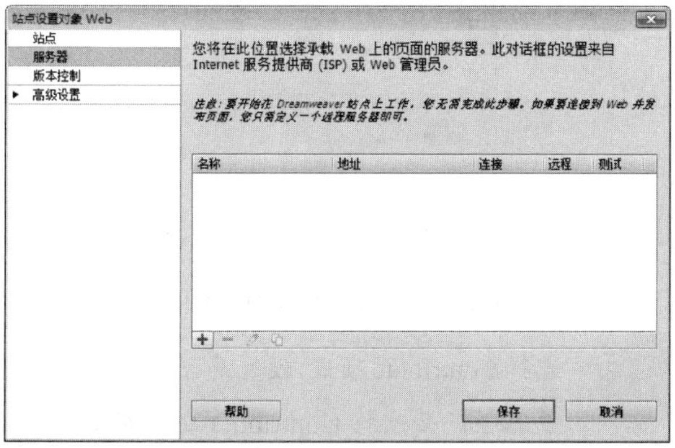

图 9.33　设置服务器信息

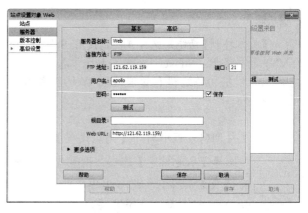

图 9.33　设置服务器信息(续)

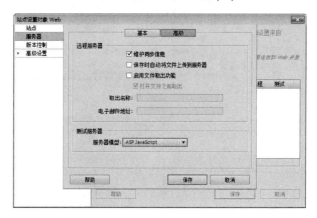

图 9.34　设置测试服务器模型

Step 5　选择左侧列表框中的【版本控制】项目，先在【访问】下拉列表中选择 Subversion 选项，然后分别设置协议类型、服务器地址、服务器端口、用户名和密码等内容，如图 9.35所示。

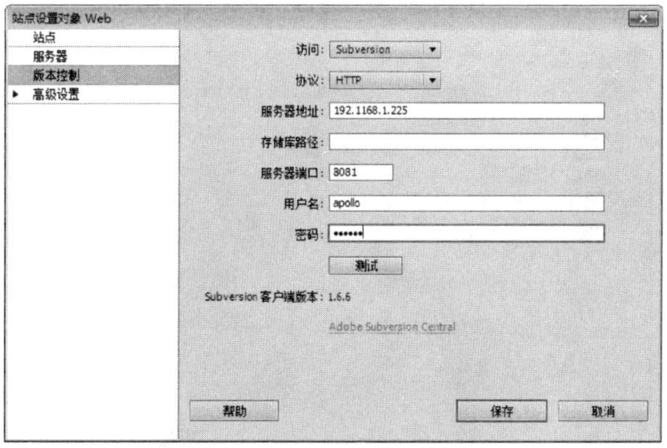

图 9.35　设置【版本控制】信息

说 明

【版本控制】功能是选择连接到使用 Subversion (SVN) 的服务器。Subversion 是一种版本控制系统，它使用户能够协作编辑和管理远程 Web 服务器上的文件。

Step 6 在左侧列表框中打开【高级设置】子列表，再选择【本地信息】选项，设置【默认图像文件夹】位置(一般先在根文件夹下创建 images 文件夹，再指定其为默认图像文件夹)，如图 9.36 所示。

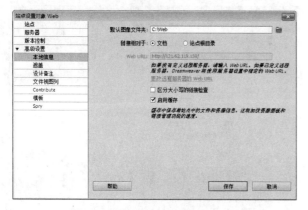

图 9.36 设置【默认图像文件夹】位置

Step 7 选择左侧列表框中的【遮盖】项目，设置网站是否遮盖某些扩展名文件。如果需要使用遮盖功能，可选择【启用遮盖】及【遮盖具有以下扩展名的文件】复选框，再在下方的文本框中输入需要遮盖的文件扩展名，如图 9.37 所示。

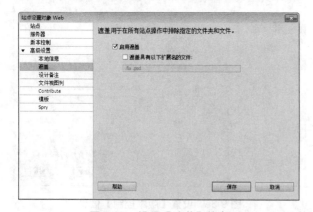

图 9.37 设置【遮盖】信息

Step 8 在团队合作设计网站过程中，写备注是一个良好的习惯，可以方便互相沟通。设置时在左侧列表框中选择【设计备注】项目，此处默认选择了【维护设计备注】复选框，用户也可以设置选择【启用上传并共享设计备注】复选框，如图 9.38 所示。

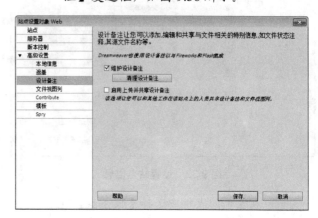

图 9.38 设置【设计备注】信息

Step 9 在左侧列表框中选择【文件视图列】项目，建议使用默认设置或根据需要添加自定义列。如果选中【启用列共享】复选框，【维护设计备注】和【启用上传并共享设计备注】复选框都会被启用，如图 9.39 所示。

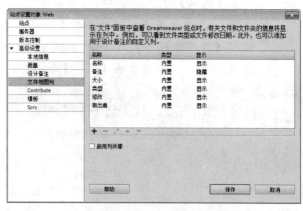

图 9.39 设置【文件视图列】信息

Step 10 选择 Contribute 项目，设置是否启用 Contribute 兼容性。必须将 Contribute 安装在本地电脑后，才能完成 Contribute 应用，如图 9.40 所示。

图 9.40　设置 Contribute 信息

 在左侧选项卡选择【模板】项目，设置当更新模板时是否改写文件的相对路径，默认为不改写，如图 9.41 所示。

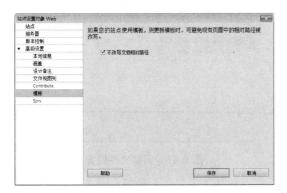

图 9.41　设置【模板】信息

 在 Spry 项目中则可以设置 Spry 资源文件夹的位置，默认在站点根目录下新建名为 Spry-Assets 的文件夹，如图 9.42 所示，最后单击【保存】按钮关闭【站点设置对象 Web】对话框。

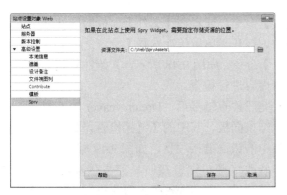

图 9.42　设置 Spry 信息

完成所有分类项目的设置后，在【文件】面板中可以看到指定的网站文件，如图 9.43 所示。

图 9.43　完成定义站点后的结果

9.2.2　创建网站文件

定义动态网站之后，网站其实还只是一个空文件夹，接下来就需要为网站创建和管理各种网站资源。例如创建文件夹，创建、打开、修改文件和浏览网页文件等。

1. 创建文件夹

为网站创建的文件夹可用于分类管理网页文件、图像文件、音频视频文件等。创建的方法是在【文件】面板上选择已定义的网站，右击打开快捷菜单，选择【新建文件夹】命令。接着显示一个处于重命名状态的文件夹，直接输入文件夹名称"images"，然后按 Enter 键，如图 9.44 所示。

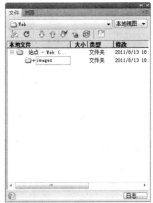

图 9.44　创建文件夹

2. 创建网页文件

在【文件】面板中选择站点名称，在右键打开的快捷菜单中选择【新建文件】命令。新建的网页文件处于重命名状态，输入网页文件名称 index.html，如图 9.45 所示，然后按 Enter 键。

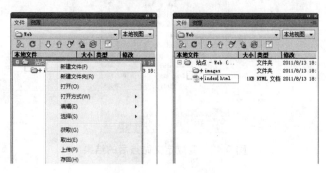

图 9.45　创建网页文件

按照以上方法再创建其他的文件及所需的文件夹，则一个网站中的基本内容就差不多具备了，如图 9.46 所示。

图 9.46　创建其他文件

提 示

用户可根据需要选择新建网页文件的路径，例如右击站点时创建的新文件存放在站点根目录下，右击站点内的文件夹时创建的新文件则存放在该文件夹目录下。

3. 移动文件位置

网站内的文件夹和文件位置是可以调整的。当需要调整文件位置时，可以通过拖动的操作方法来进行。

例如，移动鼠标至 data.html 文件上方，再按住鼠标左键不放，然后拖至目标文件夹 database 上方再松开鼠标即可，之后弹出【更新文件】对话框，询问是否更新相关文件的链接，如图 9.47 所示，单击【更新】按钮。

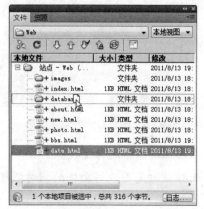

图 9.47　调整文件位置

9.2.3　检查网站超链接

网站制作过程中不可避免地需要进行增加、修改链接文件及素材内容等操作，这也就难免会造成链接错误或无效链接。为了保证网站质量，可在发布之前检查站内超链接，以确保所有超链接准确无误。

在菜单栏中依次选择【站点】|【检查站点范围的链接】命令，或者在【文件】面板的网站标题上单击右键，打开菜单后依次选择【检查链接】|【整个本地站点】命令，如图 9.48 所示，开始针对整个网站中的所有内容进行检查。

完成检查链接后，Dreamweaver CS5 窗口下方将显示结果面板，其中的【链接检查器】选项卡会列出网站中的错误链接项目，如图 9.49 所示。

修改这些错误链接时只需直接双击所显示的错误链接项目，Dreamweaver CS5 将自动打开链接所在的网页文件，并显示错误链接位置，例如一张图片的

地址错误，则该图片对象自动被选取，用户便可以在
【属性】面板的【源文件】文本框中修改，如图9.50
所示。

图9.48　选择【整个本地站点】命令

图9.49　显示的错误链接

图9.50　快捷修改错误链接

在【链接检查器】选项卡中可以显示断掉的链接、
外部链接、孤立的文件这3种链接类型。选择【显示】
下拉列表即可选择链接类型，如图9.51所示。

对3种链接类型进行的详细介绍如下。

● 断掉的链接：即错误链接，形成的原因主要
有链接对象名称出错、文件类型出错或所在
路径出错。

● 外部链接：链接到网站外部文件或互联网上
某个网站的链接类型。

● 孤立的文件：未被网站内其他文件建立链接
的文件。这类文件可能是尚未使用或多余的
文件。

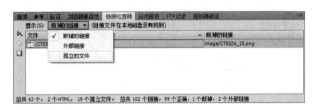

图9.51　选择链接类型

9.2.4　上传本地的网站

完成整个网站的制作之后，便可以使用Dreamweaver
CS5提供的网站发布功能把网站上传到远端服务器，
让所有人都能够访问网站中的内容。

使用Dreamweaver CS5提供的网站发布功能，必
须先定义服务器信息。其中包括指定服务器名称及
FTP地址、用户名、密码等。定义远程信息后可以单
击【测试】按钮，测试能否成功地连接到远端服务器，
如图9.52所示。

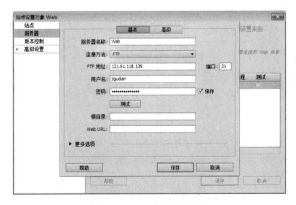

图9.52　定义远程信息

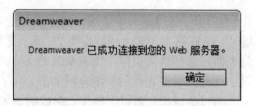

图 9.52 定义远程信息(续)

为了便于检视网站发布情况，可先将【文件】面板切换为【本地和远端网站视图】。单击【文件】面板右上方的【打开以显示本地和远端站点】按钮，如图 9.53 所示。

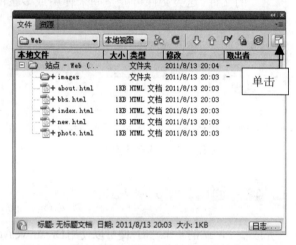

图 9.53 单击【打开以显示本地和远端站点】按钮

打开并显示本地和远端网站视图后，单击上方工具栏中的【连接到远端主机】按钮，使 Dreamweaver CS5 连接到远端服务器，如图 9.54 所示。

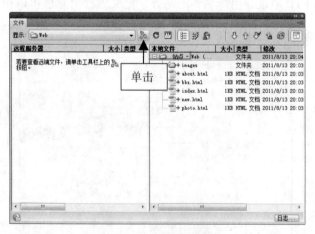

图 9.54 连接远端站点

图 9.54 连接远端站点(续)

成功连接到远端主机后，在【本地文件】列表中选择要上传的网站，单击【上传】按钮，开始上传网站，如图 9.55 所示。

图 9.55 上传网站

当上传完成时，将在【远程服务器】列表中显示上传的文件，如图 9.56 所示。

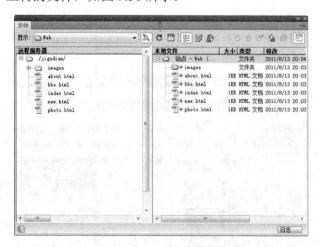

图 9.56 完成上传网站

9.2.5 同步更新网站文件

上传网站到远端主机之后，继续对本地网站内容进行网页文本、图片更新，删除过期的网页，新增网页等修改，修改完成后可通过更新的方式将修改结果上传到远端主机，使远端主机内容与本地站点内容一致。

同样，使用【同步】功能之前，需要先将 Dreamweaver CS5 连接到远端主机。

更新网站文件的操作步骤如下。

 在【文件】面板中显示本地和远端站点，单击【同步】按钮，如图 9.57 所示。

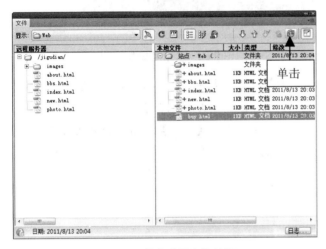

图 9.57　单击【同步】按钮

 弹出【同步文件】对话框，在【同步】下拉列表框中选择要同步的内容是整个网站或是鼠标选中的文件，在【方向】下拉列表框中则选择【放置较新的文件到远程】同步处理方式，选择【删除本地驱动器上没有的远端文件】复选框，如图 9.58 所示，单击【预览】按钮可先获取网站信息。

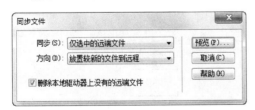

图 9.58　设置【同步文件】对话框

 弹出【同步】对话框，其中显示了要更新的动作及其文件，确认无误后单击【确定】按钮，执行同步操作。如果远端服务器有需要删除的文件，将会弹出确认删除文件的对话框，单击【是】按钮，如图 9.59 所示。

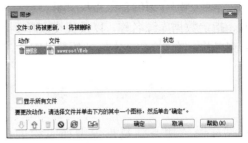

图 9.59　确认同步的动作

完成更新网站文件后，可看到远端站点与本地站点的内容一致，如图 9.60 所示。

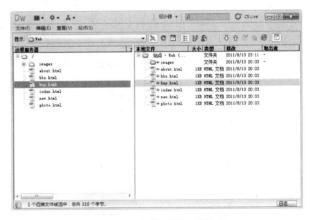

图 9.60　完成更新后的结果

9.3　数据库在网站的应用

在网站与浏览者交流互动的过程中，浏览者需要通过表单来提交信息，而网站则需要数据库来保存信息。为此，完成表单设计后还要为表单创建对应的数据库，并为表单与数据库之间建立关联，以便可以让表单的数据提交到数据库内。

数据库是动态网站的重要组成部分，动态网页对数据库进行的读取、写入、修改、删除等操作，使网站与浏览者、浏览者与浏览者之间能通过网页进行交流互动。本节分别介绍创建数据库文件、设置 ODBC 数据源、指定数据库源名称，以及提交表单到数据库等一系列操作，详细介绍动态网站的数据库处理方法。

9.3.1 创建数据库和数据表

数据库是依照某种数据模型而组织的数据集合，它允许用户访问、查询和修改特定的数据记录，不管是用于存储各种数据的表格，还是能够保存海量信息的并具有数据管理功能的大型数据系统都可称为数据库。

常用的数据库创建及管理软件有 Microsoft SQL Server、Oracle、Microsoft Access 等，其中，Access 的操作较简单快速。本例介绍使用 Access 创建数据库的方法。

创建数据库和数据表的操作步骤如下。

 单击电脑桌面左下角的【开始】按钮，从弹出的菜单中依次选择【所有程序】|Microsoft Office|Microsoft Office Access 2003 命令，如图 9.61 所示，打开 Access 程序。

图 9.61　启动 Access 2003 程序

 打开 Microsoft Access 窗口后，依次选择【文件】|【新建】命令，打开【新建文件】窗格后单击【空数据库】链接文本，如图 9.62 所示。

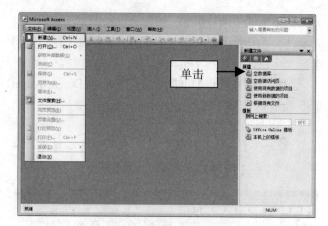

图 9.62　【新建文件】窗格

 打开【文件新建数据库】对话框，指定数据库文件保存的目录并设置数据库文件名称，然后单击【创建】按钮，如图 9.63 所示。

图 9.63　【文件新建数据库】对话框

 返回 Microsoft Access 窗口，可看到数据库编辑与管理工作区。在数据库窗口中选择【表】选项并单击【新建】按钮，如图 9.64 所示。

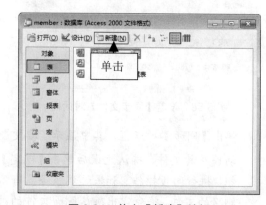

图 9.64　单击【新建】按钮

在打开的对话框中选择【设计视图】选项，并单击【确定】按钮，以便通过表设计视图创建数据表，如图 9.65 所示。

图 9.65 选择【设计视图】选项

 打开表的编辑窗口，先在【字段名称】栏中输入数据记录字段，再选择【数据类型】为【自动编号】，然后输入字段说明文本，如图 9.66 所示。

图 9.66 设置数据表记录的字段与数据类型

 依照步骤 6 的方法，分别输入其他数据项的字段名称，以及设置对应的数据类型和说明文本，结果如图 9.67 所示。

图 9.67 添加并设置其他字段

说 明

Access 2003 提供了文本、备注、数字、日期/时间、货币、自动编号、是/否、OLE 对象、超链接、查阅向导 10 种数据类型，其说明如下。

- "文本"类型：可以输入文本字符，例如中文、英文、数字、符号、空白等，最多可以保存 255 个字符。
- "备注"类型：可以输入文本字符，但它不同于文字类型，它可以保存约 64 KB(指保存的字节的容量，一般一个字为 1 B，1 KB 相当于 1 024 B)字符，适用于长度不固定的文字数据。
- "数字"类型：用来保存诸如正整数、负整数、小数、长整数等数值数据。
- "日期/时间"类型：用来保存和日期、时间有关的数据。
- "货币"类型：适用于无需很精密计算的数值数据，例如：单价、金额等。
- "自动编号"类型：适用于自动编号的数据，可以在增加一笔数据时自动加 1，产生一个数字的字段，自动编号后，用户无法修改其内容。
- "是/否"类型：关于逻辑判断的数据都可以设定为此类型。
- "OLE 对象"类型：为数据表链接诸如电子表格、图片、声音等对象。
- "超链接"类型：用来保存超链接数据，例如网址、电子邮件地址等。
- "查阅向导"类型：用来查阅可预知的数据字段或特定数据集。

 选择 id 字段，然后单击右键打开快捷菜单，选择【主键】命令，将 id 字段设置为数据表主键，如图 9.68 所示。

 单击【关闭】按钮 ✖，弹出提示对话框后单击【是】按钮，弹出【另存为】对话框设置数据表名称，如图 9.69 所示，最后单击【确定】按钮。

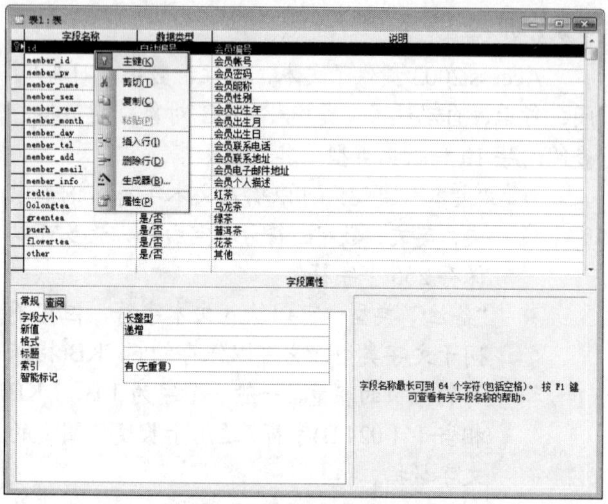

图 9.68　选择【主键】命令

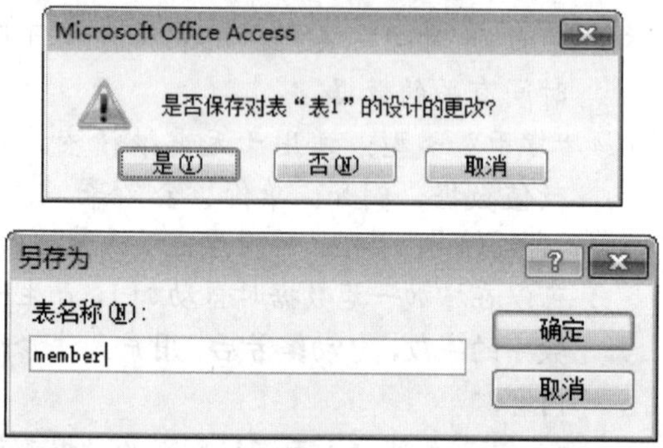

图 9.69　【另存为】对话框

9.3.2　设置 ODBC 数据源

ASP 动态网页设计必须通过 ODBC(开放式数据库连接)驱动程序或 OLE DB(嵌入式数据库)程序连接到数据源，动态网页才能从数据源读取数据信息。ODBC 在动态网页设计中较为常用，用户可通过 ODBC 驱动程序设置动态网站的数据源。

在进行本例操作前，需先将光盘中的"..\Example\Ch09"文件夹复制到电脑 C 盘，然后指定该文件夹为 IIS 服务器物理路径，再打开 Dreamweaver CS5 程序，通过【文件】面板的【编辑网站】功能定义该文件夹为网站，结果如图 9.70 所示。

图 9.70　定义网站后的结果

设置 ODBC 数据源的操作步骤如下。

Step 1　单击电脑桌面左下角的【开始】按钮，从弹出的菜单中选择【控制面板】命令，如图 9.71 所示。

Step 2　打开【控制面板】窗口，然后双击【管理工具】图标，如图 9.72 所示。

图 9.71　选择【控制面板】命令

图 9.72 双击【管理工具】图标

 Step 3 打开【管理工具】窗口，双击【数据源 (ODBC)】项目，如图 9.73 所示。

图 9.73 选择【数据源(ODBC)】选项

Step 4 打开【ODBC 数据源管理器】对话框，切换到【系统 DSN】选项卡，单击【添加】按钮，如图 9.74 所示。

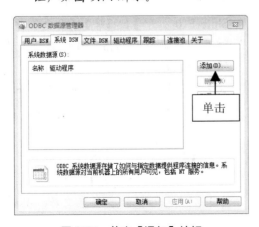

图 9.74 单击【添加】按钮

Step 5 打开【创建新数据源】对话框后，在列表框中选择 Microsoft Access Driver(*.mdb)选项，如图 9.75 所示，单击【完成】按钮。

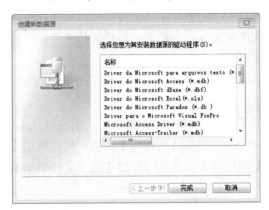

图 9.75 选择数据源的驱动程序

Step 6 打开【ODBC Microsoft Access 安装】对话框后，输入数据源名称，如图 9.76 所示，然后单击【选择】按钮。

图 9.76 设置数据源名称

Step 7 打开【选择数据库】对话框后，选择数据库文件(..\database\member.mdb)，如图 9.77 所示，然后单击【确定】按钮关闭所有对话框。

图 9.77 选择数据库

9.3.3　指定数据库源名称

在 Dreamweaver CS5 中为网站指定数据库源名称需要先满足定义动态站点、选择文档类型、设置测试服务器三个重要的条件。

关于如何定义动态站点，本章在 9.2.1 节中已经详述过，此处不再赘述。

若需要进行文档类型的设置，则可以在 Dreamweaver CS5 中打开【数据库】面板，然后单击【文档类型】链接文本，通过打开的【选择文档类型】对话框进行设置，如图 9.78 所示。

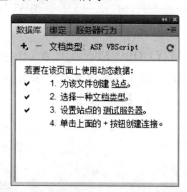

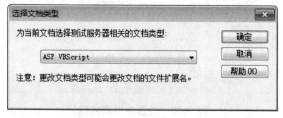

图 9.78　设置文档类型

同样，在【数据库】面板中单击【测试服务器】链接文本，打开站点设置对象对话框，在【服务器】定义项目中添加服务器项目并选择服务器项目后面的【测试】复选框，或是设置已添加的服务器项目，方法是双击该服务器项目，然后在【高级】设置中输入【服务器名称】，设置【连接方法】为【本地/网络】，再指定虚拟的默认服务器地址 http://localhost:8081/ 作为 Web URL，如图 9.79 所示。

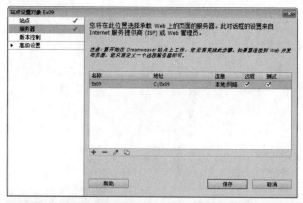

图 9.79　通过【数据库】面板设置测试服务器

在正确地完成数据库源名称的条件设置后，在【数据库】面板中可看到三个条件前面都已打勾，这表示一切正常，之后便可以开始执行指定数据库源名称的操作，以实现后续一系列的动态网页设计。

指定数据库源名称(DSN)的操作步骤如下。

Step 1　在 Dreamweaver CS5 中通过【文件】面板打开 "9.2.3.asp" 练习文件，再按快捷键 Ctrl+Shift+F10 打开【数据库】面板，准备通过已打开的网页为网站指定数据库源名称，如图 9.80 所示。

Step 2　在【数据库】面板上单击 按钮，并从弹出的菜单中选择【数据源名称(DSN)】命令，如图 9.81 所示。

Step 3　弹出【数据源名称(DSN)】对话框后，设置【连接名称】，接着在【数据源名称(DSN)】下拉列表框中选择数据源名称，如图 9.82 所示。

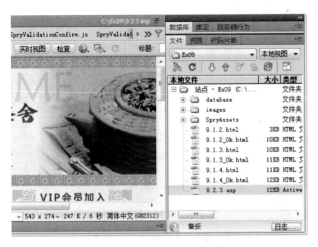

图 9.80　打开的 asp 文件

图 9.81　选择【数据源名称(DSN)】命令

图 9.82　指定数据源名称

Step ⁴ 此时可以单击对话框中的【测试】按钮，测试数据库是否成功连接。若成功连接，则会弹出提示对话框，如图 9.83 所示，只需单击【确定】按钮。

成功连接数据库后，返回 Dreamweaver CS5 的【数据库】面板即可查看已连接的数据库，如图 9.84 所示。

图 9.83　成功连接数据库的提示

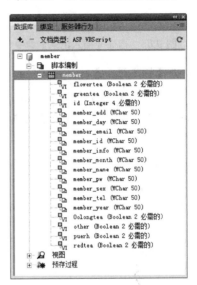

图 9.84　连接数据库的结果

9.3.4　提交表单记录至数据库

为网站指定数据源名称(DSN)后，网站以及其中的网页与数据库之间就建立了关联，如此，当浏览者通过网页表单填写资料后，就可以提交到网站的数据库中。实现这个过程的方法很简单，就是为表单添加【插入记录】服务器行为，使表单元件与数据库的数据表字段相对应，并将数据一一对应地插入到数据表的字段中，这样即可完成资料数据的提交，同时浏览者也成功申请了会员。

提交表单记录至数据库的操作步骤如下。

Step ¹ 通过【文件】面板打开"9.3.4.asp"练习文件，按快捷键 Ctrl+F9 打开【服务器行为】面板，然后单击⊞按钮，并从弹出的菜单中选择【插入记录】命令，如图 9.85 所示。

图 9.85 选择【插入记录】命令

 打开【插入记录】对话框，分别设置【连接】和【插入到表格】都为 member，如图 9.86 所示，在【插入后，转到】文本框右侧单击【浏览】按钮。

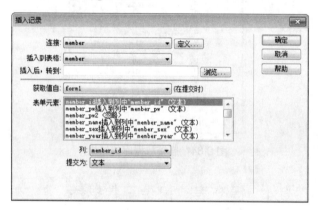

图 9.86 设置【插入记录】对话框

> **提示**
>
> 本例所使用的网页中各表单元件的 ID 名称与数据库中数据表的各个字段相同，因此，在【插入记录】的设置中，指定连接的数据库和数据表后，系统会自动将表单元件名称与数据表字段相对应。如果两者所用名称不同，则需要依次选择表单元件，再通过下方的【列】下拉列表分别指定相应的数据字段，如此，才可以准确地将表单资料添加到数据库中。

 打开【选择文件】对话框，选择同一网站内的 succeed.asp 文件，如图 9.87 所示，然后单击【确定】按钮。

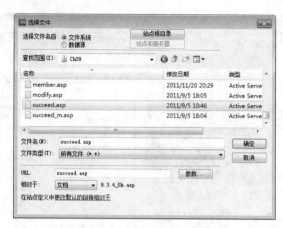

图 9.87 【选择文件】对话框

完成上述操作后，将网页另存为成果文件，按 F12 功能键打开浏览器预览网页。打开网页后，在表单上填写各项信息，然后单击【提交】按钮，此时表单的数据将提交到数据库，并自动转到指定的网页，如图 9.88 所示。

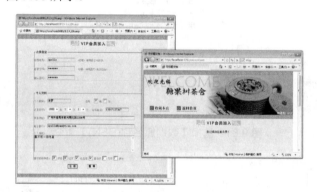

图 9.88 提交表单资料

当表单成功提交后，表单的资料就保存在数据库的数据表内，如图 9.89 所示。

图 9.89 表单成功提交后，资料保存到数据库

9.4 章后总结

本章主要介绍了使用 Dreamweaver CS5 在 Windows 7 系统中制作动态网站的各种必须掌握的入门知识，其中包括安装 IIS 系统组件、设置 IIS 网站

属性、设置系统用户权限、定义与管理本地网站、在网站上应用数据库等内容。

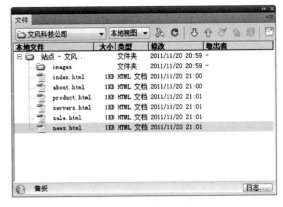

图 9.90　定义网站的结果

9.5　章后实训

本章实训题要求通过 Dreamweaver CS5 在分区磁盘 C 中建立一个名称为"文风科技公司"的网站，并创建 images 文件夹和 index.html、about.html、product.html、servers.html、sale.html 和 news.html 网页文件，结果如图 9.90 所示。

本章实训题的操作流程如图 9.91 所示。

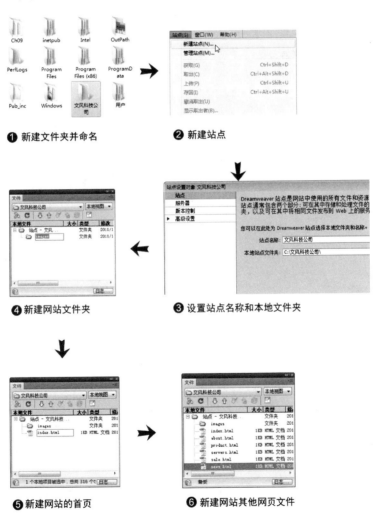

❶ 新建文件夹并命名　　　　❷ 新建站点

❹ 新建网站文件夹　　　　❸ 设置站点名称和本地文件夹

❺ 新建网站的首页　　　　❻ 新建网站其他网页文件

图 9.91　实训题操作流程

网站设计案例篇

第 10 章

设计汽车资讯类网站

本章以"雪佛兰景程"汽车为例,介绍汽车产品展示网站的制作方法。其中包括使用 Photoshop CS5 设计网站模板和图像素材、使用 Flash CS5 设计网页动画素材、使用 Dreamweaver CS5 编排与制作网页等内容。

本章学习要点

➤ 现代汽车网站项目方案

➤ 设计网站模板和素材

➤ 制作导航条与广告动画

➤ 网页的编排与制作

10.1 现代汽车网站项目方案

为了更好地实施网站项目，首先要从项目可行性、项目设计理念、设计和制作要点等方面进行分析。

10.1.1 网站项目规划

面对汽车这种价格不菲的大宗消费品，许多消费者在选购时会慎之又慎，通常会通过多种渠道收集车型信息，对合适的车型进行对比，并从中挑选出合适的型号。用户了解汽车信息的途径主要包括传统媒介(报纸杂志、电视广播媒体、户外广告)和网络媒介。而随着网络应用的日益发展，网络媒介因其信息量大和信息获取容易而越来越受到消费者重视。

作为汽车生产企业，要让用户熟知并认可自己的产品，广告宣传是必不可少的手段。随着电子商务的发展，网络媒介无论在受众数量或宣传成本等方面都突显优势，因此可以作为主要的产品推广手段，并可结合传统媒介对产品进行宣传。

要利用网络推广产品，最直接有效的方法就是建立企业网站，让网站作为企业面向互联网的门户，从而展示产品信息，并结合优质的营销渠道，通过网站进行庞大的市场营销。

1. 项目设计理念

突显重点才能体现优势。在设计企业网站时，首先要考虑的一点就是企业建站的目的。企业网站通常可以分为以下三类。

(1) 企业形象网站：塑造企业形象，传播企业文化，推介企业业务，报道企业活动，展示实力等。

(2) 品牌形象网站：一些企业拥有众多品牌，且不同品牌之间市场定位和营销策略各不相同，企业可根据不同品牌建立其品牌网站，以针对不同的消费群体。

(3) 产品展示网站：针对某一产品的网站，重点在于产品的体验。例如为新车上市建立的新车形象展示网站。

本章主要介绍产品展示网站的制作方法。该类网站的主题是"产品宣传"，因此网站的设计要围绕"产品"展开：在布局规划时要突显产品展示，在网页配色方面要符合产品的销售定位，在美工设计时要尽可能展现产品的精美一面。

2. 设计和制作要点

页面布局规划：产品展示网站以展示产品为主，因此页面布局时要突出产品主题。易采用二分栏布局：一边用于显示产品主体，另一边用于显示产品相关信息。

专业美工设计：网站设计时要结合产品的卖点，例如运动型汽车可以配合明快的色调和动感的线条；商务型汽车需要体现稳重和成熟。另外，该类型网站不宜设计得过于复杂，整体设计需简约。

图片元素制作：网站的图像素材制作必须精致。在不影响图像质量的前提下，压缩到最小的文件尺寸，方便用户浏览。

动画特效应用：网页主体部分可适当加入一些Flash 动画特效，以吸引浏览者的注意，增强网站的观赏性。

10.1.2 页面布局规划

在设计网页时，首先根据内容的分类和信息的展示需求进行基本区域划分，然后再进一步进行二次和多次区域划分。本章的产品展示页面采用二分栏布局，规划流程如图 10.1 所示。

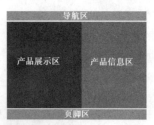
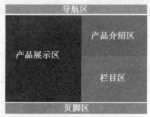

图 10.1 页面布局规划流程

制作完成后的网页如图 10.2 所示。网页导航区位于页面最上方，包括企业 LOGO 和网站导航条；产品展示区位于页面左侧，符合人们"从左到右"的视觉习惯；产品信息区位于页面右侧，又分为产品介绍区和栏目区；页面最下方的是页脚区，放置网站版权信息和页脚导航。

图 10.2   产品展示网站的网页效果

10.1.3   网页配色方案

本例介绍的汽车产品展示网页以深蓝色为背景，结合汽车图片的颜色和金属感，体现出产品的成熟稳重、大方得体。产品栏目区采用浅蓝色为底色，与网页背景形成层次对比，增加了页面的纵深感。页面中的文本内容采用白色，与深色的背景明显区分，便于辨认和阅读。此外，页面多处应用了色彩渐变和半透明效果，在保持页面整体色彩协调的基础上，增加了观赏性。图 10.3 所示为本例网页的配色方案。

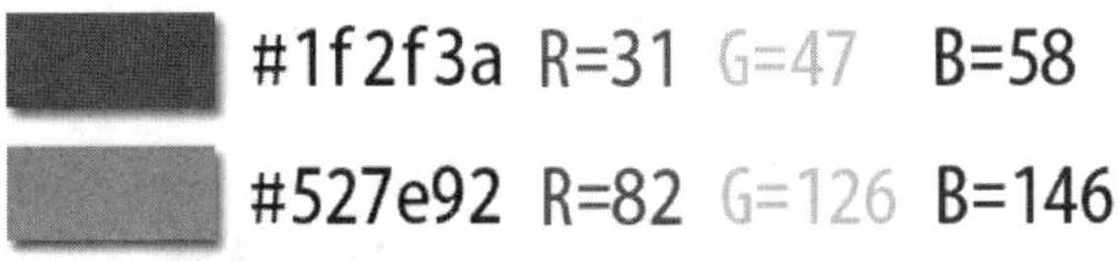

#1f2f3a R=31 G=47 B=58

#527e92 R=82 G=126 B=146

图 10.3   汽车产品展示网页的配色方案

10.2   设计网站模板和素材

在设计网站前，首先要搜集或自行设计好网站所需要的素材。

10.2.1   编修汽车图片素材

在进行网页设计时通常要用到图片素材，为了让这些素材符合网页设计要求，设计者需要针对图像的尺寸、效果进行一些编辑操作。

本小节利用 Photoshop CS5 软件对图像素材进行处理，包括裁剪图片、添加图层样式、调整图片尺寸等。处理好的图像素材如图 10.4 所示。

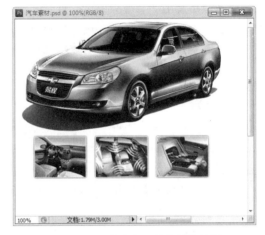

图 10.4   编修汽车图片素材的结果

编修汽车图片素材的操作步骤如下。

 打开 Photoshop CS5 软件，依次选择【文件】|【新建】命令，新建一个如图 10.5 所示的 PSD 文档。

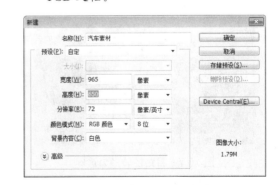

图 10.5   新建 PSD 文档

 在 Photoshop CS5 中打开光盘的"..\Example\Ch10\10.2\car.jpg"文件，使用【钢笔工具】

沿着汽车的轮廓创建路径，如图10.6所示。

图 10.6　创建汽车轮廓路径

　　为了更精准地勾出汽车的轮廓，用户可以先使用【缩放工具】适当放大图像。操作过程中可以按住空格键拖动调整图像的位置。创建路径过程中配合使用 Shift、Ctrl、Alt 等功能键，可以对路径进行调整。

Step 3　在图像任意位置单击右键，然后从快捷菜单中选择【建立选区】命令，打开【建立选区】对话框后进行如图 10.7 所示的设置，完成后单击【确定】按钮，将路径转换为选区。

图 10.7　将路径转换为选区

Step 4　按快捷键 Ctrl+C 复制选区内容，然后切换至"汽车素材"文件窗口，并按快捷键 Ctrl+V 粘贴选区内容，如图10.8所示。

图 10.8　复制汽车素材

Step 5　在 Photoshop CS5 中打开光盘的"..\Example\Ch10\10.2\car_in1.jpg、car_in2.jpg、car_in3.jpg"文件，然后使用【移动工具】将汽车内饰图像拖至"汽车素材"文件中，如图10.9所示。

图 10.9　添加汽车内饰图像

Step 6　选择"汽车素材"文件中的车体图像，然后按快捷键 Ctrl+T 显示调节框,接着按住 Shift 键拖动角调节点,将车体图像缩至合适大小,如图 10.10 所示。

图 10.10　缩小车体图像

 技 巧

　　要快速选中图像,设计者只需按住 Ctrl 键并单击相应图像即可。此外,按住 Shift 键拖动角调节点可以使图像等比缩放。按住 Alt 键拖动角调节点,可以使图像以中心为基点进行缩放。

Step 7　参照步骤 6 的方法,将汽车内饰图像缩至合适大小,如图 10.11 所示。

图 10.11　缩小汽车内饰图像

Step 8　打开【图层】面板,然后在图层 2 上方单击右键,并从快捷菜单中选择【混合选项】命令,打开【图层样式】对话框后,分别对【外发光】和【描边】选项组进行设置,为图层添加外发光和描边效果,如图 10.12 所示。设置完成后单击【确定】按钮。

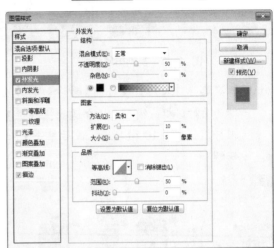

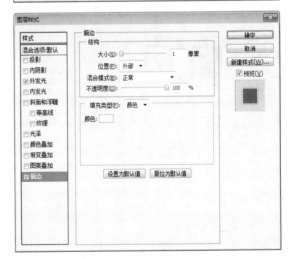

图 10.12　添加图层样式

Step 9　按住 Ctrl 键,将【图层 2】对应的【效果】项拖至【图层 3】上方,出现"fx"字样后松开左键,即可为图层 3 应用相同的图层样式。依此方法继续为图层 4 应用图层样式,如图 10.13 所示。

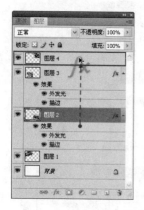

图 10.13　复制图层样式

Step 10　依次选择【文件】|【存储】命令，打开【存储为】对话框，然后选择合适的保存位置和文件名，如图 10.14 所示，最后单击【保存】按钮。

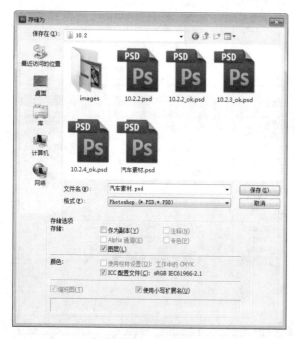

图 10.14　保存文件

10.2.2　设计背景和添加 Logo

网页制作应遵循"先整体后局部"的原则，即首先规划和制作网页的背景，然后再添加其他元素。本节设计网页模板的背景和 Logo，其主要设计流程为添加底纹→绘制中间区域底纹和阴影→绘制导航条底纹和阴影→绘制页脚底纹和阴影→添加 Logo 和说明文字。设计背景和添加 Logo 后的网页模板的效果如图 10.15 所示。

图 10.15　设计背景和添加 Logo 的结果

设计背景和添加 Logo 的操作步骤如下。

Step 1　打开 Photoshop CS5 软件，依次选择【文件】|【新建】命令，新建一个如图 10.16 所示的 PSD 文档。

图 10.16　新建 PSD 文档

Step 2　选择【渐变工具】，并单击工具属性栏中的按钮 ，打开【渐变编辑器】对话框后，在渐变指示条中间添加色标，然后从左至右分别设置色标的颜色为 #192833、#537689、#2b4755，如图 10.17 所示。

> **说　明**
>
> 渐变指示条下方的色标用于控制渐变颜色，上方的色标用于控制渐变透明度。要设置某个色标的颜色，只需双击相应色标即可。

图 10.17　设置色标颜色

 选择下方左侧的色标，然后设置【位置】为 10%，接着选择下方右侧的色标，并设置【位置】为 90%，如图 10.18 所示，完成后单击【确定】按钮。

图 10.18　设置色标位置

提　示

自定义某种渐变效果后，设计者可以单击【渐变编辑器】对话框中的【新建】按钮，将渐变效果保存到【预设】选项组中。此后使用时，只需在【预设】选项组中选择该渐变效果即可。

 新建"底纹"图层，然后从下至上垂直拖动鼠标，创建色彩渐变效果，如图 10.19 所示。

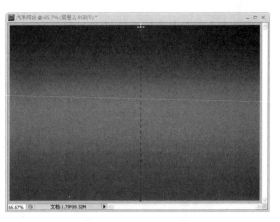

图 10.19　创建色彩渐变效果

 选择【圆角矩形工具】，设置填充颜色为 #527e92，圆角半径为 20 px，然后绘制一个圆角矩形，如图 10.20 所示。

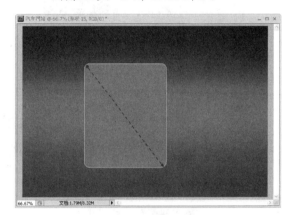

图 10.20　绘制圆角矩形

 参照步骤 5 的方法，再次绘制一个圆角矩形，如图 10.21 所示。

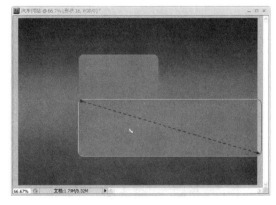

图 10.21　绘制另一个圆角矩形

Step 7 在【图层】面板中按住 Ctrl 键同时选择两个圆角矩形所在图层，然后按快捷键 Ctrl+E 合并图层，接着设置图层的【不透明度】为20%，如图 10.22 所示。

图 10.22　合并和设置图层的不透明度

Step 8 将【图层】面板中的"形状 16"图层拖至【新建图层】按钮 上方，创建图层副本，然后按快捷键 Ctrl+T，适当缩小图层副本中的形状，如图 10.23 所示。

图 10.23　创建并调整对象副本

Step 9 在【图层】面板中设置"形状 16 副本"的不透明度为 80%，然后使用【移动工具】适当调整对象的位置，如图 10.24 所示。

图 10.24　调整对象的不透明度和位置

Step 10 参照步骤 5~9 的方法，在图层右上角绘制导航条阴影和底纹，结果如图 10.25 所示。

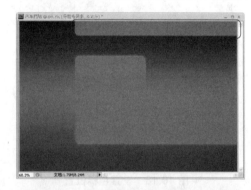

图 10.25　绘制导航条阴影和底纹的结果

Step 11 新建一个空白图层，然后使用【矩形选框工具】在图层底部创建一个矩形选框，如图 10.26 所示。

Step 12 选择【渐变工具】，并单击工具属性栏中的 按钮，打开【渐变编辑器】对话框后，在【预设】选项组中选择第 2 个预设，然后设置左侧色标的颜色为白色，如图 10.27

所示，并单击【确定】按钮。

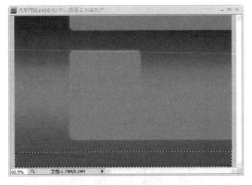

图 10.26　创建矩形选框

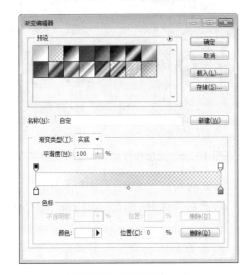

图 10.27　设置渐变颜色

 在矩形选区上从上至下垂直拖动鼠标，创建色彩渐变效果，如图 10.28 所示。

图 10.28　创建色彩渐变效果

 按快捷键 Ctrl+D 取消矩形选区，然后参照步骤 5 的方法在图层底部绘制一个圆角矩形，如图 10.29 所示。

图 10.29　绘制圆角矩形

Step 15 打开新建圆角矩形的【图层样式】对话框，然后分别对【内阴影】和【描边】选项卡进行设置，为图层添加【内阴影】和【描边】效果，如图 10.30 所示。

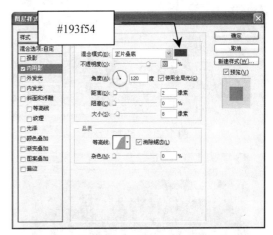

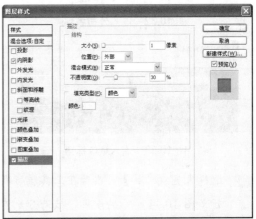

#193f54

图 10.30　添加【内阴影】和【描边】效果

 打开光盘的 "..\Example\Ch10\10.2\logo.gif" 文件，按快捷键 Ctrl+A 选择 Logo，然后将其拖至"汽车网站.psd"的左上角，如图 10.31 所示。

 选择【横排文本工具】，然后在工具属性栏中进行如图 10.32 所示的设置，接着在 Logo 右侧输入公司名称。

 重新设置文本工具属性，然后输入宣传标语，如图 10.33 所示。

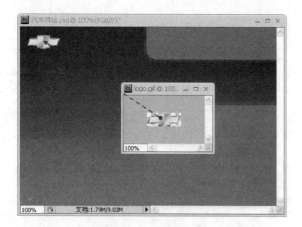

图 10.31　添加 Logo

图 10.32　输入公司名称

图 10.33　输入宣传标语

 选择【直线工具】，然后在工具属性栏中进行如图 10.34 所示的设置，接着分别在宣传标语两侧绘制直线。

图 10.34　绘制直线

Step 20　编辑完成后，保存 PSD 文档即可。

提　示

要绘制水平、垂直、45 度角的直线，只需按住 Shift 键绘图即可。

10.2.3　添加模板的其他元素

设计背景和添加 Logo 后，接下来就要添加图片素材以及对模板进行细节处理。为了方便后续设计，导航文字和栏目内容暂时不用添加。

添加模板和其他元素的主要流程为美化导航条→插入图片素材→添加栏目内容。结果如图 10.35 所示。

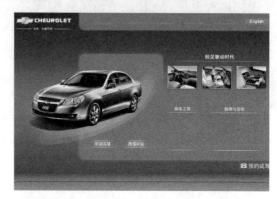

图 10.35　添加模板的其他元素的结果

添加模板的其他元素的操作步骤如下。

Step 1　打开练习文件(光盘：..\Example\Ch10\10.2\ 10.2.2_ok.psd)，使用【圆角矩形工具】在导航条左侧绘制一个圆角半径为 20 px，颜色为白色的圆角矩形，如图 10.36 所示。

图 10.36　绘制圆角矩形

Step 2　在【图层】面板中设置图层的【不透明度】为 50%，然后单击【图层蒙版】按钮 添加图层蒙版，如图 10.37 所示。

Step 3　选择【渐变工具】并打开【渐变编辑器】对话框，在【预设】选项组中选择第 2 个预设，然后设置左侧色标的颜色为黑色。接着从上至下垂直拖动鼠标，创建渐变遮罩效果，如图 10.38 所示。

图 10.37　设置图层不透明度和添加图层蒙版

图 10.38　创建渐变遮罩效果

 复制 4 个"形状 17"图层的副本，然后整齐排列 5 个形状对象，如图 10.39 所示。

图 10.39　创建并排列对象

图 10.39　创建并排列对象(续)

提　示

要精确对齐和排列对象，用户可以同时选中所有要排列的对象(方法是在【图层】面板中按住 Ctrl 键逐个选择对象所在图层)，然后通过【图层】|【对齐】命令或者【图层】|【分布】命令排列对象。

Step 5 使用【矩形工具】在导航条右侧绘制一个颜色为#5a859a 的矩形，然后使用【横排文字工具】在矩形上方输入文本内容，如图 10.40 所示。

图 10.40　绘制矩形并输入文本

Step 6 继续使用【横排文字工具】在模板合适位置输入文本内容，然后使用【直线工具】绘制一条白色的、粗细为 1 px 的直线，如图 10.41 所示。

图 10.41　输入文本并绘制直线

Step 7 选择【渐变工具】并打开【渐变编辑器】对话框，在【预设】选项组中选择第 2 个预设，然后设置左侧色标的颜色为黑色，如图 10.42 所示。

图 10.42　设置渐变颜色

Step 8 为直线所在图层添加一个图层蒙版，然后使用【矩形选框工具】在直线左侧创建一个矩形选框，并使用【渐变工具】创建渐变遮罩效果，如图 10.43 所示。

图 10.43　在左侧创建渐变遮罩效果

Step 9 参照步骤 8 的方法，在直线右端创建渐变遮罩效果，如图 10.44 所示。

图 10.44　在右侧创建渐变遮罩效果

Step 10 打开光盘的 "..\Example\Ch10\10.2\汽车素材.psd" 文件，然后将汽车内饰图片拖至模板中，并整齐排列，如图 10.45 所示。

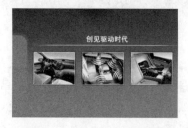

图 10.45　添加汽车内饰图片

Step 11 新建图层 "路"，使用【钢笔工具】在模板左侧创建如图 10.46 所示的路径，然后通过【建立选区】命令将路径转换为选区。

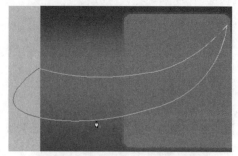

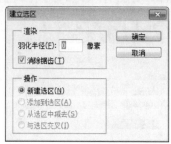

图 10.46　创建路径并转换为选区

Step 12 选择【油漆桶工具】，使用白色填充选区，然后设置图层【不透明度】为 20%，如图 10.47 所示。

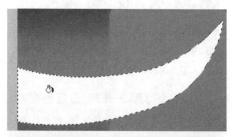

图 10.47　填充选区并设置不透明度

Step 13 为图层 "路" 添加图层蒙版，然后选择【渐变工具】，保留上次的属性设置，从图像中

心向两侧创建渐变遮罩效果，如图 10.48
所示。

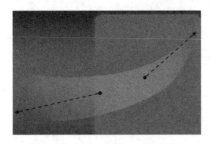

图 10.48　创建渐变遮罩效果

Step 14　创建图层"路"的副本，然后适当旋转和调
整副本中图像的位置，如图 10.49 所示。

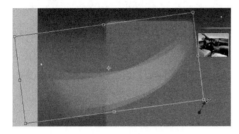

图 10.49　创建并编辑图层副本

Step 15　打开光盘的"..\Example\Ch10\10.2\汽车素
材.psd"文件，然后将汽车图片拖至模板中，
如图 10.50 所示。

图 10.50　添加汽车图片

Step 16　绘制一个白色的矩形，然后参照步骤 7～9
的方法，在矩形两侧创建渐变遮罩效果，并
设置图层【不透明度】为 20%，如图 10.51
所示。

Step 17　在矩形上下方各绘制一条渐变直线，并设置
直线的【不透明度】为 50%，然后使用【横
排文字工具】在矩形上输入文本内容，如

图 10.52 所示。

图 10.51　绘制渐变透明矩形

图 10.52　绘制直线并输入文本内容

Step 18　参照步骤 16、17 的方法，绘制"激情体验"
图像，如图 10.53 所示。

图 10.53　绘制"激情体验"图像

Step 19　在汽车内饰图片下方输入"购车工具"和"新闻与活动"等栏目标题，并绘制栏目边框，如图 10.54 所示。

图 10.54　添加栏目内容

Step 20　使用【圆角矩形工具】在"底纹"图层上方绘制一个颜色为#527e92、圆角半径为 20 px 的圆角矩形，然后在其上方输入"预约试驾"文本内容，并将光盘的 "..\Example\Ch10\10.2\phone.gif" 文件中的图像拖至文本左侧，如图 10.55 所示。

图 10.55　创建"预约试驾"栏目

Step 21　编辑完成后，保存 PSD 文档即可。

10.2.4　模板的切割和输出

制作好网页模板后，就可以开始切割和输出模板了。其主要操作流程为切割网页模板→优化图像切片→输出网页文件。切割和输出网页模板的结果如图 10.56 所示。

切割和输出网页模板的操作步骤如下。

Step 1　打开练习文件(光盘：..\Example\Ch10\10.2\10.2.4_ok.psd)，选择【切片工具】，然后切割出网页 Logo 部位的切片，如图 10.57 所示。

Step 2　依照上述步骤，分别对网页模板上的各个区域进行切割，结果如图 10.58 所示。

图 10.56　切割和输出网页模板的结果

图 10.57　制作网页 Logo 切片

图 10.58　切割网页模板的结果

切割模板时，设计者可以使用【切片选择工具】调整切片的大小和位置。

Step 3　依次选择【文件】|【存储为 Web 和设备所用格式】命令，打开【存储为 Web 和设备所用格式】对话框后，在【预设】下拉列表框中选择 PNG-24 选项，其他选项保留默认设置，接着单击【存储】按钮，如图 10.59 所示。

图 10.59　优化图像切片

Step 4 打开【将优化结果存储为】对话框后，在【格式】下拉列表框中选择【HTML 和图像】选项，然后选择合适的文件名和保存位置，如图 10.60 所示，最后单击【保存】按钮。

图 10.60　输出网页文件

10.3　制作导航条与广告动画

导航条是网站的常备元素，是浏览者访问网站其他页面的主要途径。为了增加动感，网站可以使用 Flash CS5 软件制作具有动画效果的导航条动画。

10.3.1　制作交互导航条

本例使用 Flash CS5 软件制作导航条动画，当浏

览者将鼠标移到导航文字上，导航文字会出现移动和星光围绕转动效果。导航条的主要设计流程为导入图片素材→制作星光元件→制作星动元件→制作导航按钮→添加并对齐按钮元件实例。制作交互导航条的结果如图 10.61 所示。

图 10.61　制作交互导航条的结果

制作交互导航条的操作步骤如下。

Step 1 打开 Flash CS5 软件，新建一个 Flash 文件，然后单击【属性】面板中的【编辑】按钮，并在打开的【文档设置】对话框中设置文件属性，其中背景颜色为#999999，如图 10.62 所示。

图 10.62　设置文件属性

Step 2 依次选择【文件】|【导入】|【导入到舞台】命令，导入光盘的 "..\Example\Ch10\10.3\navigation_bg.jpg" 文件，然后使用【选择工具】拖动调整导航条背景图片的位置，使

其与 Flash 背景完全吻合，如图 10.63 所示。

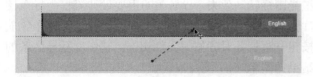

图 10.63　导入背景图片并调整

说 明

光盘的 "..\Example\Ch10\10.3\navigation_bg. jpg" 文件是上一小节制作的网页模板切片中的导航条背景切片。

Step 3　依次选择【插入】|【新建元件】命令，打开【创建新元件】对话框后，设置合适的元件名称和类型，如图 10.64 所示，并单击【确定】按钮。

图 10.64　创建影片剪辑元件

Step 4　打开【颜色】面板，在【类型】下拉列表框中选择【径向渐变】选项，然后在渐变指示条右侧 3/4 处单击添加色标，并从左至右依次设置色标的颜色和 Alpha 值(不透明度)为：#ffffff、100%; #B4E1FE、40%; #C5E8FE、0%，接着使用【椭圆工具】绘制一个【笔触颜色】为【无】的圆形，如图 10.65 所示。

图 10.65　绘制渐变圆形

提 示

绘制时按住 Shift 键可以绘制正圆形。按住 Alt 键，则可以以绘图起点为中心绘制圆形。

Step 5　在【颜色】面板中删除渐变指示条中间的色标，然后设置右侧色标的颜色为#BCD7FE，其余选项保持不变，接着在【时间轴】面板中新建图层 2，并使用【椭圆工具】在新图层中绘制一个椭圆，如图 10.66 所示。

Step 6　继续在原有椭圆的右侧绘制一个略小的椭圆，然后同时选择两个椭圆，并按快捷键 Ctrl+G 将其组合，如图 10.67 所示。至此，光线对象绘制完毕。

图 10.66　绘制渐变椭圆

图 10.67　光线绘制完毕的结果

提 示

由于两个椭圆位于同一个图层中，因此在【时间轴】面板中选择该图层，可以同时选中两个椭圆。此外，为了防止误编辑圆形对象，用户也可以利用【时间轴】面板中的【锁定】🔒功能，锁定圆形对象所在图层。

Step 7 新建图层 3，然后将图层 2 中的光线复制到图层 3 中，并使用【任意变形工具】调整光线副本至水平方向，如图 10.68 所示。

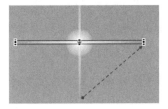

图 10.68　创建并调整光线副本

Step 8 参照步骤 7 的方法，继续创建并调整其他光线副本，结果如图 10.69 所示。

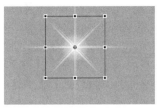

图 10.69　星光效果创建完毕的结果

Step 9 按快捷键 Ctrl+F8，创建影片剪辑元件，然后选择【椭圆工具】绘制一个任意笔触颜色、【填充颜色】为【无】的椭圆，如图 10.70 所示。

图 10.70　创建影片剪辑元件并绘制椭圆

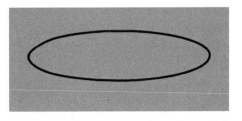

图 10.70　创建影片剪辑元件并绘制椭圆(续)

Step 10 使用【橡皮擦工具】擦除椭圆左端的曲线，将闭合的椭圆转变成一段不闭合的曲线，如图 10.71 所示。

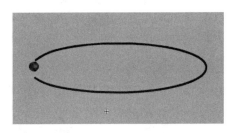

图 10.71　编辑椭圆

Step 11 新建图层 2，然后将【库】面板中的星光元件拖至曲线上端，使"星光"元件的中心和曲线的端点重合，如图 10.72 所示。

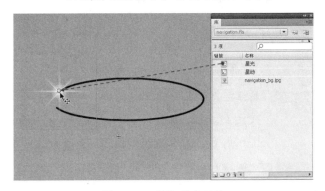

图 10.72　添加星光元件

Step 12 在【时间轴】面板的图层 1 上单击右键，然后选择【引导层】快捷命令，将图层 1 转换为运动引导层，然后将图层 2 拖至图层 1 上方，创建运动引导效果。接着选择图层 1 的第 18 帧，并按 F6 快捷键插入关键帧，然后选择图层 2 的第 18 帧，并按 F5 快捷键插入帧，如图 10.73 所示。

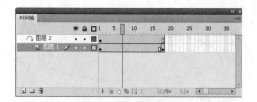

图 10.73　编辑图层

Step 13　选择图层 1 的任意帧并单击右键，然后选择
【传统补间动画】命令，创建补间动画效果，
接着选择图层 1 的最后一个关键帧，并使用
【选择工具】将星光拖至曲线下端，使星光
的中心和曲线的端点重合，创建运动引导效
果，如图 10.74 所示。

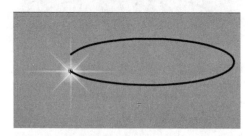

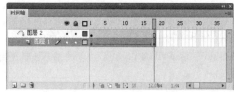

图 10.74　创建运动引导动画

Step 14　新建一个名为"雪佛兰品牌"的按钮元件，
然后在元件编辑窗口中输入"雪佛兰品牌"
文本内容，文本属性如图 10.75 所示。

图 10.75　输入按钮文本

Step 15　分别在【指针经过】、【按下】、【点击】

等事件对应的位置插入关键帧，如图 10.76
所示。

图 10.76　插入关键帧

Step 16　选择【指针经过】事件对应的关键帧，然后
使用【任意变形工具】适当扩大文本，如
图 10.77 所示。

图 10.77　扩大文本

Step 17　新建图层 2，然后在【指针经过】事件对应
的位置插入关键帧，并将【库】面板中的
"星动"元件拖至文本内容的左上角，接
着在【点击】事件对应的位置插入帧，如
图 10.78 所示。

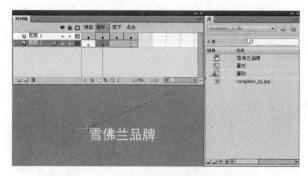

图 10.78　创建星光动态效果并插入帧

Step 18 参照步骤 14～17 的方法，创建名为雪佛兰服务、新闻中心、联系我们、车型展示的按钮元件，结果如图 10.79 所示。

图 10.79　创建的其他按钮元件

> **说　明**
>
> 为了使星光元件能围绕按钮文本旋转，星光运动轨迹的宽度是关键因素。用户可以适当调整"星动"元件中引导层曲线的宽度，使其和按钮文本的宽度相近。此外，由于部分按钮文本内容较短，用户可以适当调整"星动"元件实例在按钮元件中的位置，使其运动轨迹更为美观。

Step 19 返回主场景，新建图层 2，然后将所有按钮元件添加到导航条的合适位置，如图 10.80 所示。

图 10.80　添加导航按钮

Step 20 打开【对齐】面板，然后分别单击【垂直中齐】按钮和【水平居中分布】按钮，调整按钮实例的位置，使其整齐排列，如图 10.81 所示。

图 10.81　对齐按钮实例

Step 21 编辑完成后，依次选择【文件】|【保存】命令保存 FLA 文件。本小节的最终成果请参阅光盘的 "..\Example\Ch10\10.3\navigation_ok.fla" 文件。

Step 22 由于后续制作网页时需要用到 swf 文件，因此保存文件后还需要发布文件。依次选择【文件】|【发布设置】命令打开【发布设置】对话框，然后在【格式】选项卡中选择 Flash 类型，完成后单击【发布】按钮，如图 10.82 所示。发布后的 swf 文件与 FLA 文件处于同一目录中。

图 10.82　发布 swf 文件

10.3.2 制作广告动画

为了增加汽车广告的观赏性，本小节将为汽车图片添加舞台灯光效果，同时添加动态产品说明文字。其主要设计流程为添加并编辑图片素材→创建汽车侧光遮罩动画→创建星光传统补间动画→创建星光运动引导动画→创建文字遮罩动画。制作完成后的动画如图 10.83 所示。

图 10.83　制作广告动画的结果

制作广告动画的操作步骤如下。

Step 1　打开 Flash CS5 软件，新建一个 Flash 文件，然后单击【属性】面板中的【编辑】按钮，并在打开的【文档设置】对话框中设置文件属性，如图 10.84 所示。

图 10.84　设置文件属性

Step 2　依次选择【文件】|【导入】|【导入到舞台】命令，导入光盘的 "..\Example\Ch10\10.3\car.png" 文件，然后使用【选择工具】拖动调整背景图片的位置，使其与 Flash 背景完全吻合，如图 10.85 所示。

Step 3　在 Photoshop CS5 中打开光盘的 "..\Example\Ch10\10.2\10.2.3_ok.psd" 文件，使用【钢

笔工具】勾出汽车侧面的高光部分，然后将路径转换为选区，并使用【油漆桶工具】填充选区，接着按快捷键 Ctrl+C 复制形状，如图 10.86 所示。

图 10.85　导入背景图片

图 10.86　绘制汽车侧面高光部分的轮廓

Step 4　返回 Flash CS5，新建图层 2，然后按快捷键 Ctrl+V 粘贴汽车轮廓图形，接着按快捷键 Ctrl+B 将图形转换为形状，如图 10.87 所示。

图 10.87　粘贴汽车轮廓图形

Step 5　选择【套索工具】，然后单击工具属性栏中的【魔术棒】按钮，接着使用魔术棒依次单击选择形状的白色部分，并按 Delete 键将其删除，接着将形状移至合适位置，如图 10.88 所示。

图 10.88   删除形状的空白部分

Step 6   新建影片剪辑元件"光线",在元件编辑窗口中选择【矩形工具】,然后在【颜色】面板中对填充颜色进行设置,所有色标的颜色都为白色,中间两个色标的 Alpha 值为 100%,两端色标的 Alpha 值为 0%,如图 10.89 所示。

图 10.89   设置新建元件的填充颜色

Step 7   使用【矩形工具】□绘制矩形,然后使用【任意变形工具】□向右倾斜矩形,如图 10.90 所示。

Step 8   返回主场景,在图层 2 下方新建图层 3,接着将光线元件拖至主场景合适位置,然后使用【任意变形工具】适当调整元件大小,如图 10.91 所示。

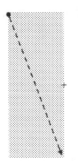
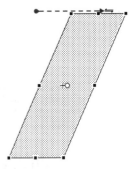

图 10.90   绘制并倾斜矩形

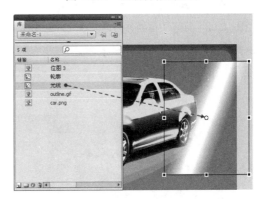

图 10.91   将创建的元件移至主场景

Step 9   在图层 3 第 25 帧处插入关键帧,然后将光线拖至车头位置,如图 10.92 所示。

图 10.92   插入关键帧并移动光线元件至车头

Step 10   分别在图层 3 第 35、60 帧处插入关键帧,然后将第 60 帧中的光线拖至汽车尾部,如图 10.93 所示。

Step 11   在图层 3 第 80 帧处插入关键帧,然后在第 1～第 25 帧、第 35～第 60 帧之间创建传统补间动画,接着将图层 2 转换为遮罩层,如图 10.94 所示。

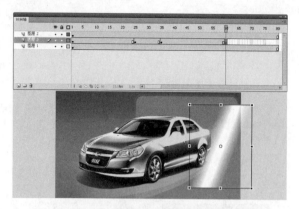

图 10.93　插入关键帧并移动光线元件至车尾

图 10.94　创建侧光遮罩效果

Step 12　打开练习文件(光盘：..\Example\Ch10\10.3\navigation_ok.fla)，然后复制【库】面板中的"星光"元件，返回本例的动画主场景后，将元件粘贴到【库】面板中，如图 10.95 所示。

图 10.95　复制粘贴"星光"元件

Step 13　新建图层 4，然后在第 17 帧处插入关键帧，接着将"星光"元件拖至主场景合适位置，如图 10.96 所示。

图 10.96　移动"星光"元件实例

Step 14　在图层 4 第 27 帧处插入关键帧，然后适当调整星光的位置和大小，如图 10.97 所示。

图 10.97　调整星光元件的位置和大小

Step 15　在图层 4 的第 17～第 27 帧之间创建传统补间动画，然后选择第 27 帧之后的所有帧，并利用【删除帧】命令将其删除，如图 10.98 所示。

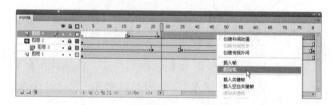

图 10.98　创建传统补间动画并删除多余帧

Step 16　新建图层 5 和运动引导层图层 6，分别在两个图层的第 15 帧处插入关键帧，然后在图层 5 中添加星光元件实例，在图层 6 中使用【铅笔工具】绘制一条运动引导线，将星光元件移至引导线的右端，如图 10.99 所示。

图 10.99　创建运动引导层并添加对象

Step 17 在图层 5 第 25 帧处插入关键帧，在图层 6 第 25 帧处插入帧，然后将图层 5 中第 25 帧中的星光拖至运动引导线的左端，并适当缩小星光，接着在图层 5 的第 15 帧至第 25 帧之间创建传统补间动画，从而完成创建运动引导动画，如图 10.100 所示。

图 10.100　创建运动引导动画

Step 18 参照步骤 16、17 的方法，继续创建运动引导动画，如图 10.101 所示。

图 10.101　创建另一个运动引导动画

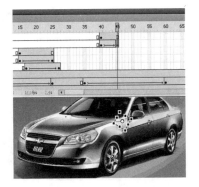

图 10.101　创建另一个运动引导动画(续)

Step 19 参照步骤 13、14 的方法，创建星光的变化效果，如图 10.102 所示。

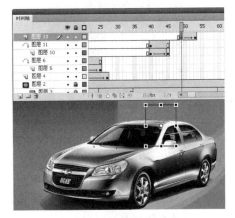

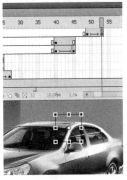

图 10.102　创建星光的变化效果

Step 20 新建空白图层，然后在主场景左上角输入"景程夺目登场"文本内容，文本属性如图 10.103 所示。

Step 21 在文本图层下方新建空白图层，然后将光线元件拖至文本中央，并适当缩小光线的大小，如图 10.104 所示。

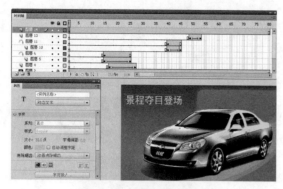

图 10.103　输入说明文字

图 10.104　创建并编辑光线元件实例

Step 22 在光线图层第 30 帧处插入关键帧，然后使用【任意变形工具】翻转光线并增加光线的宽度，方法是向左拖动光线对象右侧的边调节点，接着向右倾斜光线对象，如图 10.105 所示。

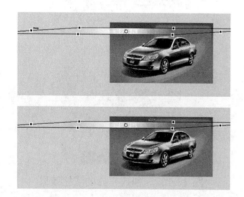

图 10.105　变形光线对象

Step 23 在光线图层的第 1 帧～第 30 帧之间创建传统补间动画，然后将文本图层转换为遮罩层，如图 10.106 所示。

Step 24 编辑完成后，依次选择【文件】|【保存】命令保存 FLA 文件。本小节的最终成果请参

阅光盘的 "..\Example\Ch10\10.3\car_ok.fla" 文件。

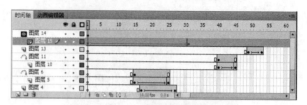

图 10.106　创建文字遮罩效果

10.4　网页的编排与制作

设计好网页图像模板和所有的素材后，即可通过 Dreamweaver CS5 编排页面，将所有素材制作成符合要求的网页。

10.4.1　创建本地站点

编排和制作网页前，必须将网页所在的文件夹定义为本地站点，以便更好地编辑和管理网站内容。

创建本地站点的操作步骤如下。

Step 1 打开 Dreamweaver CS5 软件，然后选择【站点】|【新建站点】命令。

Step 2 打开站点定义对话框后，选择【站点】选项，然后设置【站点名称】为"汽车产品展示网站"，并指定【本地站点文件夹】(需先将光盘的 "..\Example\Ch10\10.4" 文件夹复制到系统盘)，如图 10.107 所示。完成后单击【保存】按钮。

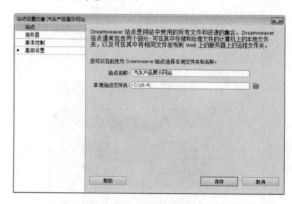

图 10.107　创建本地站点

10.4.2　添加和编排网页内容

网页模板中只包含最基本的背景元素，因此还需要添加文字信息等内容。为了让网页内容更加整齐美观，合适的编排是必不可少的。本节利用 Dreamweaver CS5 软件对网页内容进行编排处理，结果如图 10.108 所示。

图 10.108　添加和编排网页内容的结果

添加和编排网页内容的操作步骤如下。

Step 1　打开 Dreamweaver CS5 软件，在【文件】面板中双击打开 index.html 文件，如图 10.109 所示。

图 10.109　选择网页文件

Step 2　选择汽车内饰下方的图片，然后在【属性】面板的【源文件】文本框中复制图片的路径，如图 10.110 所示。

Step 3　单击窗口左上角的【代码】按钮，打开代码编辑窗口，然后删除图片对应的代码(图中高亮显示部分)，接着在图片所属的<td>标

签中输入"background="，然后在双引号中粘贴图片路径，如图 10.111 所示。

图 10.110　复制图片路径

图 10.111　在代码模式中更改内容

Step 4　参照步骤 2、3 的方法，在网页其他位置设置表格背景图片(图中标识数字的位置)，如图 10.112 所示。

图 10.112　需设置表格背景图片的位置

Step 5　选择汽车内饰下方的表格，然后打开【属性】面板中的 CSS 选项卡，在选项卡中设置表

格内容的字体、字号、颜色、对齐方式，然后输入如图 10.113 所示的说明文字。

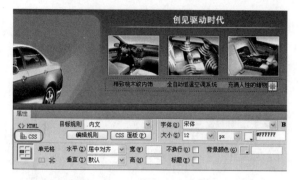

图 10.113　编排并输入文字

说　明

　　Dreamweaver CS5 强制使用 CSS 样式控制网页元素的属性，因此在设置表格的属性时，会自动弹出【新 CSS 规则】对话框，用户只需单击【确定】按钮，即可继续操作。

Step 6 参照步骤 5 的方法，在"购车工具"和"新闻与活动"栏中输入栏目内容，如图 10.114 所示。其中"新闻与活动"栏目内容的对齐方式为"默认"。

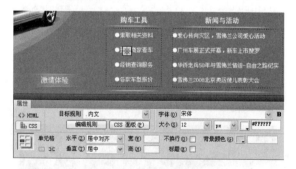

图 10.114　输入栏目内容

Step 7 继续在页脚中输入版权信息和页脚导航文字，版权信息中的"©"符号可以通过【插入】| HTML |【特殊字符】|【版权】命令输入，如图 10.115 所示。

Step 8 编辑完成后，依次选择【文件】|【保存】命令保存网页文件。本小节的最终成果请参阅光盘的 "..\Example\Ch10\10.4\10.4.2_ok.html" 文件。

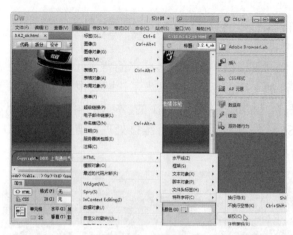

图 10.115　选择【版权】命令以输入特殊字符

10.4.3　插入 Flash 动画

　　为了增加网页的动态效果，本例在网页导航条和产品展示区插入 10.3 节制作的 Flash 动画。插入 Flash 动画后的网页如图 10.116 所示。

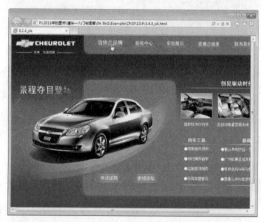

图 10.116　插入 Flash 动画的结果

插入 Flash 动画的操作步骤如下。

Step 1 打开练习文件(光盘: ..\Example\Ch10\10.4\ 10.4.3_ok.html),选择导航条图片,然后按 Delete 键将其删除,如图 10.117 所示。

图 10.117 删除图片

Step 2 依次选择【插入】|【媒体】| SWF 命令,然后在【选择 SWF】对话框中选择光盘的 "..\Example\Ch10\10.4\navigation_ok.swf" 文件,单击【确定】按钮,打开【对象标签辅助功能属性】对话框后,直接单击【取消】按钮,如图 10.118 所示。插入 Flash 导航条的结果如图 10.119 所示。

Step 3 参照步骤 1、2 的方法,插入光盘的 "..\Example\ Ch10\10.4\car_ok.swf" 文件,如图 10.120 所示。

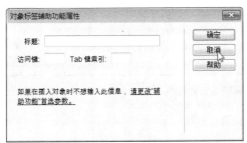

图 10.118 插入 Flash 动画

图 10.119 插入 Flash 导航条

图 10.120 插入汽车展示 Flash

Step 4 编辑完成后,按快捷键 Ctrl+S 保存网页文件。本小节的最终成果请参阅光盘的 "..\Example\ Ch10\10.4\10.4.3_ok.html" 文件。至此,汽车展示网页制作完毕。

10.5 章后总结

通过本例的学习,相信大家已经对汽车网站设计有了一定的了解。在制作产品展示网站时必须遵守某些原则与注意事项,以保证能吸引浏览者,取得预期的宣传效果。下面总结两点注意事项以供各位设计者参考:

(1) 产品展示类网站的主题是"产品宣传",因此网站的设计要围绕"产品"展开,布局规划、网页配色、美工设计等方面都要为产品服务。

(2) 网页的制作要符合产品自身定位。例如商务型汽车易选用成熟、稳重的银色和深蓝色;运动型汽车易选用具有速度感和明快感的红、黄等颜色;家庭款轿车易选用美观大方的淡黄色、浅橙色。针对不同的消费人群，网页的颜色也有所区别，例如适合女性驾驶的汽车和适合男性驾驶的汽车，网页制作时在颜色、布局、页面元素等方面都要体现区别。

10.6　章后实训

本章实训题要求将光盘中的练习文件 ".. \Example\ Ch10\10.4\10.4.3_ok.html" 在 Dreamweaver CS5 中打开，然后设置网页标题为【雪佛兰—景程】，接着设置网页的边距为0、背景颜色为#192732，最后设置网页链接始终没有下划线，结果如图 10.121 所示。

本章实训题的操作流程如图 10.122 所示。

图 10.121　实训题的结果

❶ 设置网页的标题

❷ 设置网页的边距为0

❹ 设置链接下划线样式

❸ 设置网页背景颜色

图 10.122　实训题的操作流程

第 11 章

设计数码科技类网站

本章以"正午数码"相机网站为例,介绍数码科技类网站的制作方法。在这种科技类的网站设计中,产品图像素材设计和广告动画设计都比较重要。因此,本章先使用 Photoshop CS5 设计好网站模板和素材,再使用 Flash CS5 制作广告动画、导航条和公告板动画,最后使用 Dreamweaver CS5 来编排页面的内容。

本章学习要点

➤ 数码网站项目方案

➤ 设计网站模板和素材

➤ 制作 Flash 动画素材

➤ 页面布局与内容编排

11.1　数码网站项目方案

为了更好地实施网站项目，首先要从项目可行性、项目设计理念、设计和制作要点等方面进行分析。

11.1.1　网站项目规划

随着数码相机价格的平民化，国内的摄影热潮正在逐渐兴起，数码相机消费也成为潮流。数码相机属于专业程度较高的数码产品，许多用户对其性能不甚了解，面对琳琅满目的数码相机品牌和型号，选购时也往往感到无从下手。因此许多厂家都会通过各种广告宣传自己的产品，刺激消费需求。

随着网络应用的普及，如今网络上的广告宣传越来越多，手段越来越新颖；另一方面，消费者的眼光也越来越"挑剔"。对于数码相机经销商来说，单纯通过网站发布广告，往往收效甚微。为了获得较好的宣传效果，商家可以选择"专业资讯+产品推介"的推广模式，建立数码相机专业资讯网站，提供数码技术、产品介绍、新品体验等资讯内容，让消费者了解产品的性能和特点，提高对产品的认识，从而激发内在的购买需求，最终达到双赢的效果。

1. 项目设计理念

数码相机资讯网站不为某个特定的品牌服务，也不着重宣传某个产品。它的侧重点在于"提供产品资讯"，利用专业资讯引起潜在消费群体的诉求。因此，网站的设计要围绕"产品资讯"展开：在布局规划时要突显产品资讯栏目；网站内容要合理分类，方便浏览者查看；网站的产品展示不能过于单一，不能只针对某种产品，在保证布局合理的前提下尽量做到"面面俱到"；网页配色不易过于浮华，要突显网站的专业、稳重、可靠。

2. 设计和制作要点

页面布局规划：产品资讯网站信息量往往较大，因此适宜采用三分栏布局：左侧分栏为新品公告板，

中间分栏为产品资讯栏目，右侧分栏为专业推介栏目。如此设计可以使网页的版式结构清晰、分类明确，也能让访问者很清楚地获取所需信息。

网页版面设计：由于网页栏目较多，因此要使用不同的背景和颜色划分板块，板块内容要整洁，各板块之间的布局要整齐。

动画特效应用：网页的导航条、横幅广告、公告板等栏目都应用了 Flash 动画特效，为了让浏览者控制动画播放，在设计时加入了 ActionScript 控制语句。

CSS 样式控制：建立 CSS 规则，并通过 CSS 控制产品资讯栏目的样式。当网页内容较多时，利用 CSS 可以避免重复设置；当需要更改样式时，只需更改 CSS 规则即可。

11.1.2　页面布局规划

在设计网页时，首先根据内容的分类和信息的展示需求进行基本区域划分，然后再进一步进行二次和多次区域划分。本章的数码相机资讯网站的页面采用三分栏布局，规划流程如图 11.1 所示。

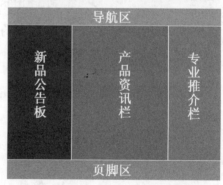

图 11.1　页面布局规划流程

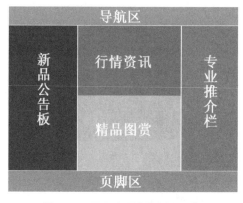

图 11.1　页面布局规划流程(续)

制作完成后的网页示例如图 11.2 所示，网页导航区位于页面最上方，包括公司 Logo 和网站导航条；新品公告板位于页面左侧，以幻灯片形式播放新品图片；产品资讯区位于页面中间，又分为行情资讯和精品图赏栏目；专业推介区位于页面右侧；页面最下方的是页脚区，放置网站版权信息和页脚导航。

图 11.2　数码相机资讯网站布局规划

11.1.3　网页配色方案

本例介绍的数码相机资讯网站以灰色为背景，便于搭配多种颜色的数码相机图片，既突出体现产品主体，又不会因为色彩冲突而令浏览者感觉不快。导航区采用较浅的渐变色，与下方较深的横幅广告明确区分。产品资讯和专业推介栏目采用横条和虚线分割，

方便浏览者阅读文字内容。页脚区采用与导航区相同的颜色，形成首尾呼应的效果。图 11.3 所示为本例网页的配色方案。

图 11.3　数码相机资讯网站的配色方案

11.2　设计网站模板和素材

制作数码相机资讯网站时需要用到大量图片素材，搜集到合适的素材后，还需要针对图像的尺寸、样式做一些编辑操作。

11.2.1　提取与美化相机素材

制作数码相机资讯网站时需要先搜集到合适的素材，然后再对图像的尺寸、样式进行编辑，使其满足设计需求。本节利用 Photoshop CS5 软件对图像素材进行处理的主要设计流程为提取相机素材→添加并调整相机素材→添加图层样式→羽化处理并添加相机素材。处理好的图像素材如图 11.4 所示。

图 11.4　编修相机图片素材的结果

编修相机图片素材的操作步骤如下。

Step 1 打开 Photoshop CS5 软件，依次选择【文件】|
【新建】命令，新建一个如图 11.5 所示的
PSD 文档。

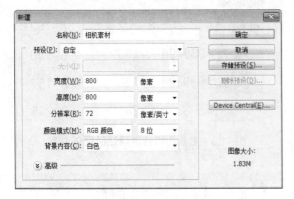

图 11.5 新建 PSD 文档

Step 2 在 Photoshop CS5 中打开光盘的"..\Example\
Ch11\11.2\b5.png"文件，使用【魔棒工具】
单击图像空白区域，选中图像的白色部分，
如图 11.6 所示。

图 11.6 选中图像白色区域

Step 3 依次选择【选择】|【反向】命令，选中相机
图像，然后按快捷键 Ctrl+C 复制相机对象，
接着打开"相机素材.psd"文件，并按快捷
键 Ctrl+V 粘贴相机对象，如图 11.7 所示。

Step 4 参照步骤 1~3 的方法，分别打开光盘的
"..\Example\Ch11\11.2\b1.png、b2.png、b3.png"
文件，然后选择并复制相机对象至"相机素
材.psd"文件中，并适当缩小图像的尺寸，
如图 11.8 所示。

图 11.7 选择并复制相机对象

图 11.8 复制并调整相机图像

Step 5 在 Photoshop CS5 中打开光盘的"..\Example\
Ch11\11.2\f1.png"文件，然后按快捷键
Ctrl+A 全选整个图像，将图像复制到"相机
素材.psd"中并适当缩小图像尺寸，如图 11.9
所示。

Step 6 参照步骤 5 的方法，将光盘的"..\Example\
Ch11\11.2\sony.jpg"文件复制到"相机素
材.psd"中，如图 11.10 所示。

Step 7 在【图层】面板中选择图层 2，然后单击【添
加图层样式】按钮 _fx._，接着选择【描边】
命令，如图 11.11 所示。

图 11.9　选择并复制图像

图 11.10　继续添加素材

图 11.11　添加图层样式

Step 8　打开【图层样式】对话框后，在【描边】选项卡中进行如图 11.12 所示设置(【颜色】为白色)。完成后单击【确定】按钮，应用【描边】效果。

图 11.12　添加图层样式

说　明

为了更方便地查看添加图层样式后的效果，本例将"图片素材.psd"文件的背景颜色设置为深灰色。其设置方法是使用【油漆桶工具】填充"背景"图层。改变文件的背景颜色不会对网站的最终结果构成任何影响。

Step 9　按住 Ctrl 键，将图层 2 对应的"效果"项拖至图层 3 上方，出现"fx"字样后松开左键，即可为图层 3 应用相同的图层样式。依此方法继续为图层 4 至图层 6 应用【描边】效果，如图 11.13 所示。

Step 10　打开光盘的 "..\Example\Ch11\11.2\b4.png" 文件，然后使用【钢笔工具】沿着相机镜头轮廓创建路径，接着将路径转换为选区，如图 11.14 所示。

图 11.13　复制图层样式

图 11.14　创建路径并转换为选区

Step　11 将相机镜头图像复制到"相机素材.psd"文件中，如图 11.15 所示。编辑完成后，保存 PSD 文档即可。本小节的最终成果请参阅光盘的 "..\Example\Ch11\11.2\相机素材.psd" 文件。

图 11.15　复制相机镜头图像

11.2.2　设计背景和添加 Logo

本小节设计网页模板的背景和 Logo 的主要流程为添加网页背景→制作导航条背景→制作网页横幅背景→制作栏目背景→制作页脚背景→添加 Logo 图案和文字。添加背景和 Logo 后的网页模板如图 11.16 所示。

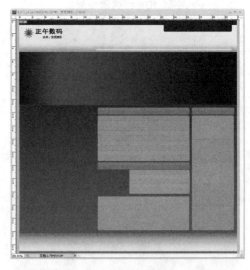

图 11.16　设计背景和添加 Logo 的结果

设计背景和添加 Logo 的操作步骤如下。

Step 1 打开 Photoshop CS5 软件，依次选择【文件】|【新建】命令，新建一个如图 11.17 所示的 PSD 文档。

图 11.17　新建 PSD 文档

Step 2 选择【渐变工具】 ，然后通过【渐变编辑器】对话框设置渐变颜色，接着新建图层 1，并按住 Shift 键从下至上拖动鼠标，创建线性渐变效果，如图 11.18 所示。

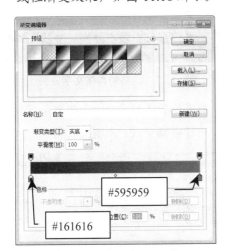

图 11.18　绘制网页背景

Step 3 新建空白图层，然后使用【矩形选框工具】在页面顶部创建矩形选框，接着使用【渐变工具】创建线性渐变效果，如图 11.19 所示。完成后按快捷键 Ctrl+D 取消选区。

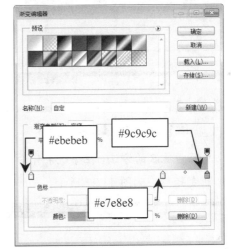

图 11.19　绘制导航条背景

Step 4 选择【圆角矩形工具】，设置圆角半径为 5 px，颜色为#161616，在导航条背景右上角绘制一个圆角矩形，如图 11.20 所示。

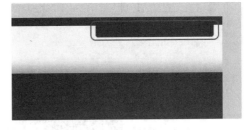

图 11.20　绘制的圆角矩形

Step 5 选择导航条背景所在图层，然后打开【图层样式】对话框，接着设置并应用【描边】效果，如图 11.21 所示。

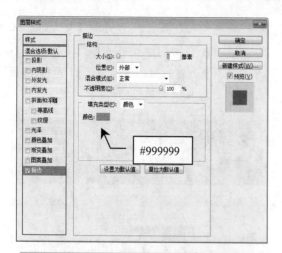

图 11.21 添加【描边】效果

Step 7 打开【画笔】面板，然后对【画笔笔尖形状】选项卡进行设置，接着新建空白图层，并使用【画笔工具】绘制颜色为#006699的导航文字分割线，如图 11.23 所示。

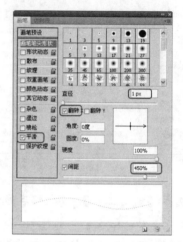

Step 6 参照步骤 3 的方法，在导航条背景下部绘制渐变矩形，如图 11.22 所示。

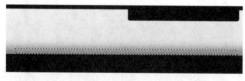

图 11.23 绘制的导航文字分割线

Step 8 参照步骤 3 的方法，在导航条背景下方绘制网页横幅背景，如图 11.24 所示。

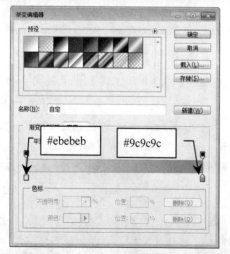

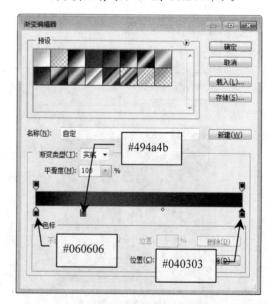

图 11.22 绘制圆角渐变矩形

图 11.24 绘制网页横幅背景

图 11.24　绘制网页横幅背景(续)

 Step 9 选择网页横幅背景所在图层，然后打开【图层样式】对话框，接着设置并应用【描边】效果，如图 11.25 所示。

#CCCCCC

图 11.25　添加图层样式

Step 10 新建空白图层，选择【直线工具】，按住 Shift 键绘制多条【粗细】为 1 px 的水平线，然后设置图层的【不透明度】为 10%，如图 11.26 所示。

图 11.26　绘制的网页横幅背景线

提　示

绘制上述直线时，为了获得较好的绘制效果，用户可以先绘制 3 至 4 条直线，然后创建直线所在图层的多个副本，再调整直线的位置即可。

Step 11 使用【矩形工具】在网页横幅右下角绘制一个白色的矩形，然后按住 Ctrl 键单击矩形图层缩略图，创建矩形选区，如图 11.27 所示。

按住 Ctrl 键单击

图 11.27　绘制矩形并创建选框

Step 12 单击【图层】面板中的【图层蒙版】按钮 ，为矩形图层添加一个图层蒙版，然后在图层蒙版中创建线性渐变效果，如图 11.28 所示。

注　意

编辑图层蒙板前，首先应该选中该图层蒙板。方法是单击【图层】面板中的图层蒙板缩略图。

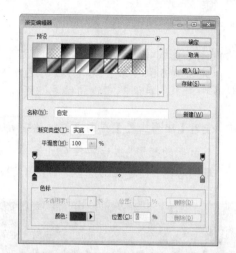

图 11.28　创建图层蒙版的渐变效果

Step 13　在网页横幅下方绘制一个颜色为#777777，圆角半径为 5 px 的圆角矩形，然后在圆角矩形中间创建一个矩形选框，并使用颜色#666666 填充该选框，如图 11.29 所示。

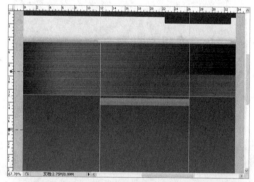

图 11.29　绘制栏目标题背景

为了方便对齐和排列对象，用户可以在绘图前创建参考线。方法是按快捷键 Ctrl+R 显示标尺，然后在标尺任意位置按住左键拖动鼠标，至图像合适位置再松开左键即可。

Step 14　在栏目标题背景下方绘制一个颜色为#8e8e8e、圆角半径为 5 px 的圆角矩形，如图 11.30 所示。

图 11.30　绘制圆角矩形

Step 15　在栏目背景中绘制颜色为#909090 的矩形，创建矩形的 3 个副本，并适当调整矩形的间隔，如图 11.31 所示。

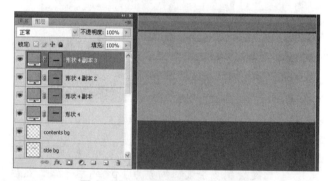

图 11.31　创建形状 4 的 3 个副本

为了使栏目背景底纹和栏目背景的宽度一致，用户可以按快捷键 Shift+Ctrl+;，启用 Photoshop CS5 的对齐功能。此后在绘图时，矩形会自动贴近参考线。

Step 16　使用【画笔工具】在栏目背景中绘制颜色为#4c4c4c 的虚线，如图 11.32 所示。

Step 17　继续绘制其他栏目的标题背景、背景和底纹，如图 11.33 所示。

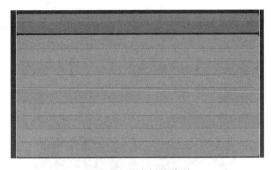

图 11.32   绘制的虚线

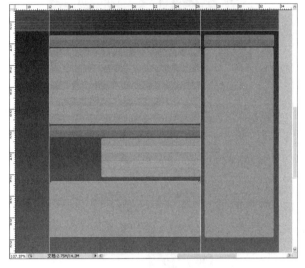

图 11.33   绘制的各栏目的标题背景、背景和底纹

 在右侧栏目背景中绘制两个颜色为#909090
的矩形，然后同时选中两个矩形所在图层，
并按快捷键 Alt+Ctrl+G 将图层转换为剪贴
蒙版，如图 11.34 所示。

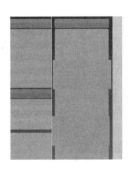

图 11.34   创建图层剪贴蒙版

 参照步骤 3 的方法，绘制网页页脚，并添加
"描边"效果，如图 11.35 所示。

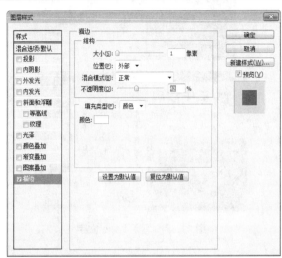

图 11.35   制作网页页脚

 选择【自定形状工具】，然后在工具属性栏
中选择"太阳"形状(要选择该形状，首先
要显示全部形状)，接着在导航栏左上角绘
制太阳 Logo，如图 11.36 所示。

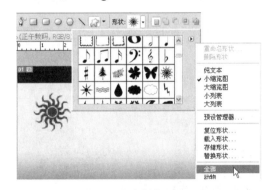

图 11.36   绘制太阳 Logo

 在 Logo 图案右侧输入"正午数码"文字，
然后在下方输入"快来，发现精彩"文字，
如图 11.37 所示。

编辑完成后，保存 PSD 文档即可。

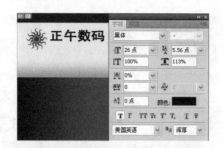

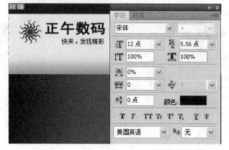

图 11.37 输入 Logo 文字

11.2.3 添加模板的其他元素

本例在上一小节操作的基础上，继续在网页模板中添加其他元素。为了减免重复的操作，相机素材、图标和文字等内容已经加入到模板文件中，本例的主要流程为制作相机倒影→制作公告板→添加描边文字，结果如图 11.38 所示。

图 11.38 添加模板的其他元素的结果

添加模板的其他元素的操作步骤如下。

 Step 1 打开光盘的 "..\Example\Ch11\11.2\11.2.3.psd" 练习文件，创建相机图层的副本，然后依次选择【编辑】|【变换】|【垂直翻转】命令，如图 11.39 所示。

图 11.39 翻转相机副本的结果

 Step 2 在相机副本图层中添加图层蒙版，然后在图层蒙版中创建线性渐变效果，并适当调整相机副本的位置，制作相机的倒影效果，如图 11.40 所示。

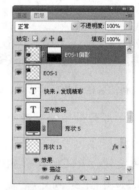

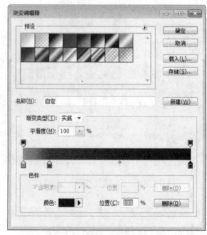

图 11.40 制作相机的倒影效果

图 11.40　制作相机的倒影效果(续)

　在相机倒影下方绘制一个线性渐变的矩形，作为公告板的背景，如图 11.41 所示。

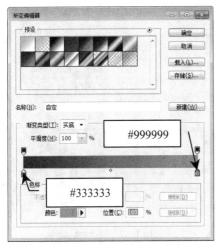

图 11.41　绘制公告板背景

　在公告板图层中添加图层蒙版，然后在图层蒙版中创建线性渐变效果，如图 11.42 所示。

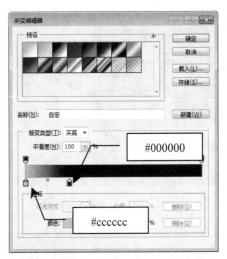

图 11.42　添加图层蒙版

　在公告板下方绘制一个颜色为白色，圆角半径为 5 px 的圆角矩形，然后利用图层蒙版创建渐变效果(渐变设置请参阅图 11.41)，如图 11.43 所示。

图 11.43　制作渐变圆角矩形

图 11.43　制作渐变圆角矩形(续)

Step 6　继续绘制一个白色的圆角矩形，并设置图层的不透明度为 10%，如图 11.44 所示。

图 11.44　绘制透明圆角矩形

Step 7　绘制颜色为#cccccc 的圆形，然后创建 4 个圆形副本，并水平排列各个圆形，如图 11.45 所示。

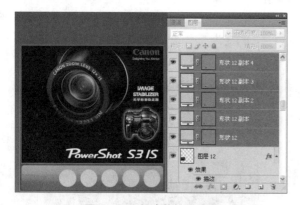

图 11.45　创建并排列圆形

Step 8　分别在各个圆形上方添加数字，制作公告板按钮，如图 11.46 所示。

Step 9　在右侧专业推介区输入产品参数、性能评测、产品名称等内容，如图 11.47 所示。

图 11.46　制作公告板按钮

图 11.47　添加文本

Step 10　同时选择专业推介区中的所有文本对象，然后应用【描边】图层样式，如图 11.48 所示。

#cccccc

图 11.48　应用【描边】图层样式

Step 11   编辑完成后，保存 PSD 文档即可。本小节
的最终成果请参阅光盘的 "..\Example\Ch11\
11.2\11.2.3_ok.psd" 文件。

11.2.4   模板的切割和输出

制作网页模板的最后步骤，就是切割和输出模
板，其结果如图 11.49 所示。

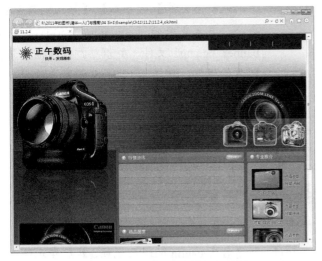

图 11.49   切割和输出模板的结果

切割和输出模板的操作步骤如下。

Step 1   打开光盘的 "..\Example\Ch11\11.2\11.2.3_ok
.psd" 练习文件，使用【切片工具】对模板
进行切割，如图 11.50 所示。

Step 2   依次选择【文件】|【存储为 Web 和设备所
用格式】命令，打开【存储为 Web 和设备
所用格式】对话框后，在【优化】选项卡的
【预设】下拉列表框中选择 PNG-24 选项，
其他选项保留默认设置，如图 11.51 所示，
接着单击【存储】按钮。

Step 3   打开【将优化结果存储为】对话框后，在
【格式】下拉列表中选择【HTML 和图像】
选项，然后设置合适的文件名和保存位置，
如图 11.52 所示，最后单击【保存】按钮。

图 11.50   切割模板

图 11.51   优化图像切片

图 11.52   输出网页文件

11.3 制作 Flash 动画素材

为了让网站页面更加有动态的效果，可以在网页上应用 Flash 动画，例如使用动画广告横幅、动画导航条、动画公告板等。

11.3.1 制作广告横幅动画

广告横幅动画是页面的主要构成部分，处于十分显眼的位置。该动画要能吸引浏览者的注意，以简洁明快的效果达到广告宣传的目的，同时也要和网页其他位置协调。其主要设计流程为制作文字移动效果→制作文字遮罩动画→制作闪光效果。制作完成后的广告横幅动画如图 11.53 所示。

图 11.53 制作广告横幅动画的结果

制作广告横幅动画的操作步骤如下。

 打开 Flash CS5 软件，新建一个 Flash 文件，然后单击【属性】面板中的【编辑】按钮，并在打开的【文档设置】对话框中设置文件属性(背景颜色为#666666)，如图 11.54 所示。

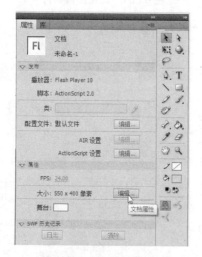

图 11.54 设置文件属性

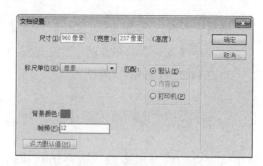

图 11.54 设置文件属性(续)

Step 2 依次选择【文件】|【导入】|【导入到舞台】命令，导入光盘的 "..\Example\Ch11\11.3\banner_bg.png" 文件，并调整广告横幅背景图片的位置，使其与 Flash 背景完全吻合，如图 11.55 所示。

图 11.55 导入背景图片

Step 3 创建名为 canon 的图形元件，然后在元件中输入 Canon 文本，如图 11.56 所示。

图 11.56 创建并编辑元件

Step 4 返回主场景，然后新建图层 2，接着在图层

2 的第 10 帧处插入关键帧，并创建 Canon
元件实例，如图 11.57 所示。

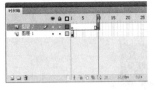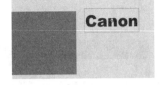

图 11.57　创建元件实例

 分别在图层 2 的第 14、16、18 帧处插入关键
这，然后如图 11.58 所示调整文本对象的位
置，并在各个关键帧之间创建传统补间动画。

图 11.58　制作文本移动效果

 分别在图层 1 和图层 2 的第 60 帧处插入普
通帧，如图 11.59 所示。

图 11.59　插入普通帧

 新建空白图层，然后在第 20 帧处插入关键
帧，并输入 Delighting You Always 的文本内
容，如图 11.60 所示。

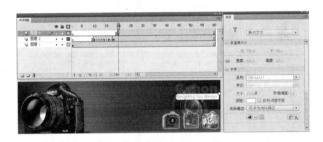

图 11.60　输入文本内容

 新建空白图层，在图层合适位置绘制矩形，
然后参照步骤 5 的方法创建矩形移动效果，
如图 11.61 所示。

图 11.61　创建矩形移动效果

 在矩形图层上单击右键，然后选择【遮罩层】
命令，创建遮罩动画效果，如图 11.62 所示。

图 11.62　选择【遮罩层】命令

Step 10 参照步骤 7~9 的方法，再创建另一文字的遮罩动画效果，如图 11.63 所示。

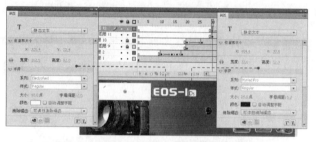

图 11.63　创建另一个遮罩动画

Step 11 在步骤 10 创建的遮罩动画基础上，继续创建文字遮罩动画，如图 11.64 所示。

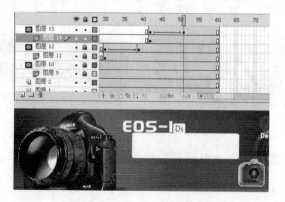

图 11.64　继续创建遮罩动画

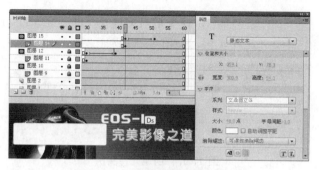

图 11.64　继续创建遮罩动画(续)

Step 12 新建名为"光圈"的影片剪辑元件，然后绘制一个透明圆形，如图 11.65 所示。

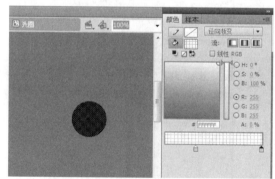

图 11.65　创建并编辑影片剪辑元件

Step 13 分别在影片剪辑的第 3 帧和第 8 帧处插入关键帧，然后分别绘制一个渐变圆形和透明圆形，如图 11.66 所示。

Step 14 在各个关键帧之间创建"补间形状"动画，然后在【属性】面板中设置第 3 帧和第 8 帧之间的动画【缓动】为 100，如图 11.67 所示。

> **说　明**
>
> 　　【缓动】用于控制动画的启动速度，其值介于 -100 ~ 100 之间。缓动值为负值时，对象运动由慢变快；反之由快变慢。

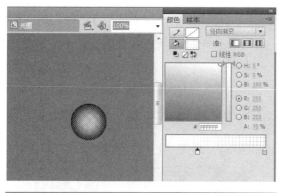

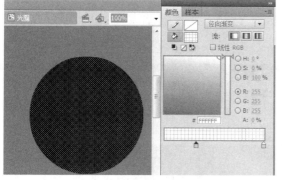

图 11.66   在影片剪辑元件中添加对象

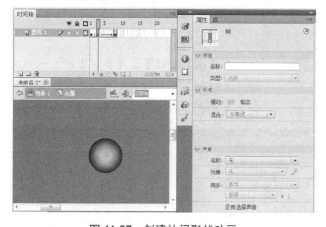

图 11.67   创建补间形状动画

Step 15   在元件中新建空白图层，然后在第 8 帧处插入关键帧，接着打开【动作】面板，并输入 stop();脚本语句，如图 11.68 所示。

说 明

stop();语句用于控制动画播放。当动画播放到该语句所在的帧时，就会自动停止。

图 11.68   输入脚本语句

Step 16   返回主场景，选择图层 1 的第 1 帧，然后将 "光圈" 元件拖至相机镜头中，创建闪光效果，接着在图层 1 第 60 帧处插入关键帧，如图 11.69 所示。

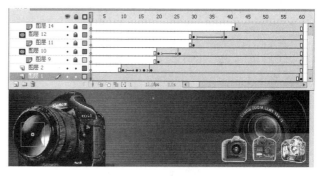

图 11.69   创建闪光效果

Step 17   编辑完成后，保存 Flash 文档即可。本小节的最终成果请参阅光盘的 ..\Example\Ch11\11.3\11.3.1_ok.fla 文件。

11.3.2   制作导航条动画

由于广告横幅中已经加入了多种动态效果，因此导航条动画中不易添加太多动画元素，避免让浏览者感觉凌乱。

导航条动画的主要设计流程为导入背景→制作文字按钮→排列文字按钮。制作完成后的导航条如图 11.70 所示。

图 11.70　制作导航条动画的结果

制作导航条动画的操作步骤如下。

Step 1 打开 Flash CS5 软件，新建一个 Flash 文件，然后单击【属性】面板中的【编辑】按钮，并在打开的【文档设置】对话框中设置文件属性，如图 11.71 所示。

图 11.71　设置文件属性

Step 2 依次选择【文件】|【导入】|【导入到舞台】命令，导入光盘的 ..\Example\Ch11\11.3\nevigation_bg.png 文件，调整背景图片的位置，使其与 Flash 背景完全吻合，如图 11.72 所示。

Step 3 创建名为"产品信息"的按钮元件，然后在元件中输入"产品信息"文本，如图 11.73 所示。

图 11.72　导入背景图片

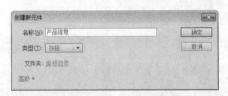

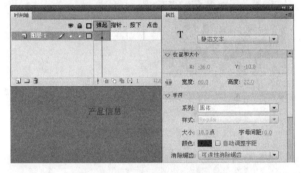

图 11.73　创建并编辑元件

Step 4 分别在【指针经过】、【按下】对应的帧中插入关键帧，然后将【指针经过】关键帧中的文本颜色更改为白色，如图 11.74 所示。

图 11.74　插入关键帧并编辑文本

Step 5 在元件的图层 1 下方单击按钮新建图层 2，在图层 2 的【指针经过】帧处插入关键帧，使用【矩形工具】绘制按钮底纹，如图 11.75 所示。【颜色】面板中从左至右各色标的颜色为：#4B4545、#948D8D、#D0D0D0；Alpha 值为：100%、55%、10%。

要在【属性】面板的【矩形选项】中单独调整矩形的圆角半径，首先要单击按钮 ，取消锁定圆角半径值。

图 11.75　绘制按钮底纹

Step 6　再次通过【颜色】面板设置填充颜色，并使用【矩形工具】绘制一个圆角矩形，然后使用【选择工具】调整圆角矩形底部的弧度，如图 11.76 所示。

图 11.76　绘制底纹的阴影

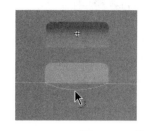

图 11.76　绘制底纹的阴影(续)

Step 7　按快捷键 Ctrl+G 组合底纹的阴影，然后适当调整按钮底纹和底纹阴影的位置，接着在【按下】和【点击】帧中插入关键帧，如图 11.77 所示。

图 11.77　完成制作按钮底纹

Step 8　参照步骤 3～7 的方法，继续制作名为"购买指南"、"客户服务"、"商务方案"、"摄影课堂"、"数码家园"的按钮元件，如图 11.78 所示。

图 11.78　制作其余按钮元件

Step 9　返回主场景后，新建图层 2，然后分别创建各个按钮元件的实例，并通过【对齐】面板对齐按钮元件实例，如图 11.79 所示。

图 11.79　创建并排列元件实例

 Step 10　编辑完成后，保存 Flash 文档即可。本小节
的最终成果请参阅光盘的 "..\Example\Ch11\
11.3\11.3.2_ok.fla" 文件。

11.3.3　制作公告板动画

公告板动画能现实类似幻灯片的播放效果——浏
览者可以通过按钮控制图片的播放，超时后动画也会
自动播放下一张图片。公告板动画的主要设计流程为
制作按钮→插入图片和按钮→添加播放控制语句。制
作完成后的公告板动画如图 11.80 所示。

图 11.80　制作公告板动画的结果

制作公告板动画的操作步骤如下。

Step 1　打开 Flash CS5 软件，新建一个 Flash 文件，
然后单击【属性】面板中的【编辑】按钮，
并在打开的【文档设置】对话框中设置文件
属性，如图 11.81 所示。

图 11.81　设置文件属性

Step 2　导入光盘的 "..\Example\Ch11\11.3\slide_bg
.png" 文件，如图 11.82 所示，然后在图层第
100 帧处插入帧。

图 11.82　导入背景图片

Step 3　新建按钮元件，名称为 "元件 8"，然后在

元件的【指针经过】帧中绘制一个圆形，并在【按下】和【点击】帧中插入关键帧，如图 11.83 所示。

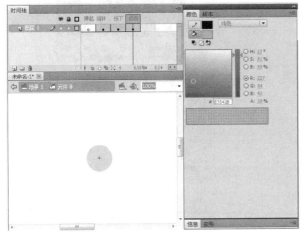

图 11.83　创建并编辑元件

 返回主场景后，新建空白图层(即图层 7)，将按钮元件拖至数字 1 上方，并设置按钮实例的名称为 a，如图 11.84 所示。

图 11.84　创建按钮实例 a

 新建空白图层(即图层 3)，然后在第 20 帧处导入光盘的 ..\Example\Ch11\11.3\f2.png 文件，接着再次新建空白图层(即图层 8)，并创建按钮实例 b，如图 11.85 所示。

图 11.85　创建按钮实例 b

Step 6　参照步骤 5 的方法，新建空白图层(即图中的图层 4)，并在第 40 帧处导入光盘的 ..\Example\Ch11\11.3\f3.png 文件，接着再次新建空白图层(即图层 9)，并创建按钮实例 c，如图 11.86 所示。

图 11.86　创建按钮实例 c

图 11.86 创建按钮实例 c(续)

Step 7 再次新建图层(即图层 5)并导入光盘的..\Example\Ch11\11.3\f4.png 文件,然后创建按钮实例 d(位于图层 10),如图 11.87 所示。

图 11.88 创建按钮实例 e

Step 9 新建空白图层(即图层 2),然后打开【动作】面板,并输入如下代码:

```
function play1(event:MouseEvent):void
{
gotoAndPlay(1);
}
a.addEventListener(MouseEvent.CLICK,play1);

function play2(event:MouseEvent):void
{
gotoAndPlay(20);
}
b.addEventListener(MouseEvent.CLICK,play2);

function play3(event:MouseEvent):void
{
gotoAndPlay(40);
```

图 11.87 创建按钮实例 d

Step 8 再次新建图层(即图层 6)并导入光盘的..\Example\Ch11\11.3\f5.png 文件,然后创建按钮实例 e(位于图层 11),如图 11.88 所示。

```
}
c.addEventListener(MouseEvent.CL
ICK,play3);

function
play4(event:MouseEvent):void
{
gotoAndPlay(60);
}
d.addEventListener(MouseEvent.CL
ICK,play4);

function
play5(event:MouseEvent):void
{
gotoAndPlay(80);
}
e.addEventListener(MouseEvent.CL
ICK,play5);
```

添加代码的结果如图 11.89 所示。

图 11.89　新建图层并添加代码

Step 10 编辑完成后，保存 Flash 文档即可。本小节的最终成果请参阅光盘的 ..\Example\Ch11\11.3\11.3.3_ok.fla 文件。

11.4　页面布局与内容编排

完成网页所用素材的设计后，接下来即可通过 Dreamweaver CS5 布局页面和编排相关的内容。

11.4.1　创建网站与插入动画

本小节将创建名为"数码相机网站"的站点，并在网页中插入 Flash 动画，主要操作流程为创建站点→插入 Flash 动画。编辑后的网页如图 11.90 所示。

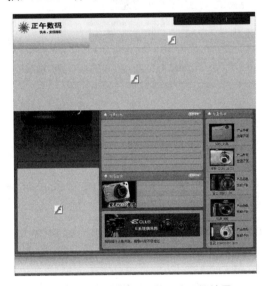

图 11.90　创建网站与插入动画的结果

创建网站与插入动画的操作步骤如下。

Step 1　打开 Dreamweaver CS5 软件，然后选择【站点】|【新建站点】命令。

Step 2　打开站点设置对话框后，选择【站点】选项，然后设置【站点名称】为"数码相机网站"，并指定本地根文件夹(首先要把光盘的 ..\Example\Ch11\11.4 文件夹复制到系统盘中)，如图 11.91 所示。完成后单击【保存】按钮即可。

3 在【文件】面板中双击打开 index.html 网页文件，如图 11.92 所示。

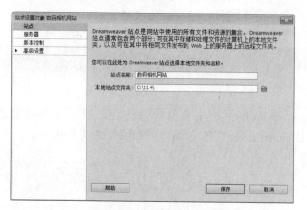

图 11.91　创建本地站点

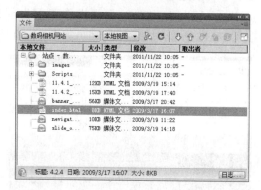

图 11.92　选择网页文件

 4 选择导航条图片，然后按 Delete 键将其删除，如图 11.93 所示。

图 11.93　删除图片

 5 按快捷键 Ctrl+Alt+F，然后在打开的【选择 SWF】对话框中选择文件(光盘: ..\Example\ Ch11\11.4\navigation_ok.swf)，打开【对象标签辅助功能属性】对话框后，单击【取消】按钮即可，如图 11.94 所示。

 6 参照步骤 5 的方法，继续插入网页横幅动画(光盘: ..\Example\Ch11\11.4\banner_ok.swf)和公告板动画(光盘: ..\Example\Ch11\11.4\

slide_ok.swf)，如图 11.95 所示。

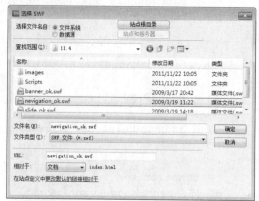

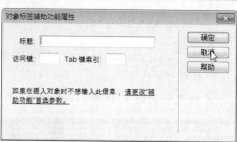

图 11.94　插入 Flash 导航条

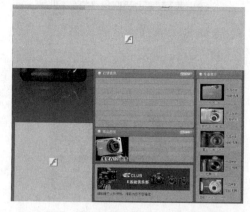

图 11.95　插入网页横幅动画和公告板动画

Step 7 编辑完成后，保存网页文件即可。本小节的最终成果请参阅光盘的..\Example\Ch11\11.4\11.4.1_ok.html 文件。

11.4.2 编排内容与布局页面

为了便于编排网页内容，设计者可以建立 CSS 规则，通过 CSS 规则来编排页面。特别是当页面内容较多时，利用 CSS 规则可以避免重复设置。

本例介绍通过 CSS 规则控制文本格式和布局的方法，其设计流程为将图片转换为背景→新建并设置 CSS 规则→利用 CSS 控制文本的格式和布局。编排内容与布局页面的结果如图 11.96 所示。

图 11.96 编排内容与布局页面的结果

编排内容与布局页面的操作步骤如下。

Step 1 打开 Dreamweaver CS5 软件，在【文件】面板中打开 index.html 文件，选择导航条上方的图片，然后在【属性】面板的【源文件】文本框中复制图片路径，如图 11.97 所示。

Step 2 单击窗口左上角的【代码】按钮，打开代码编辑窗口，然后删除图片对应的代码(图中高亮显示部分)，接着在图片所属的<td>标签中输入"background= "，然后在双引号中粘贴图片路径，将单元格的背景设置为步骤 1 复制的图片，结果如图 11.98 所示。

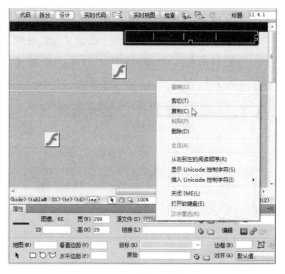

图 11.97 复制图片路径

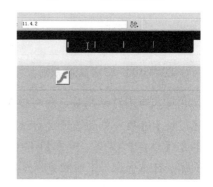

图 11.98 将图片转换为表格背景

Step 3 参照步骤 2、3 的方法，在网页其他位置设置表格背景图片(图中红色边框的位置)，如图 11.99 所示。

图 11.99 设置表格背景图片

Step 4 先在页面空白位置上单击，然后单击【属性】

面板中的【编辑规则】按钮，打开【新建
CSS 规则】对话框后，设置 CSS 规则的类
型和名称，如图 11.100 所示，并单击【确
定】按钮。

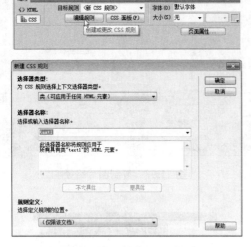

图 11.100　新建 CSS 规则

Step 5　打开定义规则对话框后，分别对【类型】和
【区块】选项卡中的选项进行设置，完成后
单击【确定】按钮，如图 11.101 所示。

Step 6　选择"行情资讯"下的栏目，然后按快捷键
Ctrl+Alt+T 打开【表格】对话框，设置合适
的表格大小后，单击【确定】按钮，如图 11.102
所示。

Step 7　在表格中输入项目内容，然后选择整个表
格，并通过【属性】对话框为表格应用 text1
CSS 样式，如图 11.103 所示。

图 11.101　定义 CSS 规则

图 11.101　定义 CSS 规则(续)

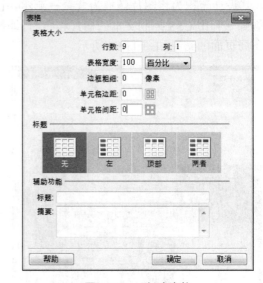

图 11.102　创建表格

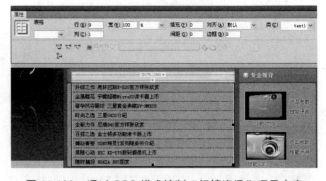

图 11.103　通过 CSS 样式控制"行情资讯"项目内容

Step 8　参照步骤 6、7 的方法，在"精品图赏"栏
目下插入表格，然后在表格中应用 text1 CSS
样式，如图 11.104 所示。

图 11.104 使用 CSS 样式控制"精品图赏"项目内容

终成果请参阅光盘的 ..\Example\Ch11\11.4\11.4.2_ok.html 文件。

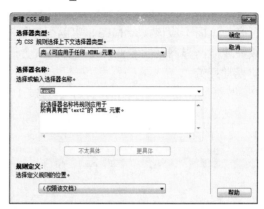

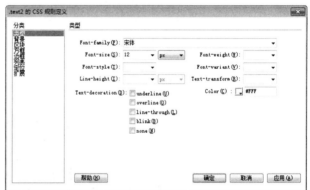

Step 9 在页脚位置插入表格，然后使用 text1 CS5 样式控制页脚内容，如图 11.105 所示。

图 11.106 使用 CSS 样式控制导航文字

图 11.105 使用 CSS 样式控制页脚内容

Step 10 参照步骤 4、5 的方法，新建名为 text2 的 CSS 样式，然后在导航条上方输入导航文字，并为导航文字应用 text2 CSS 样式，如图 11.106 所示。

Step 11 编辑完成后，保存网页文件即可。本小节的最

11.5 章 后 总 结

通过本例的学习，相信大家已经对数码相机网站设计有了一定的了解。在制作数码相机这样的产品资讯类网站时必须遵守某些原则与注意事项，以达到宣传自己的产品，刺激消费者需求的目的。下面总结几点注意事项以供各位设计者参考：

(1) 产品资讯网站信息量往往较大。因此必须保证网页的版式结构清晰、分类明确，让访问者可以很

容易地获取所需信息。

(2) 除非大型的门户网站，否则制作产品资讯网站时切忌贪多求全。例如数码相机网站应该只介绍数码相机产品，而不应该掺杂 MP3、电脑配件等产品。有的放矢才能凸显网站的专业，漫无目的只会造成浏览者的视觉疲劳。

(3) 网页配色要符合产品的风格，不易过于浮华，要突显网站的专业、稳重、可靠。

11.6 章 后 实 训

本章实训题要求在 Dreamweaver CS5 中打开 11.4.2_ok.html 网页，然后选择页面的公告板动画对象，并通过【属性】面板播放该动画，接着单击【属

性】面板的【编辑】按钮，打开公告板动画的 Flash 文件，编辑动画并保存编辑结果，如图 11.107 所示。

图 11.107 编辑网页上的 swf 动画

本章实训题的操作流程如图 11.108 所示。

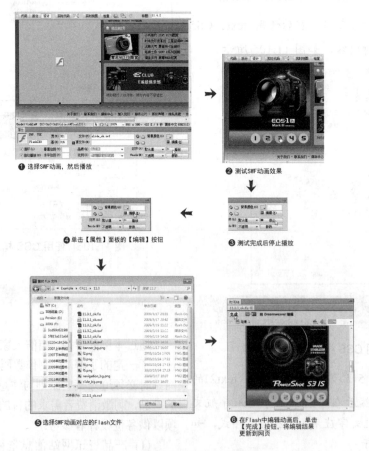

① 选择SWF动画，然后播放

② 测试SWF动画效果

④ 单击【属性】面板的【编辑】按钮

③ 测试完成后停止播放

⑤ 选择SWF动画对应的Flash文件

⑥ 在Flash中编辑动画后，单击【完成】按钮，将编辑结果更新到网页

图 11.108 实训题的操作流程

第 12 章

设计服饰营销类网站

本章以一个销售韩国服装产品的服装网上商城"JOJO 服饰"网为例，介绍关于服装营销网站项目的开发。文中详细介绍了使用 Photoshop CS5 设计网站素材和模板、使用 Flash CS5 制作导航条动画和广告动画，以及使用 Dreamweaver CS5 编排网页并设计表单的方法。

本章学习要点

➢ 服饰营销网站项目方案

➢ 设计网站素材和模板

➢ 制作网页的 Flash 动画

➢ 网页的编排与制作

12.1 服饰营销网站项目方案

为了更好地实施网站项目，在动手操作前，先对服装营销网站通过网上营销的方案进行详细分析，了解制作服装营销网站的必要性和注意事项。

12.1.1 网站项目规划

互联网不仅仅是网站的集中地，更是一种高效、高技术含量的管理方法和手段。服装企业通过互联网的应用可以引进管理技术和观念，丰富管理手段，促进互动沟通和透明管理，从而提高企业管理效率和质量水平。服饰企业可以通过互联网寻求产品的销售新渠道，寻求更多的商业机会。

服装行业的竞争激烈，变化快，信息需求量大。许多企业迫切需要一个快速的渠道去面对消费者和经销商，从而宣传产品理念，追求品牌认同，快速发布新产品信息。同时需要一个对各连锁经销商提供售后支持、信息反馈、连锁管理的综合平台。在高度信息化的 21 世纪，企业利用互联网和计算机技术就能够实现上述要求。服装企业只要将互联网和计算机技术应用到企业的日常经营和管理中来，就可以为企业提高效率、扩大销售市场、赚取更多的利润。图 12.1 所示为某品牌服装的网站。

图 12.1 某品牌服装网站

1. 服装营销网站的定位和目标

定位准确，为顾客提供真正需要的服装产品和服务是服装营销网站成功的第一步。对于服装企业来说，网站建设是为浏览者与网站所有人搭建的一个网络平台，浏览者或潜在客户在这个平台上可以与商家进行整个交流、交易过程。与商务型网站相比，服装营销网站就如同一个网上商城，它的业务更依赖于互联网，因为基于网络的销售，其消费者基本都来源于网上。另外，服装营销网站的订购功能更强大，其集批发、零售、团购及在线支付等功能于一体的订单创建与费用支付，让客户可以在家足不出户即可完成购物的过程。为了能够让开发的服装营销网站更加明确和实用，建站者需要明确网站的定位和具体目标。

定位：专业的服装营销网站需要集管理系统、形象展示、信息发布、客户反馈、产品拍卖、发货服务、售后服务、连锁经销商管理等多种功能于一身。

目标：建成精美优秀的服饰营销网站，成为行业内网站的典范；服务于企业宣传、产品销售和企业客户管理，重点在于产品展示、新产品发布、产品销售、产品发货和代理渠道管理；成为企业运转和发展壮大的重要举措之一。

2. 服装营销网站的功能

服装营销网站的功能要面向于不同产品销售和客户管理的应用而进行量身订制，通常包括以下功能。

- 会员注册、登录，建立完整的会员资料库。
- 支持历史订单存档。
- 管理员发布、管理商品信息、上传图像等。
- 支持商品多级分类检索、关键词模糊搜索。
- 支持价格的管理，包括市场价、批发价等。
- 会员积分与会员等级设置。
- 方便快捷的购物车、购物指南、网上支付。
- 可编辑的订购说明。
- 后台订单集中管理，网站会员消费记录等。
- 网站公告、留言板、新品上市、促销新闻等。

3. 服装营销网站的推广策略

如果不为人知，再好的网站也毫无意义，因此服装营销网站的宣传推广极为重要，这是服装产品网上销售成败的关键。

宣传推广网站的主要途径有下列几种。

- 搜索引擎推广：可以利用新浪、搜狐等网站的搜索引擎，对网站进行推广型网站登录；或者利用百度竞价排行搜索引擎，使自己的服装网站在数百家门户网站的同类行业搜索中排名前列，便于客户找到。
- 商务信息平台发布：可以在阿里巴巴、环球资源、温州商务等商务平台上定期发布网站的信息，使网站及时有效地出现在广大客商眼前。
- 行业链接：广泛寻求同行网站联盟，进行行业链接。
- 邮件列表：利用电子邮件许可营销，将网站进行有针对性、广泛的电子邮件推广。
- 有奖活动推广：策划开展系列有奖活动，在各大网站和平台宣传，推出网站和企业形象。
- 软件推广：利用网络营销商务软件，将网站信息发布到各大行业供需平台。
- 网络媒体宣传：进行公关稿写作，在各网络媒体发布。

12.1.2　网站效果展示

本章以一个销售韩国服装产品的服装网上商城"JOJO 服饰"网为例，介绍关于服装营销网站项目的开发。本章所介绍的"JOJO 服饰"网主要以销售韩国风格的服装为主，包括上衣、裤装、裙装、T 恤、背心等服饰。网站以服装产品为商品，因此整体的设计采用一种时尚的风格。在颜色处理上，网站框架主要采用灰色和白色的颜色，并配合众多服装图像，形成一个色彩丰富的视觉效果。因为是网上销售服装的网站，所以网站页面上放置了众多不同商品的促销和广告图像，以吸引买家的目光，达到提高商品销售量的目的。本例网站首页的设计效果如图 12.2 所示。

图 12.2　JOJO 服饰网首页

12.1.3　页面布局规划

"JOJO 服饰"网站以经营韩国风格的服装为主，并提供在线购物功能，网站的首页需要提供较多的空间来发布各种信息和图片，所以网页模板尺寸设置为 975 像素×1213 像素(以 1024 像素×768 像素的显示分辨率为基准)，以便放置大量的内容。另外，页面使用右向半包围结构，将横幅、商品导航等元素放到页面上方和左侧，并使用主页面发布各类信息，如图 12.3 所示。

12.1.4　网页配色方案

既然是服饰网站，当然"时尚"是非常重要的，换句话说就是要体现一种"美"。在本章的"JOJO 服饰"网站设计中，将网站定位在以经营韩国服装为主，并提供在线购物的功能，同时发布各种相关的潮流信息的范畴内。因为"JOJO 服饰"网站需要发布很多产品图片，所以网页使用了一种比较素雅的设计，以突出产品图片体现的内容。因此在配色上并没有使用过多的颜色去衬托网页，背景使用白色，导航、标题、页尾等部分使用了简单的黑色和灰色搭配，其主要目的是以简洁的风格来衬托服装素材图片，以便浏览者在进入网站后就能够被服装素材图片所吸引。配色方案如图 12.4 所示。

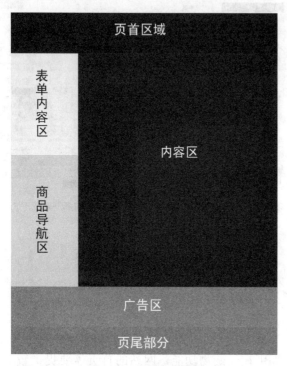

图 12.3　页面布局规划

图 12.4　服饰网站的配色方案

12.2　设计网站素材和模板

规划好网站后，接下来即可开始设计网站需要使用的素材和网页模板。

12.2.1　设计网站 Logo 与页首

网站的 Logo 就如同商标一样，是整个网站的标识，所以设计网站 Logo 是非常必要的。本小节介绍为网站制作 Logo 以及其他页首部分的方法，其中页首内容包括水平导航条以及一些装饰元素。本例设计网站 Logo 与页首的结果如图 12.5 所示。

图 12.5　网站 Logo 与页首内容

设计网站 Logo 与页首的操作步骤如下。

Step 1 打开 Photoshop CS5 软件，在软件中打开练习文件(光盘：..\Example\Ch12\12.2.1.psd)，然后在工具箱中选择【圆角矩形工具】，并在工具属性栏上单击【填充像素】按钮，再设置【半径】为 5 px，接着在【图层】面板上插入图层 2，最后在编辑区左边绘制一个圆角矩形，如图 12.6 所示。

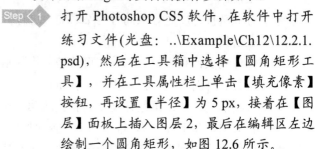

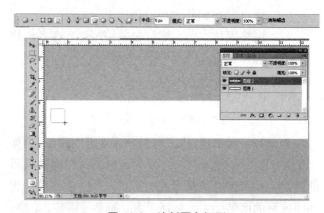

图 12.6　绘制圆角矩形

Step 2 选择图层 2，再按 Ctrl 键单击图层的缩览图，创建圆角矩形的选区，接着在工具箱中选择【渐变工具】，再通过工具属性栏设置从颜色#370637 到颜色#ab99b6 的直线渐变属性，最后从选区下方往上拖动鼠标，为圆角矩形填充渐变颜色，如图 12.7 所示。

Step 3 在工具箱中选择【横排文字工具】，然后在工具属性栏上设置文本属性，接着在圆角矩形上方输入"JO"，如图 12.8 所示。

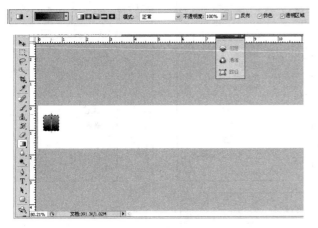

图 12.7　为圆角矩形填充渐变颜色

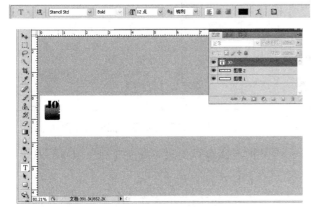

图 12.8　输入文本

 在【图层】面板中选择文本图层，然后单击右键并从打开的菜单中选择【复制图层】命令，打开【复制图层】对话框后直接单击【确定】按钮，如图 12.9 所示。

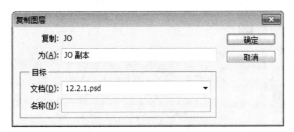

图 12.9　【复制图层】对话框

 选择复制的图层，然后依次选择【编辑】|【变换】|【垂直翻转】命令，垂直翻转复

制的 JO 文本，如图 12.10 所示。

图 12.10　选择【垂直翻转】命令

 垂直翻转文本后，将文本向下移，然后在工具箱中选择【横排文字工具】，并选择翻转后的文本，接着更改文本的颜色为白色，如图 12.11 所示。

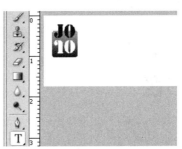

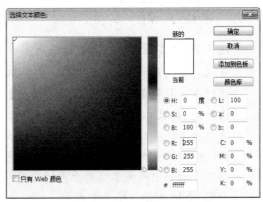

图 12.11　更改文本的颜色

Step 7　更改文本颜色后，在复制的图层上单击右键，并从打开的菜单中选择【栅格化文字】命令，接着单击【图层】面板的【添加矢量蒙版】按钮 ，此时在工具箱中选择【渐变工具】，并设置从黑色到透明的线性渐变颜色，最后在文本上从上往下拖动鼠标，填充渐变颜色，以便制作文本淡出的效果，如图 12.12 所示。

图 12.12　制作文本淡出的效果

Step 8　选择 JO 文本图层，然后在图层上单击右键并从打开的菜单中选择【栅格化文字】命令，此时在工具箱中选择【矩形选框工具】，并选择到 JO 文本与圆角矩形相交的部分，接着使用【移动工具】将选框内的文本部分移出，最后按快捷键 Shift+F5 打开【填充】对话框，为移出的文本填充白色的背景颜色，如图 12.13 所示。填充完成后，将移出的文本移回原来的位置上。

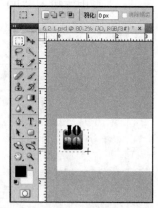

图 12.13　为"JO"文本下半部分填充白色

Step 9　在工具箱中选择【横排文字工具】，再通过工具属性栏设置文本属性(其中文本的颜色为#380639)，接着在 Logo 右边输入网站名称，如图 12.14 所示。

图 12.14　输入网站名称

Step 10　使用步骤 9 的方法，继续在网站名称下方输入网站地址，其中网站地址文本的颜色为

#696969，如图 12.15 所示。

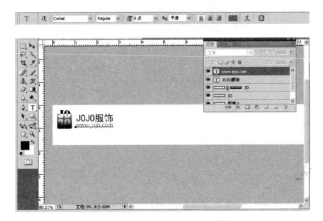

图 12.15　输入网站地址文本

Step 11 打开本书光盘中的 ..\Example\Ch12\PIC\pic1 .jpg 素材图片，然后在工具箱中选择【魔棒工具】，并在文件空白处单击选择空白区域，接着依次选择【选择】|【反向】命令，选择图片上的卡通图部分，最后按快捷键 Ctrl+C 复制内容，并在 12.2.1.psd 文件上按快捷键 Ctrl+V 粘贴复制的内容，如图 12.16 所示。

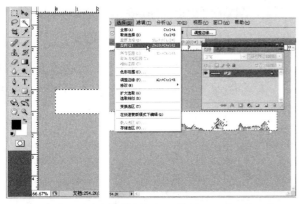

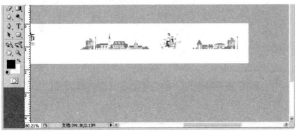

图 12.16　加入素材图片

Step 12 在工具箱中选择【横排文字工具】，然后在工具属性栏上设置文本属性，接着在文件右上角输入文本，其中文本的颜色为#696969，如图 12.17 所示。

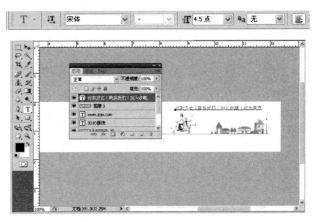

图 12.17　输入网站文本

Step 13 在工具箱中选择【圆角矩形工具】，然后在工具属性栏上按【形状图层】按钮，并设置圆角半径为 5 px，接着在文件下方绘制一个黑色的圆角矩形，如图 12.18 所示。

图 12.18　绘制圆角矩形

Step 14 在形状图层上单击右键，并从打开的菜单中选择【复制图层】命令，打开【复制图层】对话框后直接单击【确定】按钮，选择复制的形状图层并使用【圆角矩形工具】修改圆角矩形形状的颜色为#b2b1b1，如图 12.19 所示。

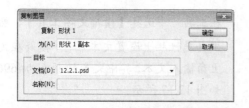

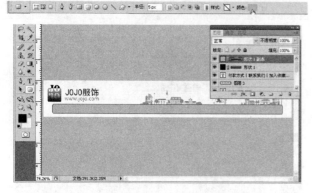

图 12.19　复制图层并修改圆角矩形的颜色

图 12.20　栅格化图层并设置渐变颜色(续)

Step 15　在复制的形状图层上单击右键,并从打开的菜单中选择【栅格化图层】命令,然后在工具箱中选择【渐变工具】,并在工具属性栏上单击编辑渐变按钮,打开【渐变编辑器】对话框后,设置左端控制点的颜色为#b2b1b1,右端控制点的颜色为白色,并且将右边控制点移到渐变颜色轴偏左的位置上,如图 12.20 所示,接着单击【确定】按钮。

Step 16　设置渐变颜色后,使用【渐变工具】从上到下为形状副本填充渐变颜色,如图 12.21 所示。

Step 17　为圆角矩形填充渐变后,将圆角矩形移到原来的黑色圆角矩形的下方,作为黑色圆角矩形形状的阴影,如图 12.22 所示。

图 12.21　填充圆角矩形的渐变颜色

图 12.22　移动圆角矩形的位置

Step 18　选择【横排文字工具】,然后在工具属性栏上设置文本属性,接着在黑色的圆角矩形形状上输入文本,其中文本的颜色为白色、大小为 5 点、样式为【仿粗体】,结果如图 12.23 所示。

图 12.20　栅格化图层并设置渐变颜色

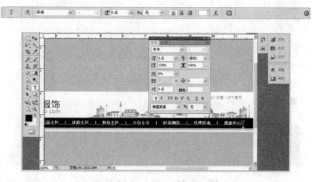

图 12.23　输入导航文本

12.2.2　设计页面的图片素材

"JOJO 服饰"网站作为一个服饰营销类型的网站，页面上会展示各种服饰商品的图片，以供浏览者了解商品的效果和细节。因此，在建设网站前，需要将各种类型的商品图片准备好，并按照需要编辑这些图片素材，以便适应营销和页面设计的要求。图 12.24 所示为设计页面部分图片素材的结果。

图 12.24　设计页面的图片素材

设计页面的图片素材的步骤如下。

 打开练习文件(光盘: ..\Example\Ch12\12.2.2.psd)，再打开光盘的..\Example\Ch12\PIC\pic2.jpg 和..\Example\Ch12\PIC\pic3.jpg 图片素材，接着将这两个图片素材加入 12.2.2.psd 上，如图 12.25 所示。

图 12.25　加入图片素材

 通过【编辑】|【自由变换】命令，或者按快捷键 Ctrl+T 缩小两个图片素材，再将它们并排放置在一起，如图 12.26 所示。

图 12.26　缩小图片并排列

 选择图层 2，再依次选择【编辑】|【变换】|【水平变换】命令，将图层 2 的图片水平翻转，接着为图层 2 添加一个图层蒙版，然后在工具箱中选择【渐变工具】，并设置从黑色到透明的线性渐变颜色，最后从图层 2 的图片左边往右边填充渐变，如图 12.27 所示。

图 12.27　水平翻转图片并添加渐变

 为图层 1 添加一个图层蒙版，再选择【渐变工具】，并设置从黑色到透明的线性渐变颜色，最后从图层 1 的图片右边往左边填充渐变，如图 12.28 所示。

 此时将图层 2 的图片移向图层 1 的图片右边，并让两图层重叠起来，组成为一个图片素材，如图 12.29 所示。

图 12.28 填充图层 1 图片的渐变

图 12.29 组成两个图片素材

图 12.30 选择【合并图层】命令

图 12.31 创建圆角矩形路径

Step 6 按住 Ctrl 键同时选择图层 1 和图层 2,然后单击右键并从打开的菜单中选择【合并图层】命令,将两个图层合并成一个图层,如图 12.30 所示。

Step 7 选择图层 2,并在工具箱中选择【圆角矩形工具】,然后在工具属性栏上单击【路径】按钮,再设置圆角半径为 10 px,接着在图片素材上绘制一个圆角矩形路径,如图 12.31 所示。

Step 8 打开【路径】面板,然后单击面板下方的【将路径作为选区载入】按钮,将路径转换为选区,接着按快捷键 Shift+Ctrl+I,反向载入选区,最后按 Delete 键删除选区内的图片,如图 12.32 所示。完成上述操作后,即可按快捷键 Ctrl+D 取消选区。

图 12.32 载入选区并删除多余的图片部分

Step 9 使用上述步骤的方法为页面制作各种图片素材,并放置在文件上,以便后续制作网页时使用。如图 12.33 所示为制作图片素材的结果。

图 12.33　制作的各种图片素材

12.2.3　设计模板并输出网页

设计好基本的素材后，即可开始着手设计网页模板。在设计网页模板前，需要预先规划好内容的安排和页面结构，以及为后续预留放置文字内容的部分。设计好网页模板后，即可进行切割处理，并输出成为网页文件。图 12.34 所示为将网页模板切割并输出网页的结果。

图 12.34　将网页模板切割并输出网页

设计模板并输出网页的操作步骤如下。

Step 1 打开练习文件(光盘：..\Example\Ch12\ 12.2.3.psd)，在【图层】面板上插入图层 4，然后在工具箱中选择【圆角矩形工具】，并按工具属性栏的【填充像素】按钮 ▢，再设置圆角半径为 5 px，接着在导航条下方绘制一个白色的圆角矩形，如图 12.35 所示。

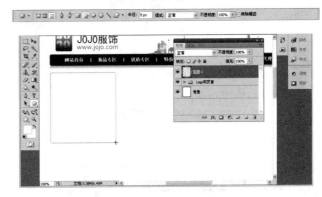

图 12.35　绘制白色的圆角矩形

Step 2 选择图层 4，再依次选择【编辑】|【描边】命令，打开【描边】对话框，设置【描边】宽度为 1 px、【颜色】为淡灰色、【位置】为【居外】，如图 12.36 所示，然后单击【确定】按钮。

图 12.36　设置圆角矩形的【描边】效果

Step 3 在工具箱中选择【横排文字工具】，然后在工具属性栏上设置文本属性，接着在圆角矩形上输入文本，接着打开【字符】面板并单击【仿粗体】按钮 **T**，如图 12.37 所示。

Step 4 在【图层】面板上插入图层 5，并在工具箱中选择【直线工具】，然后在工具属性栏上按【填充像素】按钮□，再设置粗细为 2 px，接着设置前景色为#842207，最后在圆角矩形上方绘制一条水平直线，如图 12.38 所示。

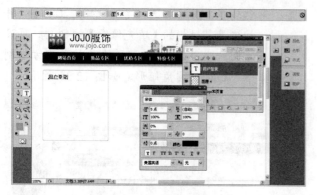

图 12.37 输入圆角矩形内的标题文本

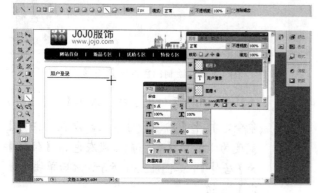

图 12.38 绘制一条水平直线

Step 5 在图层 5 上插入图层 6，然后使用步骤 1 和步骤 2 的方法，绘制一个白色的圆角矩形，并为该图形添加灰色的描边效果，如图 12.39 所示。

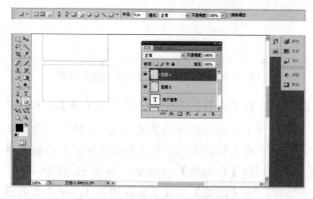

图 12.39 制作另外一个圆角矩形

Step 6 在图层 6 上插入图层 7，并在工具箱中选择【矩形工具】，然后设置前景色为黑色，接着在圆角矩形下方绘制一个黑色的矩形，如图 12.40 所示。

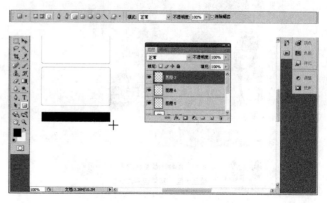

图 12.40 绘制一个黑色的矩形

Step 7 选择【横排文字工具】，然后在工具属性栏上设置文本属性(其中文本的颜色为黄色)，接着在矩形上输入文本，如图 12.41 所示。

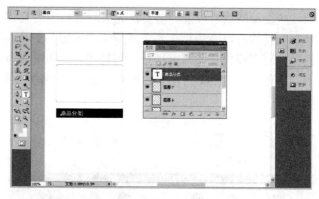

图 12.41 在矩形上输入文本

Step 8 在文本图层上插入图层 8，并在工具箱中选择【自定形状工具】，然后在工具属性栏上单击【填充像素】按钮□，再选择【形状】为箭头，接着设置前景色为白色，并在矩形的右边绘制一个箭头图形，最后按快捷键 Ctrl+T 旋转箭头图形，如图 12.42 所示。

Step 9 在图层 8 上插入图层 9，然后使用步骤 6 的方法，在黑色矩形下方绘制一个白色矩形，接着通过步骤 2 的方法为矩形添加宽度为

3 px、颜色为淡灰色的描边，结果如图 12.43 所示。

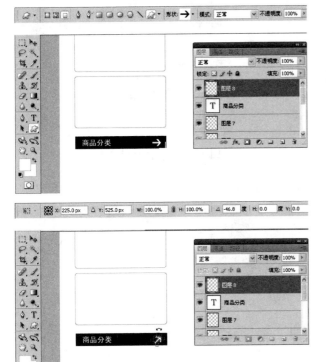

图 12.42　绘制箭头并旋转箭头

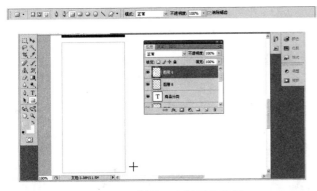

图 12.43　制作一个矩形轮廓框

Step 10　此时打开光盘的..\Example\Ch12\12.2.2_ok. psd 文件，将里面的图片素材加入到本例的练习文件上，并根据需要添加其他服装商品的效果图素材，结果如图 12.44 所示。

Step 11　插入一个新的图层，并在工具箱中选择【矩形工具】，然后设置工具属性和前景色(淡

灰色)，接着在页面下方绘制一个矩形，最后更改前景色(深灰色)，在淡灰色矩形上方绘制一个深灰色的的矩形。使用相同的方法，在淡灰色的矩形下方再绘制一个更加淡的灰色的矩形，如图 12.45 所示。

Step 12　再次插入一个新图层，并在工具箱中选择【自定形状工具】，然后在工具属性栏上单击【填充像素】按钮 □，再选择形状，接着在黑色矩形右边绘制自定义的形状，如图 12.46 所示。

图 12.44　加入图片素材并排列好

图 12.45　绘制三个矩形

图 12.45　绘制三个矩形(续)

图 12.47　输入标题文本

图 12.48　绘制水平直线

Step 15　在水平直线的右端绘制一个灰色的圆角矩形，接着在圆角矩形上输入"更 多>>>"文本，结果如图 12.49 所示。

图 12.46　绘制自定义形状

Step 13　使用【横排文字工具】在自定义形状右边输入标题文本，其中"优质"两字的颜色为深红色，"专区"两字的颜色为黑色，英文字的颜色为淡灰色，结果如图 12.47 所示。

Step 14　在【图层】面板中插入新图层，然后在工具箱中选择【直线工具】，并在标题文本右边绘制一条宽度为 1 px 的灰色水平直线，如图 12.48 所示。

图 12.49　绘制圆角矩形并输入文本

Step 16　打开光盘的"..\Example\Ch12\PIC\pic4.jpg"文件，然后将里面的图片素材加入本例练习文件中，并放置在导航条下方的 3 个缩图之中，如图 12.50 所示。

图 12.50　加入图片素材

Step 17 此时使用【切片工具】在文件上创建切片，以便将网页模板切割成多个组成部分，如图 12.51 所示。

图 12.51　切割图像

Step 18 依次选择【文件】|【存储为 Web 和设备所用格式】命令，打开对话框后，将所有切片的优化文件格式设置为 PNG-24，如图 12.52 所示，最后单击【存储】按钮。

图 12.52　设置切片优化文件格式

Step 19 打开【将优化结果存储为】对话框后，设置文件名和保存类型，然后单击【保存】按钮，此时将打开警告对话框，如图 12.53 所示，用户直接单击【确定】按钮即可。

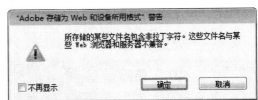

图 12.53　存储优化结果为网页文件和图像

12.3　制作网页的 Flash 动画

目前，Flash 动画在网站上应用很广泛，它不仅能够实现网站的特定功能，而且利用 Flash 动画的变化特点，能够制作出极具动感的效果，提高网站的设计感和吸引力。

12.3.1 制作导航条动画

本例将为网站制作一个具有强烈交互效果的 Flash 导航动画。在该导航动画中，当用户将鼠标移到按钮上，按钮文字即变成黄色，并出现一个飞动的小蜻蜓。另外，在鼠标移到按钮上的一刻，按钮将发出"咚"的声音，非常吸引人。

导航条动画的效果如图 12.54 所示。

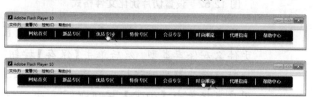

图 12.54 导航条动画的效果

制作导航条动画的操作步骤如下。

Step 1 打开练习文件(光盘：..\Example\Ch12\12.3.1.fla)，依次选择【插入】|【新建元件】命令，打开【创建新元件】对话框后，设置元件【名称】为"网站首页"、【类型】为"按钮"，如图 12.55 所示，接着单击【确定】按钮。

图 12.55 创建新元件

Step 2 创建按钮元件后，在编辑窗口中输入"网站

首页"文本，并设置文本的属性，如图 12.56 所示。

图 12.56 输入按钮的文本

Step 3 在【指针经过】和【按下】两个状态帧上插入关键帧，然后选择"指针经过"状态帧，并修改该帧中文本的颜色为黄色，如图 12.57 所示。

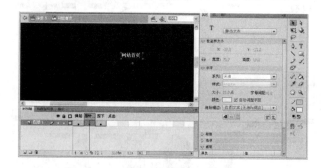

图 12.57 插入关键帧并更改文本颜色

Step 4 在【点击】状态帧上插入关键帧，然后在工具箱中选择【矩形工具】，并设置笔触颜色为无、填充颜色为黄色，接着在文本上方绘制一个矩形作为点击激活区域，如图 12.58 所示。

图 12.58 绘制点击激活区域图形

Step 5　依次选择【文件】|【导入】|【导入到库】命令，打开【导入到库】对话框后，选择练习文件夹内的 over.wav 声音文件，然后单击【打开】按钮，此时在时间轴上插入图层2，并在"指针经过"状态帧上插入关键帧，再为该帧添加声音，如图 12.59 所示。

图 12.59　导入声音并添加到按钮图层上

Step 6　此时依次选择【插入】|【新建元件】命令，打开【创建新元件】对话框后，设置元件名称和类型，然后单击【确定】按钮，接着将【库】面板中的"蜻蜓"影片剪辑加入元件内，再使用【任意变形工具】向左旋转蜻蜓，如图 12.60 所示。

图 12.60　创建新元件并加入"蜻蜓"影片剪辑

Step 7　选择图层1的第1帧，然后单击右键并从打开的菜单中选择【创建补间动画】命令，接着在图层1第5帧上按F6功能键插入关键帧，最后将"蜻蜓"影片剪辑向左上方移动，如图 12.61 所示。

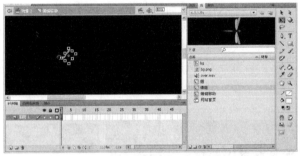

图 12.61　创建蜻蜓向左上方移动的补间动画

Step 8　在图层1上方插入图层2，然后在图层2第5帧上插入关键帧，接着按F9功能键打开【动作】面板，并在脚本窗格中添加停止动作脚本，如图 12.62 所示。

图 12.62　插入图层和关键帧并添加停止动作

Step 11 在图层 2 上方插入图层 3，然后将【库】面板的"网站首页"按钮元件加入到舞台，并放置在导航条图形的左边，如图 12.65 所示。

图 12.65　插入图层并加入导航按钮

Step 9 在【库】面板中双击"网站首页"按钮元件，进入该元件的编辑窗口，此时在按钮元件的图层 2 上方插入图层 3，并在【指针经过】状态帧上插入关键帧，接着将"蜻蜓移动"影片剪辑加入按钮内，并放置在按钮文本的右下方，如图 12.63 所示。

Step 12 使用上述的步骤制作其他导航按钮元件，然后加入到导航条图形上，并分别排列好，以完成导航动画的设计，结果如图 12.66 所示。

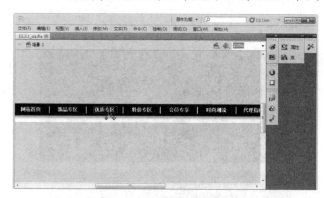

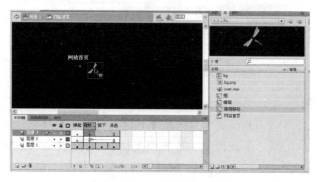

图 12.63　将"蜻蜓移动"影片剪辑加入到按钮元件内

图 12.66　制作其他导航按钮并加入导航条上的结果

Step 10 返回场景 1 中，然后在图层 1 上方插入图层 2，并在该图层上绘制多个白色的竖线，这些竖线用于后续分隔导航按钮，如图 12.64 所示。

12.3.2　制作变换式广告动画

本例为网站制作一个具有自动变换和手动变换效果的广告动画。在这个动画中，包含大区域展示的广告图和作为控制变换的缩图，当浏览者不对广告动画进行操作，广告可以在固定的时间内自动变换图片，当浏览者单击缩图，即可在广告区域中展示对应的缩图内容，效果如图 12.67 所示。

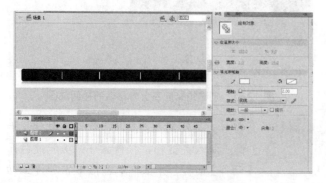

图 12.64　插入图层并绘制竖线

图 12.67　变换式广告动画

制作变换式广告动画的操作步骤如下。

Step 1　打开练习文件(光盘：..\Example\Ch12\12.3.2. fla)，依次选择【文件】|【导入】|【导入到库】命令，打开【导入到库】对话框后，在练习文件所在的文件夹内选择如图 12.68 所示的图片素材，然后单击【打开】按钮。

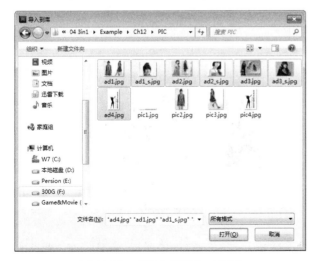

图 12.68　【导入到库】对话框

Step 2　打开【库】面板，然后将 ad1.jpg 位图加入舞台，并放置在舞台的左边，如图 12.69 所示。

图 12.69　把位图加入到舞台

Step 3　选择加入舞台的位图，然后依次选择【修改】|【转换为元件】命令，打开【转换为元件】对话框后，设置元件名称，并选择【类型】为【图形】，如图 12.70 所示，接着单击【确定】按钮。

图 12.70　将位图转换为图形元件

Step 4　此时在图层 1 第 10 帧上插入关键帧，然后选择图层 1 第 1 帧，并设置该帧下图形元件的 Alpha 值为 0%, 如图 12.71 所示。

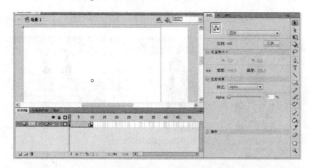

图 12.71 插入关键帧并设置图形元件的 Alpha 属性

Step 5 在图层 1 第 60 帧上插入关键帧, 然后在图层 1 第 61 帧上插入空白关键帧, 接着选择第 61 帧, 将【库】面板中的 ad2.jpg 位图加入舞台, 并与第 1 个图完全重叠, 最后将 ad2.jpg 位图转换成名为 ad2 的图形元件, 如图 12.72 所示。

图 12.72 插入关键帧并加入第二个位图

Step 6 在图层 1 的第 70 帧上插入关键帧, 然后选择图层 1 的第 61 帧, 并设置该帧下图形元件的 Alpha 值为 0%, 如图 12.73 所示。

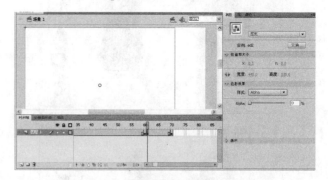

图 12.73 插入关键帧并设置 Alpha 属性

Step 7 使用步骤 5 和步骤 6 的方法, 在图层 1 第 120 帧上插入关键帧, 然后在第 121 帧上插入空白关键帧并加入 ad3.jpg 位图, 接着将位图转换为图形元件, 如图 12.74 所示。

图 12.74 插入关键帧和第三个位图

Step 8　此时在第 130 帧和第 180 帧上插入关键帧，然后设置第 121 帧下的图形元件的 Alpha 值为 0%，如图 12.75 所示。

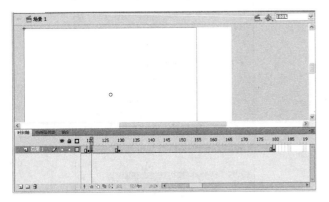

图 12.75　插入关键帧并设置 Alpha 属性

Step 9　分别选择图层 1 的第 1 帧、第 61 帧、第 121 帧，并以这些帧为开始关键帧，创建传统补间动画，如图 12.76 所示。

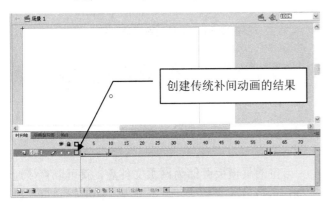

图 12.76　创建传统补间动画

说　明

从原理上来说，在一个特定时间定义一个实例、组、文本块、元件的位置、大小和旋转等属性，然后在另一个特定时间更改这些属性，当两个时间进行交换时，属性之间就会随着补间帧进行过渡，从而形成动画，这种补间帧的生成就是依照传统补间功能来完成的。传统补间可以实现两个对象之间的大小、位置、颜色(包括亮度、色调、透明度)变化。这种动画可以使用实例、元件、文本、组合和位图作为动画补间的元素，形状对象只有"组合"后才能应用到传统补间动画中。

Step 10　在图层 1 上方插入图层 2，然后将【库】面板中的 ad4.jpg 位图加入舞台的右上方，如图 12.77 所示。

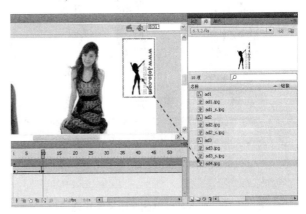

图 12.77　插入图层并加入位图

Step 11　此时将【库】面板的 ad1_s.jpg 位图加入舞台，并放置在步骤 10 加入的位图的下方，接着选择该位图并按 F8 功能键，打开【转换为元件】对话框后，设置元件的名称并设置类型为【按钮】，如图 12.78 所示，最后单击【确定】按钮。

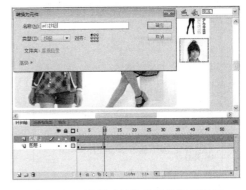

图 12.78　设置【转换为元件】对话框

Step 12　根据步骤 11 的方法，将其他缩图加入舞台，并分别转换为按钮元件，结果如图 12.79 所示。

Step 13　选择第 1 个缩图按钮元件，然后打开【行为】面板，并单击【添加行为】按钮 ，在打开的菜单中依次选择【影片剪辑】|【转到帧或标签并在该处播放】命令，打开对话框

后，选择播放的帧为 1，如图 12.80 所示，最后单击【确定】按钮。

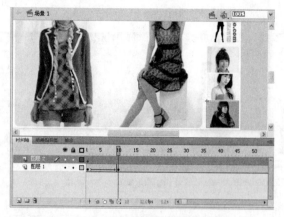

图 12.79　加入其他缩图并转换为按钮元件

图 12.80　为第 1 个缩图按钮添加行为

Step 14 使用步骤 13 的方法，分别为第 2 个和第 3 个缩图按钮元件添加【转到帧或标签并在该处播放】的行为，其中第 2 个缩图按钮元件设置的开始播放的帧为 61；第 3 个缩图按钮元件设置的开始播放的帧为 121，如图 12.81 所示。

图 12.81　为其他按钮添加行为

12.4　网页的编排与制作

12.4.1　创建站点并编排网页

当将网页模板存储为网页文件后，就可以直接通过 Dreamweaver 来编辑了。不过为了让编辑网页的操作能够在一个网站的环境中进行，可以先通过 Dreamweaver 将网页文件所在的文件夹定义成本地网站，然后在这个配置好的网站环境下去编排网页。

创建站点并编排网页的操作步骤如下。

Step 1 打开 Dreamweaver CS5 软件，然后选择【站点】|【新建站点】命令。

Step 2 打开站点定义对话框后，选择【站点】选项，然后设置站点名称为"JOJO 服饰"，并指定本地根文件夹(需先将光盘的..\Example\Ch12\12.4.1 文件夹复制到系统盘)，如图 12.82 所示。完成后单击【保存】按钮即可。

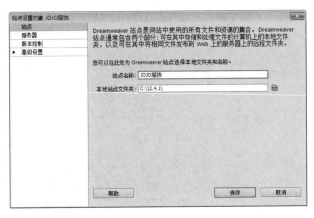

图 12.82　创建本地站点

Step 3 此时在 Dreamweaver CS5 中打开【文件】面板，接着双击 12.4.1.html 网页打开该文件，然后按快捷键 Ctrl+A 选择全部网页内容，并按快捷键 Ctrl+X 剪切所有网页内容，如图 12.83 所示。

图 12.83　打开文件并剪切网页内容

Step 4 将光标定位在页面上，然后依次选择【插入】|【表格】命令，打开【表格】对话框后，设置行数和列数均为 1，【表格宽度】为 200 像素，其他选项均为 0，然后单击【确定】按钮，插入表格后，设置表格的对齐方式为【居中对齐】，如图 12.84 所示。

Step 5 将光标定位在插入的表格内，然后依次选择【编辑】|【粘贴】命令，将步骤 3 剪切的内容粘贴到表格内，如图 12.85 所示。这个操作的目的是将网页制作为居中的效果。

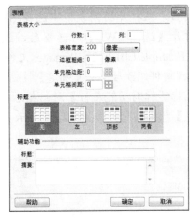

图 12.84　插入表格并设置对齐方式

图 12.85　选择【粘贴】命令

Step 6 选择页面上的导航条图片，然后按 Delete 键删除该图片，并将光标定位在删除图片的单元格内，接着打开【插入】面板，并单击【媒体】

按钮，从打开的列表框中选择 SWF 选项，打开【选择 SWF】对话框后，选择光盘的 ..\Example\Ch12\12.4.1\images 文件夹内的 nav. swf 文件，最后单击【确定】按钮，打开【对象标签辅助功能属性】对话框后，单击【取消】按钮即可，如图 12.86 所示。

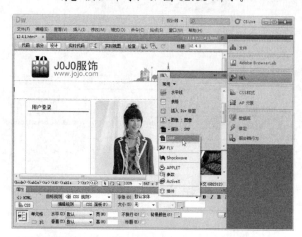

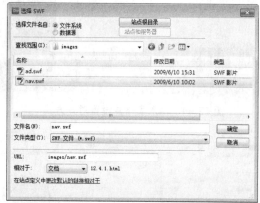

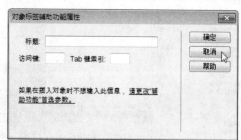

图 12.86　插入导航条动画

Step 7 分别删除导航条下方且页面中央位置的两个单元格上的图片，然后选择这两个单元格，再单击右键并从打开的菜单中依次选择【表格】|【合并单元格】命令，合并这两

个单元格，如图 12.87 所示。

图 12.87　选择【合并单元格】命令

Step 8 将光标定位在合并的单元格内，然后单击【插入】面板的【媒体】按钮，再从打开的列表框中选择 SWF 选项，打开【选择 SWF】对话框后，选择光盘的 ..\Example\Ch12\12.4.1\images 文件夹内的 ad.swf 文件，然后单击【确定】按钮，打开【对象标签辅助功能属性】对话框后，单击【取消】按钮，如图 12.88 所示。

Step 9 删除页面右上角的图片，然后在该单元格内输入文本，接着选择输入的文本，打开【属性】面板的【大小】列表框并选择 12，此时将打开【新建 CSS 规则】对话框，设置选择器名称，再单击【确定】按钮即可，如图 12.89 所示。

图 12.88　插入广告动画

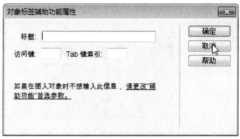

图 12.88　插入广告动画(续)

继续选择文本，然后在【属性】面板上单击【居中对齐】按钮，再打开文本颜色列表框，为文本设置颜色，如图 12.90 所示。

图 12.90　设置文本居中对齐和文本颜色

打开【CSS 样式】面板，然后单击【新建CSS 规则】按钮，打开【新建 CSS 规则】对话框后，选择【选择器类型】为【类(可应用于任何 HTML 元素)】，再输入选择器名称为 text，接着单击【确定】按钮，打开CSS 规则定义对话框后，设置文本的大小和颜色，最后单击【确定】按钮，如图 12.91所示。

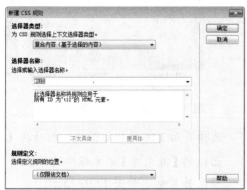

图 12.89　输入文本并设置文本的大小

图 12.91　创建 CSS 规则

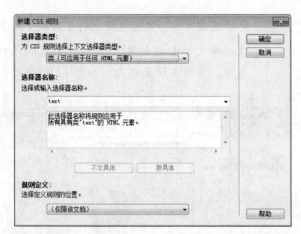

图 12.91　创建 CSS 规则(续)

Step 12　删除页面中央位置右侧的服装商品缩图下方的空白图片，然后在空出的单元格内输入文本，接着选择这些文本，并在【属性】面板中打开【目标规则】下拉列表框，再选择.text 选项，应用 text 样式，最后单击【居中对齐】按钮即可，如图 12.92 所示。

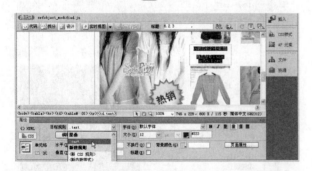

图 12.92　输入商品介绍文本并应用 CSS 规则

Step 13　此时选择文本的标题内容，然后将【目标规则】选项更改为【<内联样式>】，接着单击

【粗体】按钮 **B**，再选择文本的价格内容，修改文本的颜色为【红色】，如图 12.93 所示。

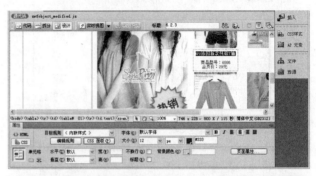

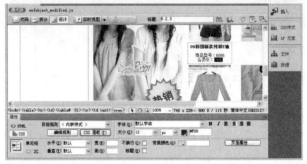

图 12.93　以内联样式的形式修改部分文本的属性

Step 14　依照步骤 12 和步骤 13 的方式，分别为其他商品缩图添加文本，并设置对应的样式，接着删除页面左侧"商品分类"下矩形空白图片并添加文本导航内容，再为导航内容应用.text 样式，结果如图 12.94 所示。

图 12.94　添加文本并设置样式

Step 15　选择页面下方的矩形图片，然后在【属性】面板的【源文件】文本框中选择该图片的路径，并复制，如图 12.95 所示。

图 12.95　选择【复制】命令

图 12.96　创建 CSS 样式(续)

 Step 16 打开【CSS 样式】面板，然后单击【新建 CSS 规则】按钮，打开【新建 CSS 规则】对话框后，选择【选择器类型】为【类(可应用于任何 HTML 元素)】，再输入选择器名称为.tbg，接着单击【确定】按钮，打开 CSS 规则定义对话框后，选择【背景】分类，并在背景图片文本框上粘贴复制的图片源文件路径，最后单击【确定】按钮即可，如图 12.96 所示。

Step 17 再次选择步骤 15 中选择的图片，然后按 Delete 键删除图片，接着将光标定位在单元格内，并为单元格应用.tbg 样式，以便为单元格设置背景图像，如图 12.97 所示。

图 12.97　设置单元格背景图像

Step 18 此时在设置背景图像的单元格内插入一个 1 行 1 列的表格，然后在表格内输入页尾导航文本，接着选择这些文本，并应用.text 样式，如图 12.98 所示。

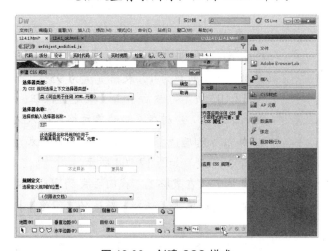

图 12.96　创建 CSS 样式

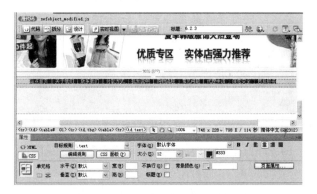

图 12.98　插入表格并添加文本内容

Step 19 选择页面最后一个单元格上的图片并将该图片删除，接着设置该单元格的背景颜色为 #EEEEEE，如图 12.99 所示。

图 12.99　删除单元格图片并设置背景颜色

Step 20 此时在设置背景颜色的单元格内添加关于网站联系信息和版权信息等文本的内容，然后为这些内容应用.text 样式，结果如图 12.100 所示。

图 12.100　在单元格输入文本并应用 CSS 样式

Step 21 设置网页的标题为"JOJO 服饰"，最后将网页保存起来即可，如图 12.101 所示。

图 12.101　设置网页标题

12.4.2　制作用户登录与搜索表单

经过上述编排后，页面的内容基本完成。但为了可以让用户注册成为网站会员，并可以以会员的身份登录网站，以及可以搜索到不同的商品，本例将为网页制作用户登录与搜索的表单。不过需要注意，表单的应用需要配合数据库来应用。

制作用户登录与搜索表单的操作步骤如下。

Step 1 先将光盘中的"..\Example\Ch12\12.4.2\"文件夹定位为本地站点，然后将"12.4.2.html"文件打开到 Dreamweaver CS5 中，接着将光标定位在页面左上方的空白单元格内，最后打开【插入】面板，并切换到【表单】分类，再单击【表单】按钮，如图 12.102 所示。

图 12.102　在单元格内插入表单

Step 2 将光标定位在表单内，然后按快捷键 Ctrl+Alt+T 打开【表格】对话框，接着设置行数为 6、列数为 1、表格宽度为 95%，如图 12.103 所示，最后单击【确定】按钮。

Step 3 插入表格后，分别在表格的单元格内输入文本内容，然后选择这些文本，再为文本应用.text 样式，如图 12.104 所示。

Step 4 将光标定位在表格的"找回丢失的密码"文本前，然后单击【插入】面板的【图像】按钮，并在打开的菜单中选择【图像】命令，打开【选择图像源文件】对话框后，选择 icon01.gif 图像，接着单击【确定】按钮，如图 12.105 所示。

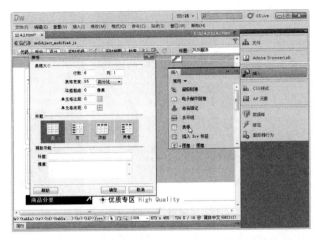

图 12.103　选择插入【表格】分类并设置参数

图 12.104　选择 text CSS 样式

图 12.105　选择图像

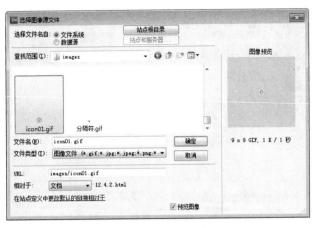

图 12.105　选择图像(续)

Step 5　将光标定位在"账号："右边，然后单击【插入】面板中【表单】分类下的【文本字段】按钮，打开【输入标签辅助功能属性】对话框后，设置 ID 文本框为 id，如图 12.106 所示，接着单击【确定】按钮。

图 12.106　插入文本字段

Step 6　选择插入的文本字段，然后打开【属性】面板，设置【字符宽度】为 15、【类型】为【单行】，如图 12.107 所示。

Step 7　使用步骤 5 和步骤 6 的方法，在"密码："文本右边插入另外一个文本字段，再设置文本字段的 ID 为 pw、【字符宽度】为 15、【类型】为【密码】，如图 12.108 所示。

图 12.107　设置文本字段的属性

图 12.108　设置另外一个文本字段的属性

 将光标定位在"密码："文本下方的单元格
内，然后单击【插入】面板中【表单】分类
下的【按钮】按钮，打开【输入标签辅助功
能属性】对话框后，设置 ID 为登录，接着
单击【确定】按钮。使用相同的方法，插入
另外一个按钮，并设置该按钮的 ID 为注册、
动作为【无】，如图 12.109 所示。

 打开【CSS 样式】面板，然后单击【新建
CSS 规则】按钮 ，打开【新建 CSS 规则】
对话框后，选择【选择器类型】为【标签(重
新定义 HTML 元素)】，再选择【选择器名
称】为.input，如图 12.110 所示。

图 12.109　设置"注册"按钮的属性

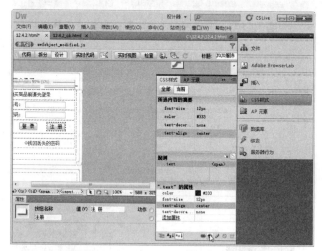

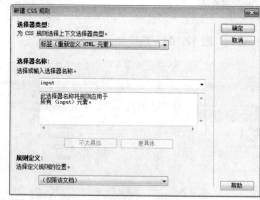

图 12.110　新建 input 的 CSS 规则

 打开【input 的 CSS 规则定义】对话框后，
选择【类型】分类，设置文本的大小和颜色，
然后选择【背景】分类，设置背景颜色，接
着选择【边框】分类，设置边框属性，最后

单击【确定】按钮即可，如图 12.111 所示。

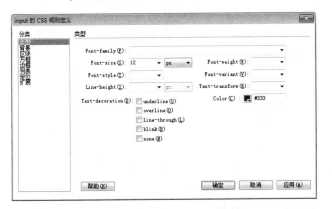

图 12.111　定义 input 的 CSS 规则

 定义 CSS 规则后，网页上的按钮和文本字段组件将随即应用定义的 CSS 规则属性，此时适当调整表格的高度和表单内容的排列，结果如图 12.112 所示。

 使用上述制作表单的方法为网页制作用于搜索商品的表单，结果如图 12.113 所示。

图 12.112　定义 CSS 规则后的表单效果

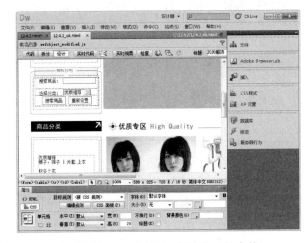

图 12.113　制作的用于搜索商品的表单

12.5　章后总结

本章使用了一个以经营韩国服饰为主，并提供在线购物功能的"JOJO 服饰"网教学示范。在这个网站项目的设计中，重点考虑网页信息和产品图片的发布以及在线购物的功能实现，所以前期对页面布局的规划十分重要。

在网页模板设计上，首先将一些必需的图像素材准备好，然后放置在颜色清淡的模板上，以便后续用各种图像来呈现网页的视觉效果。在网页编排与制作上，主要使用表格来定位页面元素，并通过 Flash 制作出动感十足的导航条动画和广告动画，丰富网页的设计，更增加吸引力。

网站的设计手段固然重要，但对于一个营销性质的网站项目，网站本身的定位和规划，以及功能的实现也是非常重要的。

大部分的服装营销网站都可以根据下面三点定位网站的建设。

(1) 以独立域名在互联网上开设营销网站，建立销售、服务、资讯一体化的电子商务平台。

(2) 依托此网站开展综合性的网络营销活动，推广网站，树立品牌。

(3) 建立起良好的数据/应用集成接口，例如支付宝接口、网上银行接口等，以便实现在线购物的功能。

12.6 章后实训

本章实训题要求打开练习文件(光盘：..\Example\

本章实训题的操作流程如图 12.115 所示。

Ch12\12.6\12.6.html)，然后通过【CSS 样式】面板编辑 input 样式，更改样式的背景颜色和边框属性，使页面上应用该样式的表单产生另外一种效果，如图 12.114 所示。

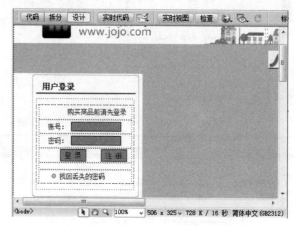

图 12.114　修改样式后的表单效果

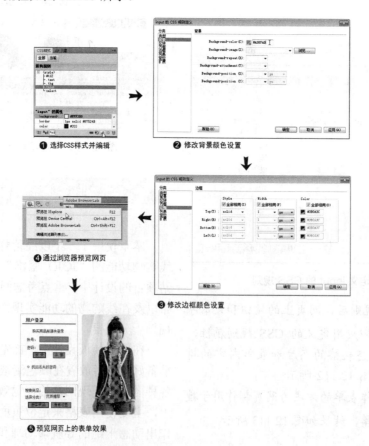

① 选择CSS样式并编辑　② 修改背景颜色设置

③ 修改边框颜色设置

④ 通过浏览器预览网页

⑤ 预览网页上的表单效果

图 12.115　实训题的操作流程

第 13 章

设计房地产类网站

本章通过一个名为"广地天堂城"的楼盘网站介绍房地产网站项目的开发。文中以网站的首页为例，介绍使用 Photoshop CS5 设计网站首页图像，再使用 Flash CS5 将首页图像制作成动画素材，并通过 Dreamweaver CS5 将网站首页动画素材制作成网站首页。

本章学习要点

➢   房地产网站项目方案

➢   设计网站的图像模板

➢   制作网站首页的动画素材

➢   制作网站的动画首页

13.1 房地产网站项目方案

进入 21 世纪，互联网正以迅雷不及掩耳之势进入到各行各业。房地产业，这一关系到消费者"住"的问题的行业当然也不例外。小区智能化、小区局域网、项目网站、开发商网站等纷纷出现，这充分体现出房地产与互联网或者网络的有机结合已经是大势所趋。本章以一个典型的房地产网站为例，介绍房地产网站开发的相关方法。

13.1.1 网站项目规划

房地产网站的建设可以结合楼盘的特点，配合楼盘的销售策划工作，利用网络技术在网上进行互动式营销，并可以突出设计楼盘的卖点，及时介绍工程进展情况，也能配合现场热卖进行网上动态销售情况、预售情况及按揭情况介绍并提供网上预售、网上咨询等服务。

另外，房地产企业建立相关的项目网站，可充分发挥现代网络技术优势，突破地理空间和时间局限，及时发布企业信息(例如楼盘、房产、建筑材料、施工机械、装饰装修材料等)、宣传企业形象，并可在网上完成动态营销业务。

归纳起来，房地产网站建设有以下几方面作用：

1. 树立良好的企业形象

买房子是许多人一生中的头等大事，需要考虑的方面也较多。因房产商的形象而产生的信心问题，往往是消费者决定购买的主要考虑因素之一。以往，房产商开发项目后，常常通过报纸、电视等媒介的宣传来建立自己的品牌形象，而现在则是通过建立网站，企业形象的宣传不再局限于当地市场，而是全球范围的宣传。企业信息的实时传递，与公众相互沟通的即时性、互动性，弥补了传统宣传手段的单一性和不可预见性。因此，网站是建立和维持企业形象的有效补充。图 13.1 所示为"壹号公馆"房产网站。

2. 提高房产项目的销量

销售力是项目的综合素质优势在销售上的体现。现代营销理论认为，销售亦是传播。对房地产项目而言，销售的成功与否，除了决定于能否将项目的各项优势充分地传播出去之外，还要看目标对象从中得到的有效信息有多少。通过网站对房产项目进行宣传的方式既有信息量大的优点，又结合了电视声、光、电的综合刺激优势，从而可以牢牢地吸引住目标对象，在最大程度上帮助提高房产项目的销量。

图 13.1 "壹号公馆"房产网站首页

3. 提高房产的附加值

很多人都知道，买房子不仅是买钢筋和水泥，买的还有环境、物业管理、社区文化等等。这些也就是项目的附加值。项目的附加值越高，项目的保值、增值能力就越强，在市场上就越有竞争力，就越受消费者欢迎。因此，房产商要赢得市场就要千方百计地提高项目的附加值，例如提供优美的小区环境、体贴的物业服务、和谐的社区文化等。但在现阶段，仅仅有这些还不能满足市场的要求。为项目建立自己的网站，为消费者提供个性化、互动化、有针对性的 24 小时网上服务，正是一个全新的体现项目附加值的方向。

13.1.2 网站效果展示

本章以一个名为"广地天堂城"的房地产项目网站为例，介绍房地产类型的网站制作。本例介绍的房地产项目以绿色作为重要的卖点。楼盘位于一个庞大的绿化区内，四周被花草绿树包围着，人若置身其中就如同在世外桃源一样。因此，网站的设计也从"绿化"的角度出发，采用绿、青两种颜色作为主色调，并且配合楼盘的外观图像，浏览者一看就可以感受到浓厚的世外桃源感觉，这恰恰体现了楼盘的"天堂城"的概念。图 13.2 所示为"广地天堂城"网站首页。

图 13.2　"广地天堂城"的房地产项目网站首页

13.1.3　页面布局规划

　　"广地天堂城"的房地产项目网站以楼盘的宣传为主，所以网站并不需要很大的页面来提供大量信息，只需有足够的位置展示楼盘的效果和优点即可。所以，本例网页模板尺寸设置为 975 像素×800 像素(以 1 024 像素×768 像素的显示分辨率为基准)，并且页面使用通栏结构版式来规划。

　　通栏结构版式一般是使用页面水平(或垂直)的大范围来显示网页内容，所以这种版式通常用于展示公司形象、产品特色等，它并非一种以发布信息为主的网页版式。图 13.3 所示为本例网站所使用的通栏结构版式。

13.1.4　网页配色方案

　　房地产网站是展示企业文化、楼盘特色的重要门户，因此在设计上需要针对楼盘的特色来进行构思。

本例"广地天堂城"楼盘宣传的是绿化与生态概念，所以网站在用色上主要以绿色和青色为主。另外，页面背景和 Logo 的制作在主色调的基础上添加了纹理和浮雕效果，这让整个网页的配色避免了单色填充的单调。图 13.4 所示为网站首页的配色方案。

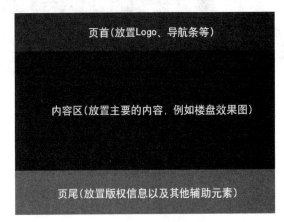

图 13.3　页面布局规划

图 13.4　房地产网站的配色方案

13.2　设计网站的图像模板

　　本节介绍使用 Photoshop CS5 设计网站首页的图像模板。

13.2.1　设计网站背景和 Logo

　　本例将为网站设计具有杂色效果的背景和浮雕效果的 Logo。在本例的操作中，首先为背景填充颜色，然后再添加杂色，让背景产生杂色纹理效果，接着通过 Photoshop 的"图层样式"功能制作 Logo 文字的浮

雕效果，最后为文字填充图案，并调整颜色效果，使
之产生很逼真的浮雕效果，如图 13.5 所示。

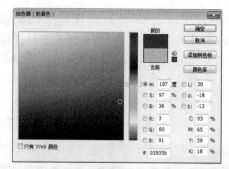

图 13.5　网站的 Logo 效果

设计网站背景和 Logo 的操作步骤如下。

Step 1　打开 Photoshop CS5 应用程序，然后依次选
择【文件】|【新建】命令，打开【新建】
对话框后，设置文档的基本属性，然后单击
【确定】按钮，如图 13.6 所示。

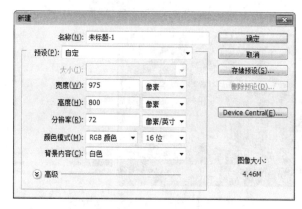

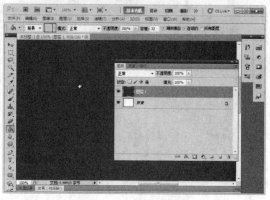

图 13.7　填充背景颜色

图 13.6　新建文档

Step 2　新建文档后，单击工具箱下方的前景色色块，
打开【拾色器(前景色)】对话框后，选择一种
颜色(#03505b)，然后单击【确定】按钮，接
着在工具箱中选择【油漆桶工具】，再通过
【图层】面板新增一个图层，使用【油漆桶
工具】在文档上单击以填充颜色，如图 13.7
所示。

Step 3　选择图层 1(即填充了颜色的图层)，然后依
次选择【滤镜】|【杂色】|【添加杂色】命
令，打开【添加杂色】对话框后设置【数量】
为 4、【分布】为【高斯分布】，最后单击
【确定】按钮，如图 13.8 所示。

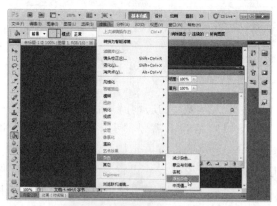

图 13.8　为图层添加杂色

Step 4   在工具箱中选择【横排文字工具】，然后在文档左上角输入 G 字，并通过属性栏设置文本的属性，如图 13.9 所示。

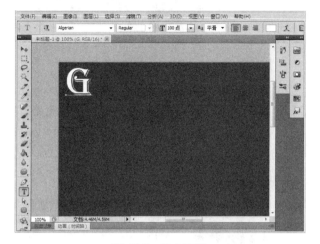

图 13.9   输入字母

Step 5   选择文本图层，然后单击【图层】面板下方的图层样式按钮 ，并从打开的菜单中选择【斜面和浮雕】选项，打开【图层样式】对话框后通过【斜面和浮雕】选项卡设置参数，如图 13.10 所示。

Step 6   此时在【图层样式】对话框中选择【描边】复选框，然后通过【描边】选项卡设置描边选项，接着单击【颜色】色块，并在打开的【选取描边颜色】对话框中选择描边颜色，最后单击【确定】按钮退出所有对话框，如图 13.11 所示。

图 13.10   添加【斜面和浮雕】图层样式

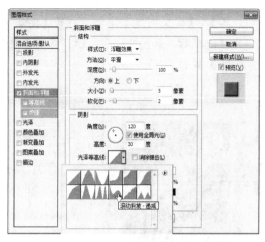

图 13.10   添加【斜面和浮雕】图层样式(续)

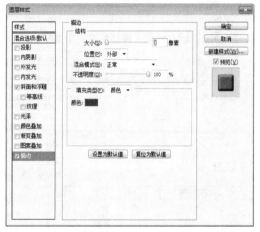

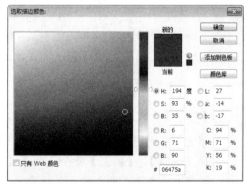

图 13.11   添加【描边】图层样式

Step 7   在文本图层上单击右键，并从打开的菜单中选择【栅格化文字】命令，将文本图层转换为普通图层，如图 13.12 所示。

Step 8   此时打开光盘练习文件夹内的..\Example\Ch13\PIC\bg.jpg 素材文件，然后选择【编

辑】|【定义图案】命令，打开【图案名称】
对话框后，如图 13.13 所示，直接单击【确
定】按钮即可。

图 13.12 选择【栅格化文字】命令

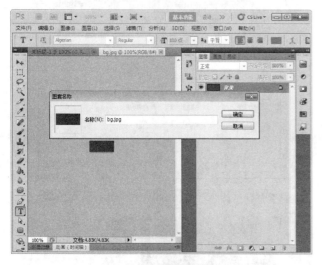

图 13.13 定义图案

图 13.14 为文本填充图案

 在【图层】面板中按住 Ctrl 键单击文本图层
的缩览图，为 G 文本创建选区，然后依次
选择【编辑】|【填充】命令，打开【填充】
对话框后，设置填充内容为上步骤定义的图
案，接着单击【确定】按钮为选区填充图案，
如图 13.14 所示。

 此时依次选择【图像】|【调整】|【亮度/
对比度】命令，打开【亮度/对比度】对话
框后，设置【亮度】为 60、【对比度】为
19，并单击【确定】按钮，如图 13.15 所示。

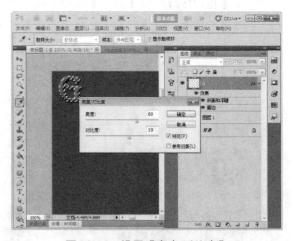

图 13.15 设置【亮度/对比度】

 依次选择【图像】|【调整】|【曝光度】命
令，打开【曝光度】对话框后，设置曝光度
参数，然后单击【确定】按钮，如图 13.16
所示。

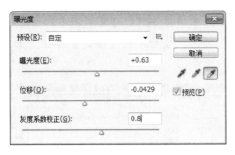

图 13.16 设置曝光度

Step 12 使用制作 G 字浮雕效果的方法，在 G 字右边输入网站名称"广地天堂城"，然后制作如同 G 字浮雕的效果，接着在网站名称下方输入英文说明，并通过【图层样式】对话框为文本添加白色的【投影】效果，如图 13.17 所示。

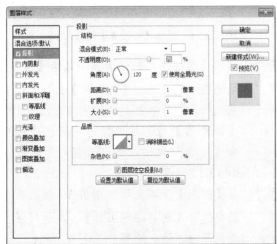

图 13.17 制作网站名称文字的浮雕效果和为英文添加投影效果

本例在步骤 8 已经定义了图案，所以在制作网站名称文字的浮雕效果时，直接使用定义的图案填充即可。另外，网站名称文字使用的字体是【微软简综艺】、大小为 36 点。

Step 13 完成上述操作后，按快捷键 Ctrl+S 打开【存储为】对话框，然后设置文件名称，再单击【保存】按钮，打开【Photoshop 格式选项】对话框后，单击【确定】按钮即可，如图 13.18 所示。

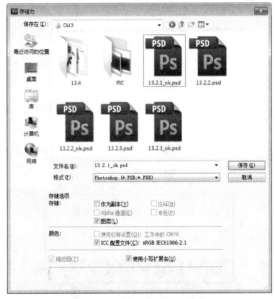

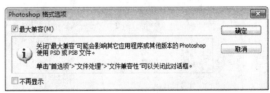

图 13.18 保存文件

13.2.2 设计导航条和功能按钮

本例制作网站图像模板上的导航条以及一些功能按钮。在导航条的制作上，首先绘制圆角矩形，然后通过图层样式制作发光效果，再制作导航条图形的立体效果，接着输入导航文本。制作功能按钮时，只要将预先准备好的按钮素材加入图像并排列，最后输入相关的文本信息即可，结果如图 13.19 所示。

图 13.19　制作导航条和功能按钮的结果

制作导航条和功能按钮的操作步骤如下。

Step 1　打开光盘中的 ..\Example\Ch13\13.2.2.psd 练习文件，在【图层】面板上新建图层 2，然后在工具箱中选择【圆角矩形工具】，在属性工具栏上单击【填充像素】按钮，再设置半径为 5 px，接着设置前景颜色为#0e3042，最后在图像右上方绘制一个圆角矩形作为导航条的基本图形，如图 13.20 所示。

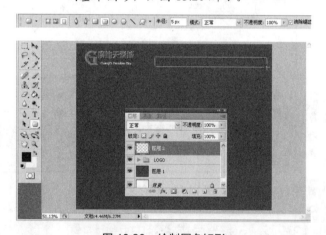

图 13.20　绘制圆角矩形

Step 2　绘制圆角矩形后，单击【图层】面板下方的图层样式按钮 *fx.*，并从打开的菜单中选择【混合选项】命令，打开【图层样式】对话框后选择【外发光】复选框，然后通过【外发光】选项卡设置选项，接着单击发光颜色

的方块，并通过【拾色器】对话框选择一种颜色，最后单击【确定】按钮，如图 13.21 所示。

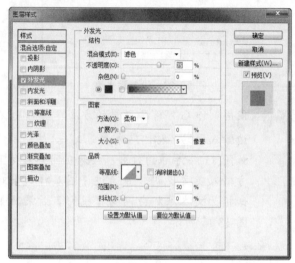

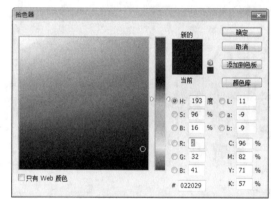

图 13.21　添加【外发光】图层样式

Step 3　返回【图层样式】对话框，选择【内发光】复选框，然后通过【内发光】选项卡设置相关选项，接着单击发光颜色的方块，并通过【拾色器】对话框选择一种颜色，最后单击【确定】按钮，退出所有的对话框，如图 13.22 所示。

Step 4　在【图层】面板上添加图层 3，然后在工具箱中选择【圆角矩形工具】，再通过属性栏设置属性，接着设置前景色为白色，最后在步骤 1 中绘制的圆角矩形上方绘制一个圆角矩形，如图 13.23 所示。

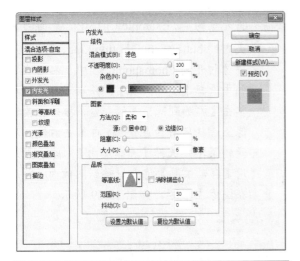

图 13.22　添加【内发光】图层样式

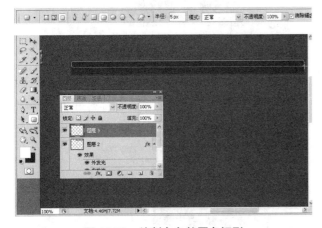

图 13.23　绘制白色的圆角矩形

Step 5　选择图层 3，再单击【图层】面板的【添加图层蒙版】按钮，然后在工具箱中选择【渐变工具】，再打开渐变样式列表框，选择渐

变样式，接着在白色圆角矩形上向上拖动鼠标，为图层蒙版填充渐变颜色，制作圆角矩形渐变的透明效果，如图 13.24 所示。

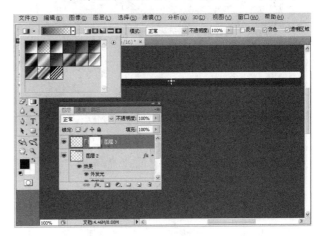

图 13.24　添加图层蒙版并填充渐变颜色

Step 6　继续选择图层 3，然后在【图层】面板上设置图层的【不透明度】为 30%，让导航条的圆角矩形呈现一种立体的效果，如图 13.25 所示。

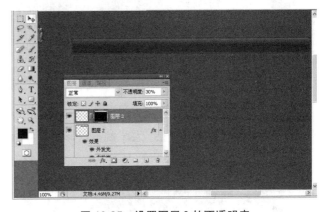

图 13.25　设置图层 3 的不透明度

Step 7　在【图层】面板上添加图层 4，再使用【圆角矩形工具】在导航条圆角矩形左端绘制一个圆角半径为 3 px 的白色圆角矩形，接着设置该圆角矩形的【不透明度】为 20%，如图 13.26 所示。

Step 8　在工具箱中选择【横排文字工具】，然后通过属性栏设置文本属性，其中颜色为 #c9df12，接着在透明白色的圆角矩形上输

入中英文对照的文本，如图 13.27 所示。

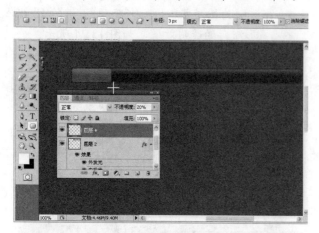

图 13.26 绘制另外一个圆角矩形并设置不透明度

图 13.27 输入中英文文本

Step 9 使用步骤 8 的方法，在导航条图形上方分别输入导航按钮的文本，结果如图 13.28 所示。

图 13.28 输入导航文本

Step 10 将光盘的 "..\Example\Ch13\PIC\" 练习文件夹内的 button1.jpg、button2.jpg、button3.jpg 图像打开到 Photoshop CS5 中，然后在工具箱中选择【魔棒工具】，并在工具属性栏上单击【添加到选区】按钮，接着在素材图像上选择所有白色区域，再单击右键并从打开的菜单中选择【选择反向】命令，最后使用【移动工具】将素材移到图像内，并放置在图像左下方，如图 13.29 所示。

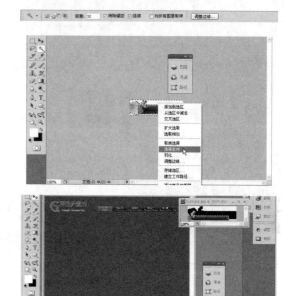

图 13.29 将按钮素材移到图像上

Step 11 使用步骤 10 的方法，将其他两个按钮素材选择并移到图像上，最后排列好按钮，如图 13.30 所示。

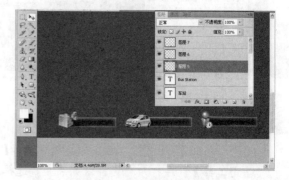

图 13.30 加入其他的按钮素材

选择图层 5(即放置了第 1 个按钮素材的图层)，然后打开【图层样式】对话框并选择【外发光】复选框，再通过【外发光】界面设置相关选项，其中颜色为#003333，最后单击【确定】按钮，如图 13.31 所示。

图 13.33　输入按钮文本和其他文本内容

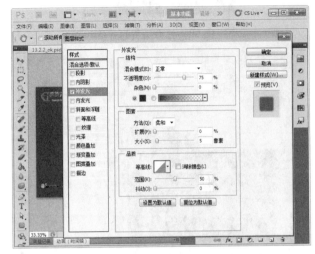

图 13.31　为第 1 个按钮素材添加图层样式

 使用步骤 12 的方法，分别为另外两个按钮图像素材添加【外发光】图层样式，结果如图 13.32 所示。

13.2.3　设计首页的楼盘宣传图像

经过上述两个小节的操作后，网页的导航元素基本完成，本小节就来设计用于首页展示楼盘的效果图。这个效果图是宣传楼盘特色和价值的重要内容，同时影响网站页面的整体美观性。因此，在设计楼盘效果图时，需要考虑如何展示楼盘的特色，而且需要跟页面的颜色完美配合，如图 13.34 所示。

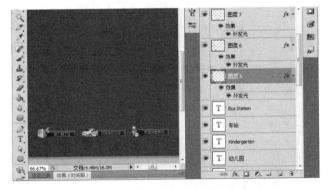

图 13.32　为其他的按钮素材添加图层样式

 使用【横排文字工具】，分别在 3 个按钮上输入按钮文本，然后在图像的右下方输入链接和版权信息的文本内容,如图 13.33 所示。其中文本的字体为【宋体】、大小为 12 点、颜色为#999999。

图 13.34　首页的楼盘宣传图像

制作首页的楼盘宣传图像的操作步骤如下。

Step 1 打开光盘中的 ..\Example\Ch13\13.2.3.psd 练习文件，在工具箱中选择【矩形选框工具】，然后在【图层】面板上新增图层 8，接着在图像中央位置上绘制一个矩形选区，如图 13.35 所示。

图 13.36　修改边界选区(续)

图 13.35　创建一个矩形选区

Step 2 打开【选择】菜单，然后依次选择【修改】|【边界】命令，打开【边界选区】对话框后，设置宽度为 8，接着单击【确定】按钮，如图 13.36 所示。

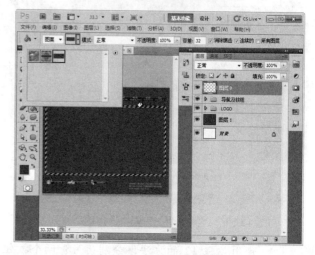

图 13.37　为选区填充图案

Step 3 在工具箱中选择【油漆桶工具】，然后在工具属性栏设置填充为【图案】，并选择一种图案，接着在选区上单击，为选区填充图案，如图 13.37 所示。

Step 4 继续选择图层 8，然后打开【图层样式】对话框并选择【斜面和浮雕】复选框，接着通过【斜面和浮雕】选项卡设置相关选项，并选择【光泽等高线】的类型，如图 13.38 所示，最后单击【确定】按钮。

图 13.36　修改边界选区

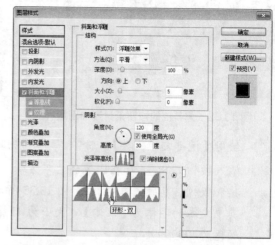

图 13.38　添加【斜面和浮雕】图层样式

Step 5 此时依次选择【图像】|【调整】|【亮度/对比度】命令，打开【亮度/对比度】对话框后，设置亮度为100、对比度为50，并单击【确定】按钮，如图13.39所示。完成上述操作后，按快捷键Ctrl+D取消选区即可。

【将路径作为选区载入】按钮 ，将路径转换为选区，如图13.41所示。

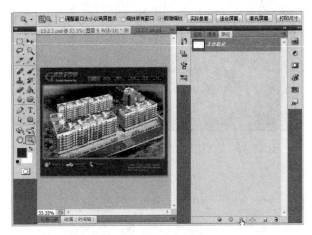

图13.41 创建圆角矩形路径并转换为选区

Step 8 依次选择【选择】|【反向】命令，然后按Delete键，删除圆角矩形选区外的多余的图像素材内容，如图13.42所示。本步骤的目的主要是让图像素材的四角变成圆角，以调整与矩形框的接合效果。这种接和效果在按快捷键Ctrl+D取消区后即可看到，如图13.43所示。

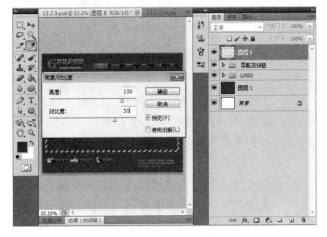

图13.39 设置亮度与对比度

Step 6 将光盘的 ..\Example\Ch13\PIC\ 练习文件夹内的 pic1.jpg 素材图像打开到 Photoshop CS5 中，然后将素材加入图像中，并放置在矩形框内，接着依次选择【编辑】|【自由变换】命令，将素材缩小到刚好可以填充矩形框的程度即可，如图13.40所示。

Step 9 选择素材图像所在的图层，再依次选择【图像】|【调整】|【色彩平衡】命令，打开【色彩平衡】对话框后，设置如图13.44所示的参数，最后单击【确定】按钮即可。

图13.40 加入图像素材并调整图像

Step 7 在工具箱中选择【圆角矩形工具】，再单击工具属性栏的【路径】按钮 ，并设置半径为5 px，然后在素材图像上绘制一个圆角矩形路径，接着打开【路径】面板，并单击

图13.42 选择【反向】命令

365

图 13.43　素材图像的边角被制作成圆角后的效果

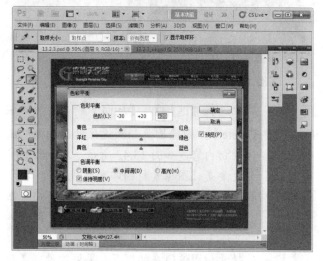

图 13.44　设置图像的色彩平衡

13.3　制作网站首页的动画素材

设计好网站首页模板后，本节利用这些图像制作首页的动画效果。

13.3.1　设计网站导航条动画

本例设计一个很有创意的导航条动画，用户可以将相关的技术应用到实际的设计中。本例的导航条动画在开始状态只显示按钮文本内容，当将鼠标移到按钮上时，按钮文本即分别向上下移动，并在原来文本的位置上出现与按钮对应的图像动画，以展示按钮所指示的内容。同时，在鼠标移到按钮上时，还伴随着"咚"的声音，让浏览者在很大程度上感受了导航条

的动感。图 13.45 所示为导航条动画。

图 13.45　导航条动画的效果

设计网站导航条动画的操作步骤如下。

Step 1　启动 Flash CS5 程序，并打开练习文件(光盘：..\Example\Ch13\13.3.1.fla)，依次选择【插入】|【新建元件】命令，打开【创建新元件】对话框后，设置名称和类型，再单击【确定】按钮，接着使用【文本工具】在【弹起】状态帧上输入中英文对照的文本，最后通过【属性】对话框设置文本的属性，其中颜色为#C8EE11，如图 13.46 所示。

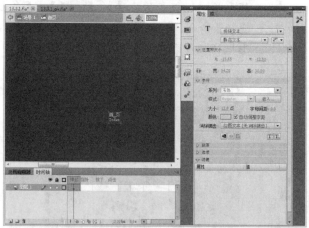

图 13.46　创建"首页"按钮并输入文本

Step 2　分别在【指针经过】和【按下】状态帧上插入关键帧，再选择【指针经过】状态帧，并修改文本的颜色为白色，如图 13.47 所示。

Step 3　在【点击】状态帧上插入关键帧，然后在工具箱中选择【矩形工具】，然后设置笔触和

填充颜色为白色，接着在文本上绘制一个矩形，将按钮文本完全覆盖，以此矩形作为按钮的激活区域，如图 13.48 所示。

件放置在导航图形的左端，如图 13.50 所示。

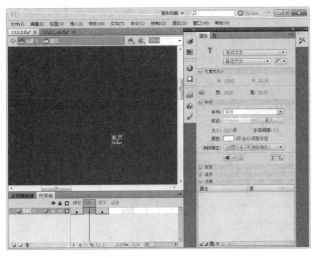

图 13.47　插入关键帧并更改【指针经过】状态帧文本颜色

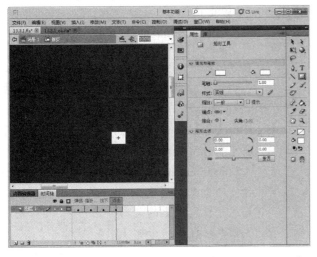

图 13.48　插入关键帧并绘制矩形

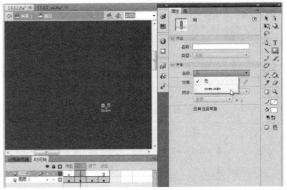

图 13.49　导入声音并添加到按钮上

Step 4 依次选择【文件】|【导入】|【导入到库】命令，打开【导入到库】对话框后，选择 over.wav 声音素材，然后单击【打开】按钮，接着在按钮元件的时间轴上插入图层 2，并在【指针经过】状态帧上插入关键帧，最后将声音素材添加到该关键帧上，如图 13.49 所示。

Step 5 返回场景 1，然后在时间轴上插入图层 2，再将"首页"按钮元件加入舞台，并将按钮元

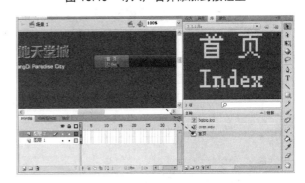

图 13.50　插入新图层并加入"首页"按钮元件

Step 6 依次选择【插入】|【新建元件】命令，打开【创建新元件】对话框后，设置名称和类型，再单击【确定】按钮，接着使用【文本工具】在【弹起】状态帧上输入中英文对照的文本，最后通过【属性】对话框设置文本的属性，其中颜色为#C8EE11、段落对齐方

式为【居中对齐】，如图 13.51 所示。

图 13.51　创建 "社区环境" 按钮元件并输入文本

 Step 7　再次选择【插入】|【新建元件】命令，打开【创建新元件】对话框后，设置名称和类型，再单击【确定】按钮，接着使用【文本工具】在元件内输入中文文本，最后通过【属性】对话框设置文本的属性，其中颜色为 #C8EE11、段落对齐方式为【居中对齐】，如图 13.52 所示。

图 13.52　创建影片剪辑元件并输入文本

Step 8　选择影片剪辑元件上的文本并单击右键，然后从打开的菜单中选择【转换为元件】命令，打开对话框后，设置元件的名称和类型，如图 13.53 所示，接着单击【确定】按钮即可。

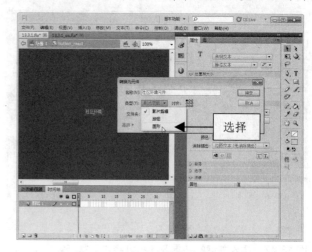

选择

图 13.53　将文本转换为图形元件

Step 9　此时在时间轴上插入图层 2，并在 "社区环境" 下方输入对照的英文文本 Environment，并设置跟 "社区环境" 文本一样的属性，接着使用步骤 8 的方法，将英文文本转换为名为 Environment 的图形元件。

Step 10　打开【库】面板，将 "社区环境" 按钮元件加入影片剪辑内，然后分别将 "社区环境元件" 和 Environment 图形元件与按钮元件上对应的文本完全重叠，使两个图形元件的位置跟按钮元件上的文本位置一样，最后删除按钮元件即可，如图 13.54 所示。

图 13.54　加入按钮元件并调整两个
图形元件的位置

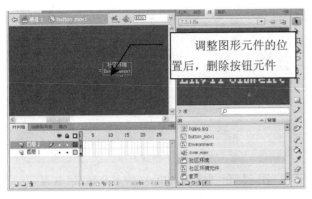

图 13.54 加入按钮元件并调整两个
图形元件的位置(续)

图 13.58 所示。

说 明

本例步骤 10 的操作目的是让影片剪辑内的社区环境元件和 Environment 图形元件与按钮元件内文本所处的位置一样。这是为了方便后续将影片剪辑加入到按钮元件内,并覆盖原来的按钮文本而设的(请看本例步骤 19 的操作)。

Step 11 依次选择【文件】|【导入】|【导入到库】命令,打开【导入到库】对话框后,将光盘的 "..\Example\Ch13\PIC" 文件夹内的 icon1.jpg、icon2.jpg、icon3.jpg、icon4.jpg、icon5.jpg 图像打开,接着插入图层 3,再将 icon1.jpg 位图加入影片剪辑内,并将位图转换为名称是 icon1 的图形元件,如图 13.55 所示。

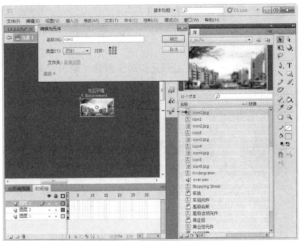

图 13.55 导入位图并将第 1 个图加入
元件再转为图形元件

Step 12 同时选择图层 1 和图层 2 的第 10 帧,然后按 F6 功能键插入关键帧,接着分别将社区环境元件和 Environment 图形元件沿着垂直方向分开,并且两个元件分别向上和向下各移动 27 像素的距离,如图 13.56 所示。

Step 13 在图层 3 的第 10 帧上插入关键帧,然后将 icon1 图形元件移到两个文本的中央并居中对齐,接着选择图层 3 的第 1 帧,并将该帧移到第 3 帧上,如图 13.57 所示。

Step 14 在图层 3 上插入图层 4,然后在图层 4 第 3 帧上插入关键帧,接着在工具箱中选择【矩形工具】,并在影片剪辑内绘制一个红色的矩形,且该矩形将 icon1 图形元件覆盖,如

图 13.56 插入关键帧并沿着垂直
方向分开两个元件

图 13.57　调整图形元件的位置并移动关键帧

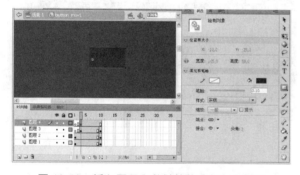

图 13.58　插入图层和关键帧并绘制一个矩形

图 13.59　向矩形的中心方向等比例缩小矩形

图 13.60　选择【创建补间形状】命令

图 13.61　选择【遮罩层】命令

Step 15　在图层 4 的第 10 帧上插入关键帧，然后选择图层 4 第 3 帧，再使用【自由变形工具】选择该帧下的矩形，并同时按住 Shift 和 Alt 键缩小矩形，如图 13.59 所示。

Step 16　此时分别为图层 1 和图层 2 之间的关键帧创建传统补间动画。接着在图层 4 的第 3 帧上单击右键，并从打开的菜单中选择【创建补间形状】命令，为矩形创建补间形状动画，如图 13.60 所示。

Step 17　选择图层 4，然后在图层 4 上单击右键并从打开的菜单中选择【遮罩层】命令，将图层 4 转换为遮罩层，如图 13.61 所示。

Step 18　此时在图层 4 上方插入图层 5，然后在图层 5 的第 10 帧上插入关键帧，接着按 F9 功能键打开【动作】面板，并在【动作】面板的脚本窗格上输入 stop();脚本，为时间轴添加停止动作，如图 13.62 所示。

图 13.62　插入新图层并添加停止动作脚本

 在【库】面板中双击社区环境按钮，进入该按钮元件的编辑窗口，接着在【指针经过】状态帧上插入关键帧，并将 button_mov1 影片剪辑元件加入按钮上，并覆盖按钮上原来的文本，最后将【指针经过】状态帧上原来的文本删除，只保留 button_mov1 影片剪辑元件，如图 13.63 所示。

图 13.63　在按钮编辑窗口中加入影片剪辑元件

说　明

　　在步骤 19 中，因为加入的影片剪辑元件覆盖了【指针经过】状态帧下的文本图形元件，所以用户比较难以选择到原来的文本并将其删除。此时可以先选择影片剪辑元件，再依次选择【修改】|【排列】|【移至底层】命令，将影片剪辑元件移到底层，然后选择处于上层的文本，最后删除即可，如图 13.64 所示。

 此时在图层 1 的【按下】和【点击】状态帧下插入关键帧，并在【点击】状态帧下绘制一个完全覆盖按钮内容的矩形，接着插入图

层 2，并在图层 2 的【指针经过】状态帧上插入关键帧，最后为该关键帧添加 over.wav 声音，如图 13.65 所示。

图 13.64　选择【移至底层】命令

图 13.65　绘制矩形并为新图层添加声音

 返回场景 1 内，选择图层 2，并将社区环境按钮元件加入舞台上，再放置在导航条图形的左边，如图 13.66 所示。

图 13.66　将"社区环境"按钮元件添加到导航条上

Step 22 使用上述步骤的方法，分别制作导航条上的其他按钮元件，最后将这些按钮元件放置在导航条上，结果如图 13.67 所示。

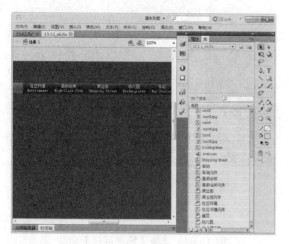

图 13.67 制作其他导航按钮并将按钮放置在导航条上

13.3.2 设计楼盘宣传图动画

本例将 13.2.3 小节设计的楼盘宣传图加入到网站的动画内，然后为宣传图边框制作光芒动画效果。

在本例的光芒动画效果制作中，先利用笔触制作宣传图边框的光芒效果，然后通过遮罩动画的应用，让宣传图边框产生光芒闪动的效果，如图 13.68 所示。

边框上的光芒

图 13.68 楼盘宣传图的光芒动画效果

设计楼盘宣传图动画的操作步骤如下。

Step 1 打开光盘中的 ..\Example\Ch13\13.3.2.fla 练习文件，依次选择【文件】|【导入】|【导入到库】命令，打开【导入到库】对话框后，选择 main.jpg 图像，再单击【打开】按钮，如图 13.69 所示。

图 13.69 将楼盘宣传图像导入到库

Step 2 新建图层，打开【库】面板，然后将 main.jpg 位图加入到舞台，并放置在中央位置，选择位图并依次选择【修改】|【转换为元件】命令，打开【转换为元件】对话框后，设置名称和元件类型，如图 13.70 所示，接着单击【确定】按钮。

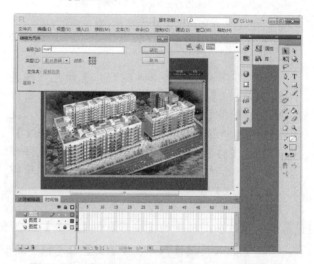

图 13.70 将位图加入舞台并转换为影片剪辑元件

Step 3　依次选择【插入】|【新建元件】命令，打开【创建新元件】对话框后，设置元件名称和元件类型并单击【确定】按钮，接着返回场景 1 中新建图层 4，然后将创建的元件拖入舞台，如图 13.71 所示。

图 13.71　创建影片剪辑元件并将该元件加入舞台

Step 4　在舞台上双击 contour 影片剪辑元件，进入该元件的编辑窗口，此时在工具箱中选择【矩形工具】，并设置笔触颜色为白色、填充颜色为【无】，接着设置矩形的笔触宽度为 2、圆角半径为 5，最后在舞台上参照楼盘效果图边框绘制一个圆角矩形轮廓，如图 13.72 所示。

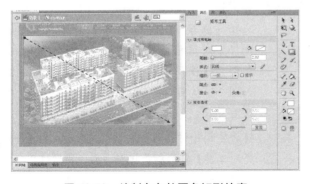

图 13.72　绘制白色的圆角矩形轮廓

Step 5　选择圆角矩形轮廓线条，然后单击右键并从打开的菜单中选择【复制】命令，复制线条后在时间轴上插入图层 2，接着依次选择【编辑】|【粘贴到当前位置】命令，粘贴线条，如图 13.73 所示。

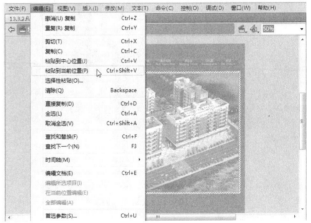

图 13.73　复制并粘贴轮廓线条

Step 6　此时将图层 1 隐藏，然后选择图层 2 上的线条，接着通过【属性】面板设置线条【笔触】的大小为 6，再通过【颜色】面板设置线条的 Alpha 为 60%，如图 13.74 所示。

Step 7　使用步骤 5 的方法复制图层 2 的线条，然后插入图层 3，并将图层 2 暂时隐藏，接着将复制的线条粘贴到图层 3 中，最后修改图层 3 线条的笔触大小为 10、Alpha 为 30%，如图 13.75 所示。

Step 8　此时将隐藏的图层全部显示，并将图层 2 移到图层 1 下方，图层 3 移到图层 2 下方，此时把 3 个图层的线条组合起来就可以呈现线条出现光芒的效果，如图 13.76 所示。

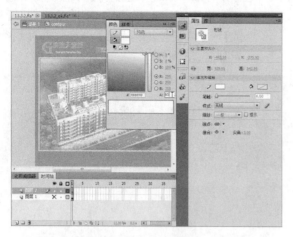

图 13.74　修改图层 2 线条的笔触大小和颜色

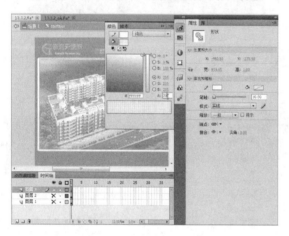

图 13.75　修改线条属性

图 13.76　调整图层位置以呈现线条的光芒效果

Step 9　选择图层 2 的第 1 个关键帧，然后将这个关键帧移到图层 2 第 15 帧上。使用相同方法将图层 1 第 1 个关键帧移到图层 1 第 30 帧上，最后分别为 3 个图层的第 60 帧插入帧，如图 13.77 所示。

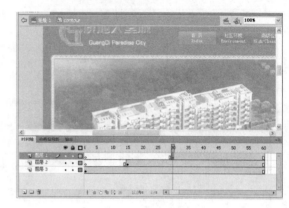

图 13.77　移动关键帧并插入帧

Step 10　在图层 1 上插入图层 4，然后在工具箱上选择【椭圆工具】，接着在楼盘效果图的下方绘制一个白色的椭圆形，如图 13.78 所示。

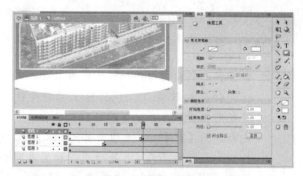

图 13.78　绘制一个椭圆形

Step 11　在椭圆形上单击右键，并从打开的菜单中选择【转换为元件】命令，打开【转换为元件】对话框后，设置元件名称为 mask、类型为【图形】，最后单击【确定】按钮，如图 13.79 所示。

Step 12　双击 mask 图形元件进入该元件的编辑窗口，接着复制并粘贴两个椭圆形，然后使用【任意变形工具】变形和旋转椭圆形，最后对 3 个椭圆形进行排列，结果如图 13.80 所示。

图 13.79　将椭圆形转换为图形元件

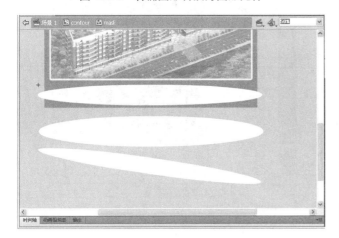

图 13.80　编辑椭圆形后的结果

mask 图形元件向上移动，再使用【任意变形工具】向下倾斜图形元件，如图 13.83 所示。

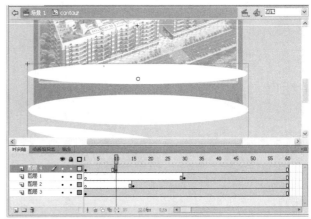

图 13.81　插入关键帧并移动图形元件

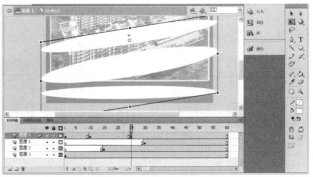

图 13.82　插入关键帧并设置关键帧的图形元件状态

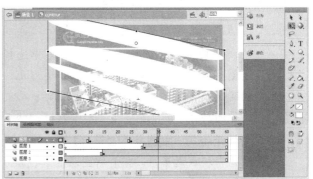

图 13.83　再次插入关键帧并调整关键帧的图形元件状态

Step 13　返回 contour 图形元件编辑窗口，在图层 4 第 10 帧上插入关键帧，然后将 mask 图形元件往上移动，直到第 1 个椭圆形遮挡楼盘宣传图的下边框，如图 13.81 所示，

Step 14　在图层 4 第 25 帧上插入关键帧，然后将 mask 图形元件再次向上移动，接着在工具箱上选择【任意变形工具】，并使用这个工具在 mask 图形元件右边缘上点击并向上倾斜图形元件，如图 13.82 所示。

Step 15　在图层 4 第 35 帧上插入关键帧，然后将

Step 16　在图层 4 第 45 帧上插入关键帧，然后将 mask 图形元件向下移动，再使用【任意变形工具】向上倾斜图形元件，接着在图层 4

第 60 帧上插入关键帧，再次向上移动 mask
图形元件，并将该元件移出楼盘宣传图的上
方，如图 13.84 所示。

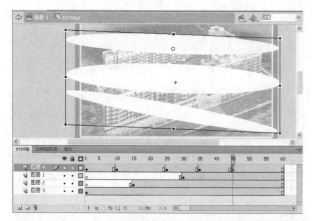

图 13.85　为图层 4 的关键帧之间创建传统补间动画

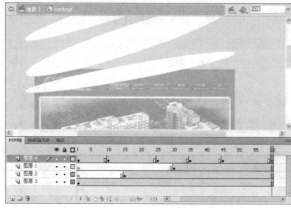

图 13.84　插入关键帧并调整图形
元件的位置和倾斜度

Step 17 拖动鼠标选择图层 4 上各个关键帧之间的
帧，然后单击右键并从打开的菜单中选择
【创建传统补间】命令，为 mask 图形元件
创建传统补间动画，如图 13.85 所示。

Step 18 选择图层 4，并在图层 4 上单击右键，然后
在打开的菜单中选择【遮罩层】命令，将图
层 4 转换成遮罩层，接着将图层 2 和图层 3
移到图层 1 下方，将这两个图层都转换为被
遮罩层，如图 13.86 所示。

Step 19 同时选择 4 个图层的第 130 帧，然后按 F5
键插入帧，如图 13.87 所示。本步骤的目的
是延迟 contour 影片剪辑循环播放的时间。

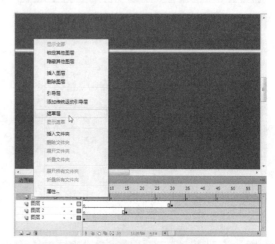

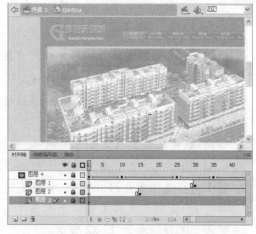

图 13.86　转换图层 4 为遮罩层并将其他
图层转换为被遮罩层

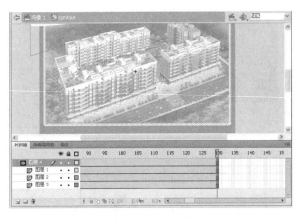

图 13.87　插入帧

 Step 20 完成上述操作后，即可按快捷键 Ctrl+Enter 播放动画，测试楼盘宣传图边框的光芒效果。

13.3.3　添加功能按钮和文本信息

本例将准备好的功能按钮素材图片导入 Flash 内，然后制作成网站首页的按钮元件，接着在首页右下方输入相关的文本信息内容即可，结果如图 13.88 所示。

图 13.88　添加功能按钮和文本信息的结果

添加功能按钮和文本信息的操作步骤如下。

Step 1 打开光盘中的 ..\Example\Ch13\13.3.3.fla 练习文件，依次选择【文件】|【导入】|【导入到库】命令，打开【导入到库】对话框后，选择 button1.gif、button2.gif、button3.gif 图像，如图 13.89 所示，再单击【打开】按钮。

Step 2 依次选择【插入】|【新建元件】命令，打开【创建新元件】对话框后，设置元件名称和元件类型后单击【确定】按钮，接着打开

【库】面板，并将 button1.gif 位图加入舞台，然后选择该位图再依次选择【修改】|【转换为元件】命令，将位图转换成名为 b1 的影片剪辑元件，如图 13.90 所示。

图 13.89　导入位图到库

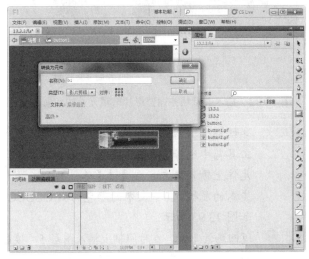

图 13.90　将新建的按钮元件加入位图并将位图转为影片剪辑

Step 3 选择按钮元件内的 b1 影片剪辑元件，然后打开【属性】面板上的【滤镜】列表框，单击【添加滤镜】按钮，并在打开的列表框

上选择【发光】命令，为影片剪辑添加"发光"滤镜，如图 13.91 所示。

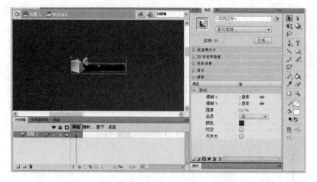

图 13.91　为影片剪辑元件添加【发光】滤镜

Step 4　此时在按钮元件的图层 1 的【指针经过】和【按下】状态帧上插入关键帧，接着选择【指针经过】状态帧上的影片剪辑元件，并通过【属性】面板设置色彩样式为【高级】，再设置色彩效果，如图 13.92 所示。

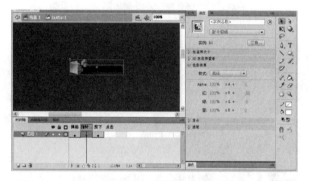

图 13.92　插入关键帧并调整影片剪辑元件的色彩效果

Step 5　在按钮元件的时间轴上插入图层 2，然后在工具箱中选择【文本工具】，并在影片剪辑元件上输入文本，再通过【属性】面板设置文本的属性，其中文本的颜色为#CCCCCC，如图 13.93 所示。

Step 6　返回场景 1 中，在时间轴上插入图层 5，接着将 button1 按钮元件加入舞台，并放置在楼盘宣传图下方的左边，如图 13.94 所示。

Step 7　使用上述操作的方法，分别制作其他两个功能按钮，然后将它们加入到舞台并放置在左下方，结果如图 13.95 所示。

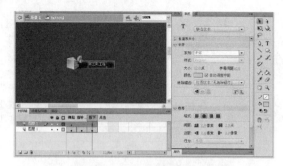

图 13.93　插入图层并输入文本

图 13.94　在场景 1 中加入按钮元件

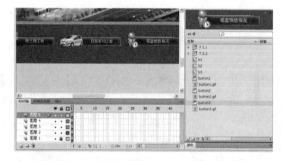

图 13.95　制作其他的功能按钮并加入舞台

Step 8　在图层 5 上方新增图层 6，然后使用【文本工具】在舞台右下方输入链接项目和版权信息等文本内容，并通过【属性】面板设置文本属性，结果如图 13.96 所示。

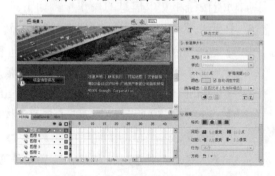

图 13.96　插入图层并输入文本内容

13.4　制作网站的动画首页

经过上述的操作后，网站的首页用动画基本完成，此时只需创建一个网页，然后设置与动画一样的背景，接着将动画添加到网页，并使用表格进行定位即可。

制作网站的动画首页的操作步骤如下。

 Step 1 打开 Dreamweaver CS5 应用程序，然后在欢迎屏幕上的【新建】列中单击 HTML 按钮，创建一个 HTML 类型的网页文件，如图 13.97 所示。

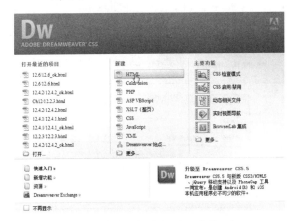

图 13.97　创建 HTML 文件

 Step 2 创建网页文件后，直接按快捷键 Ctrl+S 打开【另存为】对话框，然后指定保存的位置并设置名称，接着单击【保存】按钮，如图 13.98 所示。

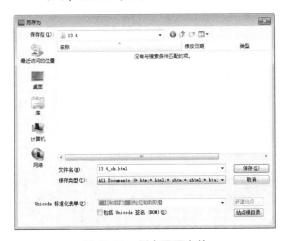

图 13.98　保存网页文件

Step 3 在 Dreamweaver CS5 中依次选择【修改】|【页面属性】命令，然后选择【外观(CSS)】选项，并在该选项卡内单击【背景图像】文本框后的【浏览】按钮，打开【选择图像源文件】对话框后，选择光盘的 ..\Example\Ch13\13.4\images 文件夹内的 background.jpg 图像并单击【确定】按钮，返回【页面属性】对话框后，设置【重复】为 repeat，最后单击【确定】按钮即可，如图 13.99 所示。

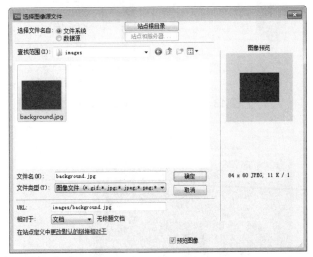

图 13.99　指定背景图像并设置重复

Step 4 设置网页的背景后，将鼠标定位在网页内，然后打开【插入】面板并切换到【常用】分类，接着单击【表格】按钮，并在打开的【表格】对话框中设置行列数和表格宽度，最后单击【确定】按钮，如图 13.100 所示。

Step 5 插入表格后，选择整个表格，然后设置表格的

对齐方式为【居中对齐】，如图 13.101 所示。

Step 6 此时将光标定位在表格内，然后单击【媒体】按钮，并从打开的菜单中选择 SWF 命令，如图 13.102 所示。

Step 7 打开【选择 SWF】对话框后，选择 main.swf 动画文件，然后单击【确定】按钮，打开【对象标签辅助功能属性】对话框后，直接单击【取消】按钮即可，如图 13.103 所示。

图 13.100　插入表格并设置参数

图 13.103　选择动画文件并取消设置标签

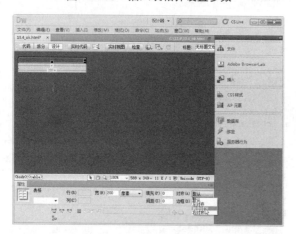

图 13.101　设置表格居中对齐

Step 8 此时选择表格内的 SWF 动画，再打开【属性】面板，单击【播放】按钮，以测试动画播放的效果，如图 13.104 所示。

图 13.102　在表格内插入 SWF 动画

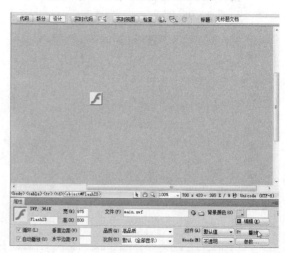

图 13.104　在编辑窗口内播放动画

Step 9　此时在编辑窗口的【标题】文本框内输入网页标题，然后按快捷键 Ctrl+S，保存网页文件即可，如图 13.105 所示。

图 13.105　设置网页标题

Step 10　由于网页插入了 SWF 动画，所以在保存网页时会打开【复制相关文件】对话框，此时只需单击【确定】按钮即可，如图 13.106 所示。

图 13.106　复制相关文件

Step 11　保存网页后，可以按 F12 功能键通过 IE 浏览器预览网页，当打开网页时，系统因为安全的问题阻止了动画的显示，此时可以设置允许显示阻止的内容即可预览网页，如图 13.107 所示。

图 13.107　通过浏览器预览网页

13.5　章后总结

本章通过一个名为"广地天堂城"的楼盘网站介绍房地产网站项目的开发。本章的网站设计重点在于通过网站宣传楼盘的特色和卖点，并借此传递房地产项目的开发概念，从而让楼盘产生明显的品牌效应，达到提高销售成绩的目的。因此在整体页面的效果呈现上并没有使用很复杂的编排，而是以出色的动画效果来呈现。

在进行房地产网站项目开发时，确定一个主题思想是很重要的，即如何让网站体现房地产项目宣传的概念和传递的思想，并不是单单做一个网站来推销楼盘而已。针对房地产网站的设计，下面提供几个要点，以便用户参考和应用。

1) 个性化设计

互联网是房产项目展示的平台，个性化的展示可以使网站与众不同。房地产项目网站更应充分发挥这一特点，为目标对象提供个性化的服务，让浏览者有亲切的感受。

2) 强调互动性与功能性

一个网站的最大功能是价值化，不具备某些功能的网站也没有价值，同时也不能实现企业建设网站的目的。房地产项目网站可以弥补传统媒介的片面性和单向性。在报纸、电视等媒体上发布项目信息，通常很难估计会达到什么样的效果，多数情况凭经验来估算，这具有很大的盲目性与冒险性。如果信息在网上发布，上网者可以与房产商联系，从而形成信息反馈；反过来房产商也可以与房产商联系，达到互相沟通的目的。房产商可以根据信息反馈的情况，及时改变规划或营销策略，紧跟市场发展动态。

3) 网站的宣传与推广作用

建立网站就是想最大限度地对房地产项目和房产商本身进行宣传。若网站只是为小区的业主服务，那宣传的广度和深度远远不够，也失去了建网站的意义。因此除了小区业主外，还要大量地吸引社会上的其他消费者浏览、使用这一网站，以便形成更多的潜在客户。因此，在网站设计上，可以设置例如按揭计算器、税费计算器、购房指南等工具，加强网站本身的实用性，为浏览网站者提供一些较为实用的帮助，增强浏览者对网站本身的好感和依赖，以辅助房地产项目的宣传和推广。

13.6 章后实训

本章实训题要求打开练习文件(光盘：..\Example\Ch13\13.6.fla)，将背景音乐(光盘：..\Example\Ch13\bgmusic.wav)导入到练习文件，然后新增一个图层，并将声音添加到图层，最后设置声音循环播放，以为网站动画添加背景音乐，如图 13.108 所示。

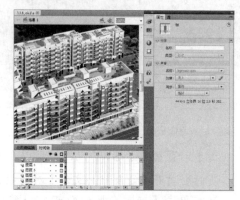

图 13.108　为动画添加背景音乐

本章实训题的操作流程如图 13.109 所示。

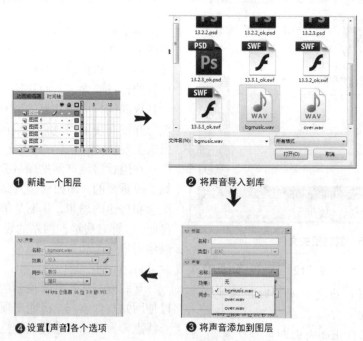

❶ 新建一个图层　　　　　❷ 将声音导入到库

❹ 设置【声音】各个选项　　❸ 将声音添加到图层

图 13.109　实训题操作流程

第 14 章

设计餐饮美食类网站

本章以一个名为"潮之阳"的餐饮集团网站为例，介绍餐饮美食类网站的设计。文中先使用 Photoshop CS5 设计网站首页图像模板，再使用 Dreamweaver CS5 制作网站导航条和网站登录区，接着在 IIS 服务器环境下制作网站的新闻公告模块。

本章学习要点

➢ 餐饮集团网站项目方案
➢ 设计网站首页图像模板
➢ 网页的编排与制作
➢ 制作新闻公告发布模块

14.1 餐饮集团网站项目方案

在设计网站前，先规划好网站项目方案，布置好页面布局和色彩方案等，以便后续的制作更加顺利。

14.1.1 页面布局规划

本例"潮之阳"餐饮店主要提供各类特色中式套餐。其官方网站使用了餐饮类网站常见的横向宽幅设计，页面内容宽度大于高度，如图 14.1 所示，主页面内容除了 Logo、导航条、广告宣传和公告栏外，其余大部分区域用于集中显示一组食品内容。

图 14.1 "潮之阳"餐饮网站主页布局

由于使用横向宽幅布局，因此页面采用通栏设计，并从上到下分割为导航区、主体内容和版权区三个部分，其中，导航区包括 Logo、会员登录和导航条；主体内容从左到右包括公告区、食品展示区和广告宣传区，如图 14.2 的分割示意图所示。

图 14.2 "潮之阳"主页面详细分割图

14.1.2 页面配色方案

红色是一种强烈的、能够吸引人们视线的色彩，常作为有攻击性的、严格的、代表权力的色彩使用。红色具有最强的彩度，能够提供强烈的刺激感，特别是该色系能够刺激人的食欲，因此许多餐厅常采用红色作为主色调。本例"潮之阳"餐饮网站设计将采用红色作为主色调，给人一种强烈的刺激性和味道感，从而使人们对美味食物产生强烈的期望。图 14.3 所示为本例页面配色方案。

图 14.3 "潮之阳"主页面配色方案

14.1.3 项目设计流程分析

本例的主页除了食品套餐的展示外，还有显示网站最新公告新闻的动态公告区，因此主页包括数据动态设计(下文会有详细介绍)。

在本例中，首先通过 Photoshop CS5 在已有的背景图像上设计网站主页图像素材，具体流程为：设计网站 Logo→设计食品展示区→设计新闻公告区→设计广告宣传区，如图 14.4 所示。

图 14.4 设计的网站主页图像

完成网站主页图像的设计后，使用 Dreamweaver CS5 编辑网站主页内容，具体流程为：制作网站导航条→编辑登录区，如图 14.5 所示。

图 14.5 　网页的编排与制作

本例网站设计提供了一个新闻公告区，这将涉及数据动态制作，因此需要使用 Dreamweaver CS5 制作一个新闻公告发布组件，该组件由 index.asp、board_Add.asp 和 board_Show.asp 3 个动态页面组成，如图 14.6 所示。

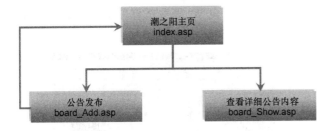

图 14.6 　新闻公告区动态设计结构图

设计网站的新闻公告区的具体流程为：创建网站→配置 IIS 服务器→创建数据库文件→设置动态数据源→显示公告项目→制作公告显示页面→制作公告发布页面。

14.2 　设计网站首页图像模板

本节介绍使用 Photoshop CS5 设计网站首页图像模板的方法。

14.2.1 　制作网站 Logo

Logo 是一个品牌重要的象征，餐饮集团的网站页面设计当然不可缺少 Logo 图案，本小节将在已有的网页背景图像左上方的显眼位置制作 Logo 图案，结果如图 14.7 所示。本例制作网站 Logo 的主要设计流程为加入灯笼素材→制作 Logo 文字。

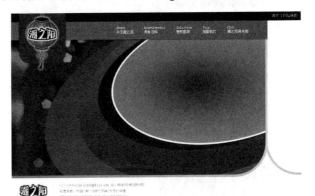

图 14.7 　网站 Logo 的设计结果

制作网站 Logo 的操作步骤如下。

Step 1 　打开练习文件(光盘：..\Example\Ch14\14.2.1.psd)和素材文件(光盘：..\Example\Ch14\14.2.1a.psd)，然后在 Photoshop CS5 标题栏上打开【排列文档】下拉菜单，选择【双联】命令，如图 14.8 所示，将打开的两个文件以水平双联的方式一起显示，如图 14.9 所示。

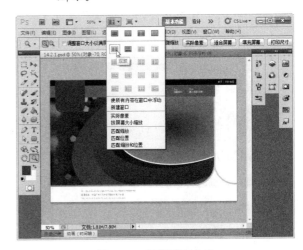

图 14.8 　双联排列文件

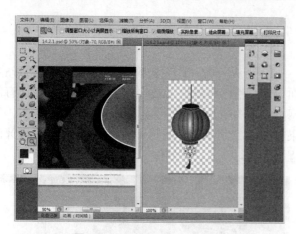

图 14.9 双联排列文件的结果

 2　拖动 14.2.1a.psd 素材文件中的灯笼图案至 14.2.1.psd 文件左上方，如图 14.10 所示。

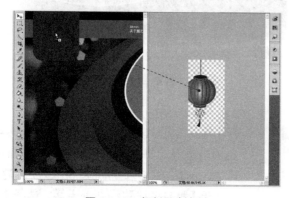

图 14.10 复制图案素材

Step 3　显示【图层】面板，选择新加入的灯笼图层【对象-8】，再单击【添加图层样式】按钮 fx.，打开菜单后选择【外发光】命令，如图 14.11 所示。

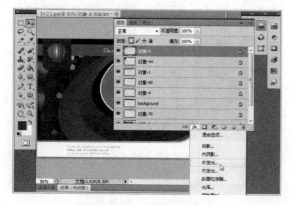

图 14.11 添加图层样式

 4　在打开的【图层样式】对话框中分别设置【不透明度】参数为 75%，颜色为【淡黄色】，【扩展】参数为 0，【大小】参数为 8 像素，【范围】参数为 50%，如图 14.12 所示，然后单击【确定】按钮。

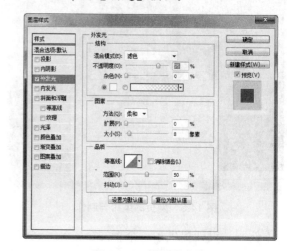

图 14.12 设置外发光

 5　在工具箱中选择【横排文字工具】，在属性栏中分别设置字体为【汉仪海韵体简】，字体大小为 12 点，消除锯齿的方式为【平滑】，颜色为白色，然后在灯笼图案上单击并输入 Logo 文字，如图 14.13 所示。

图 14.13 输入 Logo 文字

 6　接着在【横排文字工具】的属性栏中单击【创建文字变形】按钮，打开【变形文字】对话框，选择【样式】为【凸起】，再分别设置【弯曲】参数为 +25%，【水平扭曲】参数为 0%、【垂直扭曲】参数为 0%，然后单击【确定】按扭，如图 14.14 所示。

Step 7　在【图层】面板中新建的文本图层上单击右键，打开快捷菜单，选择【栅格化文字】命令，将文本图层变成一般图层，如图 14.15 所示。

图 14.14　设置变形文字　　图 14.15　选择【栅格化文字】命令

Step 8　依次选择【编辑】|【描边】命令，打开【描边】对话框，分别设置【宽度】参数为 3 px、【颜色】为黑色、位置为【居外】，如图 14.16 所示，然后单击【确定】按钮。

图 14.16　给 Logo 文字描边

Step 9　在工具箱中选择【椭圆工具】，在属性栏中设置颜色为【黑色】，然后在 Logo 文字中间拖动绘制一个椭圆形状，如图 14.17 所示。

Step 10　在【图层】面板中向下拖动椭圆形至 Logo 文字图层下方，如图 14.18 所示，使文字之间的镂空处也显示黑色。

图 14.17　绘制椭圆形

Step 11　按 Ctrl 键，选择 Logo 文字图层和形状图层，再单击右键打开快捷菜单，选择【合并图层】命令，如图 14.19 所示。

图 14.18　调整图层顺序　　图 14.19　选择【合并图层】命令

Step 12　选择合并后的图层，再依次选择【编辑】|【描边】命令，打开【描边】对话框，修改【颜色】为黄色，如图 14.20 所示，然后单击【确定】按钮。

图 14.20　再次为文字描边

Step 13 按Ctrl键，选择完成编辑的 Logo 文字图层和灯笼形状图层，再单击右键打开快捷菜单，选择【合并图层】命令，如图 14.21 所示。

Step 14 在【图层】面板中拖动合并后的 Logo 图层至【创建新图层】按钮上方，快速复制完成制作的 Logo 图案，如图 14.22 所示。

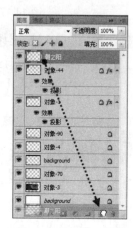

图 14.21　再次选择【合并图层】命令

图 14.22　复制 Logo 图案

Step 15 拖动复制的 Logo 图案至网页图像下方，如图 14.23 所示，将其作为网页页尾图案。

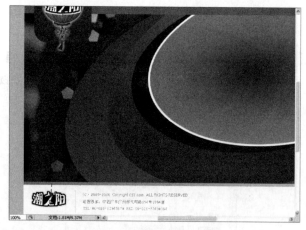

图 14.23　移动复制的 Logo 图案

Step 16 在【图层】面板中选择图像左上方 Logo 图案处的红色圆角矩形图层，单击【添加图层样式】按钮 _fx_，在打开的菜单中选择【投

影】命令，如图 14.24 所示。

图 14.24　添加图层样式

Step 17 在打开的【图层样式】对话框中分别设置【不透明度】参数为 75%，颜色为【黑色】，角度为-90 度，【距离】参数为 5 像素，【扩展】参数为 0，【大小】参数为 5 像素，如图 14.25 所示，然后单击【确定】按钮。

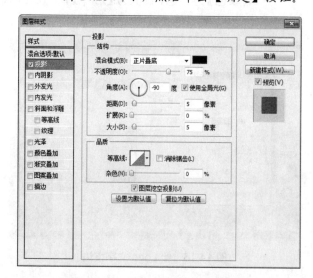

图 14.25　设置【投影】图层样式

Step 18 根据步骤 16 和步骤 17 的操作方法，接着为图像上方导航按钮的红色背景图形设置【投影】图层样式，其参数设置如图 14.26 所示。

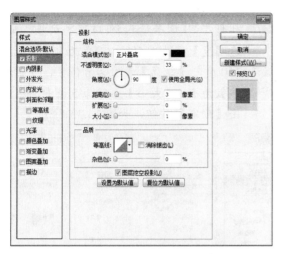

图 14.26　设置另一个图层样式

14.2.2　产品展示设计

食品的展示是餐饮美食网站主页中的主要内容，为了突出显示食品内容，可采用添加素材图像和编辑文本的方式来完美展现，结果如图 14.27 所示。其主要设计流程为加入食品素材图案→设置素材样式效果→编辑说明文字。

图 14.27　餐饮类食品展示的设计效果

食品展示设计的操作步骤如下。

Step 1　分别打开练习文件(光盘：..\Example\Ch14\14.2.2.psd)和素材文件(光盘：..\Example\Ch14\14.2.2a.psd)，然后在 Photoshop CS5 标题栏上打开【排列文档】下拉菜单，选择【双联】命令▥，将打开的两个文件以水平双联的方式一起显示。

Step 2　拖动 14.2.2a.psd 素材文件中食品素材图案

至 14.2.2.psd 文件的相应位置，如图 14.28 所示。

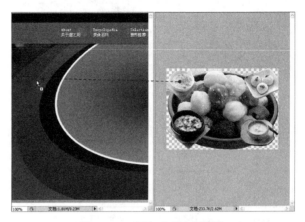

图 14.28　添加食品素材图案

Step 3　根据步骤 2 的操作方法，再分别将素材文件中其他食品图案和一个背景装饰图案添加到练习文件中的相应位置，结果如图 14.29 所示。

图 14.29　添加其他食品素材图案

Step 4　打开【图层】面板，在最大的食品素材图案图层上单击右键，打开快捷菜单，选择【复制图层】命令，打开【复制图层】对话框，直接单击【确定】按钮，如图 14.30 所示。

Step 5　复制并选择图层后，按快捷键 Ctrl+T 进入自由变换状态，拖动缩小食品图案，然后将其移至网页图像下方，如图 14.31 所示。

Step 6　在【图层】面板单击【添加图层样式】按钮 _fx_，选择【投影】命令，如图 14.32 所示，直接为当前所选图层设置投影。

图 14.30 复制图层

图 14.31 缩小图案

图 14.32 添加【投影】样式

Step 在打开的【图层样式】对话框中分别设置【不透明度】参数为 50%，颜色为黑色，角度为 150 度，【距离】参数为 6 像素，【扩展】参数为 5，【大小】参数为 5 像素，然后单击【确定】按钮，如图 14.33 所示。

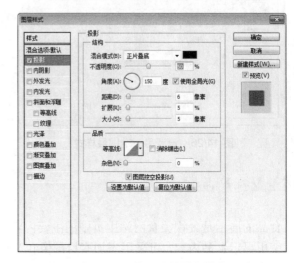

图 14.33 设置【投影】样式

Step 8 根据步骤 7 的方法，再为其他四个食品小图案设置相同的【投影】样式。

Step 9 选择图像中间大的食品图案，在【图层】面板单击【添加图层样式】按钮 **fx**，打开菜单后选择【外发光】命令。

Step 10 在打开的【图层样式】对话框中分别设置【不透明度】参数为 75%，【颜色】为白色，【扩展】参数为 0，【大小】参数为 5 像素；接着在对话框左侧【样式】列表框中选择【内发光】选项，分别设置【不透明度】参数为 75%，【颜色】为白色，【阻塞】参数为 0，【大小】参数为 5 像素，最后单击【确定】按钮，如图 14.34 所示。

Step 11 在【图层】面板中选择装饰图层【对象-018】，然后在面板上方设置【不透明度】参数为 10%，如图 14.35 所示，使该装饰图案呈现透明效果。

Step 在工具箱中选择【横排文字工具】，在属性栏中分别设置字体为 Arial、字体大小为 6

点、【颜色】为白色，然后在食品大图上方单击并输入英文文本，如图 14.36 所示。

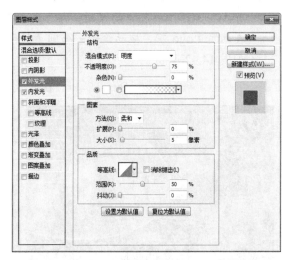

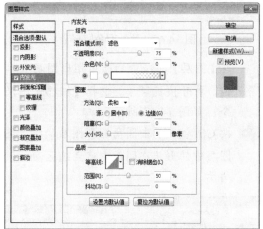

图 14.34　设置【外发光】和【内发光】样式

图 14.35　设置图层透明效果

图 14.36　输入英文文本

提　示

使用 Photoshop CS5 的文字工具在图像中输入一组文字之后，若想新建另一组文字，可在图层面板中单击已建的文字图层，接着便可以再单击图像另建新的文本内容。

Step 13　修改属性栏中的字体为【汉仪海韵体简】、字体大小为 10 点、然后在英文文本下方输入中文，如图 14.37 所示。

图 14.37　输入中文

Step 14　在工具箱中选择【直排文字工具】，在属性栏中修改字体大小为 14 点，然后在食品大图右侧单击并输入中文，接着在工具属性栏中修改字体大小为 8 点、颜色为黄色，输入另一组直排中文，如图 14.38 所示。

图 14.38　输入直排中文

Step 15 按 Ctrl 键，在【图层】面板中选择两个直排文字图层，再单击右键打开快捷菜单，选择【栅格化文字】命令，将文本图层变成一般图层，如图 14.39 所示。

Step 16 分别选择栅格化后的两组直排文本，再依次选择【编辑】|【描边】命令，打开【描边】对话框，设置【宽度】为 2 px、【颜色】为黑色，如图 14.40 所示，然后单击【确定】按钮。

图 14.39 选择【栅格化文字】命令

图 14.40 设置直排文字的描边效果

14.2.3 设计新闻公告区

在餐饮网站首页左侧有一个用于陈列新闻公告的区域，本小节介绍该公告区的外观设计，结果如图 14.41 所示。其主要设计流程为绘制标题栏→绘制主公告区→编辑标题文本。

图 14.41 新闻公告区设计效果

设计新闻公告区的操作步骤如下。

Step 1 打开练习文件(光盘: ..\Example\Ch14\14.2.3.psd)，选择工具箱中的【圆角矩形工具】，在网页 Logo 下方拖动绘制一个圆角矩形，如图 14.42 所示。

图 14.42 绘制圆角矩形

Step 2 在【图层】面板中的圆角矩形图层上单击右键，打开快捷菜单，选择【栅格化图层】命令，如图 14.43 所示。

Step 3 按 Ctrl 键，单击圆角矩形图层的缩览图，以图层中的形状在图像中建立选区，如图 14.44 所示。

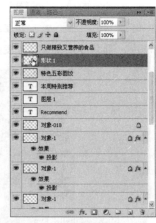

图 14.43 选择【栅格化图层】命令

图 14.44 单击缩览图以形状建立选区

Step 4 在工具箱中选择【渐变工具】，然后在属性栏中单击编辑渐变按钮，如图 14.45 所示。

Step 5 打开【渐变编辑器】对话框，选择渐变条左下角的色标标签，再单击【颜色】区，打开【选择色标颜色】对话框，设置 RGB 参数分别为 60，13，14，如图 14.46 所示，然后单击【确定】按钮。

Step 6 根据步骤 5 的操作，设置渐变条右下角色标标签的颜色为 RGB：121，77，77，如图 14.47 所示，最后在【渐变编辑器】对话框中单击【确定】按钮。

图 14.45   使用渐变工具

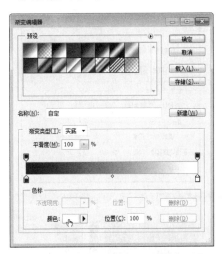

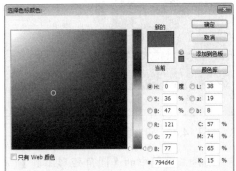

图 14.47   设置另一个色标颜色

Step 7 接着在图像选区中拖动填充渐变色彩，如图 14.48 所示。

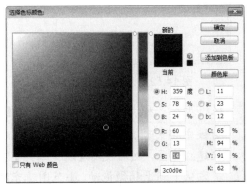

图 14.46   设置色标颜色

图 14.48   填充渐变色彩

Step 8 依次选择【编辑】|【描边】命令，打开【描边】对话框，分别设置【宽度】参数为 1 px、【颜色】为深红色(RGB：195，103，106)，然后单击【确定】按钮，如图 14.49 所示。

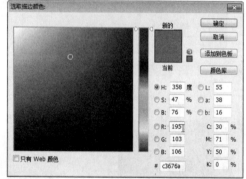

图 14.49 设置圆角矩形的描边效果

Step 9 选择工具箱中的【圆角矩形工具】□，在属性栏中设置颜色为桔红色，在已填充渐变色彩的圆角矩形左侧拖动绘制一个小圆角矩形，如图 14.50 所示。

图 14.50 绘制小圆角矩形

Step 10 接着在下方拖动绘制另一个与渐变圆角矩形宽度相同的大圆角矩形，如图 14.51 所示。

图 14.51 绘制大圆角矩形

Step 11 根据步骤 5~步骤 7 的操作方法，使用【渐变工具】，并通过【渐变编辑器】对话框编辑左右两个色标标签，其颜色分别为 RGB：69，13，14 和 102，3，5，最后单击【确定】按钮，如图 14.52 所示。

图 14.52 设置好渐变工具

Step 12 根据步骤 2 和步骤 3 的操作方法，在【图层】面板中将大圆角矩形图层栅格化并以其形状建立选区，然后使用【渐变工具】在选区下方从下到上稍微拖动，小范围填充渐变色彩效果，如图 14.53 所示。

图 14.53　填充渐变色彩

Step 13 在工具箱中选择【横排文字工具】，在属性栏中分别设置字体为【宋体】、字体大小为5点、消除锯齿的方法为【无】，颜色为白色，然后在上方小圆角矩形旁边输入中文标题，如图 14.54 所示。

图 14.54　输入公告区标题

Step 14 在【横排文字工具】T 的属性栏中修改字体大小为 4 点，然后在上方圆角矩形右下角输入英文文本 more...，如图 14.55 所示。

图 14.55　输入英文文本

14.2.4　设计广告宣传区

本例餐饮美食网站右侧为广告宣传区，主要用于宣传本品牌最近的优惠食品，下面介绍该广告宣传区的设计方法，其主要设计流程为制作宣传图案→编辑宣传文本，结果如图 14.56 所示。

图 14.56　广告宣传区设计效果

设计广告宣传区的操作步骤如下。

Step 1 分别打开练习文件(光盘: ..\Example\Ch14\14.2.4.psd)和素材文件(光盘: ..\Example\Ch14\14.2.4a.psd)，然后在 Photoshop CS5 标题栏上打开【排列文档】的下拉菜单，选择【双联】选项，将打开的两个文件以水平双联的方式一起显示。

Step 2 拖动 14.2.4a.psd 文件中的素材图片至 14.2.4.psd 文件的最右侧位置，如图 14.57 所示。

图 14.57　加入素材图片

Step 3 在【图层】面板中向下拖动新加入的素材图片图层至 background 图层上方,如图 14.58 所示。

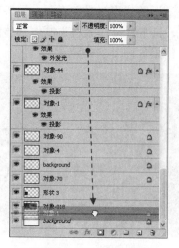

图 14.58　调整图层顺序

Step 4 选择工具箱中的【钢笔工具】,在新加入的素材图片下方先分别单击确定三个节点,接着单击第一节点并按住鼠标不放向下拖动,使第三边产生弧线效果,如图 14.59 所示。

图 14.59　绘制形状

Step 5 按快捷键 Ctrl+Enter,将绘制的形状转成选区,并在【图层】面板中选择食品展示区的背景图层(对象-018),如图 14.60 所示。

图 14.60　选择背景图层(对象-018)

Step 6 在工具箱中选择【矩形选框工具】,拖动选区至食品大图上方,再按快捷键 Ctrl+C,复制食品展示区背景图在该选区中的内容,如图 14.61 所示。

Step 7 按快捷键 Ctrl+V,粘贴前一步骤所复制的图像内容,然后拖动该图像至宣传图片下方位置,如图 14.61 所示。

Step 8 选择工具箱中的【横排文字工具】,在属性栏中分别设置字体为【经典综艺体简】、字体大小为 8 点、颜色为白色,再单击【右对齐文本】按钮,然后在宣传图片下方分两行输入文本,如图 14.62 所示。

图 14.61　复制并粘贴图像内容

图 14.61 复制并粘贴图像内容(续)

图 14.62 输入横排宣传文字

 选择工具箱中的【直排文字工具】，在属性栏中设置字体为【黑体】、字体大小为 8 点，然后在宣传图片上分两组输入直排宣传文字，如图 14.63 所示。

图 14.63 输入直排宣传文字

14.3 网页的编排与制作

设计好网站主页图像模板后，下面介绍使用 Dreamweaver CS5 来编排与制作网页。

14.3.1 制作网站导航条

Dreamweaver CS5 提供了制作鼠标经过图像功能，可快速指定一组图片，制作当鼠标经过或按下时产生动态变化的互动效果。本例将为餐饮集团网站首页制作导航条，结果如图 14.64 所示。

图 14.64 网站导航条效果

制作网站导航条的操作步骤如下。

 打开练习文件(光盘: ..\Example\Ch14\14.3.1.html)，光标定位在网页上方空白单元格内，在【插入】面板中打开【图像】下拉菜单，选择【鼠标经过图像】命令，如图 14.65 所示。

图 14.65 选择【鼠标经过图像】命令

Step 2 打开【插入鼠标经过图像】对话框，首先在【图像名称】文本框中设置名称为 b1，然后单击【原始图像】文本框后面的【浏览】按钮，打开【原始图像】对话框后，指定【查找范围】为 images，接着双击 Restaurants_4.png 图像素材，如图 14.66 所示。

图 14.66 指定原始图像

Step 3 依照步骤 2 的方法再指定【鼠标经过图像】为 Restaurants_4b.png，并在【按下时，前往的 URL】文本框中输入#符号，暂时设置为

空链接，如图 14.67 所示。

图 14.67 指定鼠标经过图像并设置链接

Step 4 使用相同的方法，再次插入鼠标经过图像，并设置【图像名称】为 b2，接着分别设置【原始图像】和【鼠标经过图像】为 Restaurants_5.png 和 Restaurants_5b.png，并设置相同的空链接，如图 14.68 所示。

图 14.68 再次设置鼠标经过图像

Step 5 依照步骤 4 的方法，并参照下列表格内容，再分别添加 b3、b4 和 b5 三个鼠标经过图像，完成导航条的制作，如图 14.69 所示。

图 14.69 插入其他鼠标经过图像的结果

14.3.2　制作网站登录区

本例餐饮集团网站主页右上方提供了会员登录区，方便网站论坛会员快速登录到会员专区，下面介绍该登录区的制作方法，结果如图 14.70 所示。

图 14.70　网站登录区制作效果

制作网站登录区的操作步骤如下。

Step 1　打开练习文件(光盘：..\Example\Ch14\14.3.2.html)，光标定位在网页上方黑色背景中"用户名："文本后面，然后在【插入】面板中切换到【表单】分类，单击【文本字段】按钮，弹出对话框后直接单击【取消】按钮，如图 14.71 所示。

图 14.71　插入【文本字段】元件

提　示

在插入表单元件之前，若未建立表单区，将弹出提示框，询问是否同时添加表单标签，若需要添加可单击【是】按钮，若不需要可单击【否】按钮，如图 14.72 所示。

图 14.72　提示是否插入表单标签

Step 2　选择新插入的【文本字段】元件，在【属性】面板中设置其名称为 name，并设置【字符宽度】参数为 14，如图 14.73 所示。

图 14.73　设置【文本字段】的属性

Step 3　根据步骤 1 和步骤 2 的方法，在"密码："文本后面插入另一个文本字段元件，并通过【属性】面板设置其名称为 pw，再设置【字符宽度】参数为 14，并选择类型为【密码】，如图 14.74 所示。

Step 4　在【插入】面板中单击【按钮】按钮。如图 14.75 所示，在第二个【文本字段】元件后面插入【按钮】元件。

Step 5　选择新插入的按钮元件，在【属性】面板中设置【值】为【登录】，如图 14.76 所示，改变按钮文字。

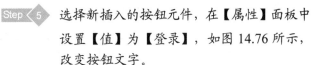

图 14.74　插入并设置另一个【文本字段】元件

图 14.75　插入【按钮】元件

图 14.76　设置【按钮】元件属性

Step 6　根据步骤 4 和步骤 5 的操作方法，在【登录】
按钮后面再插入一个【注册】按钮元件。

Step 7　按快捷键 Shift+F11 打开【CSS 样式】面板，
接着单击面板上的【新建 CSS 规则】按钮，
如图 14.77 所示。

Step 8　打开【新建 CSS 规则】对话框，在【选择
器类型】下拉列表框选择【标签(重新定义
HTML 元素)】选项，在【选择器名称】下

拉列表框中输入 input，然后单击【确定】
按钮，如图 14.78 所示。

图 14.77　新建 CSS 样式

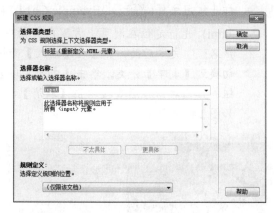

图 14.78　设置 CSS 规则

Step 9　打开 CSS 规则定义对话框，在默认的【类型】
分类中设置 Font-size 为 12 px，再设置 Color
为灰色(#666)，如图 14.79 所示。

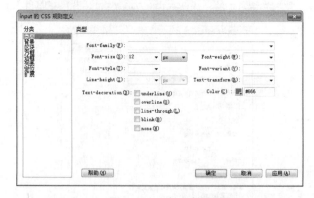

图 14.79　定义类型

Step 10　选择【背景】分类，设置 Background-color

为浅灰色(#CCC)，如图 14.80 所示。

图 14.80　定义背景

 选择【边框】分类，设置 Style 都为 solid(实线)，Width 都为 1 px，Color 都为白色(#FFF)，然后单击【确定】按钮，如图 14.81 所示。应用 CSS 样式的结果如图 14.82 所示。

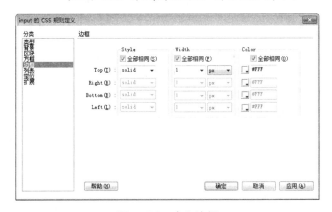

图 14.81　定义边框

图 14.82　表单元件应用 CSS 样式的效果

14.4　制作新闻公告发布模块

本节介绍网站新闻公告发布的功能模块，该功能涉及动态网页与数据库之间的数据连接，因此需要在 IIS 服务器环境下制作。

14.4.1　创建餐饮集团网站

本例餐饮集团的网站设计涉及动态数据处理，因此在创建网站时需要设置测试服务器，以便后续为网页进行动态处理时能够随时测试预览动态效果。创建网站的结果如图 14.83 所示。

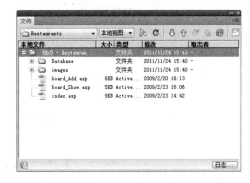

图 14.83　创建餐饮集团网站的结果

创建餐饮集团网站的操作步骤如下。

 复制光盘中 "…\Example\Ch14\" 内的 Restaurants 文件夹至电脑的 C 盘位置。

Step 2 启动 Dreamweaver CS5 后，在菜单栏上依次选择【站点】|【新建站点】命令，如图 14.84 所示，打开【站点设置对象】对话框。

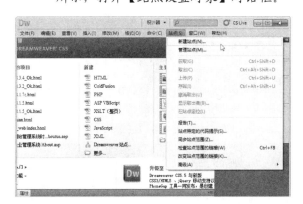

图 14.84　选择新建站点

Step 3 在【站点设置对象】对话框中选择左边列表框中的【站点】项目，填写【站点名称】，并指定【本地站点文件夹】，如图 14.85 所示。

图 14.85 设置本地信息

Step 4 在左侧列表框中选择【服务器】项目，单击【添加新服务器】按钮 ，在打开的界面中先输入服务器名称，再分别设置【连接方法】、【服务器文件夹】和 Web URL 等信息，设置完成后，单击【保存】按钮，保存站点设置信息，如图 14.86 所示。

图 14.86 设置测试服务器

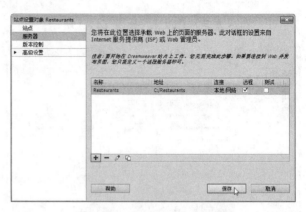

图 14.86 设置测试服务器(续)

14.4.2 配置 IIS 网站服务器

本小节将在电脑已安装 IIS 组件的基础上，根据网站的定义方法配置 IIS 网站服务器。

配置 IIS 网站服务器的操作步骤如下。

Step 1 在桌面任务栏中单击【开始】按钮，选择【控制面板】命令，打开【控制面板】窗口。

Step 2 在【控制面板】窗口右上方选择【查看方式】为【大图标】，接着双击【管理工具】图标，如图 14.87 所示。

图 14.87 选择【管理工具】图标

Step 3 在【管理工具】窗口中双击【Internet 信息服务(IIS)管理器】选项，如图 14.88 所示，打开 IIS 管理器。

Step 4 在窗口左侧链接区中选择 Default Web Site 项目，在右边的操作区中单击【基本设置】项目，如图 14.89 所示。

图 14.88　选择【Internet 信息服务(IIS)管理器】选项

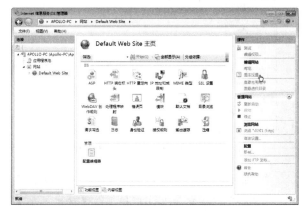

图 14.89　单击【基本设置】项目

 打开【编辑网站】对话框，在【物理路径】文本框中设置网站文件所在的位置(即 14.4.1 小节中步骤 1 设定的文件夹位置)，然后单击【确定】按钮，如图 14.90 所示。

图 14.90　设置物理路径

 在 IIS 管理器窗口下面单击【内容视图】按

钮，便可看到所指定网站的文件内容，如图 14.91 所示。

图 14.91　查看网站内容

14.4.3　创建数据库

由 Microsoft Access 创建的数据库是一种关系式数据库，它由一系列的数据表组成，表与表之间可建立关联。数据表是数据库中用于保存数据信息的主体，每个数据表由一系列行和列组成，其中每一行表示一笔记录，每一列则为一个字段，每个字段都有唯一的名称。

本例餐饮集团网站的新闻公告区的动态处理所使用的数据库文件名称为 board.mdb，其中包含一个 board 数据表。该数据表由以 "board_" 为前缀的多个字段组成，这些字段分别为公告项目编号、公告标题、公告时间和详细的公告内容，每一笔记录代表一项公告，结果如图 14.92 所示。

图 14.92　Access 数据库的创建结果

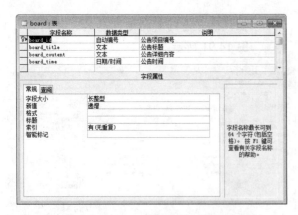

图 14.92　Access 数据库的创建结果(续)

创建数据库的操作步骤如下。

Step 1 单击桌面上的【开始】按钮，依次选择【所有程序】|Microsoft Office|Microsoft Office Access 2003 命令，打开 Access 2003 程序。

Step 2 在 Access 2003 窗口的常用工具栏中单击【新建空白文档】按钮，显示【新建文件】任务窗格，在该窗格中单击【空数据库】链接文字，如图 14.93 所示。

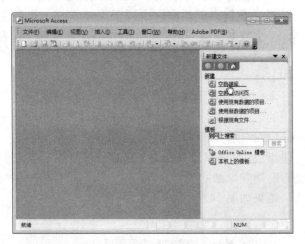

图 14.93　单击【空数据库】链接

Step 3 打开【文件新建数据库】对话框后，在【保存位置】下拉列表框中指定路径 C:\Restaurants\Database，在【文件名】下拉列表框中输入名称 board.mdb，然后单击【创建】按钮。接着在打开的窗口中选择【表】对象，然后双击【使用设计器创建表】项目为数据库创建表，如图 14.94 所示。

图 14.94　保存数据库并创建数据表

Step 4 显示表编辑窗口，先在【字段名称】栏中输入第一个字段 board_id，在【数据类型】下拉列表中设置该字段类型为【自动编号】，如图 14.95 所示，并输入字段说明内容。

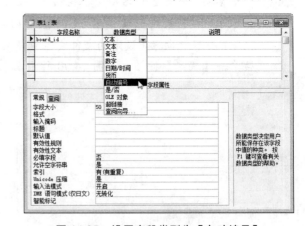

图 14.95　设置字段类型为【自动编号】

Step 5 根据步骤 4 的方法，同时根据下面表格中的资料，在表中输入其他字段并设置相应的数据类型和说明内容，结果如图 14.96 所示。

字段名称	数据类型	字段说明
board_title	文本	公告标题
board_coutent	文本	公告详细内容
board_time	日期/时间	公告时间

定】按钮，完成创建 Access 数据库的操作。

图 14.96　编辑其他字段

Step 6　在第一个字段上单击右键打开快捷菜单，选择【主键】命令，指定 board_id 字段为主键，如图 14.97 所示。

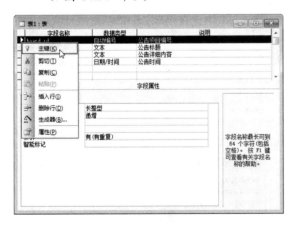

图 14.97　指定主键

Step 7　在窗口标题栏右侧单击【关闭】按钮 ，弹出提示框，询问是否保存表，单击【是】按钮，打开【另存为】对话框，输入表名称为 board，如图 14.98 所示，然后单击【确

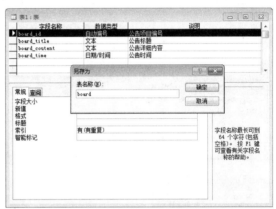

图 14.98　关闭保存数据表

注　意

建议使用非中文的命名方式来编辑数据表字段，以确保数据库的正常访问，同时也便于对数据库信息的管理。此外，为字段项目加入说明信息有助于识别字段的用途，特别是共用相同数据库文件时，也便于其他人由字段的说明信息了解字段记录的使用目的。

14.4.4　动态网站数据源设置

由 Access 2003 所创建的数据库文件在被设置为 ODBC 数据源之前只是一个孤立的数据文件，而只有将其设置为 ODBC 数据源后，才可由 Dreamweaver CS5 连接并绑定，从而应用到动态网页中。下面介绍设置本例动态网站数据源的操作方法，其主要操作流程为设置 ODBC 数据源→连接数据库。

动态网站数据源设置的操作步骤如下。

Step 1　打开【控制面板】窗口，选择【管理工具】图标，在打开的【管理工具】窗口中双击【数据源(ODBC)】图标，如图 14.99 所示。

图 14.99　选择数据源选项

Step 2　打开【ODBC 数据源管理器】对话框，切换到【系统 DSN】选项卡，单击【添加】按钮。打开【创建新数据源】对话框后，在列表中选择 Microsoft Access Driver(*.mdb)选项，单击【完成】按钮，如图 14.100 所示。

Step 3　显示 ODBC Microsoft Access 安装对话框，在【数据源名】文本框中输入 board，再单击【选择】按钮，打开【选择数据库】对话框，在【驱动器】下拉列表框中指定 C 盘，再指定目录为\Restaurants\Database，在左侧选择数据库名 board.mdb，然后依次单击【确定】按钮，如图 14.101 所示，完成设置 ODBC 数据源的操作。

图 14.100　创建新数据源

图 14.101　选择数据库

图 14.103　连接数据库(续)

14.4.5　在首页显示公告项目

在设置 ODBC 数据源之前，要确保所指定的数据库文件未被打开或使用，否则将出现误认所指定的数据库文件路径非法的提示。

Step 4　通过【文件】面板打开 14.4.1 小节所创建网站中的 index.asp 练习文件，再依次选择【窗口】|【数据库】命令，或按快捷键 Ctrl+Shift+F10 打开【数据库】面板，在【数据库】面板中单击图示按钮，打开下拉菜单并选择【数据源名称(DSN)】命令，如图 14.102 所示。

图 14.102　在【数据库】面板中选择相应命令

Step 5　打开【数据源名称(DSN)】对话框后，设置【连接名称】和【数据源名称(DSN)】都为 board，然后单击【测试】按钮，这时弹出一个显示成功连接的提示框，如图 14.103 所示，依次单击【确定】按钮，完成数据连接。

图 14.103　连接数据库

本例餐饮集团网站首页的左边有一个新闻公告区，显示与网站相关的一组最新公告项目，网友可通过单击这些公告项目的链接进一步打开显示详细公告内容的网页。下将通过动态网页的设计方法制作网页公告区的详细内容，结果如图 14.104 所示。主要操作流程为插入数据字段→添加【转到详细页面】行为→添加【重复区域】行为。

图 14.104　在首页显示公告项目的结果

说　明

本例的操作将接续前面建立动态网站、配置 IIS 服务器、创建数据库、设置动态网站数据源等一系列准备工作而进行，也就是说，步骤 1 所打开的 index.asp 文件为 14.4.1 节创建餐饮集团网站时指定的 C:\Restaurants 根目录下的文件。后续公告显示和公告页面的制作也是选取该文件夹的 index.asp 文件进行操作的。

在首页显示公告项目的操作步骤如下。

Step 1　按 F8 功能键打开【文件】面板，双击打开

index.asp 文件。

Step 2 按快捷键 Ctrl+F10 打开【绑定】面板，再单击 ➕ 按钮，在打开的下拉菜单中选择【记录集(查询)】命令，如图 14.105 所示。

图 14.105　选择【记录集(查询)】命令

Step 3 打开【记录集】对话框，设置【名称】、【连接】和【表格】都为 board，然后在【排序】下拉列表框中选择 board_id 选项，并设置其排序为【降序】，然后单击【确定】按钮，如图 14.106 所示。

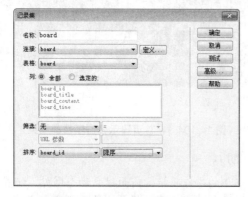

图 14.106　设置记录集绑定

说　明

在步骤 3 设置记录集绑定的操作中，选择 board_id 字段的排序方式为【降序】，那么，网页中所显示的公告项目将根据数据库中该字段（数据类型为"自动编号"）进行从大到小的排列。

Step 4 在【绑定】面板中打开记录集，拖动 board_

title 字段到左边表格中，如图 14.107 所示。

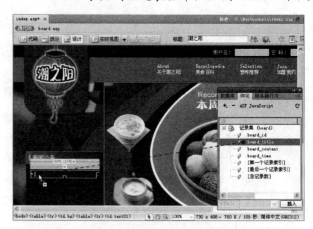

图 14.107　在网页中添加字段

Step 5 选择表格中的 board.board_title 字段，切换至【服务器行为】面板，单击 ➕ 按钮，在打开的下拉菜单中选择【转到详细页面】命令，如图 14.108 所示。

图 14.108　选择【转到详细页面】命令

Step 6 打开【转到详细页面】对话框，单击【详细信息页】文本框左侧的【浏览】按钮，打开【选择文件】对话框，指定【查找范围】为 Restaurants 文件夹，再选择 board_Show 文件，如图 14.109 所示，然后单击【确定】按钮。

Step 7 返回【转到详细页面】对话框，设置【记录集】为 board，再选择【列】为 board_id，然后单击【确定】按钮。如图 14.109 所示。

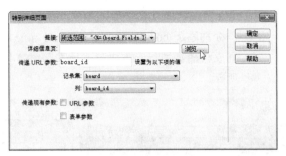

图 14.109　指定详细页面并设置记录集和列

Step 8　在新闻公告区中选择整个表格，在【服务器行为】面板中单击 按钮，在打开的下拉菜单中选择【重复区域】命令，如图 14.110 所示。

Step 9　打开【重复区域】对话框，设置【记录集】为 board，然后设置显示 6 条记录，最后单击【确定】按钮，如图 14.110 所示。

图 14.110　添加【重复区域】行为

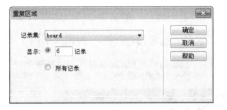

图 14.110　添加【重复区域】行为(续)

14.4.6　制作公告显示和发布页面

本例接着制作显示详细公告内容的页面和发布最新公告的方法，结果分别如图 14.111 和图 14.112 所示。主要的操作流程为添加【插入记录】行为→指定数据库和转入网页。

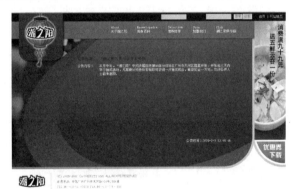

图 14.111　显示详细公告

图 14.112　发布公告

制作公告显示和发布页面的操作步骤如下。

Step 1　按 F8 功能键打开【文件】面板，然后双击打开 board_Show.asp 文件。

Step 2　按快捷键 Ctrl+F10 打开【绑定】面板，再单

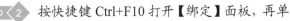

击 ➕ 按钮，在打开的下拉菜单中选择【记录集(查询)】命令，如图 14.113 所示。

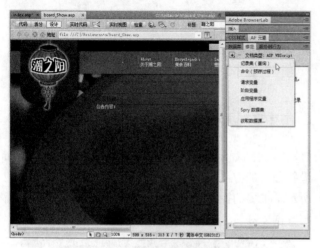

图 14.113　选择【记录集(查询)】命令

Step 3　打开【记录集】对话框，设置【名称】、【连接】和【表格】都为 board，然后在【筛选】下拉列表框中设置 board_id、=、【URL 参数】和 board_id，然后单击【确定】按钮，如图 14.114 所示。

图 14.114　设置记录集绑定

说　明

在网站首页中，当浏览者单击某一项公告链接后，将取得该项公告的 board_id 值，并传回服务器，从而调用并显示详细的公告页面，因此，在步骤 3 的记录集绑定操作中，设置【筛选】为 "board_id=URL 参数: board_id"，表示网页中将显示与前一页网页传回的 board_id 字段值相关的详细公告内容。

Step 4　在【绑定】面板中打开记录集，拖动 board_title 字段到网页表格第一行中，并以相同的操作分别添加 board_coutent 和 board_time 字段到表格的第二行和第三行，结果如图 14.115 所示。

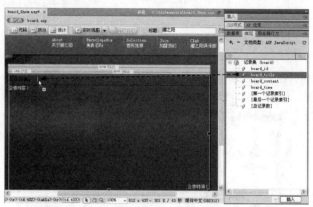

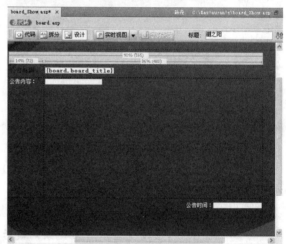

图 14.115　在网页中添加字段

Step 5　按 F8 功能键打开【文件】面板，然后双击打开 board_Add.asp 文件。

Step 6　按快捷键 Ctrl+F9 打开【服务器行为】面板，单击面板上的 ➕ 按钮，在打开的下拉菜单中选择【插入记录】命令，如图 14.116 所示。

Step 7　打开【插入记录】对话框，设置【连接】和【插入到表格】都为 board 选项，再单击【插入后，转到】文本框后面的【浏览】按钮，如图 14.117 所示。

Step 8 打开【选择文件】对话框，指定【查找范围】为 Restaurants 文件夹，然后指定 index.asp 文件，如图 14.118 所示，最后单击【确定】按钮。

图 14.116　添加"插入记录"服务器行为

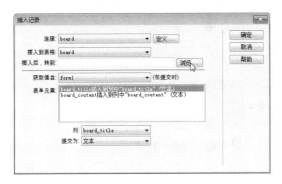

图 14.117　设置插入记录

图 14.118　指定转入网页

14.5　章后总结

餐饮业的网站设计除了考虑对自身品牌的宣传，就是集中在饮食产品的推广与介绍，本例"潮之阳"餐饮集团网站设计主要以通栏进行设计，并以强烈的色彩背景为广大顾客推介一系列食品，并宣传相关的优惠活动。

下面针对整个设计过程所使用的功能及操作要点作以下几点总结。

1）网页版面布局

由于餐饮类网站需要呈现的内容较为单一，各类餐饮产品便是网站的主角，同时融合网站的品牌 Logo、导航条、宣传广告、公告区等常见元素，因此可以选择结构相对简单的通栏布局。当然，若网站同时涉及其他更多内容，也可以根据需要设计结构更加丰富的网页版面。

2）页面色彩应用

色彩对网页设计很重要，特别是在一些特别的行业网站设计中，色彩的应用非常关键，例如一些银行或保险类的网站设计通常使用能够给人安全感的蓝色作为主色调。本例餐饮网站设计，使用能增强食欲的红色为主色调，这也是大多数餐饮业网站所偏好的主色调。当然，根据具体的情况，设计者也可以应用其他颜色，例如给人健康印象的绿色或温和的桔红色等。

3）图像素材装饰

餐饮业的网站设计总少不了一些餐饮食品的介绍，所以一般都会使用文本配图片的方式来展现食品的外观或资料，本例则通过一组食品图片来展示"潮之阳"最新推荐的套餐食品。为了更完美地展现食品外观，本例主要通过设置图层样式来美化图片效果。Photoshop CS5 提供了投影、内阴影、外发光、内发光、斜面和浮雕、光泽、颜色叠加、渐变叠加、图案叠加和描边等十种图层样式设置，既可单独为图片素材设置一种图层样式，也可以一次设置多种图层样式，使图片素材具有丰富的特殊效果，而善用这些图层样式可使网页的图案效果更加精美。

14.6 章后实训

本章实训题要求先打开练习文件(光盘：..\Example\
Ch14\14.6.html)，然后在页面右下角的【优惠券下载】
图片上创建一个矩形热点，再设置优惠券下载文件的
链接，最后通过 IE 浏览器测试文件下载的结果，如
图 14.119 所示。

图 14.119　下载文件的结果

本章实训题的操作流程如图 14.120 所示。

❶ 选择图片，再选择
　【矩形热点工具】

❷ 在图片上绘制矩形热点区

❹ 通过浏览器预览网页

❸ 设置热点区的链接和目标

图 14.120　实训题的操作流程

第 15 章

设计社区论坛类网站

本章以一个名为 "INZECT 技术社区" 的网站为例，介绍社区论坛类网站的设计。文中先使用 Photoshop CS5 设计网站模板和素材，再使用 Dreamweaver CS5 编排与制作网页，最后在 IIS 服务器环境下制作网站的会员系统功能模块。

本章学习要点

➢　社区网站项目方案

➢　设计网站模板和素材

➢　网页的编排与制作

➢　制作会员系统功能模块

15.1 社区网站项目方案

本章以"INZECT 技术社区"网站为例，介绍规划社区网站的项目方案。

15.1.1 页面布局规划

本例"INZECT 技术社区"网站为网友提供一个计算机技术交流空间。网站页面使用常见的左右分栏设计。左右双栏是网页设计中最简单的一种版面分割形式，本例的网页设计以左窄右宽的形式分割页面，论坛的主体内容都集中在右栏版头下方，如图 15.1 所示。

图 15.1 "INZECT 技术社区"网站主页左右分栏版式

在网页的内容分布处理中，左侧较窄一栏从上到下分别为网站 Logo、会员登录区和分类导航条，右侧为网页主要内容区，上方的网页版头包括网站导航条和横幅，下方为网站论坛的主要内容，显示各种分类帖子以及会员注册表单，包括本章介绍的论坛会员注册，具体布局如图 15.2 所示。

15.1.2 页面配色方案

本例"INZECT 技术社区"网站的页面设计采用淡雅风格的色彩处理，网页背景以纯白色为主，网页左栏则应用浅灰至白的渐变色彩。而其他内容，例如

会员登录区、网站导航条、Logo 和横幅则应用红与黑色调，与网页的淡雅主色形成强烈对比，使整个页面的效果给人一种深刻印象。图 15.3 所示为本例页面配色方案。

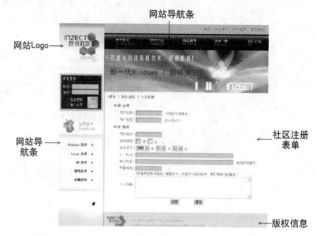

图 15.2 "INZECT 技术社区"网站主页内容布局

图 15.3 "INZECT 技术社区"网站主页配色方案

15.1.3 项目设计流程分析

本例为一个计算机技术交流论坛，提供注册功能，以便网友在不同主题区中交流计算机应用技术。整个实例设计包括网页版面的图像处理、网页内容设计，以及用于会员注册的动态功能制作。

首先通过 Photoshop CS5 在已有的背景图像上设计网站主页的版面图像，具体流程为：设计网页版头→设计网页侧栏→编辑网站 Logo 与图标，如图 15.4 所示。

图 15.4　设计网站主页图像

完成网站主页图像设计后，使用 Dreamweaver CS5 编辑网站主页内容，具体流程为：制作网站导航条→制作会员申请表单，如图 15.5 所示。

图 15.5　网页编排与制作

本例"INZECT 技术社区"网站提供已注册的网友在社区中交流各类计算机技术，也就是说，网友需要先在社区中注册为会员，然后才可以在社区中发布、回复论坛帖子。因此，本例专门制作一个用于会员注册的表单，并且接受网友的注册申请。通过 Dreamweaver CS5 提供的一系列动态功能便可制作会员申请系统，该系统由 Member.asp、Member_Zone.asp、

Member_Fail.asp、Member_Add.asp、Member_Dname. asp、Member_Revamp.asp、Member_Del.asp、Member_ Success.asp 和 Member_Delfunction.asp 等 9 个动态页面组成，如图 15.6 所示。

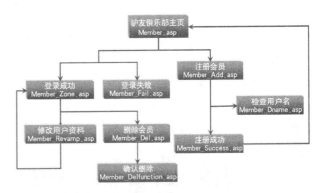

图 15.6　会员申请系统动态设计结构图

设计网站会员申请系统的具体流程为：创建网站→配置 IIS 服务器→动态数据设置→制作加入会员页面→制作会员登录功能→设计会员资料修改页面→设计会员资料删除页面，如图 15.7 所示。

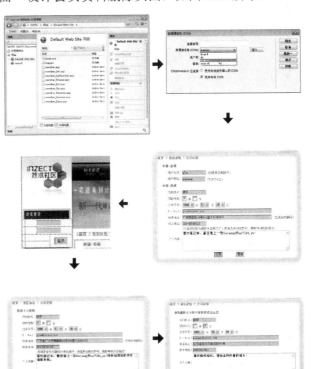

图 15.7　制作会员申请系统

15.2 设计网站模板和素材

本节介绍使用 Photoshop CS5 设计网站图像模板和所需要的素材。

15.2.1 设计网页的版头

本小节在简单的背景图像上制作网页版头，网页版头包括网站导航条和横幅图像，以及其他一些文本编辑，设计结果如图 15.8 所示。

图 15.8 网页版头设计效果

制作网页版头的操作步骤如下。

Step 1 打开练习文件(光盘: ..\Example\Ch15\15.2.1.psd)，在工具箱中选择【矩形工具】，在属性栏中设置颜色为黑色，然后在练习文件右上方根据灰色矩形拖动绘制一个矩形，接着在属性栏中修改颜色为白色，在黑色矩形上拖动绘制一个白色矩形，如图 15.9 所示。

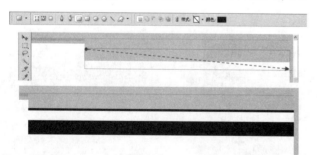

图 15.9 绘制矩形

Step 2 打开【图层】面板，在新绘制的白色矩形图层上右击打开下拉菜单，选择【栅格化图层】命令，然后在面板下方单击【添加图层蒙版】按钮 ，为图层建立一个蒙版，如图 15.10所示。

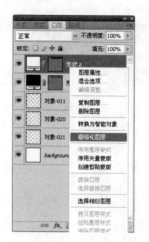

图 15.10 选择【栅格化图层】命令并添加蒙版

Step 3 在添加了蒙版的图层上单击蒙版缩览图，然后在工具箱中选择【渐变工具】设置黑色到透明的渐变颜色，在新绘制的白矩形上从上到下拖动，如图 15.11 所示，使矩形产生淡出效果。

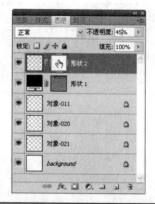

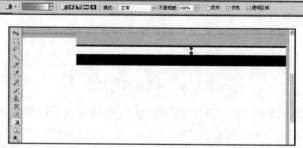

图 15.11 制作图像淡出效果

Step 4 在【图层】面板中选择设置了淡出效果的图层，然后在上方的【不透明度】文本框中输入参数45%，如图 15.12 所示。

Step 5　在工具箱中选择【画笔工具】，再打开【画笔】面板，在【画笔预设】选项中选择【画笔笔尖形状】项，设置直径为 1 px，再选择【间距】复选框并输入参数为 400%，如图 15.13 所示。

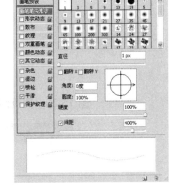

图 15.12　设置不透明度　　图 15.13　设置画笔属性

Step 6　在工具箱中单击前景色色块，打开【拾色器】对话框，设置 RGB 参数分别为 162、161、161，然后单击【确定】按钮，如图 15.14 所示。

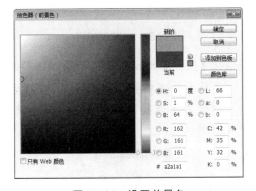

图 15.14　设置前景色

Step 7　参照步骤 2 的操作，栅格化【图层】面板中的黑色矩形图层(形状 1)，接着使用【画笔工具】并配合 Shift 键，在矩形上拖动绘制四条竖直虚线，如图 15.15 所示。

Step 8　打开光盘的 ..\Example\Ch15\15.2.psd 素材文件，然后在 Photoshop CS5 标题栏上打开【排列文档】下拉菜单，选择【双联】命令，将打开的两个文件以水平双联的方式一起显示。

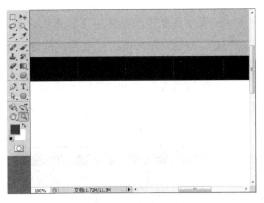

图 15.15　绘制竖直虚线

Step 9　拖动 15.2.psd 素材文件中的大图素材至 15.2.1.psd 文件的黑色矩形下方，如图 15.16 所示。

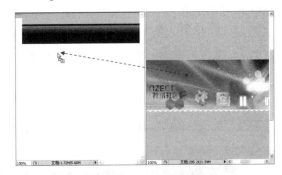

图 15.16　添加横幅素材

Step 10　在工具箱中选择【横排文字工具】，在属性栏中设置字体都为宋体、字体大小分别为 11 点和 13 点、颜色为白色和灰色，消除锯齿的方法都为无，然后在黑色矩形上方分别输入中文与英文内容，完成导航按钮的制作，如图 15.17 所示。

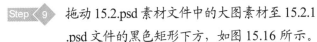

图 15.17　输入按钮文本

Step 11　在属性栏中修改字体为【方正姚体】、字体大小为 22 点、颜色为白色，消除锯齿的方法都为【锐利】，然后在横幅图案上输入第一组横幅文字，如图 15.18 所示。

图 15.18　输入第一组横幅文字

Step 12　在属性栏中分别修改字体为【黑体】、字体大小 28 点、颜色为墨绿色，然后在横幅图案上输入第二组横幅文字，如图 15.19 所示。

图 15.19　输入第二组横幅文字

15.2.2　设计网页的侧栏

本例 "INZECT 技术社区" 网站页面的侧栏包含了网站 Logo、会员登录区和分类导航条三个重要内容。本小节介绍设计侧栏中会员登录区和分类导航条的方法，其结果如图 15.20 所示。

制作网页侧栏的操作步骤如下。

Step 1　打开练习文件(光盘：..\Example\Ch15\15.2.2.psd)，在工具箱中选择【矩形工具】，然后在练习文件左侧拖动绘制一个与网页同等高度的矩形，如图 15.21 所示。

图 15.20　网页侧栏的设计效果

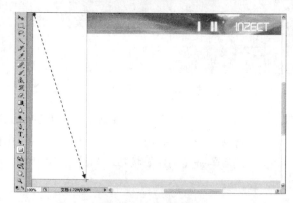

图 15.21　绘制矩形

Step 2　在【图层】面板中选择新绘制矩形的图层，再单击面板下方的【添加图层样式】按钮 ，打开菜单选择【投影】命令，如图 15.22 所示。

图 15.22　添加【投影】图层样式

Step 3 在打开的【图层样式】对话框中分别设置【不透明度】参数为 30%，颜色为黑色，角度为 180 度，【距离】参数为 3 像素，【扩展】参数为 0，【大小】参数为 3 像素，然后单击【确定】按钮，如图 15.23 所示。

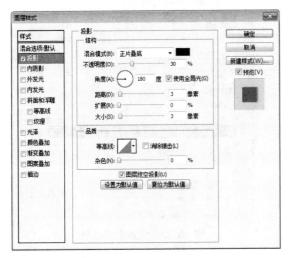

图 15.23　设置图层投影样式

Step 4 在设置投影样式的图层上右击打开快捷菜单，选择【栅格化图层】命令，如图 15.24 所示。栅格化图层后，按 Ctrl 键单击图层缩图以建立选区。

图 15.24　选择【栅格化图层】命令

Step 5 在工具箱中选择【渐变工具】，然后在属性栏中单击编辑渐变图示，打开【渐变编辑器】对话框，在预设的渐变模式下分别单击颜色轴添加 2 个色标，如图 15.25 所示。

Step 6 在渐变条中分别选择色彩标签，再通过单击

【颜色】区块，打开【选择色标颜色】并设置 RGB 参数，其中，左右两端的标签为淡灰色，中间两个标签为白色，如图 15.26 所示，最后单击【确定】按钮。

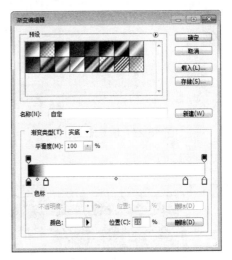

图 15.25　添加渐变色标

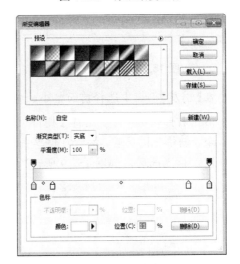

图 15.26　设置渐变标签的色彩

Step 7 返回 Photoshop CS5 编辑窗口，在网页左侧选区中从上到下拖动填充渐变色彩，如图 15.27 所示。

Step 8 按快捷键 Ctrl+D 取消选区后，再次选择工具箱中的【矩形工具】，在属性栏中设置颜色为灰色(RGB: 20, 204, 204)，然后在左侧中间位置拖动绘制两个重叠的矩形，其中前面矩形略小于后面的矩形，如图 15.28 所示。

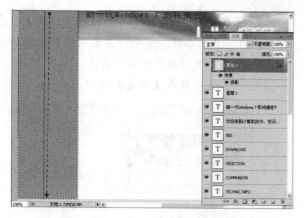

图 15.27 填充渐变色彩

图 15.28 绘制两个矩形

Step 9 在【图层】面板中选择前面略小的矩形图层，右击打开快捷菜单，选择【栅格化图层】命令，栅格化图层后，按 Ctrl 键单击图层缩览图以建立选区，如图 15.29 所示。

图 15.29 单击图层缩览图

Step 10 选择【渐变工具】，然后在属性栏中单击编辑渐变图示，打开【渐变编辑器】对话框，分别设置渐变条下方左右两个色彩标签的色

彩为红色(RGB: 160, 0, 0)和暗红色(RGB: 97, 0, 0)，然后单击【确定】按钮，如图 15.30 所示。

图 15.30 设置渐变颜色

Step 11 返回 Photoshop CS5 编辑窗口，在选区中从左至右拖动填充渐变颜色，如图 15.31 所示。

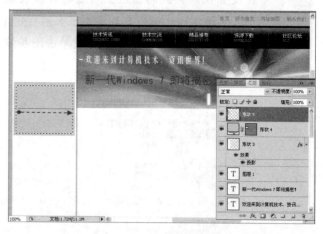

图 15.31 填充渐变色彩

Step 12 按快捷键 Ctrl+D 取消选区后，在工具箱中选择【直线工具】，在属性栏中设置颜色为红色，然后在填充红色渐变色彩的矩形上拖动绘制水平线条，如图 15.32 所示。

Step 13 选择工具箱中的【矩形工具】，在左侧下方接着绘制一个矩形，如图 15.33 所示。

图 15.32　绘制水平线条

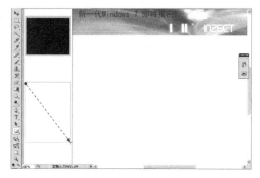

图 15.33　绘制矩形

Step 14　在【图层】面板中选择新绘制的矩形图层，右击打开快捷菜单，选择【栅格化图层】命令，栅格化图层后，按 Ctrl 键单击图层缩览图以建立选区，如图 15.34 所示。

图 15.34　单击图层缩览图以建立选区

Step 15　根据步骤 5 的方法，选择【渐变工具】，然后在属性栏中单击编辑渐变图示，打开【渐变编辑器】对话框，在预设的渐变模式下分别添加两个色标标签，如图 15.35 所示。

图 15.35　添加渐变色标标签

Step 16　根据步骤 6 的方法，在渐变条中分别单击选择色彩标签，其中，左右两端的标签为淡灰色，中间两个标签为白色，如图 15.36 所示，最后单击【确定】按钮。

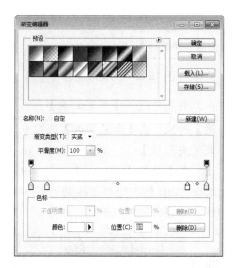

图 15.36　设置渐变标签色彩

Step 17　返回 Photoshop CS5 编辑窗口，在图像选区中从上到下拖动填充渐变颜色，如图 15.37 所示。

Step 18　按快捷键 Ctrl+D 取消选区后，在【图层】面板中选择新填充渐变色彩的矩形，再依次选择【编辑】|【描边】命令，打开【描边】对话框，分别设置【宽度】参数为 1 px、【颜

色】为灰色、位置为【居外】，然后单击【确定】按钮，如图 15.38 所示。

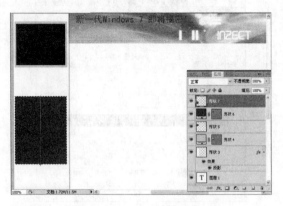

图 15.37　填充渐变色彩

图 15.38　为矩形描边

 在工具箱中选择【画笔工具】，再打开【画笔】面板，在【画笔预设】选项中选择【画笔笔尖形状】项，设置直径为 1 px，再选中【间距】复选框并输入参数为 400%，然后配合 Shift 键在矩形上拖动绘制 5 条水平虚线，如图 15.39 所示。

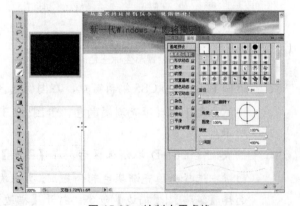

图 15.39　绘制水平虚线

 选择工具箱中的【自定形状工具】，在属性栏的【形状】下拉列表框中选择【箭头 6】图形 ➤，再设置颜色为黑色，然后在水平虚线之间分别拖动绘制 5 个箭头图案，如图 15.40 所示。

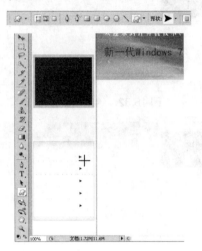

图 15.40　绘制箭头图案

 最后使用【横排文字工具】，在网页图像左栏的登录区和分类导航区中分别输入文本，结果如图 15.41 所示。

图 15.41　输入文本

15.2.3　编辑网页 Logo 与页尾图标

精美的网页少不了漂亮的图标，而 Logo 则是一个网站中重要的辨识元素，本小节在已有的素材基础上介绍网页 Logo 与图标的编辑处理, 其结果如图 15.42 所示。

图 15.42　编辑网页 Logo 与图标的结果

编辑网页 Logo 与图标的操作步骤如下。

Step 1　分别打开练习文件(光盘: ..\Example\Ch15\ 15.2.3.psd)和素材文件(光盘: ..\Example\Ch15\ 15.2.psd), 然后在 Photoshop CS5 标题栏上 打开【排列文档】下拉菜单, 选择【双联】 命令, 将打开的两个文件以水平双联的方 式一起显示。

Step 2　分别拖动 15.2.psd 素材文件中的 Logo 和图 标素材至 15.2.3.psd 文件的左侧一栏中, 如 图 15.43 所示。

Step 3　在【图层】面板中找到 Logo 图层(对象-1), 然后拖动该图至【创建新图层】按钮 上, 快速复制该图层, 如图 15.44 所示。

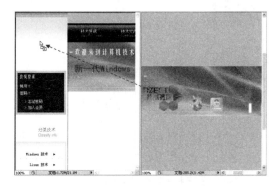

图 15.43　添加 Logo 和图标

图 15.43　添加 Logo 和图标(续)

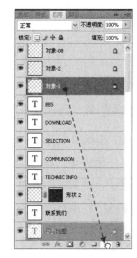

图 15.44　复制图层

Step 4　在工具箱中选择【移动工具】, 在属性栏中 选择【自动选择】复选框并在后面列表中选 择【图层】选项, 然后向下拖动已复制的 Logo 图形, 如图 15.45 所示。

图 15.45　移动 Logo

Step 5 依次选择【编辑】|【变换】|【垂直翻转】命令，再按快捷键 Ctrl+T，向上拖动下方中间调整点，缩小 Logo 图像的高度，如图 15.46 所示。

参数为 25%，如图 15.49 所示。

图 15.46 缩小 Logo 图像高度

Step 6 在【图层】面板中选择复制的图层副本，然后单击面板下方的【添加图层蒙版】按钮，为图层建立一个蒙版，如图 15.47 所示。

图 15.48 制作 Logo 图案的淡出效果

图 15.49 设置图层的不透明度

图 15.47 为图层添加蒙版

Step 7 单击新添加的蒙版缩览图，然后在工具箱中选择【渐变工具】，在改变形状后的 Logo 图案上从上到下拖动，如图 15.48 所示，使矩形产生淡出效果。

Step 8 在【图层】面板中选择设置淡出效果的图层，然后在面板上方【不透明度】文本框中设置

Step 9 在工具箱中选择【直线工具】，在属性栏中设置颜色为灰色，然后在 Logo 图案下方拖动绘制水平直线，如图 15.50 所示。

图 15.50 绘制水平直线

Step 10 根据步骤 3 的操作方法，在【图层】面板中找到 Logo 图层(对象-1)，然后拖动该图至【创建新图层】按钮上，快速复制该图层。

选择新复制的 Logo 图层，然后依次选择【图像】|【调整】|【黑白】命令，打开【黑白】对话框，如图 15.51 所示，直接单击【确定】按钮，使用默认的黑色效果设置。

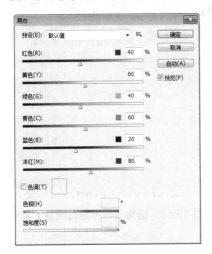

图 15.51　设置黑白效果

 使用工具箱中的【移动工具】，拖动设置黑白效果后的 Logo 图案至网页下方，如图 15.52 所示。

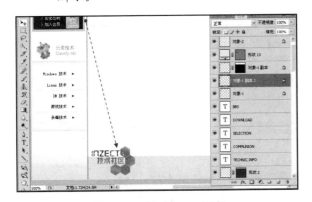

图 15.52　移动 Logo 图案

 按快捷键 Ctrl+T 进入自由变换模式，然后配合 Shift 键拖动缩小图案，如图 15.53 所示。

 在工具箱中选择【画笔工具】，再打开【画笔】面板，在【画笔预设】选项中选择【画笔笔尖形状】项，设置直径为 1 px，再选中【间距】复选框并输入参数为 400%，如图 15.54 所示。

图 15.53　缩小图案

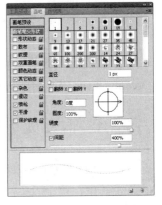

图 15.54　设置画笔属性

 在【图层】面板中选择网页下方灰色矩形图层(对象-020)，然后配合 Shift 键在灰色矩形上拖动绘制一条水平虚线，如图 15.55 所示。

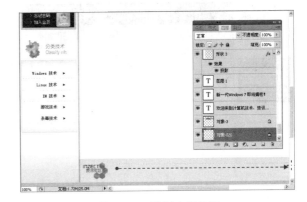

图 15.55　绘制水平虚线

 在工具箱中选择【横排文字工具】，在绘制的虚线下方输入版权信息等文本，结果如图 15.56 所示。

图 15.56　输入版权信息等文本

15.3 网页的编排与制作

完成网站图像模板的设计后，接下来即可使用 Dreamweaver CS5 编排与制作网页。

15.3.1 制作网页导航条

本例"INZECT 技术社区"网站的主页上有两项导航条，其中，位于版头位置的网站导航条以水平方式呈现，而位于左栏的分类导航条则以垂直方式呈现，本小节制作垂直方向的分类导航条，结果如图 15.57 所示。

图 15.57　网站导航条效果

制作网页导航条的操作步骤如下。

Step 1 打开练习文件(光盘: ..\Example\Ch15\15.3.1 .html)，光标定位在网页左侧空白单元格内，在【插入】面板中打开【图像】下拉菜单，选择【鼠标经过图像】命令，如图 15.58 所示。

Step 2 打开【插入鼠标经过图像】对话框，首先在【图像名称】文本框中设置名称为 b1，然后在【原始图像】文本框右侧单击【浏览】按钮，打开选择图像源文件的对话框后，指

定【查找范围】为 images，接着双击选用 bbs_17.png 图像素材，如图 15.59 所示。

图 15.58　选择【鼠标经过图像】命令

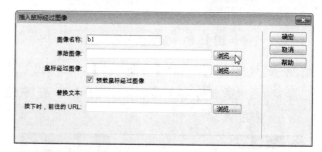

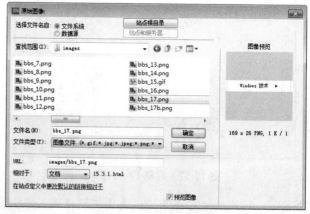

图 15.59　指定状态图像

Step 3 单击【确定】按钮后再指定【鼠标经过图像】为 bbs_17c.png，并在【按下时，前往的 URL】文本框中输入#符号，暂时设置为空链接，如图 15.60 所示。

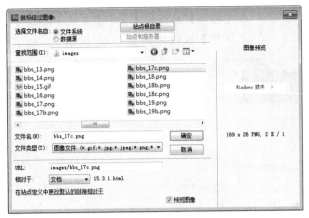

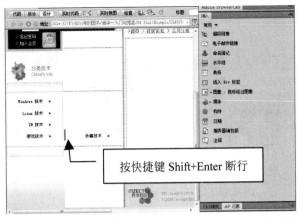

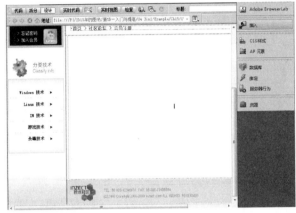

图 15.60　指定按下图像并设置链接

图 15.62　插入其他鼠标经过图像的结果

 使用相同的方法，再次插入鼠标经过图标，并设置【图像名称】为 b2，接着分别设置【原始图像】和【鼠标经过图像】为 bbs_18.png 和 bbs_18c.png，并设置相同的空链接，如图 15.61 所示。

15.3.2　制作会员申请表单

本小节在网页右下方位置制作一个社区会员申请表单，具体操作中需插入不同类型的表单元件，并分别设置表单元件属性，完成会员申请表单的效果如图 15.63 所示。

制作会员申请表单的操作步骤如下。

图 15.61　再次设置鼠标经过图像

 打开练习文件(光盘：..\Example\Ch15\15.3.2.html)，光标定位在网页右下方空白单元格内，再切换【插入】面板至【表单】分类，单击【表单】按钮，如图 15.64 所示。

依照步骤 4 的方法，并参照下列图像内容，再分别添加 b3、b4 和 b5 三个鼠标经过图像，最后分别在水平排列的鼠标经过图像中间定位鼠标并按快捷键 Shift+Enter 断行，使鼠标经过图像以垂直方式排列，如图 15.62 所示。

 在插入的表单中插入一个 12 行 2 列的无边框表格，设置其宽度为 90%，再合并第 1 和第 4 行并调整两行单元格的宽度，然后分别在各单元格中输入所需的文本，结果如图 15.65 所示。

图 15.63　制作会员申请表单的结果

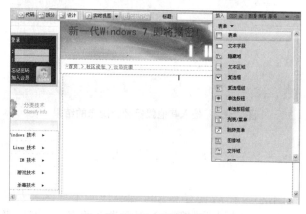

图 15.64　插入表单

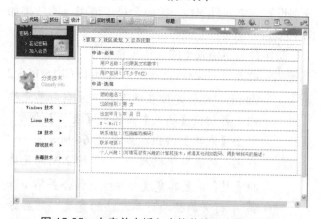

图 15.65　在表单中插入表格并输入文本的结果

Step 3　定位光标在第二行右边单元格的文本前方，

在【插入】面板的【表单】分类中单击【文本字段】按钮，如图 15.66 所示。

图 15.66　插入【文本字段】元件

> **说 明**
>
> 使用 Dreamweaver CS5 在网页中插入表单元件时，默认弹出【输入标签辅助功能属性】对话框，用于设置所插入元件的属性。
>
> 若用户不习惯预先为插入的网页内容设置相关属性，可依次选择【编辑】|【首选参数】命令，打开【首选参数】对话框，在【辅助功能】分类中取消选中【表单对象】复选框。如此，后续的操作中便不再询问输入标签辅助功能属性，如图 15.67 所示。

Step 4　选择新插入的【文本字段】元件，在【属性】面板中设置其名称为 member_id，并设置【字符宽度】参数为 15，如图 15.68 所示。

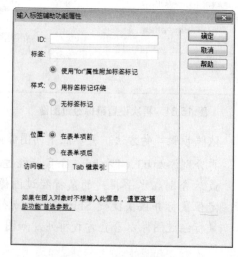

图 15.67　取消辅助功能

元件位置	元件名称	宽度
用户密码：	member_pw	15
您的姓名：	member_name	15
E-mail：	member_email	60
联系地址：	member_add	60
联系电话：	member_tel	15

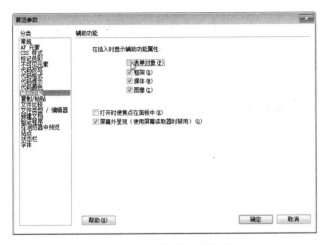

图 15.67　取消辅助功能(续)

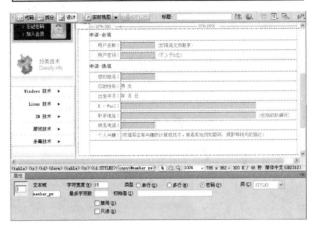

图 15.69　插入其他【文本字段】元件

Step 6　定位光标在"您的性别："右边单元格的文本前方，在【插入】面板中单击【单选按钮】按钮，如图 15.70 所示，插入单选按钮元件。

图 15.68　设置【文本字段】元件属性

图 15.70　插入【单选按钮】元件

Step 7　选择新插入的【单选按钮】元件，在【属性】面板中设置其名称为 member_sex，再设置【选定值】为男，初始状态为【已勾选】，如图 15.71 所示。

Step 8　根据步骤 6 的方法，在文本"男"后面插入另一个单选按钮，并通过【属性】面板设置其名称为 member_sex，并设置【选定值】为女，如图 15.72 所示。

（说明）

　　在步骤 3 的操作中，在网页中插入"文本字段"元件后，会发现元件已拥有灰色背景及特殊的边框效果，这是因为网页中已为登录区表单元件创建了 input 标签类型的 CSS 样式，并设置了其样式外观，而所插入的【文本字段】以及后续的【单选按钮】和【按钮】元件都属于 input 类型元件，因此会自动套用其外观效果。

Step 5　根据步骤 3 和步骤 4 的方法，分别在用户密码、您的姓名、E-mail、联系地址和联系电话文本之后插入"文本字段"元件，并参照下表内容设置元件名称属性，其中，【密码】后面的文本字段元件设置【密码】类型，结果如图 15.69 所示。

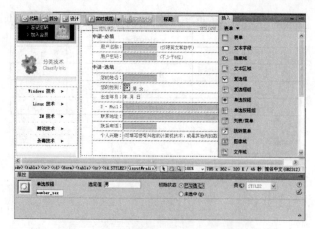

图 15.71　设置【单选按钮】元件属性

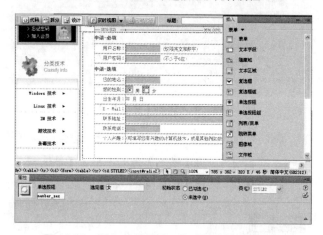

图 15.72　插入并设置另一个【单选按钮】元件

Step 9　定位光标在"出生年月:"右边单元格的文本前方,在【插入】面板中单击【列表/菜单】按钮,如图 15.73 所示。

图 15.73　插入【列表/菜单】元件

Step 10　选择新插入的【列表/菜单】元件,在【属性】面板中设置名称为 member_year,再单

击【列表值】按钮,打开【列表值】对话框,设置默认的第一项列表的项目标签和值都为 1960,如图 15.74 所示。

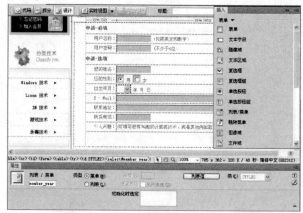

图 15.74　设置列表值

Step 11　单击上方的✚图示按钮,添加列表项,并设置其项目标签和值都为 1961,接着以相同的方法依次添加并设置列表项目为 1962到 2000,如图 15.75 所示,然后单击【确定】按钮。

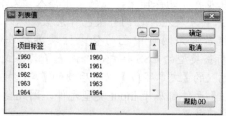

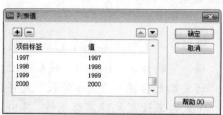

图 15.75　添加其他表列项目

Step 12 依照步骤 10 和步骤 11 的方法，分别在"月"和"日"文本前面插入另外 2 个【列表/菜单】元件，并分别设置其列表项目为 1～12 月份和 1～31 日；设置元件名称分别为 member_month 和 member_day，结果如图 15.76 所示。

图 15.76 插入另外两个【列表/菜单】元件的结果

Step 13 定位光标在第 11 行右边单元格中文本的后面，按快捷键 Shift+Enter 进行换行，如图 15.77 所示，准备在该行文本下方插入其他表单元件。

图 15.77 进行断行处理

> **提 示**
>
> 若是直接按 Enter 键执行换行，则行与行之间将产生较大行距，因此，步骤 13 的操作即通过按快捷键 Shift+Enter 换行后，其内容与上一行仍属同一落段，同时行与行之间的距离不致于过大。

Step 14 接着在【插入】面板中单击【文本区域】按钮，如图 15.78 所示，在换行后光标所在的位置插入【文本区域】元件。

图 15.78 插入【文本区域】元件

Step 15 选择新插入的【文本区域】元件，在【属性】面板中设置名称为 member_like，然后设置【字符宽度】为 60，【行数】为 5，如图 15.79 所示。

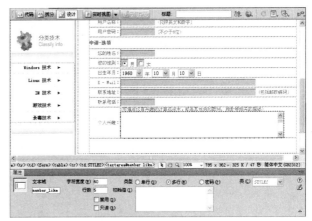

图 15.79 设置【文本区域】元件属性

Step 16 定位光标在表格最下方一行，如图 15.80 所示，在【插入】面板中单击【按钮】按钮，插入按钮元件。

Step 17 选择新插入的按钮元件，在【属性】面板中设置【值】为注册，如图 15.81 所示，改变按钮文字。

Step 18 切换【插入】面板至【文本】分类，打开【字符】下拉菜单，选择【不换行空格】命令，插入一个空格，接着再四次单击【不换行空格】命令，插入四个空格，如图 15.82 所示。

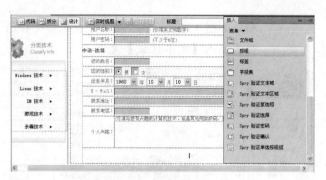

图 15.80 插入【按钮】元件

图 15.81 修改【按钮】文字

图 15.82 插入空格

Step 19 再次插入一个按钮元件，在【属性】面板中设置【值】为重填，并选择【动作】为【重设表单】，如图 15.83 所示。

Step 20 依次选择【窗口】|【CSS 样式】命令，打开【CSS 样式】面板，单击【新建 CSS 规则】按钮，打开【新建 CSS 规则】对话框，指定【选择器类型】为【标签(重新定义 HTML 元素)】选项，指定【选择器名称】

为 select，然后单击【确定】按钮，如图 15.84 所示。

图 15.83 插入并设置另一个【按钮】元件

图 15.84 新建 select 规则

Step 21 打开【select 的 CSS 规则定义】对话框，在分类列表框中选择【背景】分类，然后在Background-color 文本框中设置浅灰色(#CCC)，如图 15.85 所示。

Step 22 在分类列表框中选择【边框】分类，在 Style 选项组中指定样式为 groove，在 Width 选项

432

组设置宽度为 1 px，在 Color 选项组中设置颜色为浅灰色(#CCC)，最后单击【确定】按钮，如图 15.85 所示。

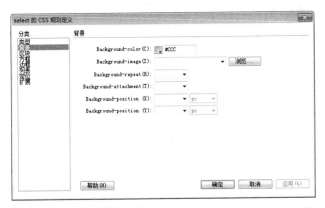

图 15.85　设置背景色彩

15.3.3　设置表单验证并修改警告框信息

表单验证处理主要是为了避免申请者填入无效的资料，以会员申请为例，必须对浏览者所填写的资料有一定的限制，包括要求必须填写会员账号和密码，所输入的密码必须为数字，填写电子邮件时必须使用正确的电子邮件格式等。当为表单设置验证后，浏览者填写错误的表单资料将弹出警告框，由于使用 Dreamweaver CS5 所设置的表单验证警告信息默认使用英文，对于英文水平不高的浏览者而言这种警告信息不太适用。因此，还需要通过修改验证行为所产生的特效代码(以 JavaScript 语言编写，包含在\<script\>标签内)，将警告信息变成中文内容。如图 15.86 所示

为设置表单验证并修改警告框信息的结果。

图 15.86　表单验证处理结果

设置表单验证并修改警告框信息的操作步骤如下。

Step 1　打开练习文件(光盘：..\Example\Ch15\15.3.3 .html)，选择表单中的【注册】按钮，按快捷键 Shift+F4 打开【行为】面板后，单击【添加行为】按钮+打开下拉菜单，选择【检查表单】命令，如图 15.87 所示。

图 15.87　选择【检查表单】命令

Step 2　打开【检查表单】对话框，选择 input "member

_id"域项目，然后选择【必需的】复选框，如图 15.88 所示。

图 15.88　设置检查 member_id 栏位

Step 3 选择 input "member_pw" 域项目，再选中【必需的】复选框和【数字】单选按钮，如图 15.89 所示。

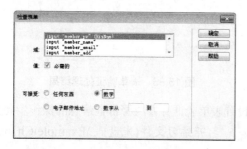

图 15.89　设置检查 member_pw 栏位

Step 4 选择 input "member_email" 域项目，再选中【电子邮件地址】单选按钮，最后单击【确定】按钮，如图 15.90 所示。

图 15.90　设置检查 member_email 栏位

Step 5 在文档工具栏中单击【代码】按钮，切换至"代码"视图，在<script>标签下方选择 The following error(s) occurred 内容(练习文件中的反显内容)，如图 15.91 所示，将其删除并重新输入"资料填写有误"内容。

图 15.91　修改警告标题信息

Step 6 找到并选择 is required 内容(练习文件中的反显内容)，如图 15.92 所示，将其删除并重新输入"用户名称为必填"内容。

图 15.92　修改必填内容提示信息

Step 7 再找到并选择 must contain a number 内容(练习文件中的反显内容)，如图 15.93 所示，将其删除并重新输入"用户密码必须为数字"内容。

图 15.93　修改密码提示信息

找到并选择 must contain an e-mail address 内容(练习文件中的反显内容)，如图 15.94 所示，将其删除并重新输入"必须为电子邮件格式"内容。

图 15.94　修改电子邮件提示信息

15.4　制作会员系统功能模块

本例"INZECT 技术社区"网站设计提供了会员注册功能，以便用户可以参与到社区论坛中并与其他网友进行讨论交流。

15.4.1　创建网站与设置网页

制作会员注册模块涉及动态处理，因此在创建网站时需要设置测试服务器，以便后续为其中的网页进行动态处理时能够随时测试预览动态效果。创建网站的结果如图 15.95 所示。

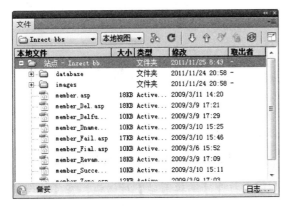

图 15.95　创建"INZECT 技术社区"网站

创建网站与设置网页的操作步骤如下。

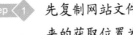 先复制网站文件夹至电脑的 C 盘，网站文件夹的获取位置为光盘的"..\Example\Ch15\"中的 Inzect bbs 文件夹。

打开 Dreamweaver CS5 程序，在【文件】面板中单击【管理站点】链接文字，打开【管理站点】对话框后，单击【新建】按钮，如图 15.96 所示。

图 15.96　新建站点

在【站点设置对象】对话框中选择左边列表框中的【站点】项目，填写【站点名称】，指定【本地站点文件夹】，如图 15.97 所示。

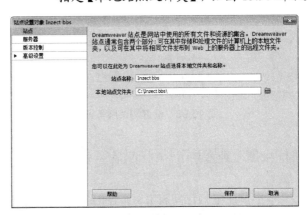

图 15.97　设置本地站点信息

在左侧列表框中选择【服务器】项目，单击【添加新服务器】按钮 ➕，打开添加新服务器的对话框，先输入【服务器名称】，再分别设置【连接方法】、【服务器文件夹】和 Web URL 等信息，设置完成后，单击【保

存】按钮，保存站点设置信息，如图 15.98
所示。

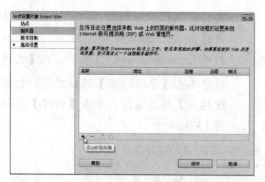

图 15.98　设置测试服务器

15.4.2　配置 IIS 网站服务器

本小节在电脑已安装 IIS 组件的基础上，根据网
站的定义方法配置 IIS 网站服务器。

配置 IIS 网站服务器的操作步骤如下。

Step 1　在桌面任务栏中单击【开始】按钮，选择【控
制面板】命令，打开【控制面板】窗口。

Step 2　在窗口右上方选择【查看方式】为"大图标"，
接着双击【管理工具】图标，如图 15.99 所示。

图 15.99　选择【管理工具】图标

Step 3　在【管理工具】窗口中双击【Internet 信息
服务(IIS)管理器】，如图 15.100 所示，打开
IIS 管理器。

图 15.100　选择【Internet 信息服务(IIS)管理器】选项

Step 4　在窗口左侧链接区中选择 Default Web Site
项目，在右边的操作区中单击【基本设置】
链接，如图 15.101 所示。

图 15.101　选择【基本设置】链接

Step 5　打开【编辑网站】对话框，在【物理路径】
文本框中设置网站文件所在位置(即 15.4.1

小节步骤 1 设定的文件夹位置)，然后单击【确定】按钮，如图 15.102 所示。

图 15.102　设置【物理路径】文本框

15.4.3　动态网站数据源设置

本例"INZECT 技术社区"会员申请的制作中需要直接提供一个数据库文件用于记录已成功注册的会员资料，下面将该数据库文件设置为 ODBC 数据源，并由 Dreamweaver CS5 连接并绑定，从而使在后续的动态网页制作中可以应用到该数据库文件。

设置动态网站数据源的操作步骤如下。

 打开【控制面板】窗口，双击【管理工具】图标，在打开的【管理工具】窗口中双击【数据源(ODBC)】图标，如图 15.103 所示。

 打开【ODBC 数据源管理器】对话框，切换到【系统 DSN】选项卡，单击【添加】按钮。打开【创建新数据源】对话框后，在列表框中选择 Microsoft Access Driver(*.mdb)项目，单击【完成】按钮，如图 15.104 所示。

图 15.103　选择数据源管理器

图 15.103　选择数据源管理器(续)

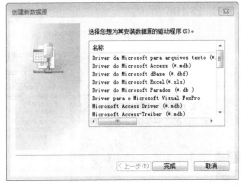

图 15.104　创建新数据源

 显示【ODBC Microsoft Access 安装】对话框，在【数据源名】文本框中输入 member，再单击【选择】按钮，打开【选择数据库】对话框，在【驱动器】文本框中指定 C 盘，再指定目录为\Inzect bbs\database，在左侧选择数据库名 member.mdb，然后依次单击【确定】按钮，完成设置 ODBC 数据源的操作，如图 15.105 所示。

图 15.105　选择数据库

个显示成功连接的提示框,依次单击【确定】按钮,如图 15.107 所示,即完成数据连接。

图 15.107　连接数据库

Step 4　先通过【文件】面板打开 15.4.1 小节所创建网站中的 member.asp 练习文件,再依次选择【窗口】|【数据库】命令,或按快捷键 Ctrl+Shift+F10 打开【数据库】面板,在【数据库】面板中单击 ➕ 按钮,在打开的下拉菜单中选择【数据源名称(DSN)】命令,如图 15.106 所示。

图 15.106　选择【数据源名称(DSN)】命令

Step 5　打开【数据源名称(DSN)】对话框后,设置【连接名称】和【数据源名称(DSN)】都为 member,然后单击【测试】按钮,弹出一

15.4.4　制作加入会员页面

成为社区会员主要是通过提交并处理表单的过程而完成的,也就是将网友填写的资料成功插入到数据库中并成为一条记录才完成会员注册,当数据库中产生一条新记录时,表示新增一名会员。本节在已完成的会员申请表单基础上来实现注册的功能。每个会员名称都具有唯一性,相同的会员名称将使数据库管理产生混乱,所以要禁止会员名称相同的情况出现。因此,在提交会员申请资料时还需要检查用户所使用的会员名称是否已被他人使用,若发现已被使用将打开另一个页面,提示用户账号已被使用。设计会员系统注册的结果如图 15.108 所示。

制作加入会员页面的操作步骤如下。

Step 1　按 F8 功能键打开【文件】面板后,双击打开 member.asp 文件。

Step 2　按快捷键 Ctrl+F9 打开【服务器行为】面板,然后单击面板上的 ➕ 图示按钮,在打开的下拉菜单中选择【插入记录】命令,如图 15.109 所示。

图 15.109　插入记录(续)

说　明

　　在步骤 3 的操作中, 可在【插入记录】对话框的【表单元素】列表中看到相应的表单元件与数据库文件中的数据表字段是对应的。换言之, 表单网页中各表单元件的名称与数据库文件中的数据表字段名称必需对应相同, 如此才可将填写的表单数据成功插入数据库。

图 15.108　提示会员注册成功

Step 3　打开【插入记录】对话框后, 在【连接】和【插入到表格】下拉列表框中都选择 member 选项, 在【插入后, 转到】文本框中指定 member_Success.asp 文件, 然后单击【确定】按钮, 如图 15.109 所示。

Step 4　在【服务器行为】面板上单击 ➕ 图示按钮, 在打开的下拉菜单中选择【记录集(查询)】命令, 如图 15.110 所示。

Step 5　打开【记录集】对话框, 先设置【名称】为 member, 再选择【连接】为 member, 如图 15.110 所示, 然后单击【确定】按钮。

Step 6　再次单击【服务器行为】面板中的 ➕ 图示按钮, 在打开的下拉菜单中选择【用户身份验证】|【检查新用户名】命令, 如图 15.111 所示。

图 15.109　插入记录

图 15.110　绑定记录集

图 15.110　绑定记录集(续)

登录会员的注册资料，同时还可以根据需要修改会员资料或注销会员，如图 15.112 所示。若是登录失败则提示要重新登录，如图 15.113 所示。

图 15.112　会员登录

Step 7　打开【检查新用户名】对话框，在【如果已存在，则转到】文本框中指定文件 member_Dname.asp 文件，然后单击【确定】按钮，如图 15.111 所示。

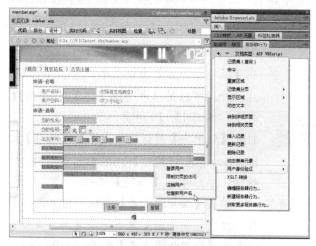

图 15.113　登录失败

制作会员登录功能的操作步骤如下。

Step 1　在文档工具栏中单击【拆分】按钮，将 member.asp 页面拆分为【代码】和【设计】界面垂直并列显示，并在【设计】模式中选择网页左栏的登录区表格，如图 15.114 所示。

图 15.111　设置检查新用户名

15.4.5　制作会员登录功能

成功地注册为"INZECT 技术社区"会员后，便可使用注册账号和密码登录，从而参与到社区的各项活动中。接续前一小节的会员申请功能的制作，下面为 Member.asp 文件添加"登录用户"服务器行为，使注册会员登录到会员专区，会员专区页面中将显示

图 15.114　选择登录区表格

Step 2 在【代码】模式中对应的<table>标签内分别输入 <form name="form2"method="POST"> 和 </form>代码，如图 15.115 所示，为所选表格插入一个名称为 form2 的表单。

图 15.115　编辑表单代码

 Step 3 按快捷键 Ctrl+F9 打开【服务器行为】面板，再单击 图示按钮，在打开的下拉菜单中依次选择【用户身份验证】|【登录用户】命令，如图 15.116 所示。

图 15.116　添加【登录用户】行为

 Step 4 打开【登录用户】对话框，将自动获取页面上的表单和表单中的字段项目，设置【使用连接验证】选项为 member，再分别设置【用户名列】和【密码列】为 member_id 和 member_pw，如图 15.117 所示。

 Step 5 分别在【如果登录成功，转到】和【如果登录

失败，转到】文本框中指定文件 member_Zone.asp 和 member_Fail.asp，然后单击【确定】按钮，如图 15.117 所示，完成添加【登录用户】行为的设置。

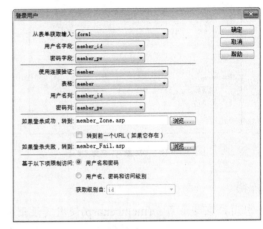

图 15.117　设置【登录用户】行为

 Step 6 按 F8 功能键打开【文件】面板后，双击打开 member_Zone.asp 文件。

 Step 7 按快捷键 Ctrl+F10 打开【绑定】面板，再单击 图示按钮，在打开的下拉菜单中选择【记录集(查询)】命令，如图 15.118 所示。

图 15.118　选择【记录集(查询)】命令

 Step 8 打开【记录集】对话框，设置【名称】和【连接】都为 member，接着在【筛选】下拉列表框中选择 member_id 选项，并在下一下拉列表框中选择【阶段变量】选项，并输入 MM_

Username 语句，然后单击【确定】按钮，如图 15.119 所示。

图 15.119　设置记录集绑定

当用户在登录页面(member.asp)使用其注册的账号和密码登录后，网页浏览器会将账号字段 member_id 保存在 Session 值(ASP 中用于记录浏览器的单独变量)中，如此，当浏览器接着打开会员专区(member_Zone.asp)后，就会以 Session 值作为筛选值，从而显示该会员的信息资料。因此，在步骤 8 绑定记录集的设置中，将指定字段 member_id 的值为 Session，并设置【阶段变量】为 MM_Username。

Step ⟨9⟩　在【绑定】面板中打开记录集，再拖动 member_name 字段到页面表格的对应单元格，接着再以相同的操作分别将其他字段添加到网页中，如图 15.120 所示。

图 15.120　添加字段

15.4.6　设计会员资料修改页面

用户登录到"INZECT 技术社区"的会员专区后，可通过页面下方的功能链接进入修改页面 member_Revamp.asp 修改个人资料。本小节先在会员资料页面 member_Revamp.asp 中以表单的形式显示可进行修改的内容，然后再利用"更新记录"行为制作会员资料修改功能，结果如图 15.121 所示。

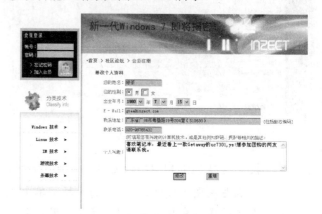

图 15.121　会员资料修改

设计会员资料修改页面的操作步骤如下。

Step ⟨1⟩　按 F8 功能键打开【文件】面板后，双击打开 member_Revamp.asp 文件。

Step ⟨2⟩　按快捷键 Ctrl+F10 打开【绑定】面板，单击 图示按钮，在打开的下拉菜单中选择【记录集(查询)】命令，如图 15.122 所示。

图 15.122　在【绑定】面板中选择【记录集(查询)】命令

Step 3 打开【记录集】对话框，设置【名称】和【连接】都为 member，在【筛选】列表框中选择 member_id 选项，并在下一下拉列表框中选择【阶段变量】选项，接着输入 MM_Username 语句，然后单击【确定】按钮，如图 15.123 所示。

图 15.123　设置绑定记录

 Step 4 在【绑定】面板中打开记录集，再拖动 member_name 字段至表单中"您的姓名"右边的文本字段表单元件中，并以相同的方法再将其他字段添加到表单的其他文本字段和文本区域元件中，如图 15.124 所示。

图 15.124　添加用户名称字段

 Step 5 切换至【服务器行为】面板，选择表格第三行中任一单选按钮元件，然后单击 图示按钮，在打开的下拉菜单中选择【动态表单元素】|【动态单选按钮】命令，如图 15.125 所示。

 Step 6 打开【动态单选按钮】对话框，在【选取值等于】文本框右侧单击 图示按钮，显示【动态数据】对话框，在【域】列表中选择 member_

sex 字段，然后依次单击【确定】按钮，如图 15.126 所示。

图 15.125　添加【动态单选按钮】命令

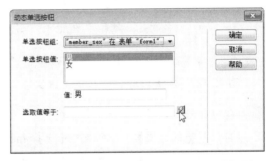

图 15.126　设置【动态单选按钮】参数

> **说　明**
>
> 由于表单中出现以多个可选项作为某个数据库字段的选取值，因此，在步骤 6 的操作中就需要为【单选按钮】元件添加动态表单元素行为，以显示数据库中相应的字段信息。后续的【列表/菜单】表单元件设置也以类似操作完成。

Step 7　选择表单中"年"文本前的【列表/菜单】元件，在【服务器行为】面板中单击 ➕ 图示按钮，在打开的下拉菜单中选择【动态表单元素】|【动态列表/菜单】命令，如图 15.127 所示。

图 15.127　选择【动态列表/菜单】命令

Step 8　在打开的【动态列表/菜单】对话框中，在【来自记录集的选项】下拉列表框中选择 member 选项，再设置【值】和【标签】都为 member_year 选项，再单击【选取值等于】文本框右侧的图示按钮 ⚡，如图 15.128 所示。

Step 9　显示【动态数据】对话框，在【域】列表中选择 member_year 字段，然后依次单击【确定】按钮，如图 15.128 所示，完成动态表单元素的设置。

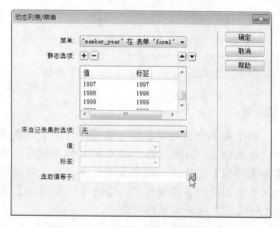

图 15.128　设置【动态列表/菜单】

图 15.128　设置【动态列表/菜单】(续)

Step 10　依照步骤 7 至步骤 9 的方法，分别为表单中"月"和"日" 2 个文本前的【列表/菜单】元件添加【动态列表/菜单】行为，分别指定 member_month 和 member_day 2 个字段作为其选择值，同样，也可依照步骤 7 至步骤 9 的方法为其他元件添加动态表单元素行为。结果如图 15.129 所示。

图 15.129　添加并设置另外 2 个
【动态列表/菜单】行为

Step 11　按快捷键 Ctrl+F9 打开【服务器行为】面板，单击 ➕ 图示按钮打开下拉菜单，选择【更新记录】命令，如图 15.130 所示。

Step 12　打开【更新记录】对话框，设置【连接】、【要更新的表格】和【选取记录自】选项都为 member，再选择【唯一键列】为 id，然后在【在更新后，转到】文本框中指定 member_Zone.asp 文件，如图 15.131 所示，然后单击【确定】按钮。

图 15.130　选择【更新记录】命令

图 15.131　设置【更新记录】对话框

15.4.7　设计会员资料删除页面

本例制作删除会员资料页面 member_Del.asp 时，先将会员资料字段添加到网页表单各元件上，再为网页添加"删除记录"行为，从数据库中删除相关记录以注销社区会员，如图 15.132 所示。

制作删除会员页面的操作步骤如下。

Step 1　按 F8 功能键打开【文件】面板后，双击打开 member_Del.asp 文件。

Step 2　按快捷键 Ctrl+F10 打开【绑定】面板，单击 + 图示按钮，在打开的下拉菜单中选择【记录集(查询)】命令。如图 15.133 所示。

Step 3　打开【记录集】对话框，设置【名称】和【连接】都为 member，在【筛选】列表中选择

member_id 选项，并在下一列表中选择【阶段变量】选项，接着输入 MM_Username 语句，然后单击【确定】按钮，如图 15.133 所示。

图 15.132　删除会员

图 15.133　绑定记录集

图 15.133 绑定记录集(续)

Step 4 根据前一小节将字段添加到【文本字段】、【单选按钮】、【列表/菜单】元件的操作方法，分别将【绑定】面板中对应的字段添加到网页表单各元件上，结果如图 15.134 所示。

Step 5 在【服务器行为】面板上单击 ➕ 图示按钮打开下拉菜单，选择【删除记录】命令，如图 15.135 所示。

图 15.134 添加各个字段

图 15.135 选择【删除记录】命令

 Step 6 打开【删除记录】对话框，设置【连接】下拉列表框为 member，再设置【从表格中删除】和【选取记录自】下拉列表框都为 member 选项，再选择【唯一键列】下拉列表框为 member_id，然后在【删除后，转到】文本框中指定 Member_Delfunction.asp 文件，最后单击【确定】按钮，如图 15.136 所示。

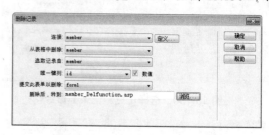

图 15.136 设置【删除记录】行为

15.5 章后总结

社区式网站是目前网络上用于提供网友交流信息，共享资源的常见平台，本例 "INZECT 技术社区" 网站设计主要使用左右二分栏设计，并以对比强烈的色彩效果呈现网页不同的内容。

下面针对整个设计过程所使有的功能及操作要点作以下几点总结。

1) 网页版面布局

由于网站功能相对单纯，因此本章 "INZECT 技术社区" 网站的页面设计采用左右双栏设计，而对于一些内容相对较多，或是栏目分类相对复杂的网站设计，则可以采用三栏，甚至是四栏设计，以便于分辨不同的内容，同时也使网页效果看上去更加丰富。

2) 页面色彩应用

对比强烈的色彩能够给人以视觉冲击，从而使网页给人留下深刻印象。此外，为了平衡网页上不同类型的内容的呈现，也可以使用同一色调的颜色，也就是使用相似的多种色彩填充各区域。这样可以使网页给人一种整体统一的感觉。

3) 网页图标的应用

网页中的 Logo、栏目标志等小型图案都属于图标，不同的图标具有不同作用，例如 Logo 既可以彰显网站内涵，同时也可以代表网站，而网站栏目标志则可以通过形象的图案作为提示。因此，在网页设计中，添加一套外观精美，风格统一的图标既可以极大地美化页面，同时也能提升网页的设计质感。

4) 用户身份验证

本章主要介绍了"登录用户""注销用户"和"检查新用户名"三种用户身份验证行为的处理方法，其中，"登录用户"行为是最常用的验证行为，常应用于论坛、邮箱等登录设计；而"检查新用户名"的操作是注册申请类动态网站制作所不可缺少的操作，这样是为了方便注册信息(保存在数据库中)的管理；"注销用户"行为则是为了在会员退出登录时，将浏览器所打开的网页驻留信息清空。

15.6　章 后 实 训

本章实训题(光盘：..\Example\Ch15\15.6.html)要

本章实训题的操作流程如图 15.138 所示。

求将表单所在的单元格设置为白色的背景颜色，然后将页面整个表格居中对齐，接着设置页面的背景颜色为浅灰色(#CCC)，结果如图 15.137 所示。

图 15.137　实训题的结果

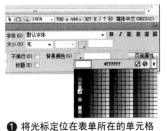

❶ 将光标定位在表单所在的单元格
　设置单元格的背景颜色为白色

❷ 选择页面整个表格，然后
　设置为居中对齐

❹ 设置页面的背景颜色为浅灰色

❸ 选择【修改】|【页面属性】命令

图 15.138　实训题的操作流程